科学与工程类系列教材

光纤传感原理与应用

尚盈　王晨　黄胜◎编著

電子工業出版社
Publishing House of Electronics Industry
北京•BEIJING

内 容 简 介

本书从实用性和先进性出发，较全面地介绍光纤传感的基础理论和光纤传感在各领域的应用。全书共 8 章，主要内容包括：光纤技术基础、光学效应、光纤无源器件、光纤有源器件、光纤解调技术、分立式光纤传感器、分布式光纤传感器、光纤传感技术的应用。本书提供配套的电子课件 PPT、习题参考答案等。

本书可以作为高等院校光学专业的相关课程的教材，也可供相关领域的工程技术人员学习、参考。

图书在版编目（CIP）数据

光纤传感原理与应用 / 尚盈，王晨，黄胜编著. —北京：电子工业出版社，2023.2

ISBN 978-7-121-45051-8

Ⅰ. ①光… Ⅱ. ①尚… ②王… ③黄… Ⅲ. ①光纤传感器－高等学校－教材 Ⅳ. ①TP212.14

中国国家版本馆 CIP 数据核字（2023）第 027626 号

责任编辑：王晓庆　　　　特约编辑：田学清
印　　刷：北京七彩京通数码快印有限公司
装　　订：北京七彩京通数码快印有限公司
出版发行：电子工业出版社
　　　　　北京市海淀区万寿路 173 信箱　　　邮编：100036
开　　本：787×1092　1/16　印张：17.25　字数：464 千字
版　　次：2023 年 2 月第 1 版
印　　次：2025 年 2 月第 4 次印刷
定　　价：59.00 元

凡所购买电子工业出版社图书有缺损问题，请向购买书店调换。若书店售缺，请与本社发行部联系，联系及邮购电话：（010）88254888，88258888。

质量投诉请发邮件至 zlts@phei.com.cn，盗版侵权举报请发邮件至 dbqq@phei.com.cn。

本书咨询联系方式：（010）88254113，wangxq@phei.com.cn。

前言

当代科学技术进入了高速发展时期，大数据信息化时代也随之而来。通信技术、计算机技术及传感技术是信息技术的三大基础，其中，传感技术是获得信息的前端技术，是完成各种数据采集的重要工具。

1970 年，自世界上第一根真正意义上的光纤问世以来，光纤便进入了飞速发展阶段。光纤最初作为光波信息传输的媒介，具有低损耗、高速度、抗干扰和低成本等优势。随着光纤在各行业的发展应用，人们发现光在光纤内传播时，其光强、相位、波长、偏振态和频率等特征参数会受到外界环境的影响。据此，人们意识到光纤除了可作为传播媒介，其在传感领域也拥有广阔的前景。

经过多年的研究，如今已经开发出适用于不同环境的各类光纤传感器。各类光纤传感器凭借各自独特的优势，在科研和工业界（包括航空航天、石油化工、医疗、电力传输等领域）都有着重要的地位。光纤传感技术如今已经具备极其重要的学术价值，同时具有广阔的市场应用前景。近些年来，各高校陆续开设了光纤传感领域的相关课程，用于培养该领域的专业技术人才。

为了进一步加强光纤传感基础教学工作、适应高等院校正在开展的课程体系与教学内容的改革、及时反映光纤传感领域的研究成果、积极探索适应 21 世纪人才培养的教学模式，我们编写了本书。

本书有以下特色。

（1）根据研究型教学理念，采用研究型学习的方法，即“提出问题——解决问题——归纳分析”的问题驱动方式，突出学生主动探究学习在整个教育教学中的地位和作用。

（2）在内容及描述上，我们换位思考，站在非光学专业学生的角度描述理论、概念等，避免了堆砌大量非光学专业学生用不到的专业词汇。

（3）基本思路清晰。以光纤传感为主线，光纤技术基础打头，由浅入深。从各基本光学效应过渡到各类型光学器件，由分立式光纤传感器延伸至分布式光纤传感器，并对不同光纤解调技术都进行详细讲解。最终，通过对光纤传感在各领域应用的介绍，对光纤传感技术的发展做了总结与展望。

（4）注重将光纤传感领域的最新发展状况适当地引入教学，保持了教学内容的先进性。而且，本书源于光纤传感专业课程教学实践，凝聚了工作在一线的任课教师多年的教学经验与教学成果。

本书共 8 章，从实用性和先进性出发，较全面地介绍光纤传感的基础理论和工程实践方面的应用，内容包括：第 1 章讲述光纤技术基础，介绍光纤的结构与分类、光纤的导光原理、光纤的损耗特性、光纤的色散特性、光纤的偏振特性与双折射效应、光纤的非线性特性，以及光缆基础知识；第 2 章讲述光学效应；第 3 章讲述光纤无源器件；第 4 章讲述光纤有源器件；第 5 章讲述光纤解调技术，主要包括强度解调、波长解调、频率解调、相位解调及偏振态解调；第 6 章讲述分立式光纤传感器；第 7 章讲述分布式光纤传感器；第 8 章讲述光纤传感技术的应用。

通过学习本书，学生可以有以下收获。

（1）了解光纤的结构、分类及各种本征特性。

（2）认识各种光纤有源器件、光纤无源器件。

（3）掌握各种光纤传感原理及光纤解调技术。

（4）对光纤传感领域的系统知识及专业应用有详细的理解与掌握。

本书语言简明扼要、通俗易懂，具有很强的专业性、技术性和实用性。本书是作者在光纤传感专业教学的基础上逐年积累编写而成的。每章都附有相应习题，供学生课后练习，以巩固所学知识。

教学中，可以根据教学对象和学时等具体情况对书中的内容进行删减和组合，也可以进行适当扩展，参考学时为 32～64 学时。为适应教学模式、教学方法和手段的改革，本书提供配套的电子课件 PPT、习题参考答案等，请登录华信教育资源网（www.hxedu.com.cn）注册后免费下载，也可联系本书编辑（wangxq@phei.com.cn，010-88254113）索取。

本书第 1、2、3 章由尚盈编写，第 4、5、6 章由王晨编写，第 7、8 章由黄胜编写。

本书在编写过程中参考了大量近年来出版的相关技术资料，吸取了许多专家和同人的宝贵经验，在此向他们深表谢意。

由于光纤传感领域发展迅速，作者学识有限，书中误漏之处在所难免，望广大读者批评指正。

作　者

2022 年 12 月

目　录

第1章

光纤技术基础

内容关键词

- 光纤结构
- 光纤损耗特性
- 光纤色散
- 偏振
- 光纤非线性
- 光缆

本章分别从光纤的结构与分类、光波的导光原理、光纤的损耗特性、光纤的色散特性、光纤的偏振特性与双折射效应、光纤的非线性特性等方面对光纤进行分析，并针对光缆的型号、分类等进行说明。

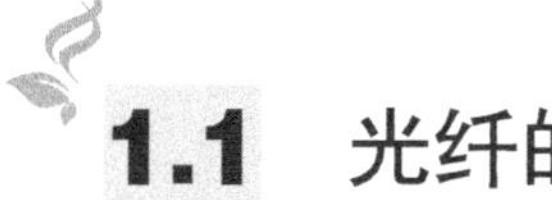

1.1　光纤的结构与分类

1.1.1　光纤的结构

光纤是一种由高度透明的石英或其他材料经复杂的工艺拉制而成的，其剖面结构图如图 1.1.1 所示。

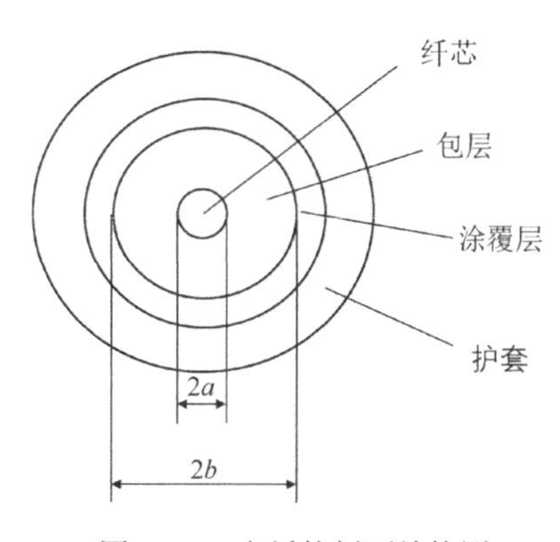

图 1.1.1　光纤的剖面结构图

光纤的典型结构为多层同轴圆柱体，一般由折射率较高的纤芯、折射率较低的包层，以及涂覆层和护套构成。纤芯和包层作为光纤结构的主体，对光波的传播起着决定性作用；涂覆层与护套的作用则是隔离杂散光、提高光纤强度、保护光纤[1]等。在某些特殊应用场合不加涂覆层和护套的光纤称为裸光纤。

纤芯的折射率较高，其主要成分为二氧化硅（SiO_2），还掺杂着极少量的其他材料，如二氧化锗（GeO_2）、五氧化二磷（P_2O_5）等，以提高纤芯的折射率。纤芯的直径一般为5～75 μm，特殊应用时可达600 μm。

包层为紧贴纤芯的材料层，折射率略小于纤芯的折射率。其构成材料一般为纯二氧化硅（SiO_2），有时也掺杂微量的三氧化二硼（B_2O_3）或四氧化二硅（Si_2O_4），以降低包层的折射率。包层的外径一般为100～200 μm[2]。

涂覆层的材料一般为环氧树脂、硅橡胶等高分子材料，外径约为250 μm，用于提高光纤的柔韧性、机械强度和耐老化特性。

护套的材料一般为尼龙或其他有机材料，用于提高光纤的机械强度，以保护光纤。

1.1.2 光纤的分类

光纤的分类有多种方式，可以按照光纤横截面上的折射率分布、光纤的传输总模数、制造光纤所使用的材料、光纤的制造方法及光纤的工作波长分类[3]。

1.1.2.1 按照光纤横截面上的折射率分布分类

根据光纤横截面上折射率的径向分布形式，光纤可以分为均匀光纤（也称阶跃折射率光纤或突变型光纤）和非均匀光纤（也称渐变折射率光纤或梯度型光纤）两种。

1. 阶跃折射率光纤

阶跃折射率光纤在纤芯和包层交界处的折射率呈阶梯形突变，如图 1.1.2（a）所示。阶跃折射率光纤纤芯的折射率（n_1）和包层的折射率（n_2）均为均匀常数，且$n_1 > n_2$。其折射率分布一般表示为

$$n = \begin{cases} n_1 & (r \leqslant a) \\ n_2 & (a < r \leqslant b) \end{cases} \tag{1.1.1}$$

式中，r为光纤的径向坐标。

2. 渐变折射率光纤

渐变折射率光纤纤芯的折射率（n）随着半径的增大而按一定规律逐渐减小，直到纤芯与包层的交界处，如图 1.1.2（b）所示。渐变折射率光纤包层的折射率（n_2）为均匀常数，而纤芯的折射率（n_1）不是均匀常数，且$n_1 > n_2$。其折射率分布可以表示为

$$n = \begin{cases} n_1[-\Delta \cdot f(r/a)]^{1/2} & (r \leqslant a) \\ n_2 & (a < r \leqslant b) \end{cases} \tag{1.1.2}$$

式中，函数 $f(r/a)$ 满足 $f(r/a) \leqslant f(1)=1$。

无论是阶跃折射率光纤，还是渐变折射率光纤，都定义 Δ 为光纤纤芯和包层的相对折射率差，其计算公式为

$$\Delta = \frac{n_1^2 - n_2^2}{2n_1^2} \tag{1.1.3}$$

其大小决定了光纤对光场的约束能力和光纤端面的受光能力。

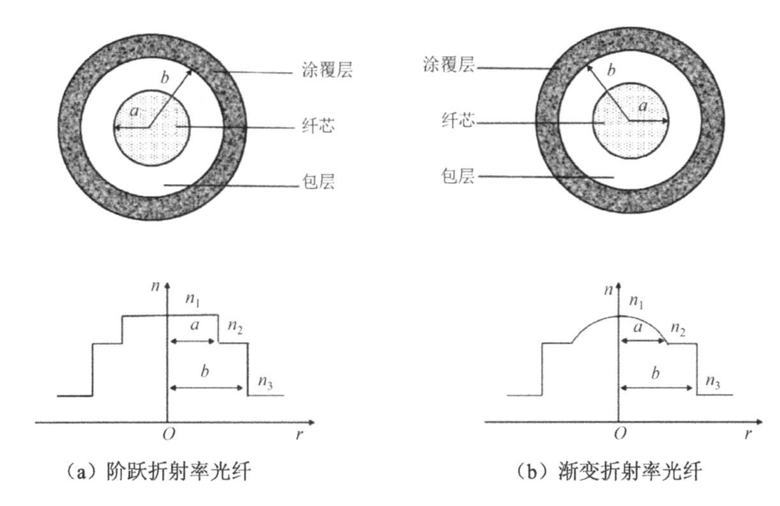

（a）阶跃折射率光纤　　（b）渐变折射率光纤

图 1.1.2　阶跃折射率光纤与渐变折射率光纤的横截面和折射率分布

1.1.2.2　按照光纤的传输总模数分类

光波在光纤中传播时存在模式。模式是指传输线横向截面和纵向截面上的电磁场的分布形式。模式不同，电磁场的分布形式也不同[4]。根据光纤中传输模式的多少，可将光纤分为单模光纤和多模光纤两类。

1. 单模光纤

单模光纤理论上只传输一种模式，即基模（最低阶模式）。它的纤芯直径很小，通常在 4～10 μm 范围内；包层直径为 125 μm。由于单模光纤只传输主模，避免了模式色散，使得这种光纤的传输频带很宽，传输容量大，适用于大容量、长距离的光纤通信。

2. 多模光纤

多模光纤可传输多种模式，其纤芯直径较大，典型尺寸为 50 μm 左右。多模光纤又分为多模阶跃型光纤和多模渐变型光纤。多模阶跃型光纤的纤芯直径一般为 50～75 μm，包层直径为 100～200 μm。由于其纤芯直径较大，传输模式较多，因此这种光纤的传输性能较差，频带比较窄，传输容量小。多模渐变型光纤的纤芯直径一般也为 50～75 μm，但由于纤芯中折射率随半径的增大而减小，因而可获得比较小的模式色散。这种光纤的传输频带较宽，传输容量较大。一般多模光纤指的就是这种多模渐变型光纤。

单模光纤和多模光纤只是相对概念。光纤中可以传输的模式数量取决于光纤的工作波长、

光纤横截面折射率的分布和结构参数。对于一根确定的光纤，当工作波长大于光纤的截止波长时，光纤只能传输基模，为单模光纤；否则为多模光纤[5]。

1.1.2.3　按照制造光纤所使用的材料分类

按照制造光纤所使用的材料分类，光纤可被分为石英光纤，塑料包层、石英纤芯的光纤，多组分玻璃光纤，以及全塑光纤。

1．石英光纤

这种光纤的纤芯和包层均由高纯度的SiO_2掺杂适当的杂质制成。其优点是：损耗低、强度及可靠性高，适用于大容量、长距离传输，目前应用得最为广泛；缺点是：价格高、与光源耦合困难。

2．塑料包层、石英纤芯的光纤

这种光纤的纤芯用SiO_2制成，包层用硅树脂制成。其价格低，容易耦合，适用于短距离传输。

3．多组分玻璃光纤

这种光纤一般用钠玻璃掺杂适当杂质制成。其损耗较低，但可靠性较差。

4．全塑光纤

这种光纤的纤芯和包层均用塑料制成。其损耗较大，可靠性不高，但机械性能好，价格较低。

1.1.2.4　按照光纤的制造方法分类

光纤的制造方法包括改进的化学气相沉积法（MCVD）、等离子化学气相沉积法（PCVD）、管外化学气相沉积法、多组分玻璃制造法等。

1.1.2.5　按照光纤的工作波长分类

按照光纤的工作波长的不同，光纤可分为短波长光纤和长波长光纤。

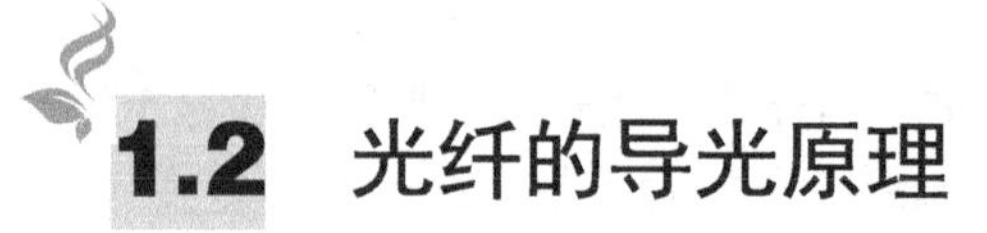

1.2　光纤的导光原理

分析光纤的导光原理主要有两种方法：射线法和波动理论法。射线法是将光波视为一条几何射线，用光射线理论分析光纤的传输特性[6]，该方法的优点是比较直观。波动理论法是将光波按电磁场理论用麦克斯韦方程去求解，根据解析式分析其传输特性。

1.2.1　光在介质分界面上的全反射

当光线从折射率为n_1的介质入射到与折射率为n_2（$n_1 > n_2$）的介质的分界面上时，将产生反射和折射现象，如图 1.2.1 所示。

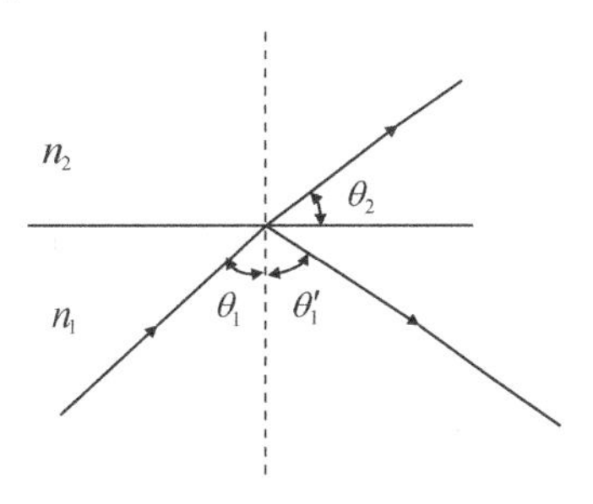

图 1.2.1　反射和折射现象

根据斯涅耳定律（Snell's Law），光线的入射角（θ_1）、反射角（θ_1'）和折射角（θ_2）之间满足下面的关系式：

$$\theta_1 = \theta_1',\ n_1 \sin\theta_1 = n_2 \sin\theta_2 \tag{1.2.1}$$

由于$n_1 > n_2$，因此折射角（θ_2）大于入射角（θ_1）。当入射角增大到$\theta_1 = \theta_c = \arcsin(n_2 / n_1)$时，$\theta_2 = 90^\circ$，此时不再有光线进入折射率为$n_2$的介质，所有的光能量将全部发生反射，这种现象称为光的全反射，θ_c称为全反射的临界角。事实上，由于光具有波动性，即使是在全反射的情况下，光波也会进入折射率为n_2的介质一定的深度。此深度称为穿透深度，其大小取决于两种介质的折射率、入射角及入射光的偏振态、频率。

1.2.2　光线在光纤中的传播

利用光射线理论研究光纤中的光射线，可以直观认识光在光纤中的传播机理。以下采用光射线理论对阶跃折射率光纤和渐变折射率光纤的传输特性进行简单分析。

1.2.2.1　光线在阶跃折射率光纤中的传播

阶跃折射率光纤是指纤芯中的折射率分布是均匀的、不随半径变化的光纤。在光纤中存在两种不同形式的光射线，即子午光线和斜射光线[7]。

1. 子午光线

图 1.2.2 所示为光纤中的子午光线与子午面，通过纤芯的轴线（OO'）可以作很多平面，这些平面称为子午面。子午面上与轴线相交的光射线，就称为子午光线，简称子午线。由该图可以看出，子午光线在纤芯与包层的交界面上来回全反射而形成锯齿形波，被限制在纤芯中，它是一条与光纤轴线相交的平面折线，在端面上的投影为一条直线。

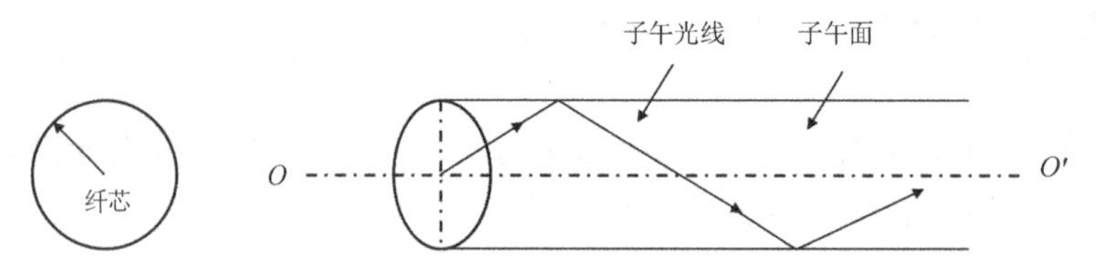

图 1.2.2　光纤中的子午光线与子午面

子午光线在阶跃折射率光纤中的传输轨迹如图 1.2.3 所示。光线射入纤芯后，在纤芯与包层交界面处满足全反射条件的光线就能在纤芯内来回反射并向前传播。

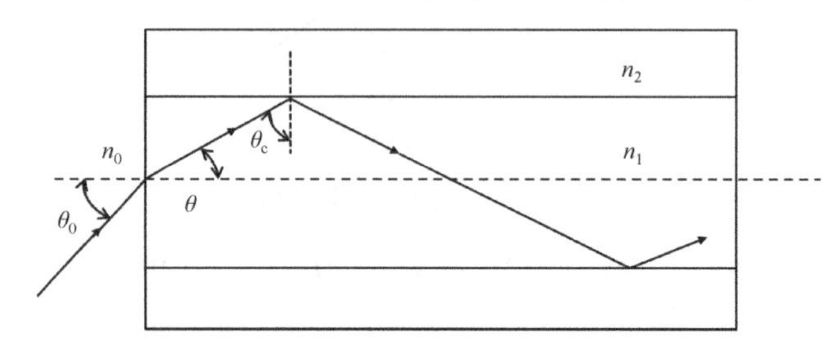

图 1.2.3　子午光线在阶跃折射率光纤中的传输轨迹

设空气折射率为 n_0，纤芯折射率为 n_1，包层折射率为 n_2，入射角为 θ_0。在纤芯端面上，光线产生折射，其折射角（θ）可根据斯涅耳定律求得

$$n_0 \sin\theta_0 = n_1 \sin\theta \tag{1.2.2}$$

由于 $n_0 < n_1$，因此 $\theta < \theta_0$。设该折射光线到达纤芯和包层的交界面时恰好发生全反射，即它在包层内的折射角 $\theta_2 = 90^\circ$，相应的入射角 $\theta_1 = \theta_c = \arcsin(n_2 / n_1)$。其中，$\theta_c$ 为全反射临界角，相应的入射角（θ_0）为入射临界角。

若光线射入纤芯端面的入射角大于入射临界角（θ_0），它产生的界面入射角小于全反射临界角（θ_c），则光线在包层中的折射角小于 90°，该光线将射入包层。

若光线射入纤芯端面的入射角小于入射临界角（θ_0），它产生的界面入射角大于全反射临界角（θ_c），则该光线将在界面发生全反射。

当光线从空气射入纤芯端面的入射角小于入射临界角（θ_0）时，进入纤芯的光线将会在线芯与包层的交界面处发生全反射而向前传播；当光线从空气射入纤芯端面的入射角大于入射临界角（θ_0）时，光线将进入包层散失掉。因此，入射临界角（θ_0）是一个很重要的参量，它与光纤折射率的关系为

$$\sin\theta_0 = n_1 \sin(90^\circ - \theta_c) = \theta_2 \sqrt{2\varDelta} \tag{1.2.3}$$

式中，$\varDelta$ 为光纤纤芯和包层的相对折射率差，定义为

$$\varDelta = \frac{n_1^2 - n_2^2}{2n_1^2} \approx \frac{n_1 - n_2}{n_1} \tag{1.2.4}$$

凡是入射角小于 θ_0 的入射光线均可在光纤内传播。定义入射临界角（θ_0）的正弦为光纤的数值孔径，即

$$\mathrm{NA} = \sin\theta_0 = n_1 \sqrt{2\varDelta} \tag{1.2.5}$$

数值孔径（NA）是体现光纤接收入射光能力的重要参数，用于衡量该系统能够收集的光的角度范围。只有与纤芯轴夹角为θ_0的圆锥体内的入射光线，才能在纤芯内传播。由式（1.2.5）可见，数值孔径（NA）只取决于光纤纤芯和包层的相对折射率差（Δ），与纤芯直径和包层外径无关。Δ越大，NA 越大，光纤的聚光能力越强。从光纤与光源耦合角度考虑，NA 越大，耦合效率越高。从光纤带宽角度考虑，Δ增大使带宽下降；从光纤损耗角度考虑，也认为Δ越小越好，以使纤芯中掺杂造成的损耗尽量小一些。通常$\Delta \approx 0.1$，NA 的取值范围为 0.1～0.3。

可见，在阶跃折射率光纤中，入射角不同的光线，传输路径也是不同的，因而使不同的光线所携带的能量到达输出端的时间不同，从而产生了脉冲展宽，限制了光纤的传输容量。

2．斜射光线

斜射光线在阶跃折射率光纤中的传输轨迹如图 1.2.4 所示。设有一光线从光纤端面P点进入纤芯，沿直线PQ传输，并在线芯和包层的交界面上的Q点发生全反射，再沿直线QR传输，形成一条空间折线。由它在光纤端面上的投影图可见，传输轨迹限定在一定的范围内，并与一半径为a_0的圆柱面相切。该圆柱面称为焦散曲面，斜射光线在芯包界面与焦散曲面间传输。以不同角度入射的斜射光线有不同的焦散曲面。当$a_0 = a$（纤芯半径）时，焦散曲面与线芯和包层的交界面重合，折线变为螺旋线；当$a_0 = 0$时，斜射光线变为子午线。斜射光线的数值孔径与子午线不同，比子午线稍大。

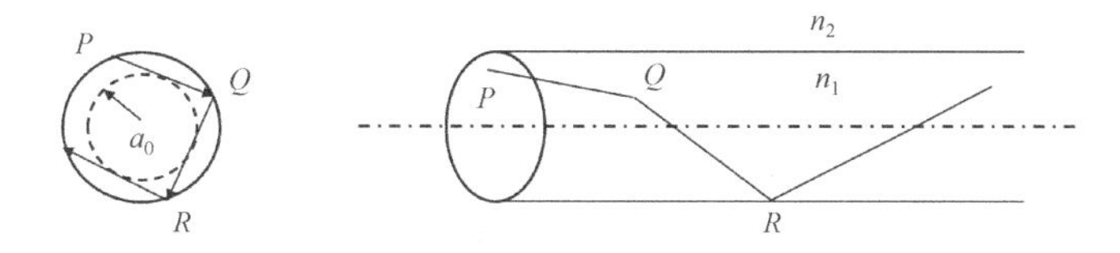

图 1.2.4　斜射光线在阶跃折射率光纤中的传输轨迹

1.2.2.2　光线在渐变折射率光纤中的传播

光纤的光学特性取决于它的折射率分布。渐变型光纤的折射率分布可以表示为

$$n(r) = \begin{cases} n_1\left[1-2\Delta\left(\dfrac{r}{a}\right)^a\right]^{1/2} & r \leqslant a \\ n_2 & r > a \end{cases} \tag{1.2.6}$$

式中，a为纤芯半径随折射率变化，且a为$1 \sim \infty$；r为光纤中任意一点到中心的距离。

当$a = 2$时，光纤为常见的平方律分布光纤。阶跃折射率光纤也可认为是$a \to \infty$的特殊情况。

下面用光射线理论分析渐变折射率光纤中子午线和斜射光线的传输性质。

1．近轴子午线

光线在各向异性介质中的传输轨迹用射线方程表示为

$$\frac{\mathrm{d}}{\mathrm{d}s}\left(n\frac{\boldsymbol{r}}{s}\right) = \nabla n \tag{1.2.7}$$

式中，$\boldsymbol{r}$ 为轨迹上某一点的位置矢量；$\mathrm{d}s$ 为沿轨迹的距离单元；∇n 为折射率的梯度。

将射线方程应用到光纤的圆柱坐标中，讨论平方律分布光纤中的近轴子午线，即与光纤轴线夹角很小的且近似平行于光纤轴线（z 轴）的子午线。由于光纤中的折射率仅沿径向变化，沿圆周方向和 z 轴方向是不变的，因此对于近轴子午线，射线方程可简化为

$$\frac{\mathrm{d}^2 r}{\mathrm{d}z^2}=\frac{1}{n}\cdot\frac{\mathrm{d}n}{\mathrm{d}r} \tag{1.2.8}$$

式中，r 为射线离开轴线的径向距离。对于平方律分布光纤，有

$$\frac{\mathrm{d}n}{\mathrm{d}r}=-\frac{n_1\varDelta}{a^2}\cdot 2r \tag{1.2.9}$$

将式（1.2.9）代入式（1.2.8）中，得

$$\frac{\mathrm{d}^2 r}{\mathrm{d}z^2}=-\frac{2n_1 r}{na^2}\cdot\varDelta \tag{1.2.10}$$

对近轴子午线，$n_1/n\approx 1$，因此式（1.2.10）可近似为

$$\frac{\mathrm{d}^2 r}{\mathrm{d}z^2}=-\frac{2r}{a^2}\cdot\varDelta \tag{1.2.11}$$

设 $z=0$ 时，$r=r_0$，$\dfrac{\mathrm{d}r}{\mathrm{d}z}=r_0'$，则式（1.2.11）的解为

$$r=r_0\cos\left[(2\varDelta)^{1/2}\frac{z}{a}\right]+r_0'\frac{a}{(2\varDelta)^{1/2}}\cdot\sin\left[(2\varDelta)^{1/2}\frac{z}{a}\right] \tag{1.2.12}$$

式（1.2.12）即为平方律分布光纤中近轴子午线的传输轨迹。图 1.2.5 中是 $r_0=0$ 和 $r_0'=0$ 时光线的轨迹。由该图可以看出，从光纤端面上同一点发出的近轴子午线经过适当的距离后又重新汇集到一点。也就是说，它们有相同的传输时延，有自聚焦性质。

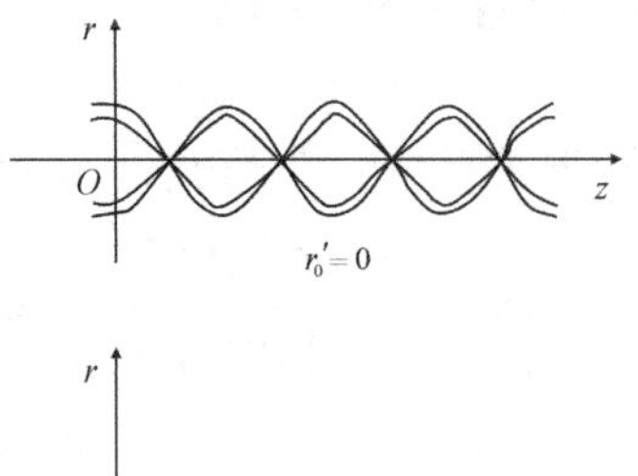

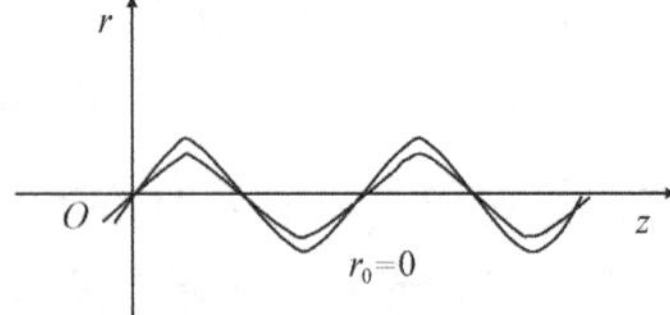

图 1.2.5　平方律分布光纤中的近轴子午线的传输轨迹

如果不做近轴光线的近似，分析过程就会变得比较复杂，但利用射线方程同样可以证明，当折射率分布服从双曲正割函数时，所有的子午线都具有完善的自聚焦性质。

对于渐变折射率光纤，由于纤芯折射率分布随径向坐标 r 的增大而减小，因此光源射线照射到纤芯端面时，各点的数值孔径（NA）也是不同的。为了定量描述光纤端面各点接收入射光的能力，定义局部数值孔径为

$$\mathrm{LNA}(r)=\sqrt{n^2(r)-n_2^2}=n(r)\sqrt{2\varDelta} \tag{1.2.13}$$

式中，r 为纤芯端面上任意一点的径向坐标；$\varDelta=[n(r)-n_2]/n(r)$。

显然，当 r=0 时，$\mathrm{LNA}(r)_{\max}=n(0)\sqrt{2\varDelta}=n_1\sqrt{2\varDelta}$ 为最大局部数值孔径。

2. 斜射光线

渐变折射率光纤中的斜射光线是不在一个平面内的空间曲线，不与光纤轴线相交。图 1.2.6 给出了渐变折射率光纤中的斜射光线传输轨迹。由该图可以看出，斜射光线被约束在两个焦散曲面之间振荡，并且与焦散曲面相切，在焦散曲面之内是驻波，在焦散曲面之外是倏逝波[8]。

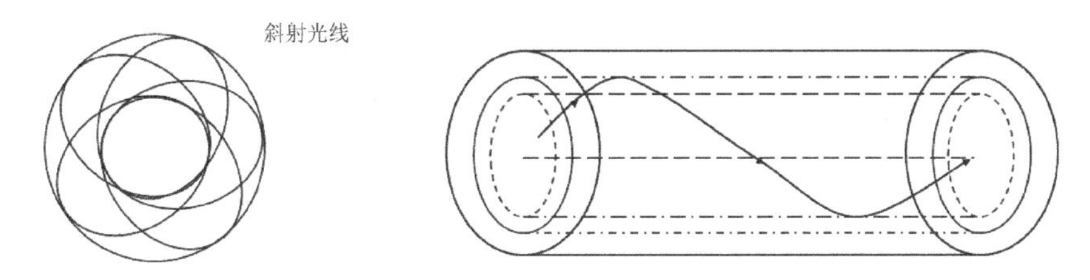

图 1.2.6 渐变折射率光纤中的斜射光线传输轨迹

在渐变折射率光纤中，若两个焦散曲面重合，则斜射光线为螺旋线。螺旋线不能实现自聚焦，不同角度入射的螺旋线不会聚在一点，它们存在群时延差。

1.2.3 光波在光纤中的传播

用光射线理论虽然容易得到光线在光纤中传输的直观的物理图像，但由于忽略了光的波动性质，因此不能了解光场在纤芯、包层中的结构分布及其他特性，尤其是对单模光纤，由于其芯径尺寸小，因此光射线理论不能正确处理单模光纤的问题。所以，在光波导理论中，更普遍地采用波动光学的方法，研究光波（电磁波的一种）在光纤中的传输规律，得到光纤中的传播模式、场结构、传播常数及截止条件等[9]。

1.2.3.1 光波在光纤中的传播模式

根据麦克斯韦电磁场理论，光是一种电磁波，光纤是一种具有特定边界条件的光波导。在光纤中传播的光波遵从麦克斯韦方程组，由此推导出描述光波传输特性的波导场方程为

$$\nabla^2\psi+\chi^2\psi=0 \tag{1.2.14}$$

式中，ψ 为光波的电场矢量 $\boldsymbol{E}$ 和磁场矢量 $\boldsymbol{H}$ 的各分量，在直角坐标系中可写成

$$\psi=\begin{bmatrix}E(x,y)\\H(x,y)\end{bmatrix} \tag{1.2.15}$$

χ 为光波的横向传播常数，即波矢（$\boldsymbol{k}$）的横向分量，定义为

$$\chi=(\varepsilon\mu\omega^2-\beta^2)^{1/2}=(n^2k_0^2-\beta^2)^{1/2} \tag{1.2.16}$$

式中，ω 为光波的角频率；ε、μ 分别为光介质的介电常数、磁导率；k_0 为光波在真空中的波

数，$k_0 = 2\pi / \lambda_0$，λ_0为光波的中心波长；β为纵向传播常数，简称传播常数，即波矢（$\boldsymbol{k}$）的纵向分量，定义为

$$\beta = nk_0 \cos\theta_z \tag{1.2.17}$$

式中，θ_z为波矢（$\boldsymbol{k}$）与z轴的夹角。

根据光纤的折射率分布规律和给定的边界条件，即可求出$\boldsymbol{E}$和$\boldsymbol{H}$的全部分量表达式，并确定光波的场分布。

理论计算结果表明，光波场方程有许多分立的解，每个特解都代表一个能在光纤波导中独立传播的电磁场分布，即波场或模式，简称模。光波在光纤中的传播是所有模式线性叠加的结果。

光波在光纤中传播有3种模式：传输模（导模）、泄漏模（漏模）和辐射模。

（1）导模是光功率限制在纤芯内传播的光波场，又称芯模，其存在的条件是

$$n_1 k_0 > \beta > n_2 k_0 \tag{1.2.18}$$

在纤芯内，电磁场按振荡形式分布，为驻波场或传播场；在包层内，场的分布按指数衰减，为衰减场或倏逝场。模场的能量被闭锁在纤芯内沿z轴方向传播。

（2）漏模是在纤芯内及距纤壁一定距离的包层中传播的光波场，又称包层模，其存在的条件是

$$\beta = n_2 k_0 \tag{1.2.19}$$

在纤芯中的模场能量可通过一定厚度的“隧道”泄漏到包层中形成振荡形式，但其振幅很小，传输损耗也很小。漏模的特征类似于损耗极大的导模，其特性对于光纤传感的应用十分重要。

（3）辐射模在纤芯和包层中均为传输场，其存在的条件是

$$\beta < n_2 k_0 \tag{1.2.20}$$

在此条件下，波导完全处于截止状态，光波在纤芯与包层的交界面上因不满足全反射条件而发生折射，模场能量向包层外逸出，光纤失去对光功率的限制作用。

1.2.3.2 导模的分类及标识

用矢量法求解光波动方程得到的解称为精确模式，用标量法求解光波动方程得到的近似解称为标量模式或简并模式。

根据电场纵向分量（E_z）和磁场纵向分量（H_z）的存在情况，可将精确模式分为横电模、横磁模和混合模3类。当$E_z = 0$，$H_z \neq 0$时，称为横电模，标记为TE_{0n}；当$H_z = 0$，$E_z \neq 0$时，称为横磁模，标记为TM_{0n}；当$E_z \neq 0$，$H_z \neq 0$时，称为混合模，其中，E_z占优势的标记为$\mathrm{EH}_{m,n}$，H_z占优势的标记为$\mathrm{HE}_{m,n}$。下标m、n分别表示贝塞尔函数的阶及相应的根数（n=根数+1）。不同的m、n代表不同的解，标识不同的模式。

当光纤满足弱导条件（$n_1 \approx n_2 = n$）时，光纤对光波的约束和导引作用大大减弱，使导模的某些场分量相消为零场分布，得以简并，形成一种线偏模，即简并模，标记为$\mathrm{LP}_{m,n}$。一般简并模与精确模之间存在线性叠加关系，即

$$\mathrm{LP}_{m,n} = \mathrm{HE}_{m+1,n} + \mathrm{EH}_{m-1,n} \tag{1.2.21}$$

例如，$\mathrm{LP}_{11} = \mathrm{HE}_{21} + \mathrm{EH}_{01}$，其中，$\mathrm{EH}_{01}$ 是一种对称模，它是 TE_{01} 或 TM_{01}。

1.2.3.3　模式传播特性

光纤中传播模式的特性由其横向传播常数（χ）决定。由式（1.2.16）可知，纤芯中的横向传播常数为

$$\chi_1 = (n_1^2 k_0^2 - \beta^2)^{1/2} \tag{1.2.22}$$

由于导模的纵向传播常数 $\beta < n_1 k_0$，因此 χ_1 为实数。在包层中，导模的横向传播常数为

$$\chi_2 = (n_2^2 k_0^2 - \beta^2)^{1/2} \tag{1.2.23}$$

由于导模的纵向传播常数 $\beta > n_2 k_0$，因此 χ_2 为虚数。

定义归一化横向传播常数 U 和 W 分别为

$$U = a\chi_1 = a(n_1^2 k_0^2 - \beta^2)^{1/2} \tag{1.2.24}$$

$$W = -\mathrm{i}\,a\chi_2 = a(\beta^2 - n_2^2 k_0^2)^{1/2} \tag{1.2.25}$$

U 值反映导模在纤芯中驻波场的横向振荡频率；W 值反映导模在包层中倏逝场的衰减速度，其取值范围为 $0 \sim \infty$。当 $W \to 0$ 时，模场在包层中不衰减，导模转化为辐射模，称之为导模截止；当 $W \to \infty$ 时，模场在包层中的衰减最大，光纤对导模场的约束最强，称之为导模远离截止。U 与 W 之间的关系由光纤的归一化频率（V）限定。

$$V = (U^2 + W^2)^{1/2} = ak_0(n_1^2 - n_2^2)^{1/2} = ak_0 \cdot \mathrm{NA} \tag{1.2.26}$$

式中，V 为表征光纤中模式传播特性的重要参数，它与光纤的结构参数（芯径）、数值孔径（NA）及工作波长有关。

在一个给定结构参数的光纤中，允许存在的导模数目取决于光纤的归一化频率（V）。V 值越大，允许存在的导模越多，即光纤能传播的模式越多；反之，V 值越小，允许存在的导模越少，即光纤能传播的模式越少。当 $V \leqslant 1.4048$（阶跃折射率光纤）或 $V \leqslant 3.401$（平方律渐变折射率光纤）时，只允许一种模式（HE_{11}）存在，这种光纤称为单模光纤。而其他情况下都存在多种模式，相应的光纤称为多模光纤。允许存在的导模总数（M）可由式（1.2.27）估算，即

$$M = gV^2 / [2(g+2)] \tag{1.2.27}$$

式中，g 为决定光纤纤芯内径向折射率分布的参数，它是 $1 \sim \infty$ 范围内的实数。

对于阶跃折射率光纤，若 $g = \infty$，则

$$M = V^2 / 2 \tag{1.2.28}$$

对于渐变折射率光纤，若 $g = 2$，则

$$M = V^2 / 4 \tag{1.2.29}$$

即平方律渐变折射率光纤的导模数比阶跃折射率光纤的导模数少一半，因此采用这种光纤有利于减少多模光纤的模间色散。

光纤中的相邻模式的传播常数差为

$$\Delta\beta=\beta_{n+1}-\beta_n=\left(\frac{g}{g+2}\right)^{1/2}\frac{2\sqrt{\Delta}}{a}\left(\frac{m}{M}\right)^{\frac{g-2}{g+2}} \tag{1.2.30}$$

式中，m 为模的阶数。

对于阶跃折射率光纤，若 $g=\infty$，则

$$\Delta\beta=\frac{2\sqrt{\Delta}}{a}\left(\frac{m}{M}\right) \tag{1.2.31}$$

式（1.2.30）说明，阶跃折射率光纤的模式传播常数差（$\Delta\beta$）与模的阶数有关，阶数越高（高阶模），模间隔越大。

对于渐变折射率光纤，若 g=2，则

$$\Delta\beta=\frac{2\sqrt{\Delta}}{a} \tag{1.2.32}$$

式（1.2.32）说明，渐变折射率光纤的模式传播常数差（$\Delta\beta$）与模的阶数无关，即所有模的间隔均相等。

1.2.3.4　导模的输出斑谱

模式不同，电磁场分布不同，而不同的电磁场分布导致光纤输出端的光斑强度分布不同，即不同的导模对应不同的斑谱[10]。

设入射到光纤截面的光强度（以下简称光强）是均匀分布的圆形光斑，若光纤中仅传输 HE_{11}（LP_{01}）模，由于这种模式的电磁场强度在纤芯中最强，因此在光纤输出端呈现出近似均匀分布的圆光斑，仅在靠近包层处略暗，如图 1.2.7（a）所示。若光纤中传输多种模式，一些传播常数很接近的模式往往在传播过程中合并为简并模，在光纤出射端呈现特有的光斑图形，如图 1.2.7（b）～图 1.2.7（d）所示。

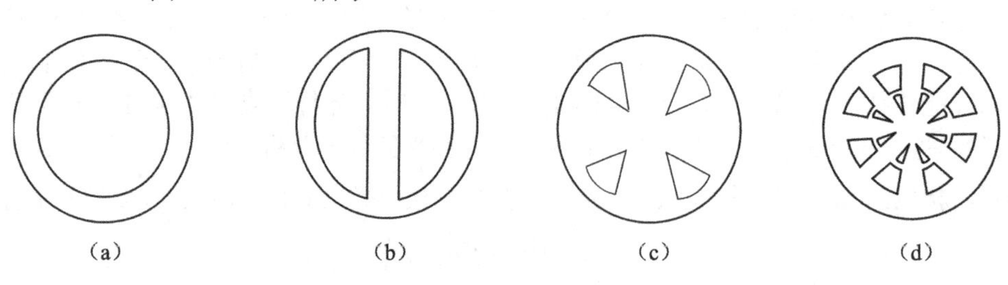

图 1.2.7　简并模的光谱

1.3　光纤的损耗特性

光波在光纤中传输时，光纤材料对光波的吸收、散射，光纤结构的缺陷、弯曲，以及光纤间的耦合不完善等原因，将导致光功率随传输距离的增大按指数规律衰减，这种现象称为光纤的传输损耗，简称损耗。光纤的传输损耗是光纤重要的传输特性。自光纤问世以来，人们在降低光纤损耗方面做了大量的工作，1.31 μm 光纤的损耗值在 0.5dB/km 以下，而 1.55 μm 光纤的

损耗值在 0.2dB/km 以下，这个数量级已经接近了光纤损耗的理论极限。

引起光纤损耗的原因有多种，损耗机理也比较复杂，有来自光纤本身的损耗，也有光纤与光源的耦合损耗，以及光纤之间的连接损耗等。光纤本身的损耗主要有 3 种：吸收损耗、散射损耗及辐射损耗[11]。吸收损耗与光纤材料有关，散射损耗与光纤材料及光纤中的结构缺陷有关，而辐射损耗是由光纤几何形状的微观和宏观扰动引起的。

1.3.1 光纤的损耗系数

光纤损耗的大小可用光波在光纤中传输 1km 产生的功率衰减分贝数（又称损耗系数 α，单位：dB/km）来表示：

$$\alpha = \frac{10}{L}\lg\frac{P_{\mathrm{i}}}{P_{\mathrm{o}}} \tag{1.3.1}$$

式中，P_{i} 为输入光纤的光功率；P_{o} 为经过光纤传输后输出的光功率；L 为光纤的长度。

1.3.2 吸收损耗

光波通过任何透明物质时，都要使组成这种物质的分子中不同振动状态之间和电子的能级之间发生跃迁。在发生这种能级跃迁时，物质吸收入射光波的能量（其中一部分转换成热能存储在物质内）引起光的损耗，这种损耗称为吸收损耗。当光波的波长（λ）满足式（1.3.2）时，吸收损耗尤为严重。

$$\lambda = \frac{hc}{E_2 - E_1} \tag{1.3.2}$$

式中，E_1 和 E_2 为电子能级或分子振动能级的上、下能级状态；h 为普朗克常量；c 为真空中的光速。

光纤的吸收损耗是由于光纤材料的量子跃迁致使一部分光功率转换为热量造成的传输损耗。光纤的吸收损耗包括本征吸收损耗、杂质吸收损耗和原子缺陷吸收损耗 3 种。

本征吸收是物质所固有的，是主要由紫外和红外波段电子跃迁与振动跃迁引起的吸收。对于石英（SiO_2）材料，固有吸收区在红外和紫外区域，其中，红外区域的中心波长在 8～12 μm 范围内，紫外区域的中心波长在 0.16 μm 附近，当吸收强度很高时，本征吸收尾端可延伸到 0.7～1.1 μm 的光纤通信波段。本征吸收引起的损耗一般很小，为 0.01～0.05dB/km。

杂质吸收主要是由光纤材料所含有的正过渡金属离子（Fe^{3+}、Cu^{2+}、Ni^{2+}、Mn^{2+}、Cr^{+}等）的电子跃迁和氢氧根离子（OH^-）的分子振动跃迁引起的吸收。光纤材料的杂质可以通过精良的光纤制备工艺来消除。金属离子含量越多，造成的损耗就越大。若使过渡金属的含量降到 10^{-9} 量级以下，就可基本消除金属离子引起的杂质吸收。目前，这种高纯度的石英材料生成技术已经具备。但光纤中含有的氢氧根杂质很难根除，其分子振动跃迁在一些波段（0.72 μm、0.95 μm、1.24 μm、1.39 μm 等）形成吸收峰，而在另一些波段（0.85 μm、1.31 μm、1.55 μm 等）吸收得很少，尤其在 1.55 μm 波段吸收得最少，形成良好的通信窗口。图 1.3.1 所示为某一多模光纤的损耗谱曲线，其上 3 个吸收峰就是由氢氧根离子造成的。为了使 1.39 μm 波段处的损耗降低到 1dB/km 以下，氢氧根离子的含量应减小到 10^{-8} 以下。

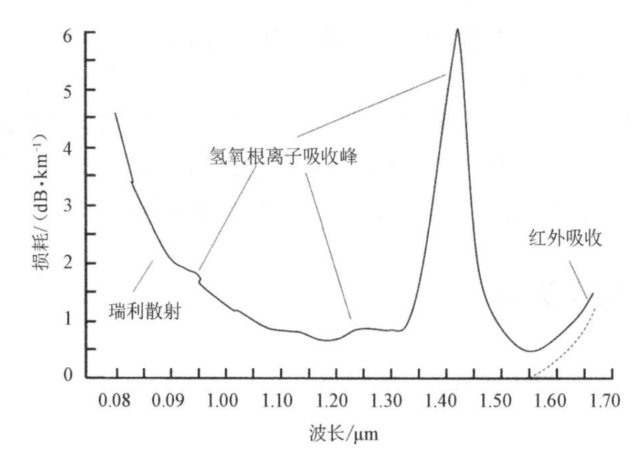

图 1.3.1　某一多模光纤的损耗谱曲线

原子缺陷吸收损耗主要是由强烈的热、光或射线辐射使光纤材料受激出现原子缺陷产生的损耗[12]。对于普通玻璃，在 3000rad 的 γ 射线的照射下，引起的损耗最高可达 20 000dB/km。但有些材料受到的影响比较小，如掺锗的石英玻璃，对于 4300rad 的辐射，在波长 0.82μm 时引起的损耗仅为 16dB/km。适当选择光纤的材料可以降低原子缺陷吸收损耗，如以石英为纤芯材料的光纤，原子缺陷吸收损耗可以忽略不计。

1.3.3　散射损耗

即使对光纤的制造工艺进行很好的改进，清除所有的杂质使吸收损耗降到最低，在光纤内仍然会存在较大的散射损耗。光纤的散射损耗主要有两类：一类是瑞利散射，包括斯托克斯散射和反斯托克斯散射，这类散射发生于小功率信号传输；另一类是非线性散射，如受激拉曼散射和受激布里渊散射，这类散射发生于大功率信号传输。

当光纤传输小功率信号时，由于光纤中远小于光波长的物质密度的不均匀（导致折射率不均匀）和掺杂粒子浓度的不均匀等引起光的散射，将一部分光功率散射到光纤外部，由此引起的损耗称为本征散射损耗。本征散射损耗可以认为是光纤损耗的基本限度，又称瑞利散射损耗，其特征是散射损耗正比于$1/\lambda^4$，与传输光波长相同的即为瑞利散射，相对传输光频移的为斯托克斯散射（向长波方向偏移）和反斯托克斯散射（向短波方向偏移）。由图 1.3.1 可见，瑞利散射损耗随波长（λ）的增大而急剧减小，所以在短波长工作时，瑞利散射的影响比较大。当波长增大时，散射损耗迅速减小。因此，选择波长较大的光作为信号光源是抑制这类散射损耗的重要措施。

物质在强大的电场作用下会呈现非线性特性，即出现新的频率或输入的频率发生改变。这种由非线性激发的散射包括受激拉曼散射和受激布里渊散射。这两种散射的主要区别在于拉曼散射的剩余能量转变为分子振动，而布里渊散射的剩余能量转变为声子。两种散射使入射光能量降低，并在光纤中形成一种损耗机制，在功率阈值以下，对传输不产生影响，而当光纤传输的光功率超过一定阈值时，两种散射的散射光强度都随入射光功率按指数增大，会导致较大的光损耗。通过适当选择光纤直径和发射光功率，可以避免非线性散射损耗。

1.3.4　辐射损耗

当理想的圆柱形光纤受到某种外力作用时，会产生一定曲率半径的弯曲，导致能量泄漏到包层，这种由能量泄漏导致的损耗称为辐射损耗。光纤受力弯曲有两类：一是曲率半径比光纤直径大得多的弯曲，当光缆拐弯时，就会发生这样的弯曲；二是光纤成缆时产生的随机性扭曲，称为微弯。微弯引起的附加损耗一般很小，基本观测不到。当弯曲程度加大、曲率半径减小时，损耗将随 $\exp(-R/R_c)$ 成比例增大。其中，R 是光纤弯曲的曲率半径，$R_c = a\left(n_1^2 - n_2^2\right)$ 为临界曲率半径。当曲率半径达到 R_c 时，就可观测到弯曲损耗。对单模光纤，临界曲率半径（R_c）的典型值为 0.2～0.4mm。当曲率半径 R>5mm 时，弯曲损耗小于 0.01dB/km，可忽略不计。由于大多数曲率半径 R>5mm，因此这种弯曲损耗实际上可以忽略。但是，当弯曲的曲率半径（R）进一步减小到比临界曲率半径（R_c）小得多时，弯曲损耗将变得非常大。

弯曲损耗源于延伸到包层中的倏逝场尾部的辐射。图 1.3.2 所示为弯曲光纤与基模的倏逝场分布。原来这部分场与纤芯中的场一起传输，共同携载能量，当光纤发生弯曲时，位于曲率中心远侧的倏逝场尾部必须以较大的速度运动才能与纤芯中的场一同前进。在离纤芯的距离为某临界距离（X_c）处，倏逝场尾部必须以大于光速的速度运动，才能与纤芯中的场一同前进，而这是不可能的。因此，距离超过 X_c 的倏逝场尾部中的光能量就会辐射出去，弯曲损耗是通过倏逝场尾部辐射产生的。

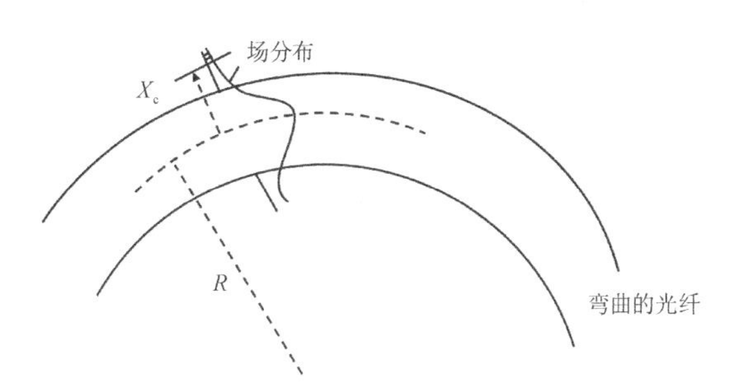

图 1.3.2　弯曲光纤与基模的倏逝场分布

为减小弯曲损耗，通常在光纤表面模压一种压缩护套，当受外力作用时，护套发生变形，而光纤仍可以保持准直状态。对于纤芯内半径为 a、外半径为 b（不包括护套）、折射率差为 $\varDelta$ 的渐变折射率光纤，无护套光纤的弯曲损耗是有护套光纤的弯曲损耗的 F 倍，F 由式（1.3.3）得出

$$F = \left[+\pi \varDelta b a E_t E_i\right] \tag{1.3.3}$$

式中，E_i 和 E_t 分别为护套材料和光纤材料的杨氏模量。通常，护套材料的杨氏模量为 20～500MPa，熔融石英玻璃光纤材料的杨氏模量约为 65GPa。

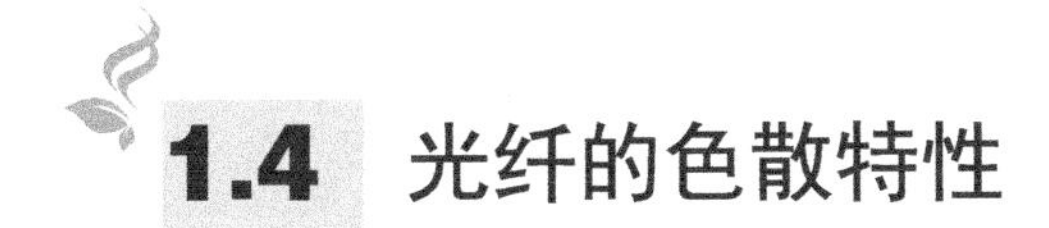

1.4　光纤的色散特性

光纤色散是指输入光脉冲在光纤中传输时，由于频率成分不同或不同模式的群速度不同

而引起光脉冲展宽的现象。光纤的色散特性是光纤主要的传输特性，它的存在将直接导致光信号在光纤传输过程中的畸变[13]。在数字光纤通信系统中，光纤色散将使光脉冲在传输过程中随着传输距离的增大而逐渐展宽。因此，光纤色散对光纤传输系统有着非常不利的影响，限制了系统的传输速率和传输距离的增大。

光纤色散包括材料色散、波导色散、模间色散等。

1.4.1 时延差和色散系数

时延是指信号传输单位长度所需的时间，用τ表示。对于一个载频为f_0的脉冲信号，单位长度的脉冲时延或群时延表示为

$$\tau=\frac{1}{f_g}=\left.\frac{d\beta}{d\omega}\right|_{f=f_0}=\frac{1}{c}\cdot\left.\frac{d\beta}{dk_0}\right|_{f=f_0}=-\frac{\lambda^2}{2\pi c}\cdot\frac{d\beta}{d\lambda} \tag{1.4.1}$$

式中，f_g为群速度，即光能在光纤中的传输速度，$f_g=\left.\frac{d\omega}{d\beta}\right|_{f=f_0}$；$\beta$为信号的传播常数；$\omega$为角频率；$k_0=\frac{2\pi}{\lambda}=\frac{\omega}{c}$。

不同速度的信号传输同样的距离需要不同的时间，即各信号的时延不同，这种时延的差别称为时延差，用$\Delta\tau$表示。时延差越大，色散越严重，因而可用时延差表示色散程度。时延差可由信号中的不同频率成分引起，也可由不同的模式成分引起。下面所述为由不同频率成分引起的时延差。

除理想的单色光源外，任何实际的光源都有一定的谱线宽度，用频率宽度（Δf）表示，引起的时延差为

$$\Delta\tau=\left.\frac{d\tau}{d\omega}\right|_{f=f_0}\Delta\omega=2\pi\Delta f\left.\frac{d\tau}{d\omega}\right|_{f=f_0} \tag{1.4.2}$$

式中，$\frac{d\tau}{d\omega}$是时延（τ）对角频率（ω）的变化率，即单位带宽上的时延差。对于激光光源，由于光谱线的带宽很窄，因此可以近似认为在Δf内$\frac{d\tau}{d\omega}$不变，等于f_0处的$\frac{d\tau}{d\omega}$值。

将式（1.4.1）代入式（1.4.2），可得时延差为

$$\Delta\tau=\Delta\omega\left.\frac{d^2\beta}{d\omega^2}\right|_{f=f_0}=\frac{1}{c}\cdot\frac{\Delta f}{f_0}\cdot\left.\frac{d^2\beta}{dk_0^2}\right|_{f=f_0}=-\frac{\Delta\lambda}{2\pi c}\left(2\lambda\frac{d\beta}{d\lambda}+\lambda^2\frac{d^2\beta}{d\lambda^2}\right) \tag{1.4.3}$$

由式（1.4.3）可以看出，信号的时延差与信号源的相对带宽（$\Delta f/f_0$）成正比，信号源的相对带宽越窄，信号的时延差就越小，色散程度就越轻。时延差使沿光纤传输的光脉冲信号随时间的增加而加宽。时延差越大，光脉冲展宽越严重，因此常用时延差来表示光纤色散的严重程度。定义色散系数［D，单位：ps/(nm·km)］为

$$D=\frac{d\tau(\lambda)}{d\lambda} \tag{1.4.4}$$

在光源谱线宽度（$\Delta\lambda$）内，色散系数（D）一般为常数。由于$\Delta\tau$正比于$\Delta\lambda$，因此采用窄谱线光源可降低色散的影响。

1.4.2　材料色散和波导色散

1.4.2.1　材料色散

材料色散是指材料本身的折射率随频率变化，导致信号的频率群速度不同而引起的色散。对于折射率（$n(\lambda)$）等于纤芯折射率的在无限电介质中传播的平面波，传播常数（β）为

$$\beta = \frac{2\pi n(\lambda)}{\lambda} \tag{1.4.5}$$

将式（1.4.5）代入式（1.4.1），可得材料色散产生的单位长度群时延为

$$\tau_{\mathrm{mat}} = \frac{1}{c}\left(n - \lambda\frac{\mathrm{d}n}{\mathrm{d}\lambda}\right) \tag{1.4.6}$$

利用式（1.4.3），将式（1.4.6）对λ微分得到的材料色散系数［单位：ps / (nm•km)］为

$$D_{\mathrm{mat}} = \frac{\mathrm{d}\tau_{\mathrm{mat}}}{\mathrm{d}\lambda} = -\frac{\lambda}{c}\cdot\frac{\mathrm{d}^2 n}{\mathrm{d}\lambda^2} \tag{1.4.7}$$

对谱线宽度为$\Delta\lambda$的光源，单位长度光纤的脉冲展宽（单位：ps / km）为

$$\Delta\tau_{\mathrm{mat}} = D_{\mathrm{mat}}\Delta\lambda = -\frac{\lambda\Delta\lambda}{c}\cdot\frac{\mathrm{d}^2 n}{\mathrm{d}\lambda^2} \tag{1.4.8}$$

长波长窗口的材料色散较短波长时小，且在某个波长附近，$\mathrm{d}^2 n/\mathrm{d}\lambda^2 = 0$时的延差为 0，这就是材料的零色散波长。对于纯$SiO_2$，零色散波长$\lambda_0 = 1.27\mu\mathrm{m}$。当掺杂其他元素时，$\lambda_0$稍有变化。

1.4.2.2　波导色散

为了研究波导色散对脉冲展宽的影响，假定材料的折射率与波长无关。为使结果与光纤结构无关，利用归一化传播常数（b）来计算群时延，则波导色散引起的单位长度群时延为

$$\tau_{\mathrm{W}} = \frac{1}{c}\cdot\frac{\mathrm{d}\beta}{\mathrm{d}k_0} = \frac{1}{c}\left[n_2 + n_2\varDelta\frac{\mathrm{d}\left(k_0 b\right)}{\mathrm{d}k_0}\right] \tag{1.4.9}$$

这里利用了关系式$\beta = n_2 k_0(1 + b\varDelta)$，并设$n_2$不随$\lambda$的变化而变化。通常$\varDelta$值很小，$V \approx k_0 a n_2\sqrt{2\varDelta}$，因此式（1.4.9）中的$k_0$可用$V$来代替，则式（1.4.9）变为

$$\tau_{\mathrm{W}} = \frac{1}{c}\left[n_2 + n_2\varDelta\frac{\mathrm{d}\left(Vb\right)}{\mathrm{d}V}\right] \tag{1.4.10}$$

式中，n_2为常数；$n_2\varDelta\frac{\mathrm{d}\left(Vb\right)}{\mathrm{d}V}$为波导色散引起的群时延。对于一定的$V$值，每个导模都有不同的群时延。当将光脉冲输入光纤时，光能量分布在多个导模中，由于它们到终端的时间是不

同的，因此脉冲会发生展宽。对于多模光纤，波导色散比材料色散小得多，可忽略不计。

对于单模光纤，波导色散的作用不能忽略，它与材料色散有同样的数量级。波导色散引起的单位长度脉冲展宽为

$$\Delta\tau_{\mathrm{W}}=\frac{\mathrm{d}\tau_{\mathrm{W}}}{\mathrm{d}\lambda}\Delta\lambda=-\frac{V}{\lambda}\cdot\frac{\mathrm{d}\tau_{\mathrm{W}}}{\mathrm{d}V}\cdot\Delta\lambda=-\frac{n_2\varDelta}{c\lambda}\cdot V\cdot\frac{\mathrm{d}^2(Vb)}{\mathrm{d}V^2}\cdot\Delta\lambda \tag{1.4.11}$$

波导色散系数［单位：ps/(nm·km)］的计算公式为

$$D_{\mathrm{W}}=-\frac{n_2\varDelta}{c\lambda}\cdot V\cdot\frac{\mathrm{d}^2(Vb)}{\mathrm{d}V^2} \tag{1.4.12}$$

图 1.4.1 给出了 $\mathrm{d}(Vb)/\mathrm{d}V$ 与 V 的关系。对于单模传输，V 为1.4～2，$\mathrm{d}(Vb)/\mathrm{d}V$ 的值在0.1～0.2 范围内。若 $\varDelta$=0.01，则 $n_2=1.5$，由式（1.4.11）可得

$$\Delta\tau_{\mathrm{W}}=-0.003\times\frac{\Delta\lambda}{c\lambda} \tag{1.4.13}$$

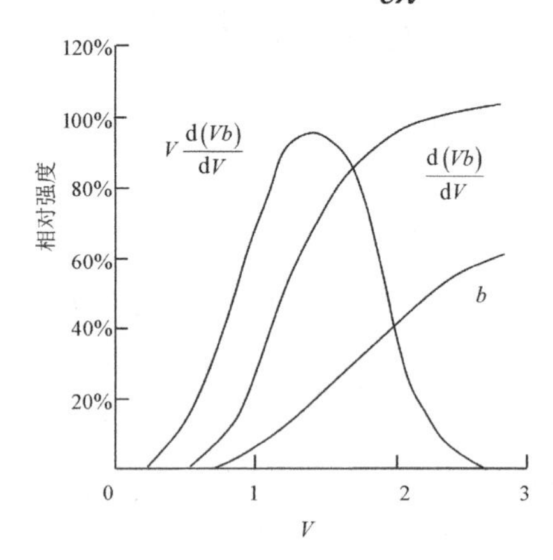

图 1.4.1　Vb 的一阶微分与 V 的关系

相比之下，材料色散在 $\lambda=0.9\mu\mathrm{m}$ 处引起的脉冲展宽可由式（1.4.8）得到

$$\Delta\tau_{\mathrm{mat}}\approx-\frac{0.02\Delta\lambda}{c\lambda} \tag{1.4.14}$$

可见，在短波长处，材料色散是主要的。

1.4.3　模间色散

在多模光纤中，除材料色散和波导色散外，还存在模间色散。光纤的 V 值越大，模式越多，而各模式在同一频率下的传播常数（β）不同，群速度也不同，由此会引起色散。

在阶跃折射率光纤中，模间色散引起的脉冲展宽取决于光线束的最长路径（最高次模，$T_{\max}$）与最短路径（基模，$T_{\min}$）之间的时延差。单位长度的脉冲展宽可表示为

$$\Delta\tau_{\mathrm{mod}}=T_{\max}-T_{\min}=\frac{n_1\varDelta}{c} \tag{1.4.15}$$

式中，c 为真空中的光速。设 $n_1=1.5$，$\varDelta$=0.01，则由式（1.4.15）可得 $\Delta\tau_{\mathrm{mod}}=0.015/c$。将它

与式（1.4.13）及式（1.4.14）计算的材料色散及波导色散进行比较，设光源为发光二极管（LED），相对谱宽为$\Delta\lambda/\lambda$=0.04，则有$\Delta\tau_{\mathrm{W}}=1.2\times10^{-4}/c$，$\Delta\tau_{\mathrm{mat}}=8\times10^{-4}/c$。这说明，在多模阶跃型光纤中，模间色散造成的脉冲展宽是主要的，要比波导色散和材料色散高 1～2 个数量级。若采用激光二极管（LD）作为光源，其相对谱线宽度要比发光二极管（LED）小得多，则模间色散的作用相对更大。

对于多模渐变型光纤，光线在纤芯中以类似于正弦波的轨迹传输。理论分析表明，当折射率分布沿径向呈平方律分布时，具有自聚焦特性，不同模式的光线在光纤中传输的轴向速度近似为常数，即高次模和低次模齐头并进，没有模式间时延差引起的脉冲展宽。在实际情况下，由于折射率不可能完全按平方律分布，再加上偏斜光线与子午线之间存在时差，以及工艺的不完善等，还是存在着一定的模间色散的。由于难以得到多模渐变型光纤中脉冲展宽的精确表达式，通常用式（1.4.16）近似估算单位长度的脉冲展宽

$$\Delta\tau_{\mathrm{mod}}=\begin{cases}\dfrac{N\Delta^2}{2c} & (a=2)\\ \dfrac{N\Delta(a-2)}{c(a+2)} & (a\neq2)\end{cases}\qquad(1.4.16)$$

式中，$N=\mathrm{d}(k_0n_1)/\mathrm{d}k_0$，为材料的群指数。可见，$\Delta\tau_{\mathrm{mod}}$是关于$a$的函数，且$a=2$时，$\Delta\tau_{\mathrm{mod}}\propto\Delta^2$，脉冲展宽最小。精确分析表明，模间色散最小的最佳折射率分布为

$$a_{\mathrm{opt}}=2-2.4\Delta\qquad(1.4.17)$$

设$\Delta=0.01$，$n_1=1.5$，当a分别取 2 和 1.2 时，由式（1.4.17）可得，1km 渐变折射率光纤中的脉冲展宽分别为 0.25nm 和 1.4nm，显然要比阶跃折射率光纤的脉冲展宽小得多，这说明渐变折射率光纤有较好的脉冲宽度特性。

设输入光纤的光脉冲宽度为τ_{in}，经光纤传输后因色散而展宽，则输出光脉冲的单位长度总宽度可近似表示为

$$\tau_{\mathrm{out}}^2=\tau_{\mathrm{in}}^2+\Delta\tau_{\mathrm{mod}}^2+\left(\Delta\tau_{\mathrm{mat}}+\Delta\tau_{\mathrm{W}}\right)^2\qquad(1.4.18)$$

1.4.4　光纤的传输带宽

色散使沿光纤传输的光脉冲展宽，最终可能使两个相邻脉冲发生重叠，重叠严重时会造成误码，如图 1.4.2 所示。定义相邻两脉冲虽重叠但仍能区别开时的最高脉冲速率为该光纤线路的最大可用带宽。

为研究光纤的带宽特性，可将光纤视为一个线性网络系统，光纤的脉冲响应如图 1.4.3 所示。

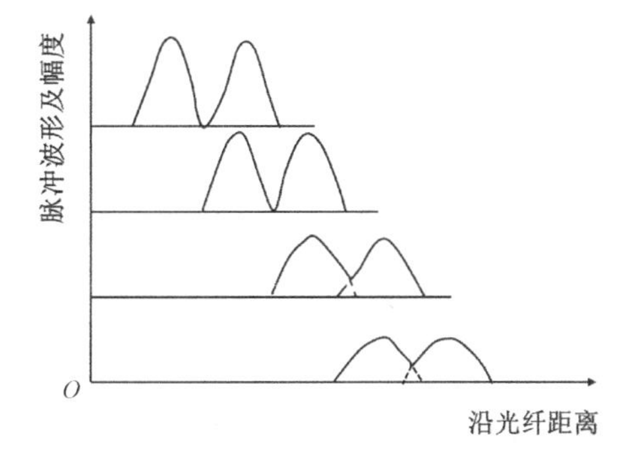

图 1.4.2　光纤沿线相邻脉冲的展宽及衰减

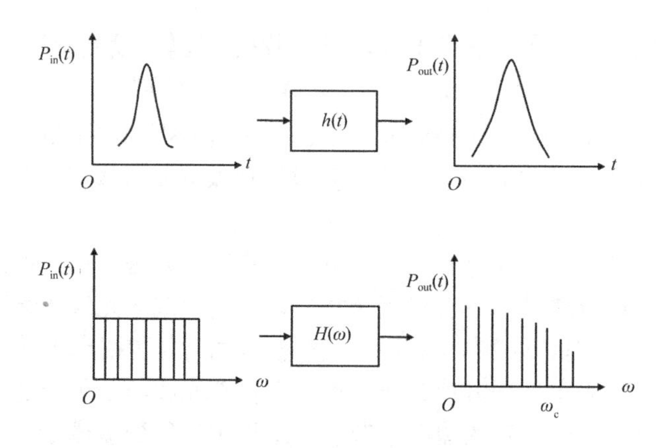

图 1.4.3　光纤的脉冲响应

在时域内，无限窄的输入光脉冲（$P_{in}(t)$）沿光纤传输时因色散而展宽，输出光脉冲为 $P_{out}(t)$，$h(t)$则为光纤的脉冲响应函数。设 $P_{in}(\omega)$ 和 $P_{out}(\omega)$ 分别为 $P_{in}(t)$ 和 $P_{out}(t)$ 的傅里叶变换，则光纤的频率传递函数为

$$H(\omega)=\frac{P_{out}(\omega)}{P_{in}(\omega)} \tag{1.4.19}$$

该函数具有低通滤波器的特性。$H(\omega)$ 与 $h(t)$ 的关系为

$$H(\omega)=\int_{-\infty}^{\infty}h(t)\mathrm{e}^{-\mathrm{j}\omega t}\mathrm{d}t \tag{1.4.20}$$

通常，光纤线路输出端的光脉冲服从高斯分布，即

$$h_{out}(\mathrm{t})=\frac{1}{\sigma\sqrt{2\pi}}\cdot\exp\left(-\frac{t^2}{2\sigma^2}\right) \tag{1.4.21}$$

式中，σ 为脉冲的均方根宽度。

由式（1.4.22）可得 $h_{out}(t)$ 的脉冲频谱为

$$H_{out}(\omega)=\exp\left(-\frac{\omega^2\sigma^2}{2}\right) \tag{1.4.22}$$

光纤的带宽是指光功率下降到直流功率一半时的频率，即

$$\frac{H_{out}(\omega)}{H_{out}(0)}=\exp\left(-\frac{\omega_c^2\sigma^2}{2}\right)=\frac{1}{2} \tag{1.4.23}$$

因此，光功率为 3dB 时的带宽为

$$f_c=\frac{0.44}{t_{FWHM}} \tag{1.4.24}$$

表 1.4.1 所示为石英光纤的典型带宽参数。表中分别列出了在模间色散及材料色散限制下的光纤带宽。

表 1.4.1 石英光纤的典型带宽参数

光源	带宽参量	多模光纤带宽/V		单模光纤带宽/V
		阶跃型	渐变型	阶跃型
LED $\lambda = 0.85\mu\text{m}$ $\Delta\lambda = 50\text{nm}$	模间色散 材料色散	0.01 0.5	1～5 0.5	0.5
LED $\lambda = 1.3\mu\text{m}$ $\Delta\lambda = 50\text{nm}$	模间色散 材料色散	0.01 2～8	1～5 2～8	2～8
LD $\lambda = 0.85\mu\text{m}$ $\Delta\lambda = 2\text{nm}$	模间色散 材料色散	0.01 25	1～5 25	25
LD $\lambda = 1.3\mu\text{m}$ $\Delta\lambda = 2\text{nm}$	模间色散 材料色散	0.01 100	1～5 100	100

对于多模阶跃型光纤，带宽主要受模间色散的限制，仅为几十 MHz· km。而对于多模渐变型光纤，当工作在 1.3μm 波长并采用 LD 作为光源时，模间色散是主要的限制。对单模光纤，影响带宽的是材料色散和波导色散，单模光纤有最大的带宽距离积。

1.5 光纤的偏振特性与双折射效应

1.5.1 单模光纤的理想偏振特性与双折射效应

单模光纤只传播 HE_{11} 一种模式。在理想情况（假设光纤为圆截面，笔直无弯曲，材料纯净无杂质）下，HE_{11} 模为垂直于光纤轴线的线偏振光。实际上，这种线偏振光是二重简并的，可以分解为彼此独立、互不影响的两个正交偏振分量 HE_{11}^x 和 HE_{11}^y，它们的传播常数相等，即 $\beta_x = \beta_y$，在传播过程中始终保持相位相同，简并后线偏方向不变。若在光纤的入射端面只沿 x 轴方向激励模，则光纤中不会出现 HE_{11}^y 模；反之亦然。若在 x、y 轴之间的任意方向激励，则光纤中始终存在 HE_{11}^x 模和 HE_{11}^y 模，且其幅值比沿光纤保持不变，简并后的 HE_{11} 模线偏振方向不变。

上述理想条件在现实中是很难达到的。实际的光纤总含有一些非对称因素，使两个本来简并的模式 HE_{11}^x 和 HE_{11}^y 的传播常数出现差异，即 $\beta_x - \beta_y \neq 0$，线偏振态沿光纤不再保持不变，而是发生连续变化，这种现象称为光纤的双折射效应。这种双折射效应可用归一化双折射系数（B）或拍长（Λ）来表示。

$$B = \frac{\Delta\beta}{\beta_{\text{av}}} = \frac{n_x - n_y}{n_{\text{av}}} \tag{1.5.1}$$

$$\Lambda = \frac{2\pi}{\Delta\beta} = \frac{2\pi}{\beta_{\text{av}} B} \tag{1.5.2}$$

式中，β_{av} 为单模光纤的平均传播常数；n_{av} 为单模光纤的平均折射率。通常拍长 Λ 在 10cm～2m 范围内。

单模光纤产生双折射效应的原因很复杂，主要有两个方面：一是光纤内部固有的，如制造工艺不完善等原因导致光纤截面产生椭圆度，材料分布不均匀等原因导致光纤介质光学各向异性；二是在光纤使用过程中外部施加的，如光纤弯曲、扭转使光纤产生形变和内应力，或者外加电场、磁场产生的电光、磁光效应导致光纤介质光学各向异性。单模光纤的双折射效应是光纤的一个重要特性，在使用中要经常对其加以抑制或利用。归一化双折射系数（B）降低到 10^{-7} 量级以下，相应拍长（Λ）达到 100m 以上的单模光纤，称为低双折射光纤。目前常见的低双折射光纤有理想圆对称光纤和自旋光纤两种。

1.5.2 保偏光纤的理想偏振特性与双折射效应

保偏光纤为偏振保持光纤的简称，又称高双折射光纤。与低双折射光纤相反，保偏光纤要求保持光纤的双折射系数（B）尽可能高，使其达到 $10^{-4}\sim10^{-3}$ 量级，相当于光纤拍长 Λ 在毫米量级[14]。由于光纤的刚度足以抵御外界毫米量级的微弯、扭曲等干扰，两个正交模态的传输损耗都很小，且衰减率几乎相等，因此当向两个模态射入等量的光时，总偏振态沿着光纤轴向按"线偏振—圆偏振—线偏振"的规律呈周期性变化；当只向其中一个模态射入光时，光在整个光纤中的线偏振态保持不变。

几种典型的保偏光纤的横截面结构如图 1.5.1 所示。一般采用加大纤芯椭圆度或加大内应力的方法来实现双折射。

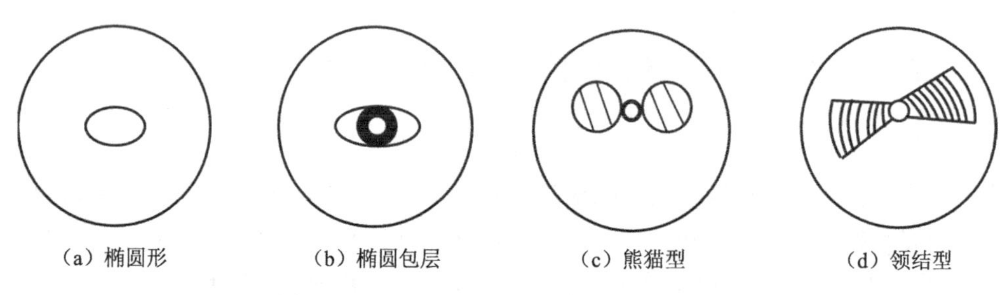

（a）椭圆形　　（b）椭圆包层　　（c）熊猫型　　（d）领结型

图 1.5.1　几种典型的保偏光纤的横截面结构

除用拍长来描述保偏光纤的特性外，有时也用保偏参数（h）来描述。假设用 P_x 和 P_y 分别表示 HE_{11}^{x} 模和 HE_{11}^{y} 模的功率，由光纤模式耦合理论可得出两个模的功率交叉耦合的计算公式为

$$\frac{P_y}{P_x+P_y}=\frac{1}{2}\left(1-\mathrm{e}^{-2hl}\right) \tag{1.5.3}$$

式中，l 为光纤长度。可见，光纤越长，交叉功率越大。为了保持偏振态，P_y 应接近 0，即 h 应很小。高质量保偏光纤的 h 值一般在 $2\times10^{-5}\sim5\times10^{-4}\mathrm{m}^{-1}$ 范围内。

1.5.3 纯单模光纤的双模态

普通的单模光纤实际上都存在着两个彼此独立的正交模态，即双模态工作状态。若在制造光纤时，有意地使单模光纤的两个模态具有不同的衰减率，即一个为高损耗模态，另一个为低损耗模态，二者的偏振消光比（以下简称消光比）达到 50dB 以上，则其中的高损耗模态实际上已经截止，光纤中只剩一个偏振模在传输。这种光纤才是纯单模光纤。纯单模光纤的一个重要特征是，输入任何偏振态的光都只有线偏振光输出，因此也称为起偏光纤。

理论分析和实验证明，若使纯单模光纤的折射率分布呈 W 形（见图 1.5.2），则可使单模光纤的两个偏振模具有不同的截止频率。制造纯单模光纤的一种方法是钻空法，纤芯材料为掺氟（F）和 GeO_2 的石英玻璃，包层材料为掺氟（F）的石英玻璃，将圆形隧道孔洞开在石英套管层内。这种圆形隧道光纤的拍长为 0，是一种纯单模光纤。

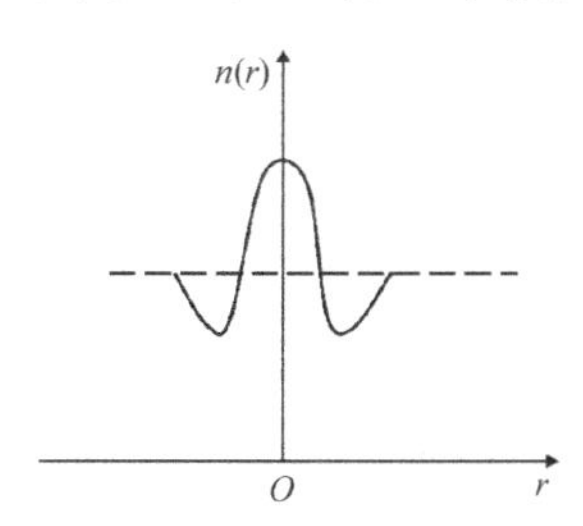

图 1.5.2　纯单模光纤的折射率分布曲线

1.6　光纤的非线性特性

任何介质在强电磁场作用下都将呈现出非线性特性，光纤也不例外。虽然石英光纤本质上不是高非线性材料，但由于光纤传输距离很长，并将光场限制在横截面很小的区域，因此光纤中的非线性现象仍然十分显著，对光信号的传输有重要影响，并在许多方面得到应用。现在光纤的非线性已发展成为非线性光学的一个重要分支学科——非线性光纤光学。在产生非线性光学现象方面，光纤的主要特点如下。

（1）光纤中的光波场在二维方向上被局限在光波长量级的小范围内，这样，即使只有较小的输入光功率，在光纤中也可获得较大的光功率密度，足以实现非线性相互作用。

（2）光波在光纤中可以无衍射地传输相当长的距离，从而保证了有效的非线性相互作用所需的相干传输距离。

（3）在光纤中，可以利用多模色散来抵消材料色散，这使得那些由于光学各向同性而很难在介质中实现相位匹配的情况在光纤中有可能实现，并获得有效的非线性作用。

线性或非线性是指传输光的介质的性质，而非光本身的性质。当介质受到光场的作用时，组成介质的原子或分子内的电子相对于原子核发生微小的位移或振动，使介质产生极化。也就是说，光场的存在使介质的特性发生了变化。极化后的介质内出现了偶极子，这些偶极子能辐射出相应频率的电磁波。感生的辐射场叠加到原入射场上，就是介质内的总光场。这说明介质特性的改变又反过来影响了光场。这一过程由极化强度矢量 $\boldsymbol{P}(r,t)$ 与电场强度矢量 $\boldsymbol{E}(r,t)$ 的关系来描述。如果这一关系是线性的，就称该介质是线性的；反之，就称该介质是非线性的。介质的线性特性由式（1.6.1）描述。

$$P = \varepsilon_0 \chi E \tag{1.6.1}$$

式中，P 为电极化强度；ε_0 为自由空间的介电常数；χ 为介质的电极化率。线性介质的 P-E

关系曲线如图 1.6.1（a）所示。

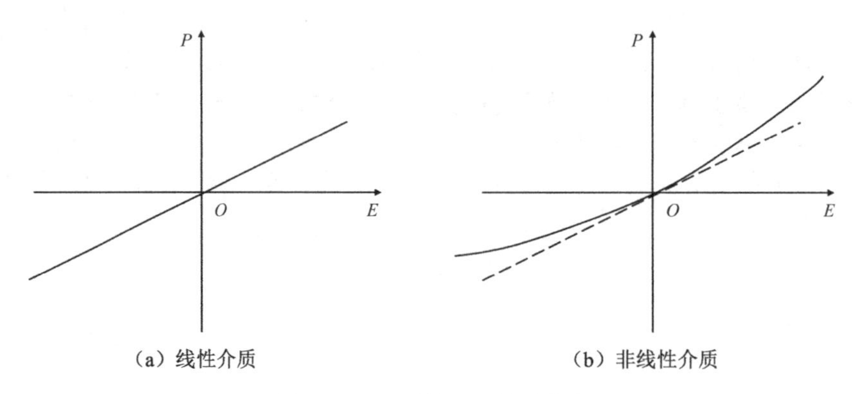

（a）线性介质　　　　（b）非线性介质

图 1.6.1　介质的 P-E 关系曲线

在强电场的作用下，任何介质都呈现非线性。从根本上讲，非线性的来源与施加场影响下的束缚电子的非简谐运动有关。其结果使 P 不再是 E 的线性函数，而是 E 的非线性函数。因为外界施加的光电场与原子间或晶格内的场相比一般是小的，所以即使使用聚焦的激光束，其非线性也通常还是很弱的。对于小光场 E，P 与 E 的关系近似为线性，当 E 增大时，P 与 E 呈非线性关系。在这样的条件下，描述 P 与 E 关系的函数可以围绕 E=0 展开成泰勒级数，如式（1.6.2）所示。

$$P = \varepsilon_0 \chi E + 2dE^2 + 4\chi^{(3)}E^3 + \cdots \tag{1.6.2}$$

式中，d 为二阶非线性系数，在半导体、介质晶体等中的典型值为$10^{-24} \sim 10^{-21}$（MKS 单位）；$\chi^{(3)}$ 为三阶非线性系数，在半导体、介质晶体等中的典型值为$10^{-34} \sim 10^{-29}$（MKS 单位）。如图 1.6.1（b）所示，P 与 E 不再呈线性关系。显然，当光场较弱时，式（1.6.2）的第一项占主导地位，其余高阶项可忽略，此时介质表现为近似线性。只有当光场较强，高阶项不可忽略时，介质的非线性才可能表现出来。

在式（1.6.2）中，线性部分占主要地位，二阶非线性系数 d 导致产生二次谐波及和频等一系列非线性效应。但它仅对缺乏分子量级反转对称的介质才不为 0。因为SiO_2是对称分子，硅玻璃的 d=0，所以光纤通常不表现出二阶非线性效应。不过，光纤内部的掺杂、电四极子、磁二级子在特定条件下也会导致二次谐波的产生。

下面讨论几种重要的光纤非线性效应。

1.6.1　非线性折射

光纤中的最低阶非线性效应起源于三阶极化系数（$\chi^{(3)}$），它是引起三次谐波、四波混频、非线性折射率等的原因。光纤中的许多非线性效应都来源于非线性折射率。非线性折射率是 $\chi^{(3)}$ 与光场相互作用的结果，可表示为

$$n(\omega, |E|^2) = n(\omega) + n_2|E|^2 \tag{1.6.3}$$

式中，$|E|$ 为光场强度的有效值或均方根；$n(\omega)$ 为线性折射率，与 χ 相关；ω 为光场角频率；n_2 为与 $\chi^{(3)}$ 有关的非线性折射率。假设电场是线偏振的，则四阶张量（$\chi^{(3)}$）中只有一个分量

$\chi_{xxxx}^{(3)}$ 对折射率有贡献。此时，n_2 的表达式为

$$n_2 = \frac{3}{8n} \cdot \chi_{xxxx}^{(3)} \tag{1.6.4}$$

对于石英光纤，$n_2 = 1.3 \times 10^{-22} \mathrm{m}^2 / \mathrm{V}^2$，因此折射率的非线性影响一般很小（小于$10^{-7}$量级）。折射率对光强的依赖特性引起显著的非线性效应，其中应用得十分广泛的两个是自相位调制（SPM）效应和交叉相位调制（CPM）效应。

1. 自相位调制效应

自相位调制是指光脉冲在传输过程中，由自身引起的相位变化导致光脉冲频谱扩展的现象。自相位调制与自聚焦现象有密切关系。实际上，最早是在充二硫化碳（CS_2）的盒子中发现光脉冲传输时发生了自聚焦的现象，从而才发现自相位调制现象的。

光脉冲在光纤中的传播过程中的相位改变为

$$\varphi = nk_0L = (n_1 + n_2|E|^2)k_0L = \varphi_0 + \varphi_{\mathrm{NL}}$$

式中，$k_0 = 2\pi/\lambda$；L 为光纤长度；n_2 为非线性折射率；φ_0（n_1k_0L）是相位变化的线性部分；φ_{NL}（$n_2k_0L|E|^2$）与光场强度的平方成正比。从原理上说，自相位调制可用来实现调相。但实现调相需要很强的光强，且需选择 n_2 大的材料。自相位调制的真正应用是在光纤中产生光学孤子，实现光学孤子通信，这是光纤非线性特性的一个重要应用。

2. 交叉相位调制效应

当两个或多个不同波长的光波在光纤中同时传输时，它们将通过光纤的非线性而相互作用。此时，有效折射率不仅与该类波长光波的强度有关，还与其他波的强度有关。交叉相位调制就是指光纤中某一波长的光场 E_1 由同时传输的另一不同波长的光场 E_2 引起非线性相移的现象。光场 E_1 的相移由式（1.6.5）给出。

$$\varphi_{\mathrm{NL}} = n_2k_0L\left(|E_1|^2 + 2|E_2|^2\right) \tag{1.6.5}$$

式中，$|E_1|^2$ 由自相位调制引起，$2|E_2|^2$ 即为交叉相位调制项。交叉相位调制使共同传输的光脉冲的频谱不对称地展宽。

交叉相位调制引入了波之间的耦合，在光纤中产生了显著的非线性效应，它包括不同频率、相同偏振的波之间及同一频率、不同偏振的波之间的耦合。研发人员利用后者及通过交叉相位调制引入的非线性双折射，开发出了光克尔 Q 开关和强度鉴别器两种实用器件。

克尔效应利用强泵浦光作用于一个各向同性的非线性介质引入的双折射，去改变一个相对较弱的信号的传输。这一效应在皮秒（ps）量级延迟时间的光开关方面有应用前景。

1.6.2　受激非弹性散射

由三阶极化系数（$\chi^{(3)}$）描述的非线性效应是弹性的。弹性非线性效应是指在强光作用过程中，电磁场和介质之间无能量交换，光波散射光频率（或光子能量）保持不变。另一类非线性效应来源于受激非弹性散射，在此过程中，光场的部分能量转移给非线性介质，散射光频

率下移。光纤中有两种非线性效应，分别为受激拉曼散射（SRS）和受激布里渊散射（SBS）。

1．受激拉曼散射

受激拉曼散射是光纤中很重要的非线性过程。它可看作介质中分子振动对入射光（泵浦光）的调制，即分子内部粒子间的相对运动导致分子感应电偶极矩随时间的周期性调制，从而对入射光产生散射作用。设入射光的角频率为ω_1，介质的分子振动角频率为ω_V，则散射光的角频率分别为$\omega_S=\omega_1-\omega_V$和$\omega_{AS}=\omega_1+\omega_V$，这种现象称为受激拉曼散射。所产生的角频率为$\omega_S$的散射光叫作斯托克斯波，角频率为$\omega_{AS}$的散射光叫作反斯托克斯波。对斯托克斯波可用物理图像描述：一个入射的光子消失，产生了一个频率下移的光子（斯托克斯波）和一个有适当能量、动量的光子，使能量和动量守恒。

拉曼散射过程的数学描述为

$$\frac{\mathrm{d}I_S}{\mathrm{d}z}=g_R I_p I_S \tag{1.6.6}$$

式中，I_S为斯托克斯的光强；z为传输距离；g_R为拉曼增益系数；I_p为泵浦光强。

拉曼增益的最显著特征是拉曼增益系数（g_R）延伸覆盖一个很大的频率范围（可达40GHz），即增益谱线很宽。在$\lambda=1\mu m$附近，$g_R=10^{-13}m/W$，并与波长成反比。

要获得明显的非线性作用，输入的泵浦功率必须足够大，即必须达到某一阈值。拉曼散射的阈值泵浦功率（单位：W）可近似表示为

$$P_R\approx\frac{16A_{eff}}{L_{eff}g_R} \tag{1.6.7}$$

式中，A_{eff}为光纤的有效纤芯面积（或有效截面积），且有

$$A_{eff}=\pi s_0^2 \tag{1.6.8}$$

式中，L_{eff}为光纤的有效长度；s_0为光纤的衰减系数。

由式（1.6.7）可见，阈值泵浦功率（P_R）与光纤的有效纤芯面积（A_{eff}）成正比，与拉曼增益系数（g_R）成反比，且随光纤的有效长度L_{eff}的增大而减小。尤其对于超低损耗的单模光纤，拉曼阈值会很低。对于长光纤，在$\lambda=1.55\mu m$处，当$A_{eff}=50\mu m^2$时，预测的拉曼阈值是600mW。此外，从泵浦波到斯托克斯波的转换效率很高。角频率为ω_S的波为一阶斯托克斯波。当一阶斯托克斯波足够强时，它会充当泵浦波产生二阶的斯托克斯波，以此类推，可以产生多阶的斯托克斯波并输出。

2．受激布里渊散射

受激布里渊散射与受激拉曼散射在物理过程上十分相似，入射角频率为ω_p的泵浦光将一部分能量转移给角频率为ω_S的斯托克斯波，并发出频率为Ω的声波，三者之间的关系为

$$\Omega=\omega_p-\omega_S \tag{1.6.9}$$

但二者在物理本质上稍有差别。受激拉曼散射的频移量在光频范围，属于光学分支；受激布里渊散射的频移量在声频范围，属于声学分支。另外，光纤中的受激拉曼散射发生在前向，即斯托克斯波和泵浦波传播方向相同；受激布里渊散射发生在后向，即斯托克斯波和泵

浦波传播方向相反。光纤中的受激布里渊散射的阈值功率比受激拉曼散射的阈值功率低得多。在光纤中，一旦达到受激布里渊散射阈值，将产生大量的后向传输的斯托克斯波，这将对光通信系统产生不良影响。这一原理还可用来构成布里渊光纤放大器和布里渊光纤激光器等光纤元件。在连续波的情况下，受激布里渊散射易于产生，因为它的阈值相对较低。在脉冲工作情况下则有所不同，若脉冲宽度 $T \leqslant 10\text{ns}$，则受激布里渊散射将会减弱或被抑制，甚至不会发生。

光纤中受激布里渊散射发生的阈值泵浦功率可近似表示为

$$P_{\mathrm{B}} \approx \frac{21 A_{\mathrm{eff}}}{L_{\mathrm{eff}} g_{\mathrm{B}}} \tag{1.6.10}$$

由式（1.6.10）可知，阈值泵浦功率（P_{B}）与纤芯有效面积（A_{eff}）成正比，与光纤的有效长度（L_{eff}）成反比。g_{B} 为布里渊增益系数，它与谱线宽度（Δf_{B}）成反比，所以阈值泵浦功率（P_{B}）与谱线宽度（Δf_{B}）成正比。对于很窄的脉冲，因其频谱较宽，所以布里渊泵浦阈值功率很高，布里渊散射的影响较弱，可以忽略。

受激拉曼散射可用于制造拉曼光纤激光器和拉曼光纤放大器。拉曼光纤放大器可用作光接收机的前置放大器，也能在多信道通信系统中同时放大多路信号。受激布里渊散射可用于制造布里渊光纤放大器。由于其增益谱线宽度窄，放大器的带宽也很窄，因此可用于多信道通信系统选择信道，以提高接收机的灵敏度。

1.6.3　参量过程与四波混频

在受激散射过程中，光纤作为非线性介质，通过分子振动和声学声子的参与起主动作用。在很多非线性现象中，光纤除了通过束缚电子的非线性响应在几个光波间作为介质传递相互作用，还起被动作用。这样的过程称为参量过程，因为它们起源于介质参量（如折射率）的改变。参量过程包括谐波产生、四波混频和参量放大等。

四波混频（FWM）是三阶电极化率（$\chi^{(3)}$）参与的三阶参量过程，是非线性介质对多个波同时传输时的一种响应现象。如果有 3 个角频率分别为 ω_1、ω_2、ω_3 的光场同时在光纤中传输，三阶电极化率将会引起角频率为 ω_4 的新光场的出现。新光场的角频率为 3 个入射光频率的各种可能的组合，即

$$\omega_4 = \omega_1 \pm \omega_2 \pm \omega_3 \tag{1.6.11}$$

从形式上看，式（1.6.11）中的正负号决定的几个不同频率的光场都可能存在。但是，要有显著的四波混频现象发生，必须要求频率及波矢匹配，即满足相位的匹配条件：

$$\boldsymbol{k}_3 + \boldsymbol{k}_4 = \boldsymbol{k}_1 + \boldsymbol{k}_2 \tag{1.6.12}$$

式中，$\boldsymbol{k}_1$、$\boldsymbol{k}_2$、$\boldsymbol{k}_3$、$\boldsymbol{k}_4$ 为各光场的波矢。组合为 $\omega_4 = \omega_1 + \omega_2 - \omega_3$ 的形式，其相位匹配条件相对容易满足，四波混频过程较易发生，而其他组合都不能有效地产生。

在一个或多个光子消失的同时，在产生不同频率的新光子的参量过程中，能量和动量是守恒的。参量过程和受激散射过程的主要差别在于，在受激拉曼散射和受激布里渊散射过程中，由于非线性介质有效参与，相位匹配条件自动满足；相反，在参量过程中，必须选择特别的频率及折射率，才能满足匹配条件，使参量过程有效地发生。如果相位匹配条件满足，四波混频的阈值泵浦功率比受激拉曼散射过程中的要低。实际上，在长光纤中，受激拉曼散射

过程更占优势，这是由于长距离上光纤芯径变化，不易保持相位匹配，四波混频不易产生。四波混频产生的新频率光场的功率与 3 个入射波的功率成正比。随着光的传输，入射光中的频率分量会通过四波混频过程产生新的频率分量，从而导致频谱展宽。

参量过程和参量增益可用于制造光纤参量激光器和光纤参量放大器。光纤参量放大器不存在半导体光放大器和光纤放大器中固有的放大自发辐射（ASE）噪声，可用于光波系统。

1.6.4 光学孤子

1.6.4.1 光学孤子的基本概念

从物理学的观点看，光学孤子是光学非线性效应的一个特殊产物。孤子（Soliton）一词来源于孤立波，又称孤立子。孤立波是一种特殊的波，这种波能够不变形地传输很长的距离，而且可以在遭遇碰撞后保持形状不变，具有粒子的特性，所以称为孤子。在物理学的许多领域（如等离子体物理学、高能电磁学、流体力学、非线性光学等）都有孤子现象。光纤中的孤子不仅具有基础研究价值，还在光纤通信领域具有巨大的应用潜力。

1834 年 8 月，英国科学家、造船工程师斯各特 • 罗素观察到一只运行的木船船头“挤”出了一团水；当船突然停下时，这团水形成一个滚圆，以每小时大约 13km 的速度往前滚动。10 年后，在英国科学促进协会第 14 届会议上，他发表了一篇题为“论水波”的论文，描述了这种现象。这就是首次发现的著名的孤立波现象。

光学孤子是在光纤的色散与非线性自相位调制两种效应的共同作用及一定条件下产生的一种物理现象，两种作用互相补偿而使光脉冲形状在传输过程中保持不变。

当光脉冲在线性色散介质中传播时，由于各频率分量以不同的群速度传播，因此有不同的时延，导致脉冲逐渐展宽，形状不断地改变。如果介质是非线性的，自相位调制效应将使脉冲相位发生变化，相应地改变其频率。由于脉冲中不同部分的光强不同，因此频率改变的多少也不同。在色散、非线性共存的介质中，两种效应的共同作用使脉冲形状产生总体的变化。至于脉冲是展宽还是压缩，取决于这两种效应的强弱和符号。在一定的条件下，具有特定形状和强度的光脉冲可以在非线性介质中传播而不改变形状，就像在理想的线性非色散介质中传播一样。这种情况，只有当色散效应完全补偿了自相位调制效应时，才可能发生，这就是光学孤子脉冲产生的条件。

1.6.4.2 光学孤子的应用

光学孤子可用于长距离光通信、压缩光脉冲及构成孤子激光器等。

光学孤子在光纤中传输时，形状、幅度和速度都不变，利用光学孤子这种稳定传输的特性，可大大提高光通信系统的容量和中继距离。理论分析表明，中继距离相同时，孤子系统的容量是目前最好的线性系统的容量的 10～100 倍。传输速率相同时，孤子系统的通信距离是目前最好的线性系统的几倍至几十倍。

光学孤子在光纤中传输时虽然不会因光纤的色散而变形，但是光学孤子的峰值强度会因光纤的损耗而降低，并导致脉冲展宽。若光纤损耗较小，则光学孤子在传播过程中的振幅和脉冲宽度为常数。因此，在以通信为目的的光学孤子长距离传输系统中，需要使脉冲进一步变窄。目前较好的办法就是，利用光纤中的拉曼放大作用或掺杂光纤的放大作用来补偿光纤的损耗，以使光学孤子保持不变形。在放大过程中，脉冲宽度的变窄和脉冲幅度的增加成正比，当放大的增益恰好等于光纤的损耗时，光学孤子就能保持不变形地长距离传输。一般的光通信系统中，当传输速率为1Gbit / s时，脉冲变形由光纤损耗决定；当传输速率超过1Gbit / s时，脉冲变形则主要由光纤群速色散决定，因此，在这种通信系统中，传输距离和传输速率均受到限制。若采用放大光学孤子的办法，则可提高传输速率，增大传输距离，而且由于省去了中继，费用也可大大降低。

利用光学孤子传播时的脉冲变窄效应可以压缩皮秒脉冲，实验中已做到将具有高孤子数的皮秒脉冲的宽度压缩到原来的1/3。

此外，利用光纤形成光学孤子的能力可以构成孤子激光器。首台孤子激光器的基本原理是，用光纤同步反馈一部分脉冲功率至锁模激光器内，通过几次往返达到稳定态，这时脉冲具有孤子形状，脉冲宽度由光纤长度决定，并且可以比没有光纤的激光器的输出脉冲窄得多。利用这种方法可以产生50fs（飞秒）的窄脉冲。

1.7 光缆基础知识

光缆用适当的材料和缆结构，对通信光纤进行收容保护，使光纤免受机械力、环境的影响和损害，适用于不同场合。

1.7.1 光缆结构的基本要求

光缆是以一根或多根光纤或光纤束制成符合化学、机械和环境特性的结构。不论何种结构的光缆，基本上都是由缆芯、护层和加强元件3部分组成的。

1. 缆芯

缆芯结构应满足以下基本要求。

（1）使光纤在光缆内处于最佳位置和状态，保证光纤的传输性能稳定。在光缆受到一定打拉、侧压等外力作用时，光纤不应受到外力的影响。

（2）缆芯中的加强元件应能经受允许拉力的作用。

（3）缆芯截面应尽可能小，以降低成本。

（4）缆芯内有光纤、套管（或骨架）和加强元件，在缆芯内还需填充油膏，使缆芯具有可靠的防潮性能，防止潮气在缆芯中扩散。

2. 护层

光缆的护层主要是对已成缆的光纤纤芯起保护作用，避免受到外界机械力和环境的损害，使光纤能适应各种敷设场合，因此要求护层具有耐压、防潮、温度特性好、质量轻、耐化学侵蚀和阻燃等特点。

光缆的护层可分为内护层和外护层。内护层的材料一般为聚乙烯或聚氯乙烯等；外护层的材料可根据敷设条件而定，为铝带和聚乙烯组成的外护套加钢丝铠装等。

3．加强元件

加强元件主要用于承受敷设安装时所加的外力。光缆加强元件的配置方式一般分为中心加强元件方式和外周加强元件方式。

一般层绞式光缆和骨架式光缆的加强元件均处于缆芯中央，属于中心加强元件（加强芯）；中心束管式光缆的加强元件从缆芯移到护层，属于外周加强元件。

加强元件一般有金属钢线和非金属玻璃纤维增强塑料。使用非金属加强元件的非金属光缆能有效地防止雷击。

1.7.2　光缆按结构分类

光缆按结构分类，有层绞式、骨架式、中心束管式 3 种。其中，层绞式光缆结构图如图 1.7.1 所示，骨架式光缆结构图如图 1.7.2 所示。

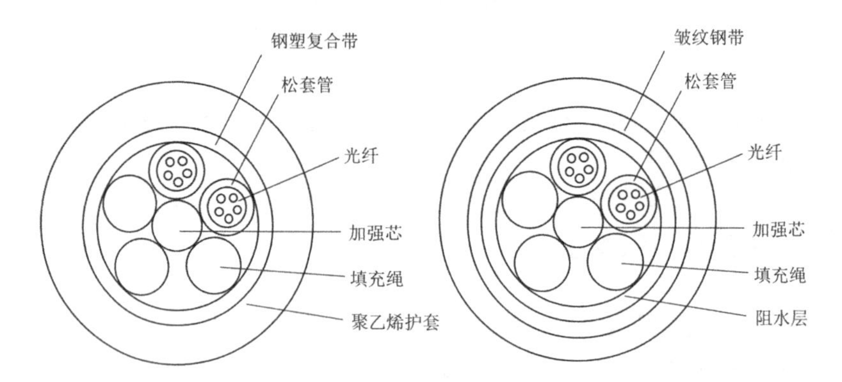

图 1.7.1　层绞式光缆结构图

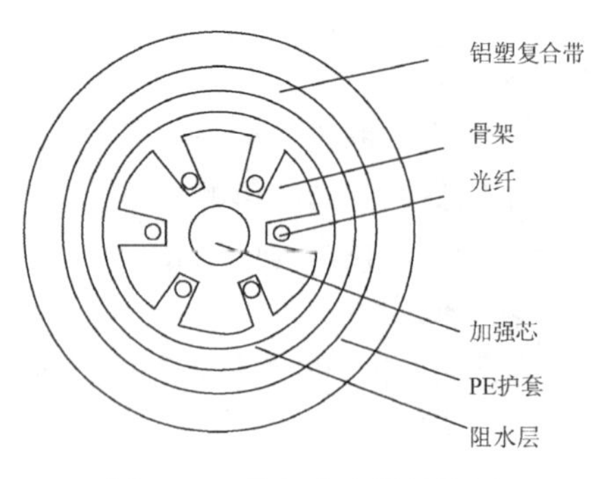

图 1.7.2　骨架式光缆结构图

1.7.3　光缆的其他类型

光缆的其他类型有室外光缆、带状光缆、“8”字光缆、室内光缆等。

1. 室外光缆

室外光缆（见图1.7.3）主要用于干线和城域网的直埋、管道、架空建设。

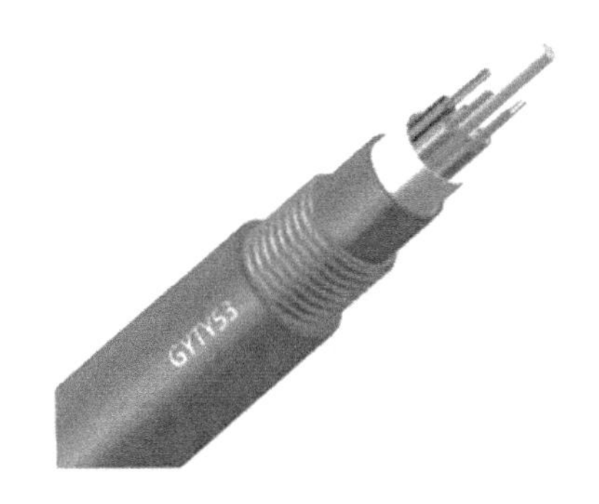

图1.7.3 室外光缆

2. 带状光缆

带状光缆（见图1.7.4）主要用于大芯数高度密集的城域骨干网络的建设。

图1.7.4 带状光缆

3. “8”字光缆

“8”字光缆（见图1.7.5）将缆芯部分和钢丝吊线集成到一个“8”字形的聚乙烯护套内，形成自承式结构，在敷设过程中无须架设吊线和挂钩，施工效率高，施工费用低，可以十分简单地实现电杆与电杆之间、电杆与楼宇之间、楼宇与楼宇之间等的架空敷设。

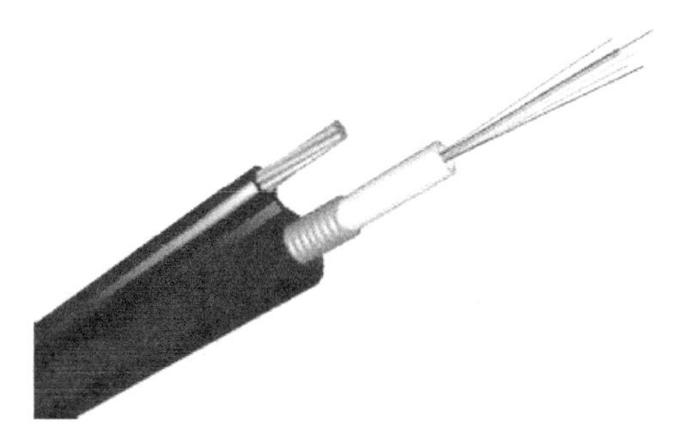

图1.7.5 “8”字光缆

4．室内光缆

室内光缆（见图 1.7.6）主要用于楼宇内局域网建设，在楼宇内垂直布线。

图 1.7.6　室内光缆

1.7.4　光缆的型号

根据国际电信联盟电信标准分局（ITU-T）的有关建议，目前光缆的型号是由光缆的型式代号和光纤的规格代号两部分构成的，中间用一短横线分开。光缆的型式代号由光缆分类、加强构件、派生特征、护套和外护层 5 部分组成。

1．光缆分类的代号及其意义

光缆分类的代号及其意义如表 1.7.1 所示。

表 1.7.1　光缆分类的代号及其意义

代　号	意　义
GY	通信用室（野）外光缆
GM	通信用移动式光缆
GJ	通信用室（局）内光缆
GS	通信用设备内光缆
GH	通信用海底光缆
GT	通信用特殊光缆

2．加强构件的代号及其意义

无符号表示金属加强构件，F 表示非金属加强构件。

3．派生特征的代号及其意义

光缆结构特征应能表示缆芯的主要类型和光缆的派生结构。当光缆型式有几个结构特征需要注明时，可用组合代号表示。组合代号的顺序按表 1.7.2 中的相应代号自上而下排列。

表 1.7.2　派生特征的代号及其意义

代　　号	意　　义
D	光纤带结构
无符号	光纤松套被覆结构
J	光纤紧套被覆结构
无符号	层绞结构
G	骨架槽结构
X	中心束管结构
T	油膏填充式结构
Z	自承式结构
B	扁平形状
Z	阻燃

4. 护套的代号及其意义

护套的代号及其意义如表 1.7.3 所示。

表 1.7.3　护套的代号及其意义

代　　号	意　　义
Y	聚乙烯护套
V	聚氯乙烯护套
U	聚氨酯护套
A	铝-聚乙烯黏结护套（A 护套）
S	钢-聚乙烯黏结护套（S 护套）
W	夹带平行钢丝的钢-聚乙烯黏结护套（W 护套）
L	铝护套
G	钢护套
Q	铅护套

5. 外护层的代号及其意义

外护层的代号及其意义如表 1.7.4 所示。

表 1.7.4　外护层的代号及其意义

代　　号	铠　装　层	代　　号	外　镀　层
0	无	0	无
1	—	1	纤维层
2	双钢带	2	聚氯乙烯护套
3	细圆钢丝	3	聚乙烯护套
4	细圆钢丝	—	—
5	单钢带皱纹纵包	—	—

课后习题

1．光纤的结构主要分为哪几部分？

2．光纤色散产生的原因及其危害是什么？

3．光纤损耗产生的原因及其危害是什么？

4．光波从空气中以角度 $\theta_1 = 33^\circ$ 投射到平板玻璃表面，这里的 θ_1 是入射光与玻璃表面之间的夹角。根据投射到玻璃表面的角度，光束一部分被反射，另一部分发生折射，如果折射光束和反射光束之间的夹角正好为 90°，请问玻璃的折射率等于多少？这种玻璃的临界角又是多少？

5．计算 $n_1 = 1.48$ 及 $n_2 = 1.46$ 的阶跃折射率光纤的数值孔径。如果光纤端面外介质折射率 n=1.00，那么允许的最大入射角（θ_{max}）为多少？

参考文献

[1] GERD K.Optical fiber communication[M].3rd ed.Singapore:McGraw-Hill International Editions, 2000.

[2] 徐宝强，杨秀峰，夏秀兰，等．光纤通信及网络技术[M]．北京：北京航空航天大学出版社，1999.

[3] 杨祥林．光纤通信系统[M]．北京：国防工业出版社，2000.

[4] 廖延彪．光纤光学[M]．北京：清华大学出版社，2000.

[5] 高炜烈，张金菊．光纤通信[M]．北京：人民邮电出版社，1996.

[6] 朱世国，付克祥．纤维光学原理及实验研究[M]．成都：四川大学出版社，1992.

[7] 李玲，黄永清．光纤通信基础[M]．北京：国防工业出版社，2000.

[8] 孙圣和，王廷云，徐影．光纤测量与传感技术[M]．哈尔滨：哈尔滨工业大学出版社，2000.

[9] 王惠文．光纤传感技术与应用[M]．北京：国防工业出版社，2001.

[10] 姚建永．光纤原理与技术[M]．北京：科学出版社，2005.

[11] 罗先和，张广军，骆飞，等．光电检测技术[M]．北京：北京航空航天大学出版社，1995.

[12] 陈国珍．荧光分析法[M]．北京：科学出版社，1975.

[13] 郭德济．光谱分析法[M]．2 版．重庆：重庆大学出版社，1999.

[14] 张明德，孙小菡．光纤通信原理与系统[M]．南京：东南大学出版社，1998.

第2章 光学效应

内容关键词

- 光学效应
- 多普勒效应
- 声光效应
- 磁光效应
- 电光效应
- 弹光效应
- 萨尼·亚克效应
- 光声效应

本章将对光学中各种效应的原理、应用等进行阐述。

2.1 光学多普勒效应

当站在公路旁，留意一辆快速驶来的汽车的引擎声时，会发现它的音调在不断变高，即频率变高；在它驶离时，音调会逐渐变低，即频率变低。这种现象叫作多普勒效应。多普勒效应（Doppler Effect）是奥地利物理学家及数学家多普勒于 1842 年在他的文章“On the Colored Light of Double Stars”中首先提出来的。该效应是指，当声源与观察者发生相对运动的时候，观察者接收到的声的频率会发生变化的现象。

在光现象里同样存在多普勒效应，当光源向观察者快速运动时，光的频率会增大，表现为光的颜色向蓝光方向偏移（因为在可见光里，蓝光的频率高），即光谱出现蓝移；当光源快速离观察者而去时，光的频率会减小，表现为光的颜色向红光方向偏移（因为在可见光里，红光的频率低），即光谱出现红移。光学多普勒效应的原理如图 2.1.1 所示。

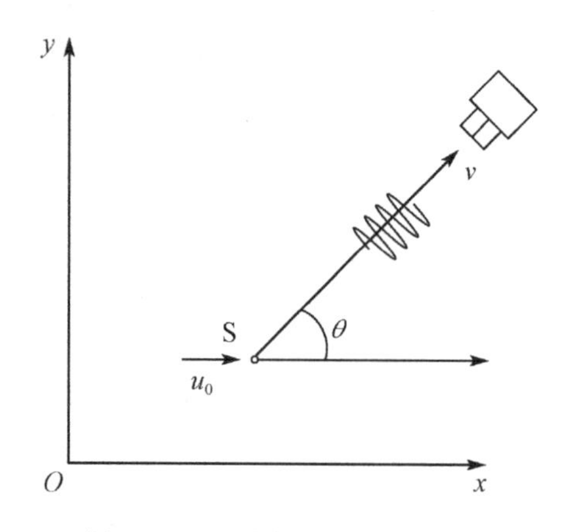

图 2.1.1　光学多普勒效应的原理

假定光源 S 相对静止时发出的光的频率为v_0，当光源 S 以速度u_0沿x轴方向运动时，观察者沿θ方向接收到的光的频率为

$$v=\frac{v_0\sqrt{1-\frac{u_0^2}{c^2}}}{1\mp\frac{u_0}{c}\cdot\cos\theta} \tag{2.1.1}$$

利用光学多普勒效应，可以实现流量等参数的测量，方法如图 2.1.2 所示。

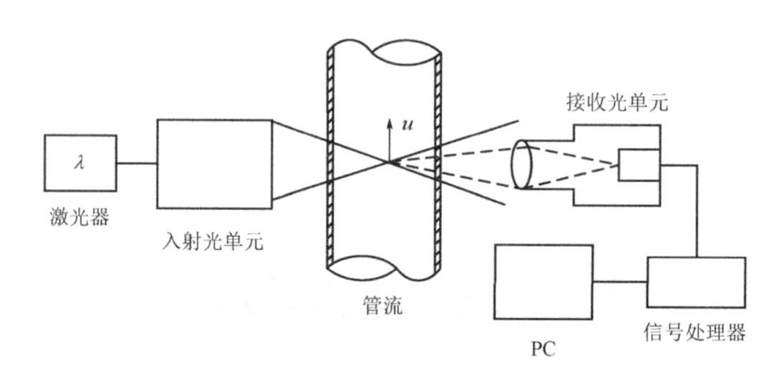

图 2.1.2　基于光学多普勒效应的双光束圆管流量测量方法

2.2　声光效应

当超声波在介质中传播时，将引起介质的弹性应变在时间上和空间上的周期性变化，并且导致介质的折射率发生相应的变化。光束通过有超声波的介质后，就会产生衍射现象，这就是声光效应。当超声波频率较低，且光束宽度比声波波长小时，介质折射率的空间变化会使光线发生偏转；当超声波频率升高，且光束宽度比声波波长大得多时，介质折射率的周期性变化起到光栅的作用，使入射光束发生声光衍射。对于高频超声波，且光束穿越声场的作用距离较大的情形，类似于 X 射线在点阵上的衍射作用，光束通过声场后，出射光束的一侧出现较强的一级衍射光，称为声光布拉格衍射。

由压电换能器、透明介质、激光出入射系统构成的光学器件称为声光调制器，其示意图如图 2.2.1 所示。它由透明的固体介质（如石英）制成，介质的两端分别与压电换能器和吸声器相连。当给压电换能器加上高频电压时，压电换能器的振动会在介质中产生超声波，介质的折射率为n。当超声波穿透固体介质时，介质分子间的电偶极矩发生变化，从而使介质的折射率发生周期性变化，形成折射率光栅，即超声光栅。此时，光栅常数即为超声波波长。光通过超声光栅时将发生衍射[1]。

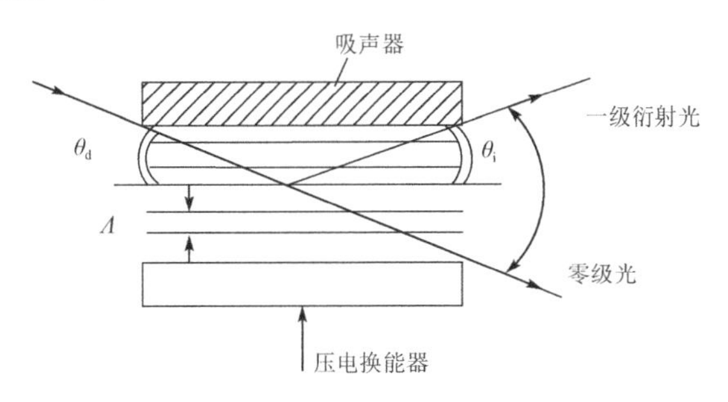

图 2.2.1 声光调制器示意图

根据波的干涉加强条件，当激光束以布拉格角（θ_i）射入固体介质时，衍射（一级）输出光束与非衍射（零级）光束成$2\theta_i$角，布拉格角（θ_i）满足下列条件：

$$\theta_i=\theta_d, \quad \sin\theta_i=\lambda/(2\Lambda) \tag{2.2.1}$$

式中，θ_d为衍射光与超声波面的夹角；λ为入射激光的波长［介质中的激光波长λ与真空中的激光波长λ_0的关系为$\lambda=\lambda_0/n$］；Λ为超声波的波长。

式（2.2.1）可以认为是与晶体中的 X 射线或电子衍射相似的布拉格定律，Λ相当于晶格面的间距。

超声波波长（Λ）与压电换能器的电振荡频率（f）的关系为$\Lambda=v/f$，v为超声波在介质中的传输速率。

改变压电换能器上的电振荡频率（f），即可改变出射光的衍射方向。

2.3 磁光效应

磁光效应指的是，具有固有磁矩的物质在外磁场的作用下，电磁特性发生变化，因而使光波在其内部的传输特性也发生变化的现象。1845 年，英国物理学家法拉第（Faraday）发现，入射光线在被磁化的玻璃中传播时，其偏振面会发生旋转。这是物理学史上第一次发现的磁光效应，称之为法拉第效应。受法拉第效应的启发，1876 年，克尔（Kerr）又发现了光在磁化介质表面反射时偏振面旋转的现象，即克尔磁光效应。随后，在 19 世纪八九十年代又发现了塞曼效应和磁致线双折射效应。

2.3.1 法拉第效应

当线偏振光沿磁场方向通过置于磁场中的磁光介质时，其偏振面发生旋转的现象称为磁致旋光效应，通常称为法拉第效应。法拉第效应的原理图如图 2.3.1 所示。

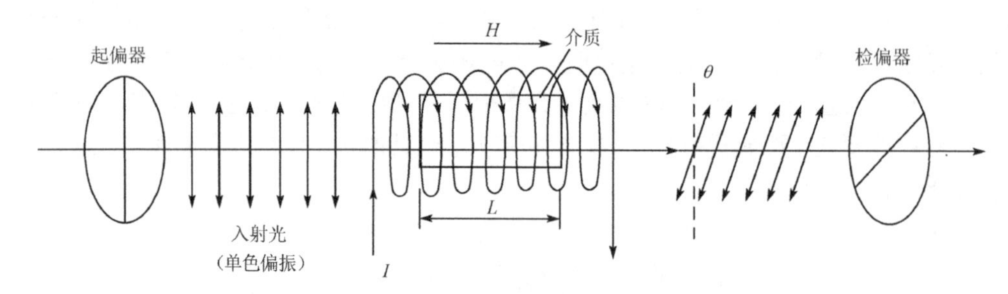

图 2.3.1　法拉第效应的原理图

假设有一圆柱形磁光介质，沿着轴线方向外加一个稳恒磁场 H（此磁场值处在法拉第旋转器件的工作区内）。在这种情况下，将发生法拉第效应，光波的偏振面绕传输轴连续右旋（相对于 H 而言），直至磁光介质的终端，偏振面右旋了某一角度 θ。

对于给定的介质，振动面的旋转角（θ）与介质的长度（L）和磁场强度（H）成正比，即 $\theta = VHL$，比例系数 V 叫作维尔德常量。

法拉第效应可分为右旋和左旋两种。当线偏振光沿着磁场方向传播时，振动面向左旋；当线偏振光逆着磁场方向传播时，振动面向右旋。因此，一束光正、反向两次通过磁场后，旋转角度为 2θ。

2.3.2　克尔磁光效应

克尔磁光效应指的是，一束线偏振光在磁化了的介质表面反射时，反射光将是椭圆偏振光，而以椭圆的长轴为标志的“偏振面”相对于入射偏振光的偏振面旋转了一定的角度。这个角度通常称为克尔旋转角，记作 θ_k，如图 2.3.2 所示。

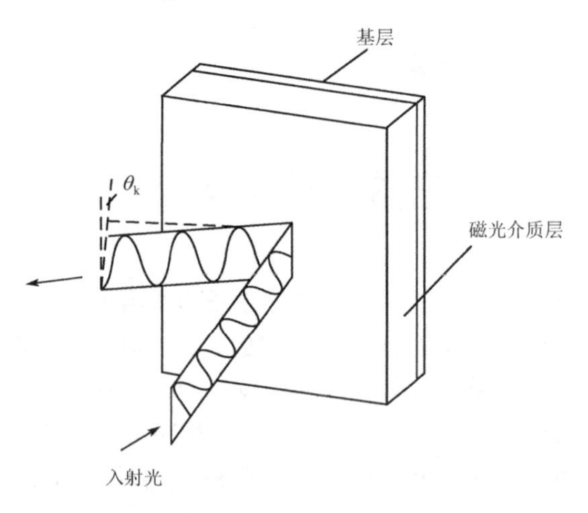

图 2.3.2　克尔磁光效应

按照磁化强度取向，克尔磁光效应大致分为 3 种情况：①极向克尔效应，即磁化强度（$\boldsymbol{M}$）与介质表面垂直时的克尔效应；②横向克尔效应，即磁化强度（$\boldsymbol{M}$）与介质表面平行，但垂直于光的入射面时的克尔效应；③纵向克尔效应，即磁化强度（$\boldsymbol{M}$）既平行于介质表面又平行于光入射面时的克尔效应。在磁光存储技术中，主要应用的是极向克尔效应。

克尔旋转角（θ_k）的大小一般在 0.2° ～0.3° 范围内，经过光学增强后，可达到 1° 左右。

磁光介质的克尔旋转角受多种因素的影响。首先是温度，通常情况下，随着温度的升高，克尔旋转角将减小。另外，克尔旋转角与材料成分的配比有很大的关系，例如，同样是锰铋稀土（MnBiRE）薄膜，在制备时，稀土元素（RE）含量的增大可能会使克尔旋转角减小。克尔旋转角与入射光的波长有密切的关系。如果在测量时采用单色仪，就可以根据需要，对磁光材料样品入射不同波长的单色光，从而测得克尔旋转角与波长的关系曲线，这一曲线称为磁光谱。在入射光的波长达到某一数值时，克尔旋转角有一个峰值。例如，对锰铋稀土（MnBiRE）薄膜材料而言，克尔旋转角的峰值出现在波长 700nm 附近。克尔旋转角还与制备的工艺有直接关系，退火的程序、时间、环境等都能对克尔旋转角产生一定的影响。

近些年，人们倾向于采用波长更短的光（如蓝色激光）为光源来进行磁光信息存储，原因是波长短的光，其光子具有更高的能量。

2.3.2.1 塞曼效应

1896 年，塞曼（Zeeman）发现，当光源放在足够强的磁场中时，原来的一条谱线分裂为几条具有完全偏振态的谱线，分裂的条数随能级类别的不同而不同，后人称此现象为塞曼效应。

塞曼效应证实了原子具有磁矩，并且原子在磁场空间取向量子化。从塞曼效应的实验结果可以推断能级分裂的情况。根据光谱线分裂的数目，可以知道量子数（J）；根据光谱线分裂的间隔，可以测量两能级朗德 g 因子的值。因此，塞曼效应是研究原子结构的重要方法。

2.3.2.2 磁致线双折射效应

磁致线双折射在磁光晶体的光学研究中也会经常遇到。有些介质的分子是各向异性的，但在不加磁场时，各分子的排列杂乱无章，使介质在宏观上表现为各向同性。当加上足够强的外磁场时，分子磁矩受到力的作用，各分子对外磁场有了一定的取向，从而使介质在宏观上呈各向异性。在磁场中的介质，当光以不同于磁场的方向通过它时，也会出现像单轴晶体那样的双折射现象，称为磁致线双折射效应，它又包括科顿-穆顿效应（Cotton-Mouton Effect）和沃伊特效应（Voigt Effect）。通常将铁磁介质和亚铁磁介质中的磁致线双折射效应称为科顿-穆顿效应，将反铁磁介质中的磁致线双折射效应称为沃伊特效应。

2.3.3 磁光效应的应用

为了对电力系统的高电压、大电流进行实时检测，可利用磁光效应研制新型的电压、电流传感器[2]。新型传感器采用光纤作为测量信号传输介质，被测电流线路和测量装置没有电气连接。因为光纤具有良好的电气绝缘性能和很快的频率响应速度，不受电磁辐射干扰和磁饱和现象的影响[3]，所以具有传感器绝缘等级高、抗干扰能力强、测量范围宽、体积较小、适用于电力测量的优点。

磁光电流传感器是根据磁光效应原理工作的。将磁光材料置于被测电流所产生的磁场中，光源发出的光经光纤进入磁光材料。若光传播方向与磁场方向平行，由于磁光效应的作用，已预起偏的偏振光的偏振方向发生旋转，旋转角度取决于磁场强度，入射光旋转角θ和母线电流I ［$I=I_{\mathrm{m}}\cos\omega t, \omega=100\pi$ （rad）］的关系如下：

$$\theta = VHL = V\cdot\frac{1}{2\pi r}\cdot L = \frac{VL}{2\pi r}\cdot I \tag{2.3.1}$$

式中，V为磁光材料的维尔德常量，不同物质的维尔德常量不同，且与光波波长及温度有关；L为磁光材料的几何长度；H为磁场强度；r为导线半径。

设起偏器、检偏器的偏振化方向成45°角，如果入射光强为Φ_0，出射光强为Φ，根据马吕斯定律，出射光强为

$$\Phi = \Phi_0\cos^2\left(\theta+\frac{\pi}{4}\right) = \frac{\Phi_0[1-(\sin 2\theta)]}{2} \tag{2.3.2}$$

由以上两式得

$$\Phi = \frac{1}{2}\Phi_0\left[1-\sin\left(\frac{VL}{\pi r}\cdot I\right)\right] \tag{2.3.3}$$

由式（2.3.3）可见，光强的变化量反映了被测电流的大小。输出光信号通过另一条光纤后，被光电转换电路转换成一个调幅电压信号，信号幅度的变化反映了被测电流的幅值信息，因此可由解调电路将被测电流的信息从调幅信号中恢复出来[4]。一种用于电流检测的光纤电流传感器（OCT）结构如图2.3.3所示。

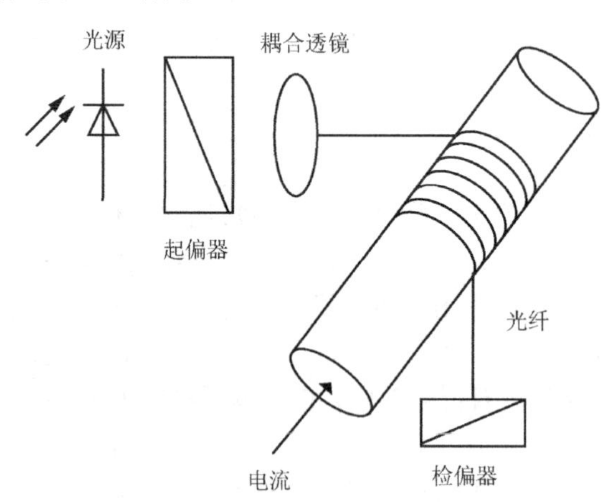

图2.3.3　一种用于电流检测的光纤电流传感器（OCT）结构

2.4 电光效应

电场的作用可以使某些各向同性的透明介质变为各向异性，这种人为地使光产生双折射的现象称为电光效应，一般包括克尔效应和泡克耳斯效应两种。实际上，泡克耳斯效应是一阶电光效应（也称线性电光效应），通常情况下比二阶电光效应（克尔效应）强得多。因此，

泡克耳斯效应所需的半波电压较小，且建立电光效应所需的时间很短，在各项应用中多采用此效应。

2.4.1　泡克耳斯效应

泡克耳斯效应在光学信息处理领域及激光技术中有着广泛和重要的应用。1883 年，科学家通过实验观测到，在外电场的作用下，水晶的双折射会发生变化，这是线性电光效应被首次发现。当时并未将该现象与由静电力导致的折射率变化现象区分开来。19 世纪 90 年代，泡克耳斯从理论上阐明了这种不伴随力学上变化的电致双折射现象，因此称之为泡克耳斯效应。

在外电场的作用下，晶体中的束缚电荷会重新分布，还会引起晶格的微小改变。泡克耳斯首先从实验中证实，晶体的介电特性的变化使晶体的两个主折射率 n_E、n_O 之差（Δn）与外电场场强（E）成正比，即

$$\Delta n = n_E - n_O = rE \tag{2.4.1}$$

式中，r 为线性电光系数。具有对称中心的晶体的线性电光系数恒为零，泡克耳斯效应只存在于没有对称中心的晶体中。

通过控制外电场的场强，可以人为地改变材料的双折射。利用泡克耳斯效应可以调制光束的相位，进而调制光束的频率、振幅、偏振态及传播方向。第一个可实际用于调制器的泡克耳斯盒，一直到 1940 年有了合适的晶体材料后方才制成。泡克耳斯盒是放在可调电场中的一个没有对称中心而有一定取向的单晶。泡克耳斯效应通常有两种调制类型，即光传播方向与电场方向垂直的横向调制和二者相互平行的纵向调制。对于纵向调制，光要通过电极，电极必须是采用氧化锡等金属氧化物制成的透明电极。

在不加电场时，由于泡克耳斯盒是单轴晶体，光在光轴方向上传播时不产生双折射。施加电场后产生两束偏振光，两者的相位差为

$$\delta = 2\pi n_O^2 r_{63} U / \lambda_0 = AU / L = AE_z \tag{2.4.2}$$

式中，U 为在光轴 z 方向上厚 L 的晶体两端的外施电压，$U = E_z L$；λ_0 为光在真空中的波长；A/L 为电场感量系数，$A / L = 2\pi n_O^3 r_{63} / \lambda_0$；$r_{63}$ 为晶体的电光系数。在没有外施电场时，光路中泡克耳斯盒后的检偏镜没有光通过，相当于开关处在关闭状态。当外施电压且使两束偏振光的相位差为 π 时，有最大光强通过检偏镜，相当于开关处在全开状态。此时的外施电压称为半波电压（U_π），可将式（2.4.2）写为

$$\delta = \pi U / U_\pi \tag{2.4.3}$$

在电场作用下的泡克耳斯晶体如同一个相位滞后可随电压改变的波片。当入射的线偏振光的光矢量不与晶体主轴平行时，出射光的偏振态将随电压改变。如果在泡克耳斯晶体后再放置一个检偏器，出射光的振幅或强度就会随电压的变化受到调制。在光强调制装置中，一般情况下，检偏器总与起偏器的透光轴正交，且与晶体主轴的夹角均为 $\pi/4$。此时，出射光强（I_O）与入射光强（I_I）之比为 $I_O / I_I = (\sin\delta + 1) / 2$。若晶体上外加的是直流电压或在光路中的晶体前再插入四分之一波片，并使波片的快慢轴与晶体的快慢轴一致，则产生的两束偏振光的相位差（δ）很小，出射光强（I_O）与相位差（δ）间的线性关系近似成立，即出射光强（I_O）随外施电压（U）近似呈线性变化，输出光信号的畸变很小。当外电场的场强为

50kV/cm 时，出射光强（I_O）约有 5%的线性偏差值，因此电场强度（E_z）在 50kV/cm 范围内与出射光强（I_O）间也存在着近似的线性关系。这样，测量出射光强（I_O）便可测知电场强度（E_z）。

基于泡克耳斯效应的测量系统根据光传输方式，可分为自由空间传输方式测量系统和光纤传输方式测量系统两大类，分别如图 2.4.1（a）和图 2.4.1（b）所示，二者均在泡克耳斯晶体上设置电极，施加待测电压，将其作为电压传感器使用。

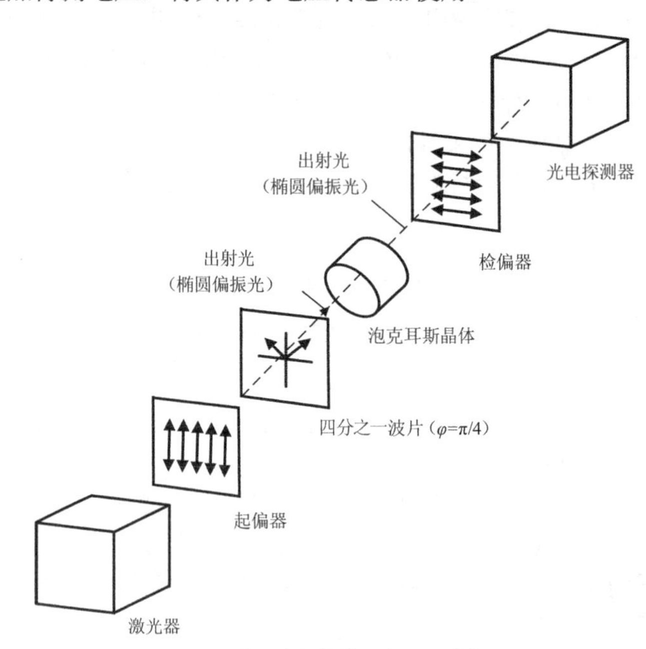

（a）自由空间传输方式测量系统

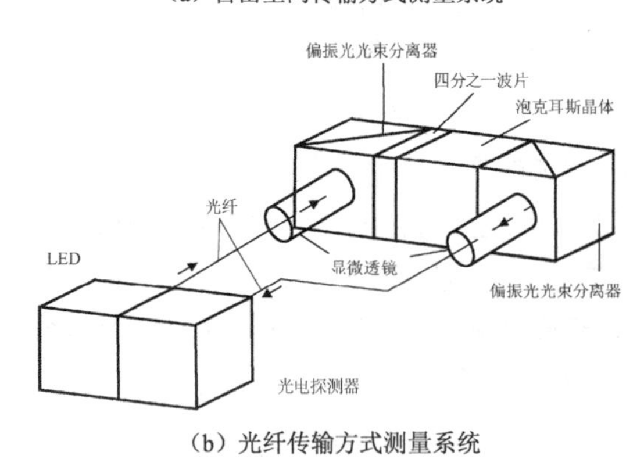

（b）光纤传输方式测量系统

图 2.4.1　泡克耳斯效应测量系统

2.4.2　基于电光效应的光纤电压传感技术

基于泡克耳斯效应的光纤电压传感器（OVT）主要有横向调制式与纵向调制式、透射式与反射式、分压式与无分压式、分立式与组合式、单光路式与双光路式、单晶体式与双晶体式等结构[5]。

1．横向调制式传感器与纵向调制式传感器

在电场或电压的作用下，由于电光效应，透过某些物质（如电光晶体）的光会发生双折射，双折射的两束光波之间的相位差与外施电压（被测电压）成正比[6]，OVT 即根据此原理设计而成。

理论分析表明，电光晶体在不同方向上的电光系数的大小不同。表 2.4.1 列出了锗酸铋（简称 BGO）晶体在不同通光方向和电场方向的情况下，折射率椭球的变化和电光效应的大小。其中，U 为外施电压，l 为晶体通光方向的长度，d 为施加电压方向的厚度。折射率椭球法是用来分析线性电光效应的，它描述了光在晶体中的传播特征。对于电光晶体，在未加电场的情况下，折射率椭球方程可写为

$$\frac{x^2}{n_x^2}+\frac{y^2}{n_y^2}+\frac{z^2}{n_z^2}=1 \tag{2.4.4}$$

式中，x、y 和 z 为晶体主轴坐标；$\frac{1}{n_x^2}$、$\frac{1}{n_y^2}$ 和 $\frac{1}{n_z^2}$ 为沿主轴方向折射率平方的倒数。加电场后，对光传播影响的描述最方便的方法就是，看折射率椭球方程（2.4.4）中的 $\frac{1}{n_x^2}$、$\frac{1}{n_y^2}$ 和 $\frac{1}{n_z^2}$ 如何变化。

表 2.4.1　BGO 晶体的线性电光效应

电场分量	$E_z=E$，$E_z\parallel z$，$E_x=E_y=0$	$E_x=E_y=E/\sqrt{2}$，$E_z=0$	$E_x=E_y=E_z=E/\sqrt{3}$
通光方向	$\langle 1\,1\,0\rangle$	$-\langle 1\,1\,0\rangle$	$\pm\langle 1\,1\,1\rangle$
折射率椭球	$\frac{x^2+y^2+z^2}{n_0^2}+2\gamma_{41}E(xy)=1$	$\frac{x^2+y^2+z^2}{n_0^2}+\sqrt{2}\gamma_{41}E(zy+zx)=1$	$\frac{x^2+y^2+z^2}{n_0^2}$ $+\frac{2}{\sqrt{3}}\gamma_{41}E(yz+zx+xy)=1$
新折射率椭球的主折射率	$n'_x=n_0-\frac{1}{2}n_0^3\gamma_{41}E$ $n'_y=n_0+\frac{1}{2}n_0^3\gamma_{41}E$ $n'_z=n_0$	$n'_x=n_0-\frac{1}{2}n_0^3\gamma_{41}E$ $n'_y=n_0+\frac{1}{2}n_0^3\gamma_{41}E$ $n'_z=n_0$	$n'_x=n'_y=n_0+\frac{1}{2\sqrt{3}}n_0^3\gamma_{41}E$ $n'_z=n_0-\frac{1}{\sqrt{3}}n_0^3\gamma_{41}E$
相位差	$\Delta\varphi=\frac{\pi}{\lambda}\cdot n_0^3\gamma_{41}U\cdot\frac{l}{d}$	$\Delta\varphi=\frac{2\pi}{\lambda}\cdot n_0^3\gamma_{41}U\cdot\frac{l}{d}$	$\Delta\varphi=\frac{\sqrt{3}\pi}{\lambda}\cdot n_0^3\gamma_{41}U\cdot\frac{l}{d}$

由表 2.4.1 可见，电光效应的大小与电压方向和通光方向有关。

图 2.4.2（a）所示为横向调制式传感器结构图。横向调制的半波电压与电极的间距、长度有关，改变电极的长度或间距可以调整半波电压的大小[6-8]。横向调制式传感器结构比较简单，对电极无特殊要求，因此应用广泛[9]。其缺点是：存在自然双折射引起的附加相位延迟，并且它随晶体温度的变化而变化，影响传感器工作的稳定性。实际应用中，为了消除自然双折射引起的附加相位延迟，可采用双晶体法[10]或双光路法[11]来实现温度补偿。

纵向调制是通光方向与电场方向一致的一种调制方式，如图 2.4.2（b）所示。根据两点间电位差（电场强度沿任意路径的线积分的定义），两个电极之间的电压与电场的分布无关，因此纵向调制方式可排除极间外电场的干扰及杂散电容的影响，提高测量精度[12]。此外，纵向调制的半波电压只与晶体的电光性能有关，与晶体的长度（电极间距）无关。瑞士 ABB 公司

和法国 GEC ALSTOM 公司研制的光学高压传感器多采用纵向调制式。

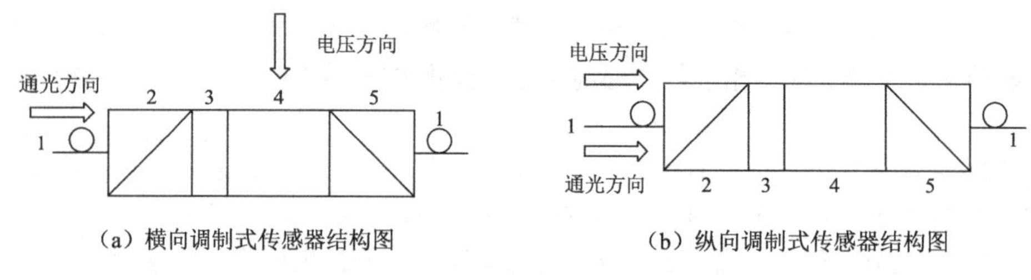

(a) 横向调制式传感器结构图　　(b) 纵向调制式传感器结构图

1—光纤；2—起偏器；3—四分之一波片；4—电光晶体；5—检偏器

图 2.4.2　横向调制式传感器与纵向调制式传感器结构图

但是，由于纵向调制的通光方向与外施电压方向一致，需要采用透明电极，因此其制造工艺较为复杂。

2. 透射式传感器与反射式传感器

不论是横向调制式，还是纵向调制式，都是透射调制方式，即光线从晶体的一端射入，从另一端射出，如图 2.4.3（a）所示。反射式则是光线从晶体的一端射入，从另一端反射回来后又从入射端射出，如图 2.4.3（b）所示。瑞士 ABB 公司生产的传感器即采用反射式结构，其工作过程为光线经准直透镜由透明电极射入电光晶体，在晶体的另一端经直角棱镜做两次全反射后又返回电光晶体，再从透明电极经准直透镜射出。

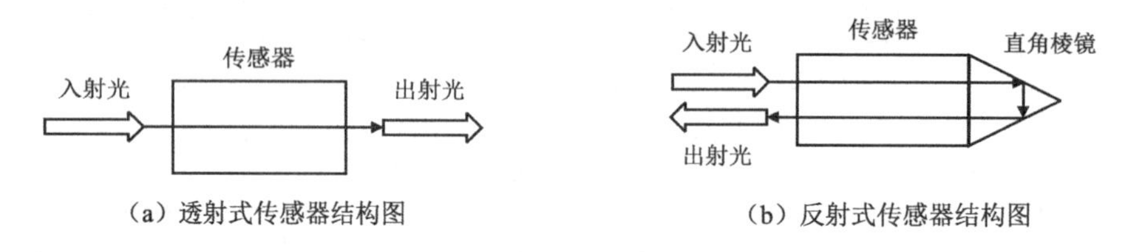

(a) 透射式传感器结构图　　(b) 反射式传感器结构图

图 2.4.3　透射式传感器与反射式传感器结构图

反射式结构的特点是，输入光纤和输出光纤在电光晶体的同一侧，结构简单，电光作用的长度增大为原来的 2 倍，而且灵敏度提高为原来的 2 倍。

3. 分压式传感器与无分压式传感器

当极高的电压施于电光晶体上时，有可能导致晶体击穿，这时可利用电容分压器将高电压分成较合适的低电压并施加到晶体上。这种带电容分压器的 OVT 称为分压式 OVT [6,13]，其典型结构图如图 2.4.4 所示。

虽然分压式 OVT 晶体承受的电压较低，击穿危险性小，但由于需要采用分压电容器，而电容器受温度的影响较大，分压比不会很稳定，因此测量误差较大 [14]。

近年来，随着高压绝缘技术的发展，出现了无分压的 OVT [15]，即不用电容器分压，而将全部电压施于晶体上，这称为无分压式 OVT。瑞士 ABB 公司研制的 OVT 就采用无分压的结构。无分压式 OVT 克服了电容分压器的影响，稳定性好，精度高，结构简单，造价较低，但是增大了绝缘的困难，必须采取有效措施（如将晶体置于 SF_6 气体之中）来提高绝缘强度。

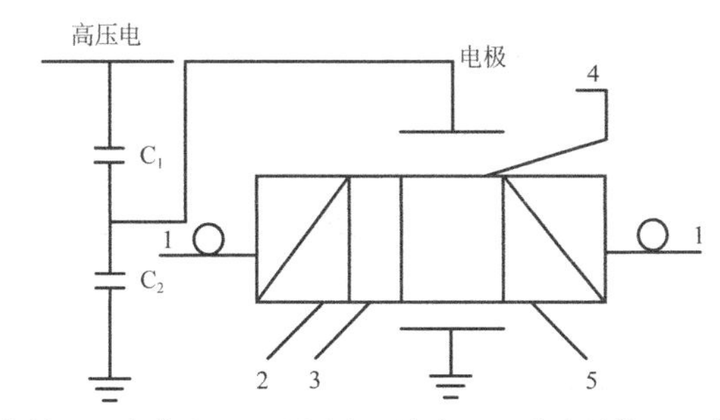

1—光纤；2—起偏器；3—四分之一波片；4—电光晶体；5—检偏器

图 2.4.4 分压式 OVT 典型结构图

4. 分立式传感器与组合式传感器

光纤电压互感器的核心是光纤电压传感器（OVT），所测量的物理量为单一的电压量，结构为分立式。组合式光纤电力互感器将测量电压与测量电流的功能集于一体，一台互感器既能测电压，又能测电流。它相比于分立式 OVT 能显著节省空间、节约成本，经济效益很好。现在，瑞士 ABB 公司已推出将光纤电流传感器（OCT）和 OVT 结合在一起的光学计量单元（Optical Metering Unit，OMU），法国 GEC ALSTOM 公司也推出了组合型光纤电力互感器。

5. 单光路式传感器与双光路式传感器

单光路式传感器为输入和输出均为单一光路的传感器，其结构简单，所需的元件相对较少，信号处理较容易，但光路系统无法实现温度自动补偿，不能克服自然双折射的影响，输出稳定性不高。双光路式传感器为单输入、双输出的传感器[11]，如图 2.4.5 所示。其中，Γ_1、Γ_2 为两路输出光的调制度。

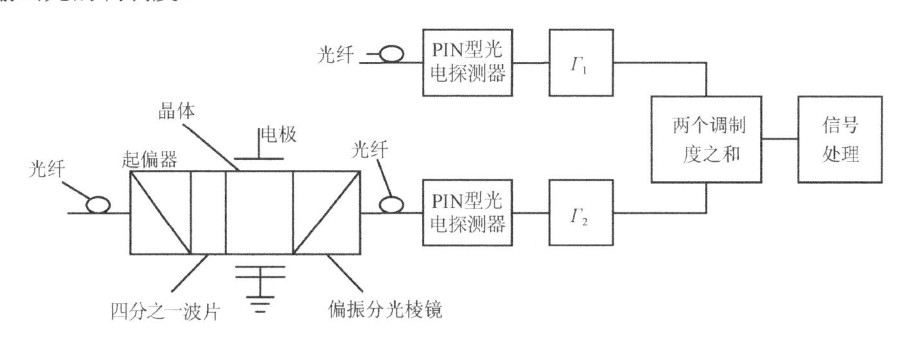

图 2.4.5 双光路式传感器结构图

6. 单晶体式传感器与双晶体式传感器

单晶体式传感器为仅有一块电光晶体的传感器，电光效应仅在一块晶体中发生，其结构简单、安装方便，但缺乏温度自动补偿能力。采用双晶体式结构则可显著提高传感器的温度稳定性。双晶体式结构有两种[16]：一种是将两块几何尺寸完全相同且光轴方向互相垂直的晶体串联起来，向其中的一块晶体正向施加电压（任取正方向），向另一块晶体反向施加电压；另一种是将两块几何尺寸完全相同的晶体按特定方式串联起来，即两块晶体的光轴反向平行排列，x 方向相同，且在两块晶体之间插入一个二分之一波片。

双晶体式结构的温度补偿原理是，使自然双折射的影响在两块晶体中具有相反符号的变化规律，当它们串联起来时，自然双折射引起的相位延迟被抵消。这种方法对晶体的质量、加工尺寸、晶轴的方向及安装工艺等都有很高的要求。

2.4.3 一种基于电光效应的光纤电压传感器

从一块两个端面平行的双折射晶体的入射面输入一束单色平行光束，双折射晶体会有折射率随外施电压的变化呈线性变化的泡克耳斯效应发生。入射光在进入晶体后变成初始相位相同、电场矢量互相垂直的 O 光光束和 E 光光束，这两束光在晶体内的传播速度不同，出射时产生由光程差导致的相位差。根据双折射晶体的泡克耳斯效应，O 光光束和 E 光光束与加在双折射晶体上的电压有着直接的关系，如果能测出两束光的相位差，就可以计算出被测电压。图 2.4.6 所示为利用 OVT 通过干涉法测量双折射电光晶体 O 光和 E 光相位差的原理图。从 BGO（Bi_2O_3-GeO_2 系化合物的总称锗酸铋的缩写）晶体中出射的两束光的偏振方向并不一致，不能直接产生干涉，所以在光路中加入一块偏振分束棱镜，将两束偏振方向垂直的出射光投射到一个偏振方向上，并产生干涉效应[17]。当未给 BGO 晶体施加电压时，一束圆偏振光通过相当于自然双折射很小的晶体；在给 BGO 晶体施加电压后，入射圆偏振光通过产生人工双折射的晶体后变为椭圆偏振光，经偏振分束棱镜分为两束线偏振光。用光电探测器检测输出光强，就可以得到被测电压。

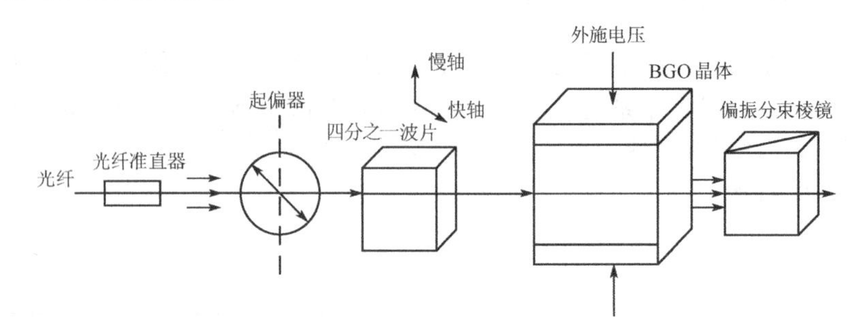

图 2.4.6 利用 OVT 通过干涉法测量双折射电光晶体 O 光和 E 光相位差的原理图

2.5 弹光效应

由机械应力引起材料折射率变化的现象称为弹光效应（Elasto-Optic Effect）。由于沿应力方向发生折射率变化，原来同性的材料也可变成各向异性，即折射率椭球发生变化，呈现双折射[18]。因此，对弹光物质通光和施加应力时，应力和与应力垂直的方向上产生相位差，可以利用这种效应制作测量位移、振动和压力等的光学传感器。

利用弹光材料在外界应力的作用下对入射光呈现双折射而引入的相位差，可以测量压力的大小，进而得到与压力相应的位移量。基于弹光效应的光纤式压力传感器的原理如图 2.5.1 所示，信号光源发出的光由入射光纤先后经起偏器、透明弹光材料及检偏器到达接收光纤，起偏器和检偏器分别位于弹光元件的两端，两者的光轴相互垂直或者平行，并与弹光元件压力施加方向成 45° 放置。一般地，在弹光元件与检偏器之间插入四分之一波片，用于光学偏置，加在弹光元件上的压力使其发生双折射。被调制后的光信号由接收光纤接收，感应位移变化信息。若在弹光元件两端镀制多层介质膜组成起偏器和检偏器，则传感头可实现整体化，这样，传感头的稳定性得以提高，组装时光轴的调整难度也大为降低。这种传感器中，弹光元件的弹光常数越大，传感器的敏感度越高。实际使用中，要求传感器的温度特性应较好，因此弹光元件常选用光学玻璃。

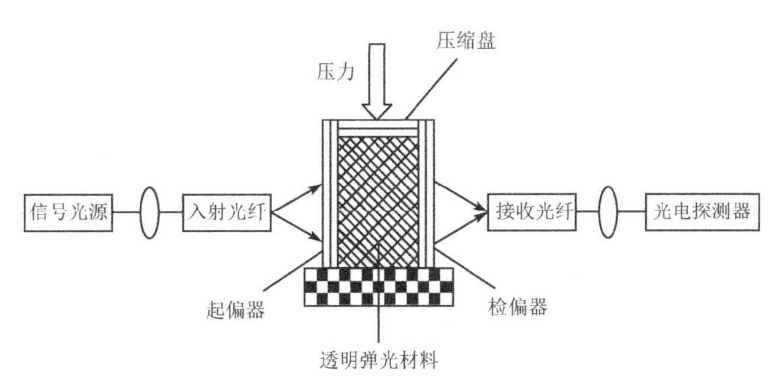

图 2.5.1 基于弹光效应的光纤式压力传感器的原理

自从 1982 年美国斯皮尔曼（Spillman）等人首次研制出基于弹光效应的光纤式压力传感器以来，国内外对基于弹光效应的光纤位移、光纤应变等传感器的长期稳定性的研究也相继开展起来，如美国阿拉巴马州立大学利用环氧树脂作为弹光材料研制的应变位移传感器可在 800μm 的范围内实现 1μm 的精度。大连理工大学在研究了弹光材料、四分之一波片、偏振分光器、光源及信号处理系统给测量带来的误差的基础上，提出了一种优化的传感器结构设计，消除了一些误差的影响，在实验室条件下，测量精度可达到 0.2%[19]。

2.6 萨尼亚克效应

萨尼亚克效应是由法国人萨尼亚克（Sagnac）在 1913 年首次发现并通过实验证实的。它揭示了同一条光路中两束相向传播的光的光程差与其旋转速度的解析关系，即采用同一光源、同一光路，两束相向传播光之间的光程差或相位差，与其光学系统相对于惯性空间旋转的角速度成正比。

2.6.1 圆形光轨道的情况

根据相对论，设光在一个运动介质中传播的速率为 v，从静止坐标系观察时，存在下列关系：

$$v=\frac{c}{n}+V\left(1-\frac{1}{n^2}\right) \tag{2.6.1}$$

式中，c 为真空中的光速；n 为介质的折射率；V 为介质运动的速率。

考察一条圆形光轨道，如图 2.6.1 所示，该光轨道（光路）是由 N 匝光纤构成的。由光源发出的光进入光路，经 A 点的分离（或合路）器（BS）分成逆时针和顺时针方向的两路光。它们以相同的速率传播，经过同样距离（$2\pi Na$，a 为圆形光轨道的半径）重新在 BS

处会合。

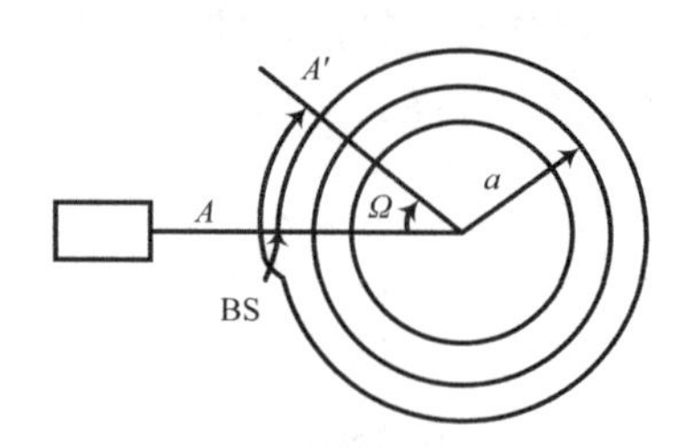

图 2.6.1　圆形光轨道的萨尼亚克效应

若该系统为静止的，则两路光经历了完全相同的光程，因此它们的相位也相同。如果该圆形光轨道以角速度 Ω 沿顺时针方向旋转，两路光到达会合点（注意，此时 A 点已转至 A'点）的时间是不同的。对于顺时针方向的光（R 光），其到达时间可根据式（2.6.1）求得，即

$$t_{\mathrm{R}}=(2\pi Na+a\Omega t_{\mathrm{R}})/\left[\frac{c}{n}+a\Omega\left(1-\frac{1}{n^2}\right)\right] \tag{2.6.2}$$

同样，可以求得逆时针方向的光（L 光）的到达时间为

$$t_{\mathrm{L}}=(2\pi Na-a\Omega t_{\mathrm{L}})/\left[\frac{c}{n}-a\Omega\left(1-\frac{1}{n^2}\right)\right] \tag{2.6.3}$$

根据式（2.6.2）和式（2.6.3），可求得两路光到达会合点的时间差为

$$\Delta t=t_{\mathrm{R}}-t_{\mathrm{L}}=\frac{4\pi Na^2\Omega}{c^2}=\frac{4SN\Omega}{c^2} \tag{2.6.4}$$

式中，S 为圆形光轨道所包围的面积，$S=\pi a^2$。注意，在上面的分析中，假定 $c^2 \gg a\Omega/n^2$。

设光的角频率为 ω，波长为 λ，则 R 光与 L 光的相位差为

$$\Delta\theta=\omega\cdot\Delta t=\frac{8\pi^2 Na^2\Omega}{\lambda c}=\frac{4\pi la\Omega}{\lambda c} \tag{2.6.5}$$

式中，λ 为光纤全长，$l=2\pi Na$。

2.6.2　任意形状光轨道的情况

考虑一条任意形状的闭合光轨道，如图 2.6.2 所示。光路上任意一点沿传播方向的线微分矢量为

$$\mathrm{d}\boldsymbol{l}'=\boldsymbol{u}\cdot\mathrm{d}l'$$

式中，$\boldsymbol{u}$ 为切向的单位矢量；$\mathrm{d}l'$ 为 $\mathrm{d}\boldsymbol{l}'$ 的模。

设光路系统以 O 点为中心，以垂直于纸面的角速度 $\boldsymbol{\Omega}$ 旋转，其在 $\boldsymbol{u}$ 方向的线速度分量为

$$V_{\mathrm{s}}=\boldsymbol{V}\cdot\boldsymbol{u}$$

式中，$\boldsymbol{V}$ 为沿 $\boldsymbol{\Omega}$ 方向的线速度矢量，$\boldsymbol{V}=\boldsymbol{\Omega}\times\boldsymbol{r}$；$\boldsymbol{r}$ 为由 O 点到任意点的矢径。

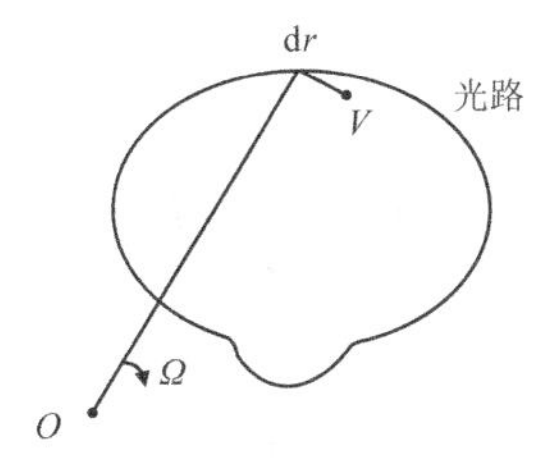

图 2.6.2　任意形状光轨道的萨尼亚克效应

根据前面的分析，对应线微分 dl' 的时间微分 dt_{R} 为

$$\mathrm{d}t_{\mathrm{R}} = (\mathrm{d}l' + V_{\mathrm{s}}\mathrm{d}t_{\mathrm{R}}) / \left[\frac{c}{n} + V_{\mathrm{s}}\left(1 - \frac{1}{n^2}\right)\right] \tag{2.6.6}$$

考虑$c \gg \dfrac{V_{\mathrm{s}}}{n}$，则式（2.6.6）变为

$$\mathrm{d}t_{\mathrm{R}} = \frac{n \cdot \mathrm{d}l'}{c}\left(1 + \frac{V_{\mathrm{s}}}{nc}\right) \tag{2.6.7}$$

将式（2.6.7）沿着光路积分，得到 R 光到达会合点的时间为

$$t_{\mathrm{R}} = \int \mathrm{d}t_{\mathrm{R}} = \int_{l'} \frac{\mathrm{d}l'}{c}\left(1 + \frac{V_{\mathrm{s}}}{nc}\right) = \frac{nl'}{c} + \int_{l'} \frac{\boldsymbol{V} \cdot \boldsymbol{u}}{c^2}\mathrm{d}l \tag{2.6.8}$$

式中，l' 为单匝全光路长度。根据斯托克斯定理，可得 R 光到达会合点的时间为

$$t_{\mathrm{R}} = \frac{nl'}{c} + \int_{l'} \frac{(\boldsymbol{\Omega} + \boldsymbol{r}) \cdot u}{c^2}\mathrm{d}l' = \frac{nl'}{c} + \frac{1}{c^2}\int_S \mathrm{rot}(\boldsymbol{\Omega} \times \boldsymbol{r}) \cdot \mathrm{d}\boldsymbol{S} = \frac{nl'}{c} + \frac{2}{c^2} \cdot \Omega S \tag{2.6.9}$$

式中，S 为闭合光路包围的面积；d$\boldsymbol{S}$ 为面元矢量。由式（2.6.9）求得的是对应 R 光的情况。对于 L 光，利用类似分析方法，可求得 L 光到达会合点的时间为

$$t_{\mathrm{L}} = \frac{nl'}{c} - \frac{2}{c^2} \cdot \Omega S \tag{2.6.10}$$

由式（2.6.9）和式（2.6.10）可求得 R 光与 L 光的相位差为

$$\Delta\theta = \omega \cdot \Delta t = \frac{2\pi c}{\lambda} \cdot \frac{4}{c^2} \cdot \Omega S = \frac{8\pi \Omega S}{c\lambda} \tag{2.6.11}$$

对于 N 匝回路，R 光与 L 光的相位差为

$$\Delta\theta = \frac{8\pi N \Omega S}{c\lambda} \tag{2.6.12}$$

将 $S = \pi a^2$ 代入式（2.6.12），可以得到与式（2.6.5）相同的表达式。

从以上分析看到［参见式（2.6.5）和式（2.6.12）］：①萨尼亚克效应的相位差（$\Delta\theta$）与光轨道形状、旋转的中心位置及折射率（n）无关；②$\Delta\theta$ 只与光轨道的几何参数有关。

对于圆形光轨道，$\Delta\theta \propto la$［参见式（2.6.5）］，通常 la 的取值在 10～100m^2 范围内。

上述结论对于研究光纤陀螺是非常重要的理论依据。

2.6.3 光纤陀螺的原理

1976 年，美国犹他大学的 Vali 和 Shorthill 等人成功地制作了第一个光纤陀螺（FOG）[20]。光纤陀螺一问世，就以其结构的灵活性及诱人的前景引起了世界上许多国家的大学和科研机构的重视，多年来获得了很大的研究进展，许多关键的技术问题得到解决。光纤陀螺的灵敏度比原来提高了 4 个数量级，其角速度的测量精度从最初的 15° /h 提高到了现在的 0.001° /h。

与机电陀螺、激光陀螺相比，光纤陀螺具有以下显著特点：①零部件少、无运动部件、仪器牢固、稳定，具有较强的耐冲击和抗加速运动的能力；②光纤线圈增长了激光束的检测光路，使检测灵敏度和分辨率比激光陀螺提高了好几个数量级，从而有效地克服了激光陀螺的闭锁问题；③无机械传动部件，不存在磨损问题，因而具有较长的使用寿命；④相干光束的传播时间极短，因而原理上可瞬间启动；⑤易于采用集成光路技术，信号稳定、可靠，且可直接用数字输出，并与计算机接口连接；⑥具有较宽的动态范围；⑦可与环形激光陀螺一起使用，构成各种惯导系统的传感器，尤其是捷联式惯导系统的传感器；⑧结构简单、价格低、体积小、质量小。

不管什么类型的光纤陀螺，其基本原理都是萨尼亚克效应，只是各研究者所采用的相位解调方式不同，或者对光纤陀螺的噪声补偿方法不同。为叙述简单，这里以干涉型光纤陀螺为例来介绍，其基本原理如图 2.6.3 所示。

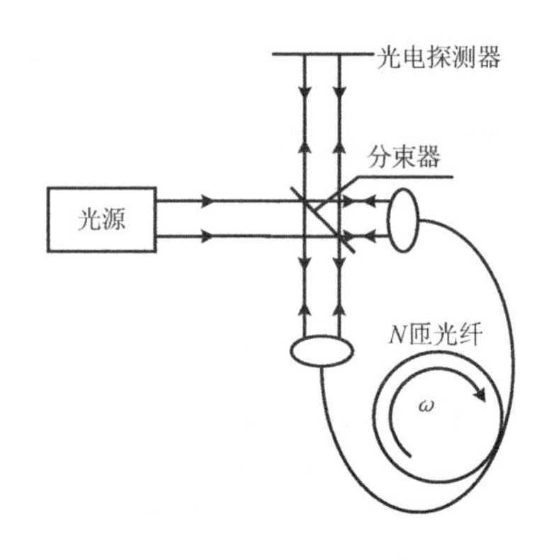

图 2.6.3　干涉型光纤陀螺的基本原理

来自光源的光束通过分束器分成了两束光，这两束光分别从光纤线圈（光纤缠绕在半径为 R 的环上）两端耦合进入光纤线圈并反向传输。从光纤线圈两端出来的两束光通过合束器后又重新复合，并产生干涉。如果光纤线圈处在静止状态，从光纤线圈两端出来的两束光的相位差为 0。如果光纤线圈以角速度 ω 旋转，这两束光会由于萨尼亚克效应而产生相位差，其值由式（2.6.5）确定。

在陀螺的几何尺寸固定（la 为定值，l 为光纤长度，a 为陀螺圆形光轨道的半径）和光源波长（λ）已知的情况下，通过式（2.6.5）可确定 $\Delta\theta$ 与 Ω 的关系。对上述原理、模型和解析关系进行以下说明。

（1）根据式（2.6.5），为了获得高灵敏度，在光轨道形状一定的情况下（a 为常量），可以通过适当地增大光纤圈数（增大 l 值）来提高相位差与角速度的比值（$\Delta\theta / \Omega$）。但不能无限增大光纤长度，因为受到陀螺几何尺寸的限制，通常取光纤长度为数百米为宜，并且应视具体情况而定。

（2）必须保证系统光路具有理想的互易特性，即当陀螺处于静止状态时，沿光路互为反向的两路光束间不存在任何形式的相位差。

（3）根据理论分析，光电探测器接收到的光强 I（或光电流 i_{d}）与萨尼亚克效应的相位差（$\Delta\theta$）存在如下关系[21]：

$$I\text{（或}i_{\mathrm{d}}\text{）}\propto\cos\Delta\theta \tag{2.6.13}$$

由式（2.6.13）可见，在 $\Delta\theta=\pm\pi/2$ 处可以获得最大检测灵敏度，即 $\mathrm{d}I/(\mathrm{d}\Delta\theta)$ 最大。为此，需要给系统提供一个 $\theta/2$ 的固定相位偏置。这也是解决陀螺旋转方向识别的一种有效手段。

由萨尼亚克效应构成的干涉仪除了可以做光纤陀螺，还可以实现角度、温度、水声等方面的测量[22,23]。

就原理与结构而言，可以将光纤陀螺分为干涉型光纤陀螺、谐振型光纤陀螺、布里渊型光纤陀螺、锁模光纤陀螺及法布里-珀罗（F-P）光纤陀螺；就结构而言，可将光纤陀螺分为开环光纤陀螺和闭环光纤陀螺；就相位解调方式而言，可将光纤陀螺分为相位差偏置式光纤陀螺、光外差式光纤陀螺及延时调制式光纤陀螺。下面将简单介绍工程上大量应用的干涉型光纤陀螺（I-FOG），以及目前还处于实验室研究阶段但前景十分光明的谐振型光纤陀螺（R-FOG）。

I-FOG 在结构上就是光纤萨尼亚克干涉仪，其原理图如图 2.6.4 所示。由式（2.6.5）可知，它将角速度（ω）的测量转换为相位差（$\Delta\theta$）的测量，再通过相位解调技术，将光相位的直接测量转换为光强的测量，这样就能比较方便地测量出萨尼亚克效应的相位变化。I-FOG 是研究得最早的光纤陀螺，目前已被广泛应用于航空、航天、航海等诸多领域。I-FOG 中的光纤线圈一般用单模光纤和保偏光纤制作。用保偏光纤制作光纤线圈可得到高性能光纤陀螺。

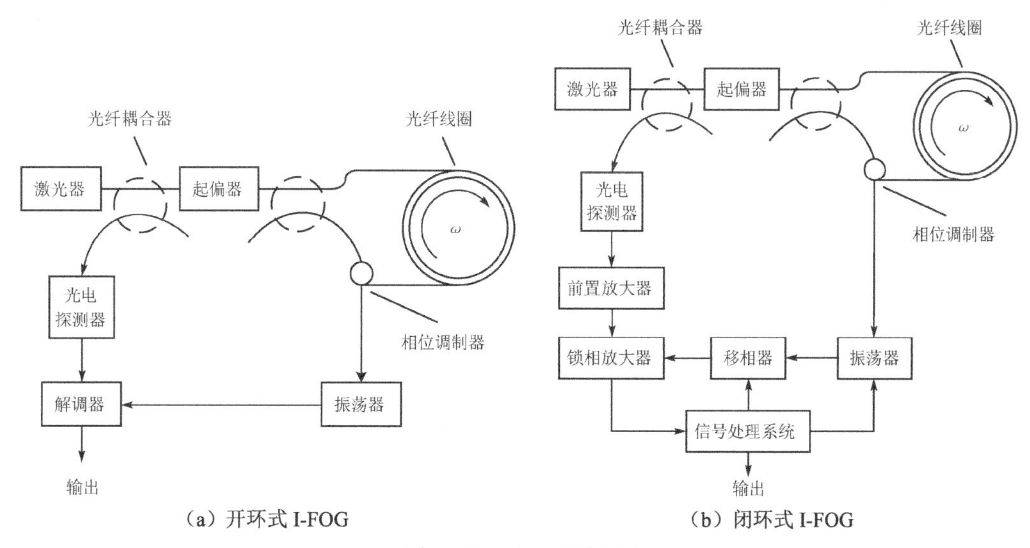

（a）开环式 I-FOG　　（b）闭环式 I-FOG

图 2.6.4　I-FOG 原理图

I-FOG 又被分为开环式和闭环式两种类型。开环式 I-FOG 直接检测干涉后的萨尼亚克效应的相移，主要用作角速度传感器。这种光纤陀螺结构简单、价格便宜，但是线性度差、动态范围小。闭环式 I-FOG 利用反馈回路由相位调制器引入与萨尼亚克效应的相移等值反向的非互易相移，是一种较精密且复杂的光纤陀螺，主要用于中等精度的惯导系统。

图 2.6.5 所示为 R-FOG 原理图。

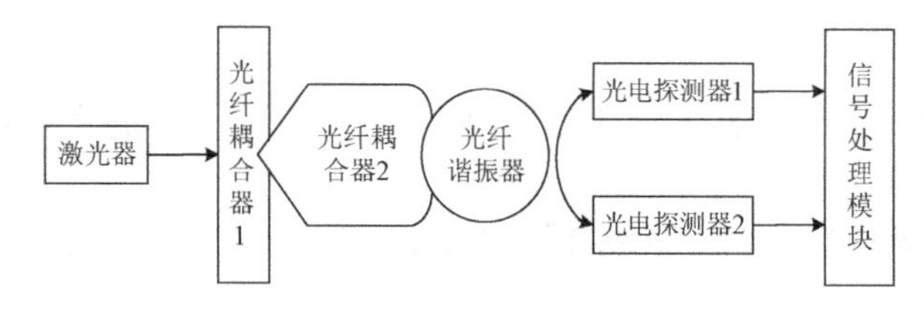

图 2.6.5 R-FOG 原理图

从激光器发出的光通过光纤耦合器 1 分成两路，再通过光纤耦合器 2 分别耦合进入光纤谐振器，在其中形成相反方向传播的两束谐振光。光纤谐振器静止时，这两束光的谐振频率相等。若光纤谐振器以角速度ω旋转，它们的谐振频率不再相等。由萨尼亚克效应可推出这两束谐振光的谐振频率差为

$$\Delta f = \frac{4S}{\lambda_0 L} \cdot \omega \tag{2.6.14}$$

式中，L为光纤谐振器的光纤长度；S为光纤谐振器所包围的面积；λ_0为光波长。由式（2.6.14）可见，通过测量 R-FOG 中两束谐振光的谐振频率差（Δf），可以确定角速度（ω）。

由于对 R-FOG 的研究起步较晚，加之对光源的要求十分苛刻，因此目前 R-FOG 还处于实验室研究阶段，距离工程应用还需要一段时间。但是，和 I-FOG 相比，R-FOG 具有光源稳定度高、所用光纤短（一般为 10m 左右）、受环境影响小、成本低的优势，因此各国都投入大量人力对 R-FOG 进行研究。相信在不久的将来，R-FOG 一定可以在惯性导航与制导等诸多领域得到广泛应用。

2.7 光声效应

激光光束照射到固体表面或气体、液体中，会与被照射物质相互作用产生一定强度和频率的声波，这就是光声效应。20 世纪 70 年代以来，随着大功率激光器技术的不断成熟，对光声效应的研究有新的发展。光声效应作为固体物质表面检测和物质成分含量分析的有效手段，已经被广泛应用于物理、化学、医学、海洋、环境和材料等领域，有着广阔的发展前景。

2.7.1 液体光声效应的激光激发机制

液体中的光声效应的激光激发机制主要包括 3 种，即热膨胀机制、汽化机制和介质击穿机制。在这 3 种机制中，入射激光能量依次增大。此外，光声效应还可以通过电致伸缩、光化学反应等其他机制产生，但要么由于产生的声音信号很微弱，要么受到特殊的反应物质的限制，这些激发机制不经常使用，在此不再详细介绍。

1. 热膨胀机制

激光束射入液体中，当光强较低（低于 $10^8 W/cm^2$）时[24]，受激液体分子发生无辐射的弛豫过程，液体介质因吸收光能而被瞬时加热膨胀，从而向周围的介质中辐射脉冲声，这种利用热膨胀机制产生物质弹性应力和位移变化的过程，也被称作热弹效应[25,26]。由于是被测物

体吸收光能被加热而产生的热效应和声效应，因此这种现象也称作光声光热效应。激光光热光谱学方法演变出很多变种，但其过程的物理学本质都是光声光热效应，如激光热透镜光谱法、激光光热瞬态畸变光谱法、激光光热偏转光谱法、激光光热折射光谱法和激光光热干涉光谱法等[27,28]，这些方法都已经被应用于分析化学技术中，并被开发为一类高灵敏度和高空间分辨率的吸收光谱学方法。

在热膨胀机制中，光声源的形状与液体的吸收系数相关。对于强吸收液体，激光射入液体的深度较光束直径小，声源处于液体表面的位置，可以近似为直径等于光束直径的平面光声源。对于弱吸收液体，则可以近似为直径等于光束直径的柱状光声源。另外，还可以利用会聚透镜等方法，将激光的能量会聚到液体中近似球状的区域内形成球状光声源。

2. 汽化机制

当脉冲激光的光强达到 10^8W/cm^2 时，被激光加热的液体介质温度达到沸点，物质开始从液态转变为气态。能量密度接近液体的汽化热时，汽化主要发生在液体表面。当激光强度增大，能量密度大大超过液体的汽化热时，在液体近表面层内发生强烈汽化。沸腾过程中，在液体中激发声脉冲。

和热膨胀机制不同，脉冲激光通过汽化机制激发声波的现象具有阈值特性。同一种液体的表面汽化过程的近表面层中的沸腾过程具有不同的阈值，阈值大小与液体的热学性质及入射激光波长下的光吸收系数等相关。热膨胀过程和汽化过程产生的声信号彼此重叠，但随着汽化过程阈值特性的不同会表现出不同的现象。选用适当的激光脉冲波形，可以将汽化产生的声信号和热膨胀产生的声信号完全分开。由于液体的汽化过程包含一系列复杂的非线性关系，因此很难用数学模型描述。

3. 介质击穿机制

高强度的激光聚焦到液体中，聚焦区域的分子发生电离，形成充满等离子的腔体。稠密的等离子体具有比液体大得多的光吸收系数。等离子进一步吸收激光能量，发生爆炸式的膨胀。激光脉冲结束后，腔内能量析出过程终止，腔内气体迅速冷却，并形成脉动的气泡。在实验中，很容易判断光击穿现象。发生光击穿时，等离子体腔体会辐射出明亮的白光。不同的液体具有不同的阈值光强，如纯净水的阈值光强为 10^6W/cm^2。液体中含有悬浮的固态杂质微粒时，首先在杂质微粒处发生光击穿，并且阈值光强会明显下降。光击穿机制的理论描述比较复杂，现有的一些理论模型都是很粗糙的。光击穿机制的优势在于光声转换效率高、可产生强脉冲声波，但声波能量比较难以控制，不易获得波形重复性好的声脉冲。在需要强的声脉冲而对波形重复性要求不高的情况下，可采用这种机制。

2.7.2 液体光声效应的应用

用于实现液体光声效应测量的实验装置如图 2.7.1 所示。采用染料调 Q 激光器，输出脉冲宽度为10ns，输出波长为1.60μm，重复频率为10Hz，实验中调整脉冲激光的能量为3.3mJ。激光经分束镜分束后，一束通过焦距为29.2cm 的聚焦透镜聚焦于溶液中，另一束通过光电二极管（PD）作为同步信号连接到示波器上。实验中所用水槽长59cm、宽23cm、高30cm，在水槽的底面和侧面设置橡胶吸声尖劈，以达到消声的目的。实验中采用丹麦产的水听器作为声接收器，水听器接收到的信号经 DHF-4 型电荷放大器放大后，用 SBM-10 型示波器显示其波形，由 HFM-1 型脉冲毫伏表测量声压的大小。

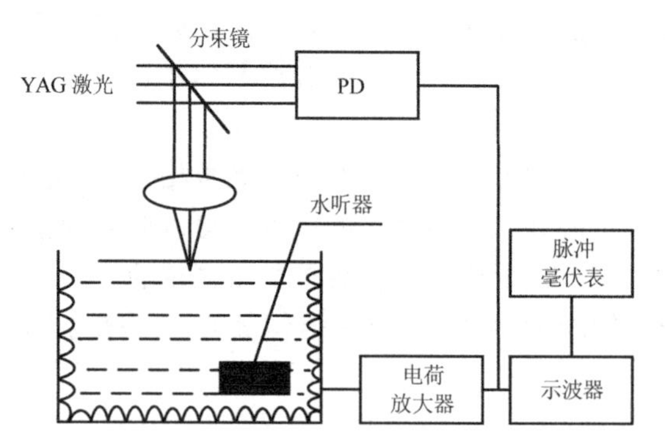

图 2.7.1　用于实现液体光声效应测量的实验装置

测量光声信号强度与乙醇水溶液体积百分比的关系，为使测量结果准确，每点均取 10 次测量结果的平均值。由这些数据可知，随乙醇水溶液体积百分比的增大，光声信号强度呈线性增大。图 2.7.2 所示为光声信号强度与乙醇水溶液体积百分比的关系，图中的点为实验测量值，直线为理论曲线。显然，理论与实验结果十分匹配。

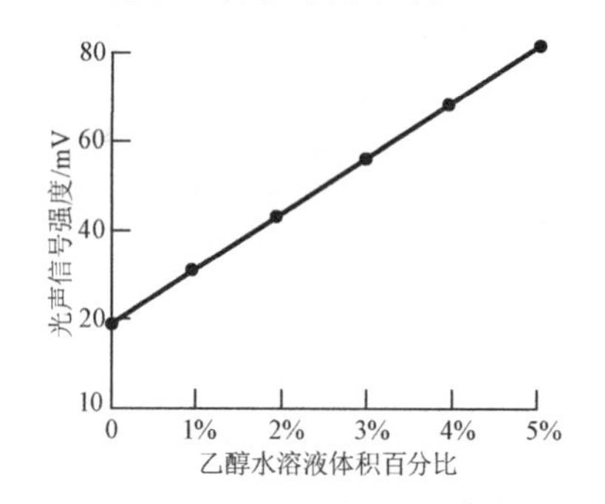

图 2.7.2　光声信号强度与乙醇水溶液体积百分比的关系

为测量无机盐溶液中光声信号的变化，可以测量光声信号强度与 NaCl 溶液质量百分比的关系，每点均取 10 次测量结果的平均值。光声信号强度与 NaCl 溶液质量百分比的关系如图 2.7.3 所示，图中的点为实验测量值，直线为理论曲线。由该图可以发现，NaCl 溶液质量百分比与光声信号强度的关系呈线性变化规律，理论与实验结果基本一致。

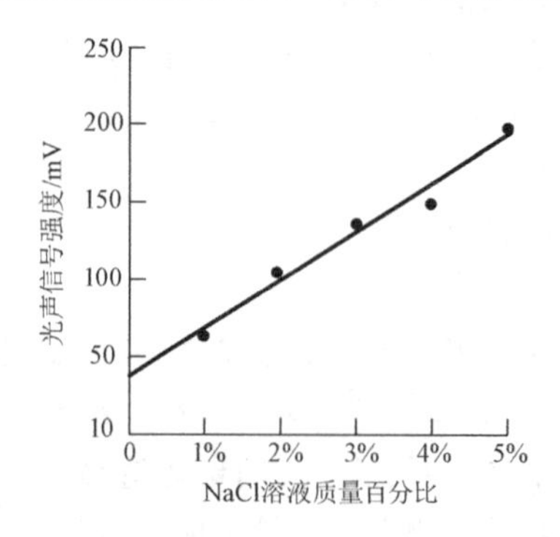

图 2.7.3　光声信号强度与 NaCl 溶液质量百分比的关系

课后习题

1．光学多普勒效应可以用于光纤传感器中完成特定参数的测量，那么，将这种基于光学多普勒效应的光纤传感器按照光的调制方法来分类的话，属于哪一类？

2．磁光效应有哪些？

3．弹光效应的原理是什么？

4．基于萨尼亚克效应可制作光纤陀螺，那么光纤陀螺一般用于哪种场合？

5．基于光声效应可以实现怎样的检测和分析？

参考文献

[1] 邱元武．激光技术和应用[M]．上海：同济大学出版社，1997．

[2] BICCHI A.Contact sensing from force and torque measurements[J].The International Journal of Robotics Research,1993,12(3):249-262.

[3] 潘英俊，付果元，乔生仁，等．光波导三向力触觉传感技术的研究[J]．仪器仪表学报，2000，21（6）：614-617．

[4] 孙凤池，黄亚楼．一种基于磁光效应原理的智能化电流传感器[J]．仪器仪表学报，2001，22（3）：114-117．

[5] 李开成，张健梅，戴建华．基于电光效应的几种光纤电压传感器[J]．高压电器，2001，37（1）：41-43．

[6] 李开成，叶妙元．从电磁式电压互感器到光学式光纤电压互感器[J]．变压器，1995，32（11）：6-8．

[7] 高希才，王德和，赵纯亮．光纤电压测量仪[J]．压电与声光，1991，13（5）：55-61．

[8] 杨晓春，阎永志．光纤电场传感器泡克尔斯元件的理论分析与设计[J]．压电与声光，1986（2）：13-18．

[9] KANOE M,TAKAHASHI G,SAOTO T,et al.Optical voltage and current measuring system for electric system[J].IEEE Transactions on Power Delivery,1986,PWRD-1(1):91-97.

[10] 刘书声，王金煜．现代光学手册[M]．北京：北京出版社，1993．

[11] LEE K S.New compensation method for bulk optical sensors with multiple birefringence [J].Applied Optics,1989,28(11):2001.

[12] WEIKEL S J.An electro optic voltage transducer[R].Paris:CIGRE,1996.

[13] SAWA T,KUROSAWA K.Development of optical instrument transformers[J].IEEE Transactions on Power Delivery,1990,5(2):884-891.

[14] 李开成，叶妙元．新型光纤电压测量仪的性能试验与现场运行[J]．电工技术杂志，1997（1）：33-35．

[15] CHRISTENSEN L H.Design,construction,and test of a passive optical prototype high voltage instrument transformer[J].IEEE Transactions on Power Delivery,1995,10(3):1332-1337.

[16] 张学明，江源．光纤电压传感器光学头的设计和性能测试[J]．武汉理工大学学报，2006，

28（5）：113-115.
[17] 梁铨铤．物理光学[M]．北京：机械工业出版社，1998.
[18] SU W,GILBERT J A,KATSINIS C.A Photoelastic fiber-optic strain gage[J].Experimental Mechanics,1995,35(1):71-76.
[19] WANG Anbo.Error analyses for photoelastic multimode optical fiber sensors[J].Journal of Lightwave Technology,1993,11(12):2157-2165.
[20] 谭健荣，刘永智，黄琳．光纤陀螺的发展现状[J]．激光技术，2006，30（5）：544-547.
[21] HOTATC K,YOSHIDA Y.Rotation detection by optical fiber laser gyro with easily introduced phase difference bias[J].Electronics Letters,1980,16(26):941.
[22] 周星炜，王占斌．基于光纤 Sagnac 干涉仪的旋转角度测量系统[J]．传感器技术，2005，24（9）：53-55.
[23] 王小宁，王光明．Sagnac 效应在光纤水听器中的应用[J]．应用声学，1995，15（5）：19-23.
[24] 尚志远，李争光，王公正，等．激光在水中产生超声波的实验研究[J]．陕西师大学报（自然科学版），1995，23（2）：41-44.
[25] 郭振华．F-P 多光束干涉仪的发明者——法布里和珀罗[J]．物理，2004，33（4）：293-298.
[26] BEARD P C,HURRELL A M,MILLS T N.Characterization of a polymer film optical fiber hydrophone for use in the range 1 to 20 MHz:A comparison with PVDF needle and membrane hydrophones[J].IEEE Transactions on Ultrasonics,Ferroelectrics,and Frequency Control,2000,47(1):256-259.
[27] 阎宏涛．激光光声和热透镜光谱信号增强[J]．西北大学学报（自然科学版），1997，27（2）：93-96.
[28] 戚诒让，张德勇，许龙江．液体中的激光超声脉冲[J]．自然杂志，2003，25（2）：63-70.

第3章

光纤无源器件

内容关键词

- 光纤连接器
- 光纤耦合器
- 波分复用器
- 光纤滤波器
- 光隔离器
- 光环形器
- 光衰减器
- 光开关
- 偏振控制器

本章主要介绍的是光纤传感系统中一些重要的光纤无源器件（如光纤连接器、光纤耦合器、波分复用器等），详细说明了各种器件的基本原理和结构，并画出详细的结构图，阐述了它们详细的性能指标。

3.1 光纤连接器

光纤连接器是将两个光纤端面结合在一起，使发射光纤输出的光能量可以最大限度地耦合到另外接收光纤的器件中。它常被用来实现从光源到光纤、从光纤到光纤及光纤与探测器之间的光耦合。各种光纤连接器必须具备损耗低、体积小、质量轻、可靠性高、便于操作、互换性好及价格低廉等特点。[1]

3.1.1 光纤连接器的基本原理和结构

光纤连接器的结构简单，主要由套管和插针两部分组成。套管用来保证光路或光纤尽可能地完全对准，使大部分的光能够通过。常用的套管有圆柱套筒结构、双锥套筒结构、透镜型结构、V形槽结构等，如图3.1.1所示。

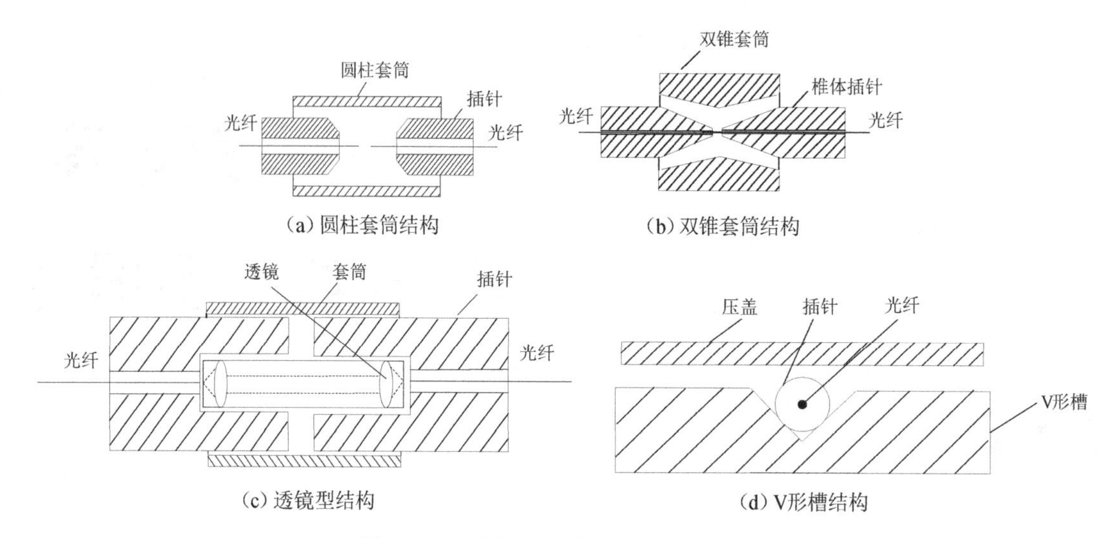

(a) 圆柱套筒结构　(b) 双锥套筒结构
(c) 透镜型结构　(d) V形槽结构

图 3.1.1　光纤活动连接器的套管结构图

光纤端面的对接形式有很多，主要分为 FC 型、PC 型和 APC 型三种，如图 3.1.2 所示。

以上三种光纤端面对接形式的光纤连接器中，最早的是日本 NTT 公司开发的平面对接型（FC 型）光纤连接器[2]。由于插针端面不是绝对平面，加之公差的存在，使紧密接触不大可能，因此在两端面间存在空隙，出现菲涅尔反射在所难免，回波损耗较大，FC 型端面几乎已经被弃用了。为了满足要求，可将光纤端面做成凸球面型（PC 型）或斜球面对接型（APC 型）。

PC 型光纤连接器由美国 AMP 公司提出，它是将装有光纤的抛光端面加工成球面，球面半径一般为 25～60mm。由于光纤端面变成了球面，因此光纤端面可以很好地接触，菲涅尔反射损耗大大降低。

APC 型光纤连接器是将光纤端面研磨成 8° 左右的倾斜角，此时光纤端面的菲涅尔反射将不会反射回纤芯，而是进入包层而迅速散失[3]。APC 型对接可以使回波损耗高达 70dB。

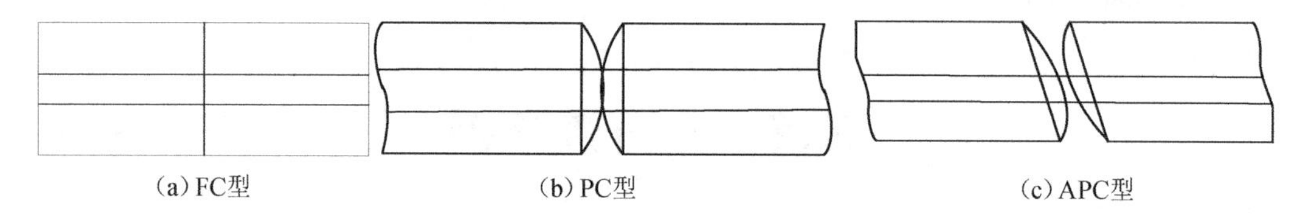
(a) FC型　(b) PC型　(c) APC型

图 3.1.2　光纤端面的三种对接形式

光纤的连接方式主要包括 FC 型、ST 型和 SC 型。

FC 型光纤连接器是由日本 NTT 公司最先开发出来的，它是一种螺口式连接器，通过带键槽导引的螺纹来连接和锁定两根光纤。图 3.1.3（a）所示为 FC 型光纤连接器的实物图。FC 型光纤连接器在安装时需要留有一定空间，以便耦合部分的旋转，这样就不能满足高密度安装的要求。

还有一种光纤连接器，称为 SC 型光纤连接器［见图 3.1.3（b）］，是一种插拔式结构，由日本 NTT 公司推出。

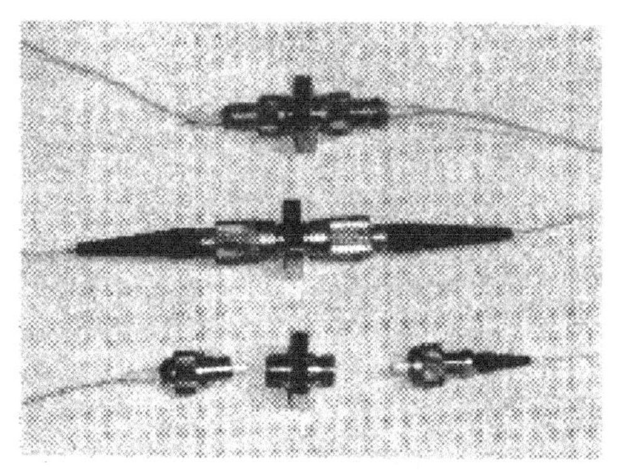

（a）FC 型光纤连接器的实物图

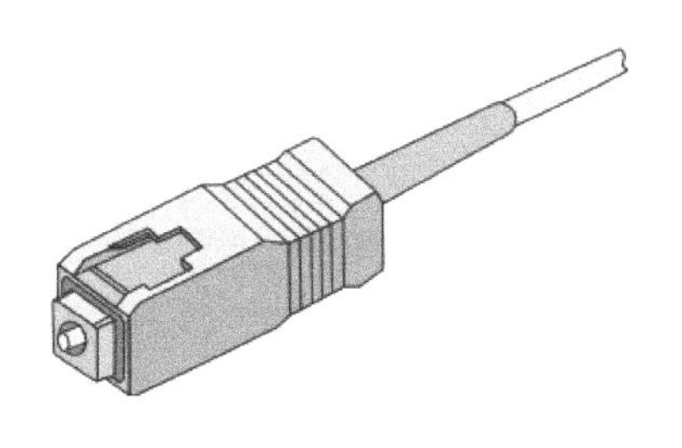

（b）SC 型光纤连接器的结构图

图 3.1.3 光纤连接器

SC 型光纤连接器的外壳呈矩形，所采用的插针与耦合套筒的结构尺寸与 FC 型完全相同，其中，插针的端面多采用 PC 型或 APC 型研磨方式。

光纤连接器除了 FC 型和 SC 型，还有 ST 型，由 AT&T 公司开发，为圆形卡口式结构，接头插入法兰盘压紧后，旋转一个角度，便可使插头牢固，并对光纤端面施加一定压力压紧。

光纤连接器的型号通常表示为 XX/YY，XX 表示接头的连接方式，YY 表示光纤连接器端面的形状。例如，SC/APC 表示插拔式斜球面连接，FC/PC 表示螺纹锁定式球面连接。通常采用的光纤活动连接器有 FC/PC、FC/APC、SC/PC、SC/APC、ST/PC 几种型号。

3.1.2 光纤与光纤的连接损耗

在不连续点，如光纤固定连接器和光纤活动连接器处，光纤会产生光功率损耗和反射。光纤的连接损耗与被连接光纤纤芯结构参数差异（内部损耗因子）和光纤接续质量（外部损耗因子）有关，若通过光纤连接器的透射率为T，则光纤的连接损耗为

$$L = -10\lg T \tag{3.1.1}$$

光纤与光纤的连接损耗包括以下 3 种。

（1）两光纤相对位置的偏离引起的损耗。因光纤相对包层（a 所示位置）偏离而产生的横向偏移（d）、纵向偏移（s）、角向偏移（θ）及光纤接收孔径角 θ_c 如图 3.1.4 所示。

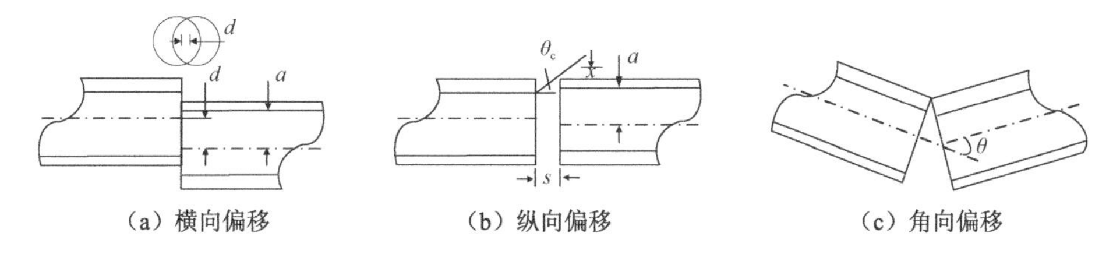

图 3.1.4 光纤连接中的相对位置偏离

（2）光纤端面形状畸变引起的损耗。光纤连接的端面畸变如图 3.1.5 所示。

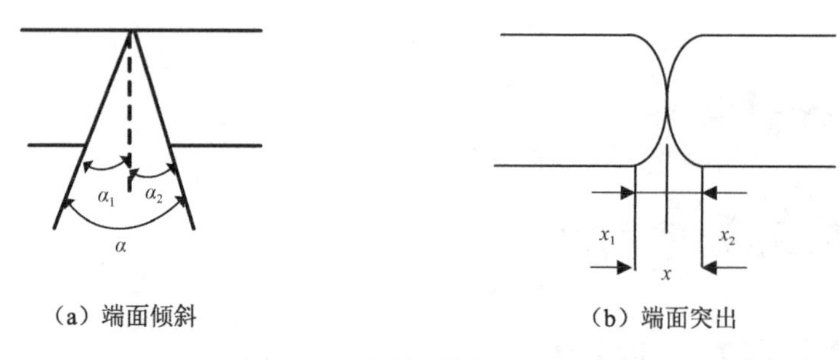

（a）端面倾斜　　　　（b）端面突出

图 3.1.5　光纤连接的端面畸变

（3）光纤结构参数失配引起的损耗。该损耗包括两光纤纤芯直径不同引起的连接损耗、两光纤数值孔径不同引起的连接损耗、两光纤折射率分布不同引起的损耗，以及光纤端面因菲涅耳反射引起的损耗。

3.1.3　光纤连接器的技术指标

光纤连接器在光信号传输的过程中发挥着重要作用。光纤连接器的技术指标有很多，主要有 3 项，即插入损耗（Insertion Loss）、回波损耗（Return Loss）和重复性。

1. 插入损耗

插入损耗是光纤端接缺陷造成的光信号损失，其表达式为

$$L_{\mathrm{I}} = -10\lg\frac{P_1}{P_0} \tag{3.1.2}$$

式中，P_0 为输入端的光功率；P_1 为输出端的光功率。插入损耗越小越好。

2. 回波损耗

回波损耗反映了光波在光纤端面连接的界面处产生的菲涅尔反射，反射波对光源造成干扰，所以又称为后向反射损耗，其表达式为

$$L_{\mathrm{R}} = -10\lg\frac{P_{\mathrm{r}}}{P_0} \tag{3.1.3}$$

式中，P_0 为输入端的输入光功率；P_{r} 为输入端的返回光功率。由于反射光会对光源产生干扰，因此回波损耗越大越好，以避免反射光进入光源。

3. 重复性

重复性是指光纤连接器多次插拔后插入损耗的变化，一般应小于 ± 0.1dB。套管和插针一般采用陶瓷材料，陶瓷插针和套筒的光纤活动连接器的插拔次数为几千甚至上万次，因此使用寿命很长。光纤连接器在使用一段时间后性能会变差，这常常是光纤端面被污染的缘故，因此需要经常擦洗光纤端面。

3.2 光纤耦合器

光纤耦合器的功能是将一个或多个光输入分成两个或多个光输入，它是一种用于传输和分配光信号的无源器件，可以对光进行分路、合路、插入和分配操作。另外，光纤耦合器在分光后，也会改变不同光路中光的相位，这在干涉型光纤传感器中极为重要。

3.2.1 光纤耦合器概述

光纤耦合器从功能上分，可以分为光功率分配器、波分复用器及光纤偏振分束器；从端口形式上分，可以分为 X 分支（2×2）耦合器、Y 分支（1×2）耦合器、星形（*N*×*N*）耦合器及树形（1×*N*，*N*>2）耦合器，前三种如图 3.2.1（a）～图 3.2.1（c）所示；从制作或结构上分，又可以分为光纤型耦合器和光波导耦合器。图 3.2.1（d）所示为一只熔锥型（2×2）光纤耦合器的实物图[4]。

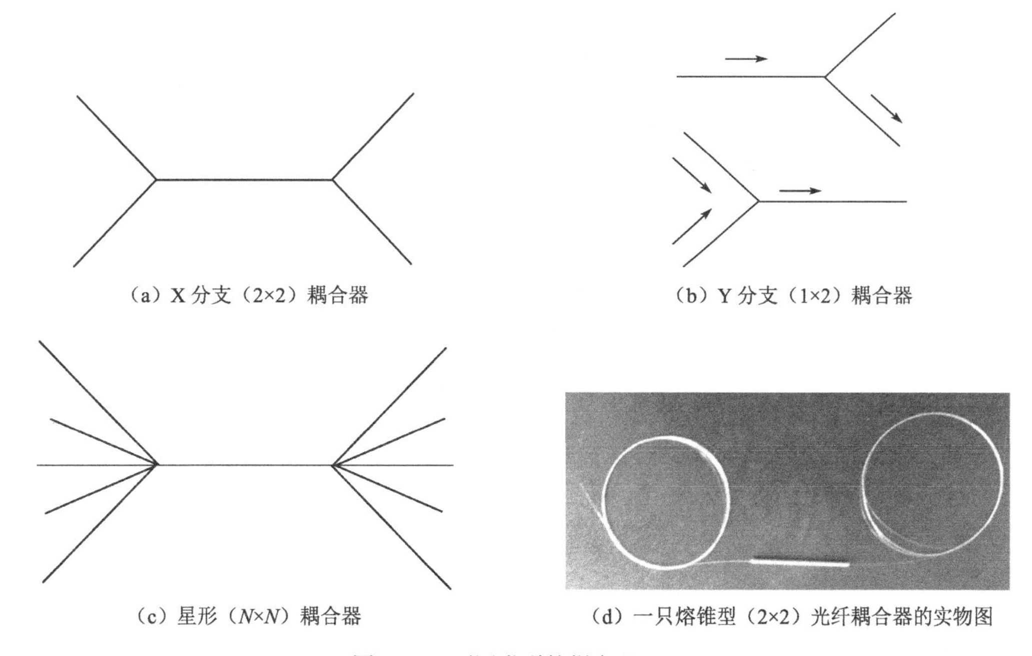

（a）X 分支（2×2）耦合器　（b）Y 分支（1×2）耦合器

（c）星形（*N*×*N*）耦合器　（d）一只熔锥型（2×2）光纤耦合器的实物图

图 3.2.1　不同类型的耦合器

在 3.2 节中所提的耦合器均指光功率分配器，波分复用器将在 3.3 节中具体阐述。光纤偏振分束器用来将输入光分解成两个偏振的光再输出，在光纤传感中应用得较少，故不赘述。

3.2.2 熔锥型光纤耦合器

熔锥型光纤耦合器的制造过程比较简单，首先，将光纤扭绞在一起，光纤的数目由所需制造的耦合器的端口数目决定。然后，在施加压力条件下加热，并将软化的光纤拉长形成锥形，并稍加扭转，使其熔接在一起，熔融区形成渐变锥形结构。拉锥时，可以用计算机较精确地控制各种过程参量，并且随时监控光纤输出端口的光功率变化，从而得到所需分光比的耦合器。

对于单模光纤耦合器，拉锥后，一方面两根光纤的芯径十分接近，另一方面光纤芯径也将变小，导致模场直径减小，光场由芯径向外扩散，在纤芯外的光场沿着纤芯表面，并且沿着芯径的方向衰减得很快，被称为消逝场或者倏逝场。当两光纤极为靠近时，通过倏逝场进行能量交换，从而产生了耦合。多模光纤耦合器的原理类似，其结构图如图 3.2.2 所示。

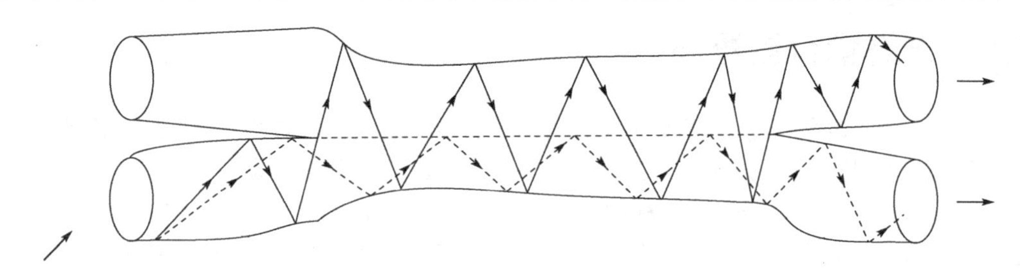

图 3.2.2　多模光纤耦合器的原理结构图

在干涉型光纤传感器中，要求参考光与信号光的偏振方向一致，这样干涉光的对比度最大，干涉系数最清晰。然而，外界扰动导致光纤中传输光的偏振态发生变化，并且变化是随机的，从而使被干涉输出信号不稳定。因此，要采用保偏光纤或者单模光纤加上偏振控制器来保证两束干涉光的偏振匹配。这样，在系统中就经常要用到保偏光纤耦合器件。它可以用熔锥的方法制作，但在熔锥时，光纤只能平行，不能缠绕，且两根光纤的偏振态需要保持一致。

另外，有一种研磨型的光纤耦合器。它是先在石英玻璃块上开一个弧形的凹槽，将光纤嵌入槽内；然后，将光纤连同石英玻璃块一起研磨，从侧面对光纤的包层进行研磨，一直磨到接近纤芯，进入倏逝场的位置；最后，将两根光纤侧面研磨后的光纤拼合，并在中间涂上折射率匹配液，就可以得到一个 2×2 的光纤耦合器。这种耦合器可以制成性能优良的保偏耦合器，也可形成分光比可调的光纤耦合器，但这一制作过程工艺复杂，目前已很少见了[5]。

3.2.3　光纤耦合器的技术指标

评价光纤耦合器的技术指标主要有插入损耗、附加损耗、分光比、隔离度，还有工作波长、工作带宽等。

1．插入损耗

插入损耗是指光纤耦合器的某一输出端口所引入的功率损耗，通常以该输出端口的光功率与某一输入端口的光功率之比的以 10 为底的对数来表示（单位：dB），即

$$L_{\mathrm{I}i} = -10\lg\frac{P_{\mathrm{out}\,i}}{P_{\mathrm{in}}} \tag{3.2.1}$$

式中，$L_{\mathrm{I}i}$ 为第 i 个输出端口的插入损耗；$P_{\mathrm{out}\,i}$ 为在第 i 个输出端口测到的光功率值；P_{in} 为在某一输入端口测到的光功率值。

2．附加损耗

附加损耗（L_E）以输入光功率（P_{in}）与总体输出光功率（P_{out}）之比的以 10 为底的对数来表示（单位：dB），它反映了光纤耦合器的损耗，其值越小越好。

$$L_E = -10\lg\frac{P_{in}}{P_{out}} \tag{3.2.2}$$

3．分光比

分光比也称耦合比，指某一输出端口的光功率与总体输出光功率之比，即

$$k_i = \frac{P_{out\,i}}{P_{out}} \times 100\% \tag{3.2.3}$$

式中，k_i 为第 i 个输出端口的分光比；$P_{out\,i}$ 为在第 i 个输出端口测到的光功率值；P_{out} 总体输出光功率值。

4．隔离度

隔离度是指光纤耦合器件的某一光路对其他光路中的光信号的隔离能力。隔离度高，也就意味着线路之间的“串话”小，其计算式为

$$I = -10\lg\frac{P_{out\,i}}{P_{in}} \tag{3.2.4}$$

式中，$P_{out\,i}$ 为某一光路输出端到其他光路信号的功率值；P_{in} 为被测光信号的输入功率值。

由式（3.2.4）可知，隔离度对于分波耦合器的意义更为重大，要求也相应高些，实际工程中往往需要使用隔离度达到 40dB 以上的器件；一般来说，合波耦合器对隔离度的要求并不苛刻，实际工程中采用隔离度为 20dB 左右的器件即可。

3.3 波分复用器

3.3.1　波分复用器概述

光波分复用器（Wavelength Division Multiplexer，WDM）是对光波波长进行分离与合成的光纤无源器件，以下简称波分复用器。波分复用器分为合波器和分波器。

一般波分复用器是光纤无源器件，也是互易的，将合波器反过来使用，也可以将单根光纤中多个波长的光分发到不同的光纤，即称为光波分解复用器，以下简称波分解复用器。波分复用器是光波分复用系统中的核心器件，在光纤传感系统中也有广泛应用，可以成倍地增加传感器的复用数量。

色散、偏振、干涉等物理现象都可以用来制作波分复用器件。目前已广泛使用的波分复用器件可以分为三大类，即角色散元件、干涉元件及光纤耦合器。

在光纤通信中，波分复用器按照复用的波长数（通路数）的多少，可以划分为粗波分复用器和密集波分复用器，按照国际电信联盟（ITU）的标准，前者的通路间隔为 20nm，后者的

通路间隔为 2nm、8nm、0.4nm。在光纤传感工程中，往往按照不同的需要设计各种波分复用器，但最好还是往通信领域靠拢，因为这样能降低系统成本[6]。

3.3.2 角色散型波分复用器

角色散型波分复用器就是利用角色散元件来分离和合并不同波长的光信号，从而实现波分复用功能的器件。角色散元件有棱镜和光栅，但实际使用的主要是光栅，特别是衍射光栅。图 3.3.1 所示为应用闪耀光栅的角色散型波分复用器的原理图。这种原理的波分复用器的优点是，可以将绝大部分能力集中反射到所需要的波长上，插入损耗不会随着波长的增大而增大。但是，由于加上了透镜，因此往往体积较大[7]。

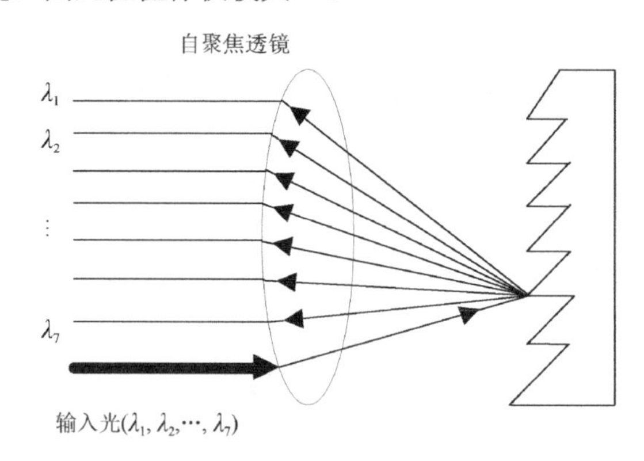

图 3.3.1 应用闪耀光栅的角色散型波分复用器的原理图

3.3.3 干涉型波分复用器

干涉滤光片是在玻璃衬底上镀上多层介质膜，这种介质膜具有高、低两种折射率。它可以只让某一个波长的光通过，而其他波长的光被反射。当复色光通过时，由于干涉作用，对不同波长的光，有的波长的光通过干涉而加强，有的波长的光则因干涉而相消，因此复色光在通过干涉后就只有特定波长的光了，从而起到了滤波的作用。

3.3.4 光纤耦合器型波分复用器

随着光纤熔融拉锥工艺的问世，人们可以用此技术制作出单模光纤熔锥型耦合器。与其他波分复用器相比，它是全光纤器件，因为结构中除光纤外不含任何其他材料或元件。单模光纤熔锥型耦合器连接简单、方便，体积小巧，结构紧凑，并且价格便宜，因此得到广泛的应用。

单模光纤熔锥型耦合器是一个倏逝波耦合器，可以通过调节波长与分光比的关系来实现合波与分波，具体就是通过调节纤芯距和耦合长度来实现合波与分波。耦合区波长越大，耦合性越强，波分复用器的通道间隔越强。因此，熔锥型波分复用器与熔锥型耦合器的制作工艺程序基本相同。

多个光纤耦合器通过将多根光纤熔融连接在一起，使多个输入波长可以耦合在一起，达到波长合并的目的。图 3.3.2（a）所示为一种光纤耦合器型波分复用器的原理图，该波分复用器是由双波长波分复用器件层叠形成的四波长波分复用器件光纤型波分复用器件。由于是用普通耦合器来合波的，因此反向使用时，不能将不同的波长分开。图 3.3.2（b）所示为一只四通道波分复用器的实物图。

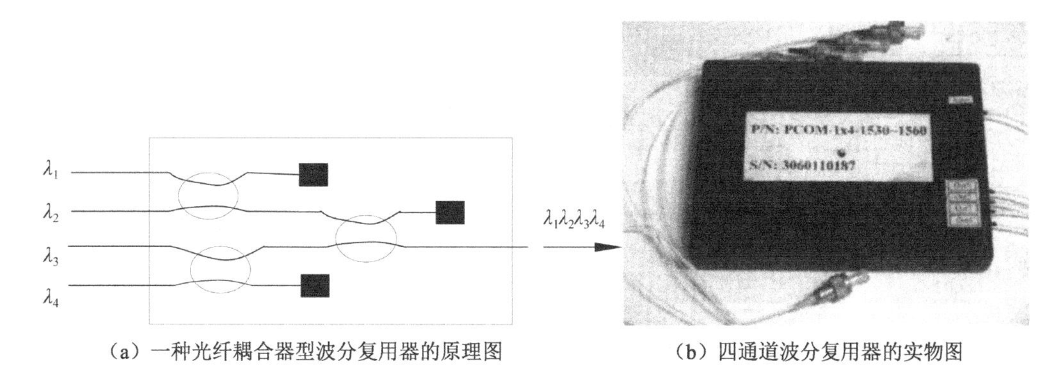

（a）一种光纤耦合器型波分复用器的原理图　　（b）四通道波分复用器的实物图

图 3.3.2　光纤耦合器型波分复用器

3.3.5　其他类型的波分复用器

除了以上 3 种应用广泛的波分复用器，还有 1 种波分复用器——阵列光波导型波分复用器，由于其具有特殊的优点，因此得到了深入的研究。阵列光栅波导型波分复用器/解复用器是以光集成技术为基础的平面波导型器件，典型制造过程是在硅晶片上沉积一层薄薄的二氧化硅玻璃，并利用光刻技术形成所需的图案，腐蚀成形。

3.3.6　波分复用器的技术指标

评价波分复用器件的主要技术指标有 4 个，即工作波长、带宽、插入损耗和信道隔离度。

1．工作波长

工作波长确定了波分复用的通道的工作波长，如 1310nm/1550nm 的波分复用表示有两个工作波长 1310nm 和 1550nm，980nm/1550nm 的波分复用表示有两个工作波长 980nm 和 1550nm。对于粗波分复用，ITU 的标准是间隔 20nm，如 1510nm、1530nm、1550nm、1570nm 都是 ITU 的工作波长 [8]。

2．带宽

带宽反映了波分复用通道的带宽，一般定义带宽为 3dB。波分复用要求工作的通带顶部平坦，过渡带陡峭。

3．插入损耗

波分复用器件的插入损耗包括两个方面：一个是器件本身存在的固有损耗，另一个就是由于器件的接入在光纤线路连接点上产生的连接损耗。类似于其他的光纤无源器件，波分复用器的插入损耗越小越好。

4．信道隔离度

隔离度是指器件输出端口的光进入非指定输出端口光能量的大小。波分复用器与耦合器的隔离度定义类似，在此不详细说明。

3.4 光纤滤波器

光纤滤波器是一种用于改变光谱组成成分的光学器件。波分复用系统有以下 3 种重要的滤波器。

3.4.1 干涉滤波器

干涉滤波器是一种由一块平板玻璃上交替沉积多层具有高低不同折射率的两种介质材料（如 TiO_2 和 SiO_2）的薄层，如图 3.4.1 所示。

图 3.4.1　干涉滤波器的原理图

干涉滤波器选择投射的波长（λ）可利用式（3.4.1）计算。

$$m\lambda = 2nb\cos\theta \tag{3.4.1}$$

式中，m 为整数；n 为薄层的折射率；b 为薄层的深度；θ 为入射光与法线的夹角。

3.4.2 光纤马赫-曾德尔（M-Z）滤波器

图 3.4.2 所示为光纤 M-Z 滤波器的原理图，激光器发出的相干光分别送入光纤 M-Z 干涉仪的探测臂和参考臂，输出的两激光束叠加后产生干涉反应。

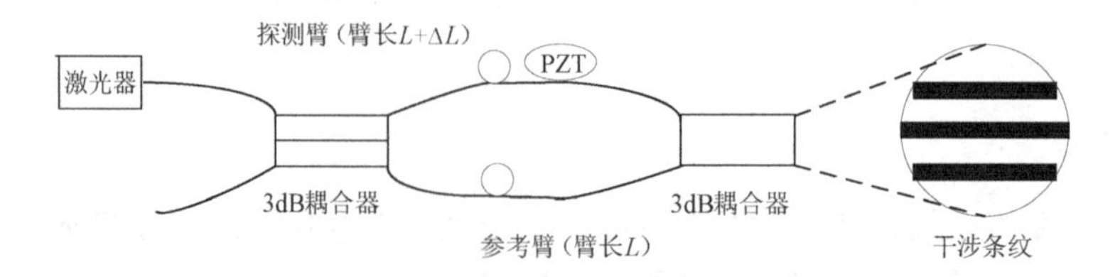

图 3.4.2　光纤 M-Z 滤波器的原理图

根据耦合模理论，光纤 M-Z 干涉仪的传输特性为

$$\begin{cases} T_{1\to3} = \cos^2(\varphi/2) \\ T_{1\to4} = \sin^2(\varphi/2) \end{cases} \tag{3.4.2}$$

式中

$$\varphi = 2\pi nf\Delta L/c \tag{3.4.3}$$

$T_{i\to j}$ 为输入端 i 与输出端 j 的光功率比率；光频的变化频率为

$$f_s = c\Delta L/(2n) \tag{3.4.4}$$

因此，如果两个频率各为 f_1 和 f_2 的光波从端 1 输入，而且 f_1 和 f_2 分别满足

$$\begin{cases} \varphi_1 = 2\pi nf_1\Delta L/c = 2\pi m \\ \varphi_2 = 2\pi nf_2\Delta L/c = 2\pi(m+1/2) \end{cases} \quad (m=1,2,3,\cdots) \tag{3.4.5}$$

那么 $T_{1\to3}=1$，$T_{1\to4}=0$，$f=f_1$；$T_{1\to3}=0$，$T_{1\to4}=0$，$f=f_2$。

在满足式（3.4.2）的条件下，端 1 输入频率不同的光波被分开，间隔为

$$f_c = f_x = c/(2n\Delta L) \tag{3.4.6}$$

$$\Delta\lambda = \lambda_1\lambda_2/(2n\Delta L) \tag{3.4.7}$$

该滤波器的频率间隔必须精确控制在 f_c 上，所有信道的频率间隔都必须是 f_c 的倍数。随着频率信道的增大，所需的光纤 M-Z 滤波器为 2^n-1（2^n 是光频数）个。

3.4.3　光纤法布里-珀罗（F-P）滤波器

由光纤 F-P 干涉仪构成的光纤 F-P 滤波器如图 3.4.3 所示。光纤波导腔型光纤 F-P 滤波器由两端具有高反射膜的光纤构成，腔长范围为 10^{-2} ～ 1m 的中间光纤用于调整其自由谱区，并改善空气隙腔型光纤 F-P 滤波器存在的模式失配和插入损耗 [9]。

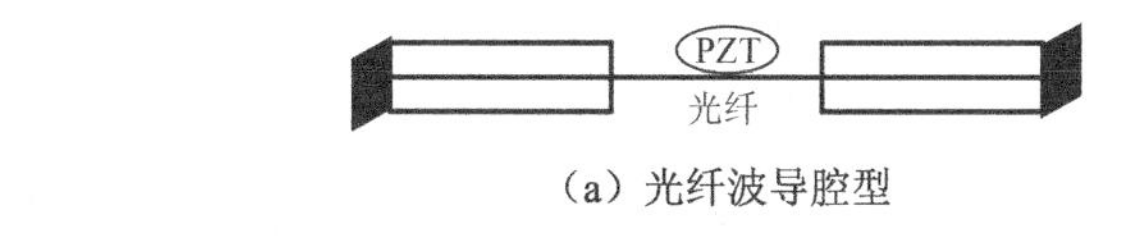

（a）光纤波导腔型

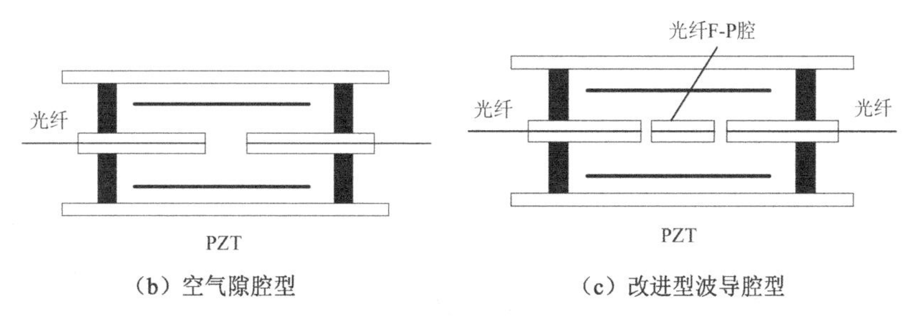

（b）空气隙腔型　　（c）改进型波导腔型

图 3.4.3　由光纤 F-P 干涉仪构成的光纤 F-P 滤波器

光纤 F-P 滤波器可调谐窄带滤波器的传输特性如下。

（1）自由谱区（FSR）：光纤滤波器的调谐范围，定义为光滤波器相邻两个透过峰之间的谱线宽度，即

$$\mathrm{FSR} = \lambda_1 - \lambda_2 \tag{3.4.8}$$

（2）带宽（$\Delta\lambda$）：谐振峰50%处的谱线宽度。

（3）精细度（N）：自由谱区与带宽的比值，即

$$N = \mathrm{FSR}/(\Delta\lambda) \tag{3.4.9}$$

（4）插入损耗（α_{i}）：反映入射光（P_1）经光纤滤波器后出射光（P_2）的衰减程度，即

$$\alpha_{\mathrm{i}} = -10\lg(P_2 / P_1) \tag{3.4.10}$$

（5）峰值透过率（τ）：在峰值波长处测量的输入光功率（P_{i}）和输出光功率（P_{o}）之比，即

$$\frac{P_{\mathrm{i}}}{P_{\mathrm{o}}} = \frac{\left|E^{(\mathrm{i})}\right|^2}{\left|E^{(\mathrm{o})}\right|^2} = \left[\frac{1-R-A}{1-R-\alpha R}\right]^2 \cdot \frac{1}{1+F'\sin^2(\delta/2)} \tag{3.4.11}$$

式中

$$E^{(\mathrm{i})} = \sum_{p=1}^{\infty} E_p^{(\mathrm{i})} = t^2 E_0[1-(1-\alpha)r^2\mathrm{e}^{-\mathrm{i}\delta}]^{-1} \tag{3.4.12}$$

$$\delta = 4\pi n_1/\lambda \tag{3.4.13}$$

$$F' = 4(1-\alpha)R[1-(1-\alpha)R]^2 \tag{3.4.14}$$

$$R = r^2 \tag{3.4.15}$$

式中，n_1为光纤纤芯的折射率；λ为工作波长。精细度（N）和透过率（τ）的计算式分别为

$$N = \pi\sqrt{(1-\alpha)R}[1-(1-\alpha)R]^{-1} \tag{3.4.16}$$

$$\tau = (1-R-A)/(1-R+\alpha R) \tag{3.4.17}$$

（6）腔内损耗（α）：主要由光纤端面和反射镜的耦合损耗引起。耦合损耗主要受以下3个方面的影响：①反射镜与光纤端面之间的距离（d），d越大，耦合损耗越大，当$d = 6\mu\mathrm{m}$时，耦合损耗为0.5%，可在光纤端面直接镀多层介质膜；②光纤端面（芯部）的不平度；③光纤轴与反射镜平面法线不平行，当夹角小于0.1°时，耦合损耗小于0.2%；当夹角小于0.2°时，耦合损耗小于0.8% [10]。

3.5 光隔离器

3.5.1 光隔离器的功能及原理

在光纤传感系统中，总会有许多原因引起反向光，从而产生反射噪声，反射噪声进入光源又会引起光源扰动，使光路变得不稳定，实际测量甚至无法进行。

光隔离器的基本功能是实现光信号的正向传输，同时抑制反向光，即具有不可逆性。因此，光隔离器又称光单向器，它是一种非互易光纤无源器件。

光隔离器由两个偏振器和一只法拉第旋转器构成。

起偏器由偏振片或双折射晶体构成，实现由自然光得到偏振光；由磁光晶体制成的法拉第旋转器实现对光偏振态的非互易调整；检偏器将光线会聚平行出射。不管光的传播方向如何，迎着外加磁场的磁感应强度方向观察，偏振光总按顺时针方向旋转。这就是法拉第效应旋向的不可逆性[11]。

下面说明光隔离器的工作原理。如图3.5.1（a）所示，假设偏振光的传播沿 z 轴正方向，设偏振器A的透光轴在 x 轴方向，光经过偏振器A后变为偏振方向为 x 轴方向的线偏振光，经过法拉第旋转器后沿逆时针方向（也可沿顺时针方向，由外加磁场决定）旋转过 $\Omega=45°$ 角，即与 x 轴成45° 角。为了使正向光顺利通过，偏振器B的透光轴也应与 x 轴成45° 角。光经过偏振器B后，输出光的偏振方向仍然与 x 轴成45° 角。而反向光通过偏振器B后，偏振方向仍然与 x 轴成45° 角。由于法拉第旋转效应具有不可逆性，光通过旋转器后仍按逆时针方向旋过 Ω 角，因而到达偏振器A时将与 x 轴成 $2\Omega=90°$ 角，与偏振器B的透光轴互相垂直，有效地阻止了反向光的通过。

上面所述的隔离器是与偏振相关的，该类隔离器的一个很明显的缺点是将产生损耗，因此又开发了一种与偏振无关的光隔离器。首先用偏振分光镜将输入光分成两束与偏振方向垂直的偏振光，通过各自的偏振器后再会合。目前，这一器件已被广泛应用。图3.5.1（b）所示为一只光隔离器的实物图。

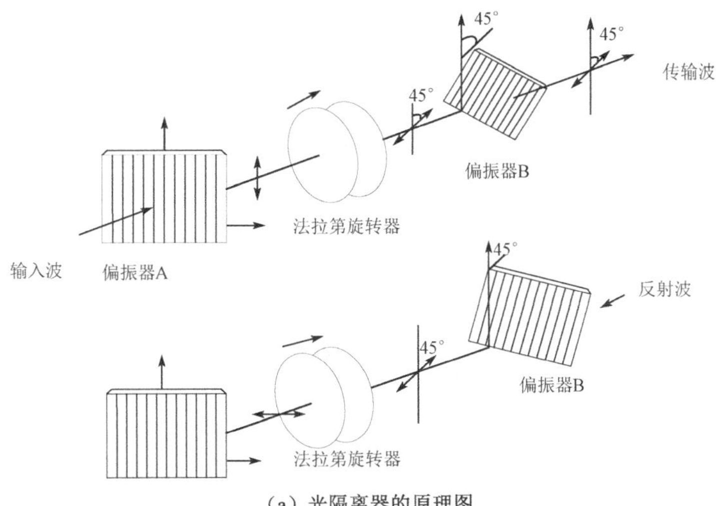

（a）光隔离器的原理图

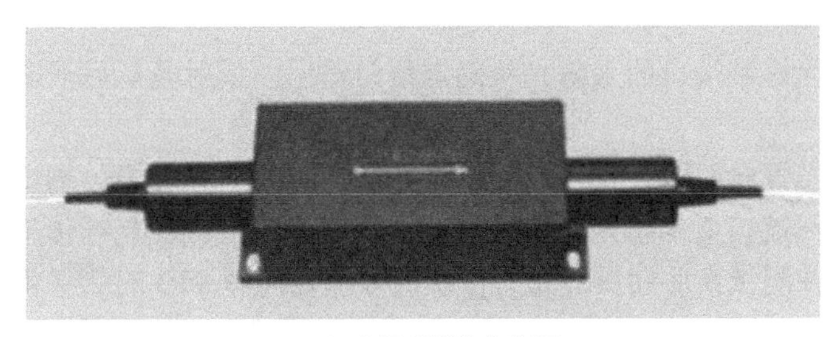

（b）光隔离器的实物图

图3.5.1 光隔离器

3.5.2 光隔离器的技术指标

光隔离器在光纤传感领域的应用，要求光隔离器插入损耗低、隔离度高、回波损耗大、器件体积小、环境性能好。其中，光隔离器的隔离度、插入损耗这两项指标尤其重要。

1. 插入损耗

光隔离器的插入损耗来源于偏振器和法拉第旋转器。

设 P_0 为输入光功率，P_1 为输出光功率，则插入损耗（单位：dB）定义为

$$L_I = -10\lg\frac{P_1}{P_0} \tag{3.5.1}$$

高质量的光隔离器的正向插入损耗应在 0.5dB 以下。对实际选用的光隔离器来说，插入损耗越小越好。

2. 隔离度

隔离度一般是指反射传输光的损耗，只是光从光隔离器的反向输入。隔离度越大越好。偏振器和法拉第旋转器选用得不理想将会使插入损耗增大，隔离度减小。实际应用的单级光隔离器的隔离度一般只有 36dB，不能满足要求。可以选用双级光隔离器，其隔离度大于 60dB。

3.5.3 光隔离器的应用

光隔离器用在激光器与光纤之间。在光纤传感系统中，当光纤与激光器耦合时，光源所发出的光通常以光纤活动连接器的形式耦合到光纤线路中，活接头处的光纤端面间隙会使约 4%的反射光反射回光源。这类后向反射光的存在使激光器的工作变得不稳定，并产生噪声。为了消除反射光对激光器的影响，需要在激光器与光纤之间加装光隔离器[12]。

3.6 光环形器

3.6.1 光环形器的功能及原理

光环形器是只允许某端口的入射光从确定端口输出，反射光从另一端口输出的非互易性器件。

光环形器的传光方向如图 3.6.1（a）所示，对于三端口光环形器，端口 1 的输入光信号只能从端口 2 输出，而端口 2 的输入光信号只能从端口 3 输出。在光纤传感系统中，常常是将光输入传感光纤，并测量其后向反射光。传统的方法是使用 3dB 的 2×2 耦合器，但这样会产生至少 6dB 的损耗，使用光环形器则可避免该损耗。图 3.6.1（b）所示为反射式光环形器的实物图[13]。

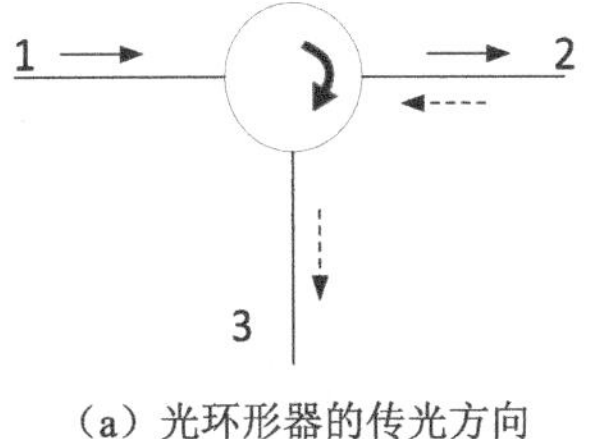

（a）光环形器的传光方向

（b）反射式光环形器的实物图

图 3.6.1　光环形器

光环形器和光隔离器的工作原理类似，只是光隔离器为双端口器件，即一个输入端口和一个输出端口；光环形器为多端口器件，常用的有三端口、四端口、六端口光环形器。

光环形器的主要组成部件为双折射分离元件、法拉第旋转器和相位旋转器。

双折射分离元件不仅能使入射光分离成两束相互正交的偏振光，而且两束偏振光具有一定的分裂度，即在空间上可以分离开来。图 3.6.2（a）所示为光束由端口 1 到端口 2 传播的工作过程。入射光经过双折射分离元件 1 后，被分离成两束，上束为垂直偏振光（也称 E 光），下束为水平偏振光（也称 O 光），经过法拉第旋转器和相位旋转器分别旋转 45° 后，上束变为水平偏振光，下束变为垂直偏振光，由于水平偏振光通过双折射分离元件 2 时，其偏振方向不变且不发生折射，而垂直偏振光通过双折射分离元件 2 时发生折射，过程与通过双折射分离元件 1 时相反，因此光束在端口 2 处被合成后输出。

光束由端口 2 到端口 3 传播的工作过程如图 3.6.2（b）所示。入射光首先被靠近端口 2 的双折射分离元件分成两束正交的偏振光，由于法拉第旋转器具有非互异性，相位旋转器和法拉第旋转器的作用相互抵消，因此两个分量通过这两个器件后偏振态保持不变，经过靠近端口 3 的双折射分离元件的分离后，它们已偏离了端口 1 的轴，两束光线分别通过反射棱镜和偏振分束立方体透镜后重新组合，并从端口 3 输出。

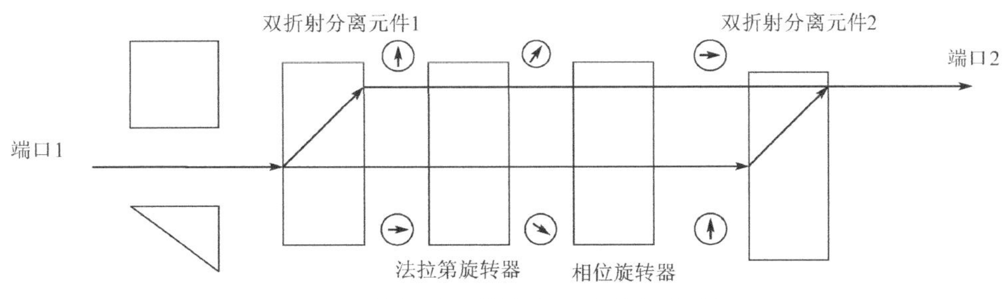

（a）光束由端口 1 到端口 2 传播的工作过程

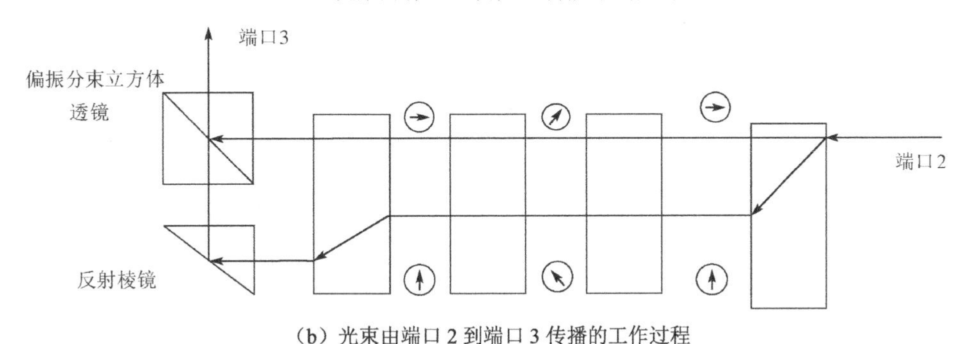

（b）光束由端口 2 到端口 3 传播的工作过程

图 3.6.2　光环形器的原理图

3.6.2 光环形器的技术指标

光环形器在光纤传感领域的应用，要求光环形器插入损耗低、隔离度高、器件体积小、环境性能好。其中，光环形器的隔离度、插入损耗这两项指标尤其重要[14]。

以三端口光环形器为例，插入损耗包括端口 1 到端口 2 的插入损耗和端口 2 到端口 3 的插入损耗，其定义与光隔离器相似，这里不再赘述。设 P 为端口 2 的入射光功率，P_1、P_3 分别为端口 1、端口 3 的输出光功率，则定义隔离度为

$$I = 10\lg\frac{P_2}{P_1} - 10\lg\frac{P_2}{P_3} \tag{3.6.1}$$

3.7 光衰减器

3.7.1 光衰减器概述

光衰减器是一类用于对光功率进行衰减的光纤无源器件。光衰减器可按照用户的要求对光信号能量进行有预期的衰减，常用于在系统中吸收或反射光功率余量、评估系统的损耗及调整、校正各类试验中，有时光源功率太大致使探测器饱和，也需要用光衰减器减小光功率[15]。

3.7.2 光衰减器的分类

根据工作原理，光衰减器可分为位移型光衰减器、直接镀膜型光衰减器、衰减片型光衰减器等。

1. 位移型光衰减器

位移型光衰减器包括横向位移型光衰减器和轴向位移型光衰减器。横向位移型光衰减器通过横向错位来实现光衰减，其原理图如图 3.7.1 所示。轴向位移型光衰减器移动透镜 L_2 就可以改变衰减量，其原理图如图 3.7.2 所示。

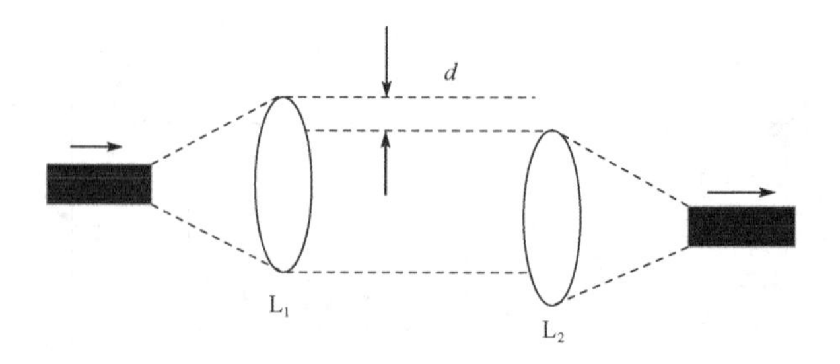

图 3.7.1 横向位移型光衰减器的原理图

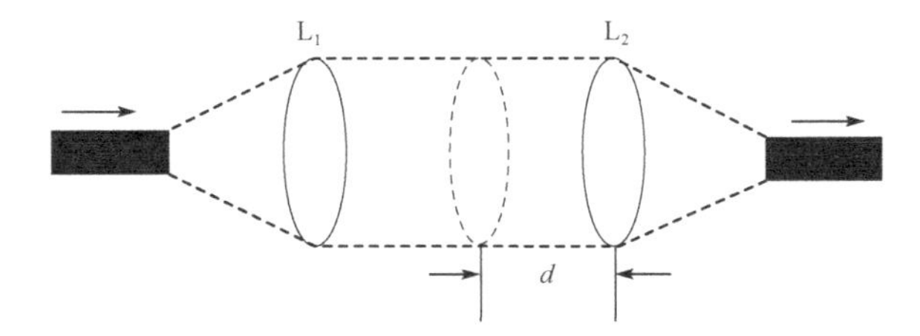

图 3.7.2　轴向位移型光衰减器的原理图

2. 直接镀膜型光衰减器

直接镀膜型光衰减器是一种直接在光纤端面或玻璃基片上镀制金属吸收膜或反射膜来衰减光能量的光衰减器。常用的蒸镀金属膜包括 Al 膜、Ti 膜、Cr 膜和 W 膜等。采用 Al 膜时，常在上面加镀一层 SiO_2 或 MgF_2 薄膜作为保护膜。如果玻璃衬底上蒸镀的金属薄膜的厚度固定，就制成固定光衰减器。如果在光纤中斜向插入蒸镀有不同厚度的一系列圆盘形金属薄膜的玻璃衬底，使光路中插入不同厚度的金属薄膜，就能改变反射光的强度，即可得到不同的衰减量，制成可变光衰减器。

3. 衰减片型光衰减器

衰减片型光衰减器直接将具有吸收特性的衰减片固定在光纤的端面上或光路中，从而达到衰减光信号的目的。

3.7.3　固定式光衰减器与可变光衰减器

根据不同光信号的传输方式，光衰减器可分为单模光衰减器和多模光衰减器。根据不同的光信号接口方式，光衰减器可分为尾纤式光衰减器和连接器端口式光衰减器。根据不同的工作方式，光衰减器又可以分为固定式光衰减器和可变光衰减器（Variable Optical Attenuator，VOA）。

3.7.4　光衰减器的技术指标

光衰减器在光纤传感领域的应用，要求光衰减器插入损耗低、回波损耗高、衰减量可调谐范围大、衰减精度高、器件体积小、环境性能好。其中，光衰减器的衰减量、插入损耗、衰减精度和回波损耗四项指标尤其重要[16]。

1. 衰减量和插入损耗

衰减量和插入损耗是光衰减器的重要技术指标。固定式光衰减器的衰减量指标实际上就是其插入损耗，而可变光衰减器除了衰减量指标，还有单独的插入损耗指标要求。

2. 衰减精度

衰减精度也是光衰减器的重要技术指标。通常机械式可调光衰减器的衰减精度为其衰减量的±0.1 倍，其大小取决于机械元件的精密加工程度。固定式光衰减器的衰减精度可以做得很高。

3. 回波损耗

光衰减器的回波损耗是指入射到光衰减器中的光能量和光衰减器中沿入射光路反射出的光能量之比。它是由各元件和空气折射率失配造成的反射引起的。

3.8 光开关

3.8.1 光开关概述

光开关是一种具有一个或多个可选择的传输端口，可对传输线路中的光信号进行相互转换或逻辑操作的器件。端口是指连接于光器件中，允许光输入或输出的光纤或光纤连接器。光开关可用于光纤传感系统，起到开关切换作用，实现对不同光纤上的传感器进行分时检测，因此在扩大传感器的容量方面有重要的应用价值。

根据工作原理，光开关可分为机械式和非机械式两大类。机械式光开关在重要性、速度、寿命、损耗方面较非机械式光开关差，但在偏振特性、带宽、价格方面具有优势，因此需要根据用途进行光开关的选择。

根据端口数量，光开关可分为1×1（通断开关），$1\times2,\cdots,1\times N$（目前已有$N=100$），$2\times2,4\times4,\cdots,N\times M$光开关。

3.8.2 机械式光开关

机械式光开关又可细分为移动光纤、移动套管、移动准直器、移动反光镜、移动棱镜、移动耦合器等种类。机械式光开关的特点：靠光纤或光学元件的移动使光路发生改变，插入损耗小于 2dB，隔离度大于 45dB，不受偏振和波长的影响，开关时间为毫秒量级，存在回跳抖动，重复性较差等。在移动光纤式光开关中，通过移动活动光纤与固定光纤中的不同端口相耦合，实现光路切换[17]。

图 3.8.1 所示为一个1×2型移动光纤式光开关，其中一端的光纤固定，而另一端的光纤是活动的。通过移动活动光纤，使之与固定光纤中的不同端口相耦合，从而实现光路的切换。活动光纤的移动可借助于：机械方式，如直接用外力来移动；电磁方式，如通过电磁铁的吸引力来移动。此外，可以利用压电陶瓷（PZT）的伸缩效应来移动光纤。

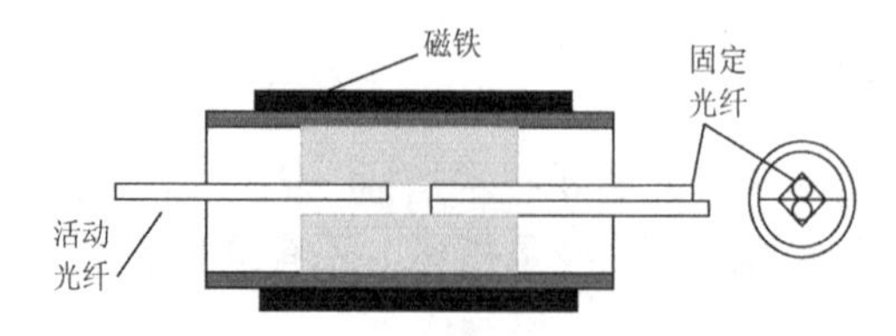

图 3.8.1　1×2 型移动光纤式光开关

在移动反射镜型光开关中，输入口、输出口的光纤都固定，依靠旋转球面反射镜或平面反射镜，使输入光与不同的输出端口接通，如图 3.8.2 所示。

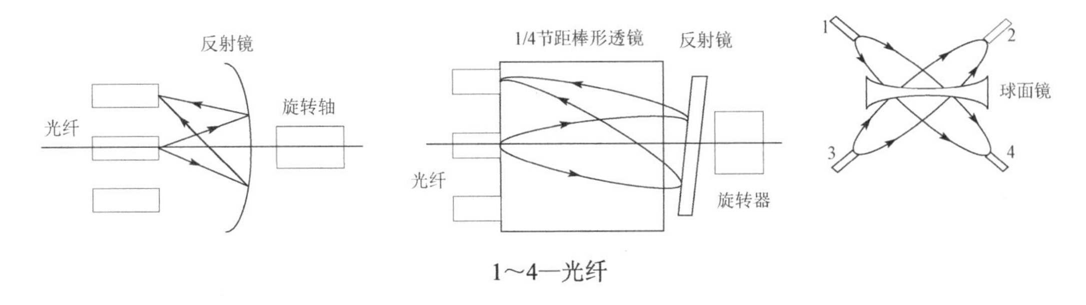

图 3.8.2　移动反射镜型光开关

3.8.3　非机械式光开关

非机械式光开关的切换不需要机械运动装置，因此在寿命、抗冲击能力等方面相对于机械式开关有明显优势。非机械式光开关有电光开关和声光开关。

1．电光开关

电光开关的原理是利用材料的电光效应或电吸收效应，在电场的作用下改变材料的折射率和光的相位，再利用光的干涉或偏振等使光强突变或光路转变。

电光开关一般利用泡克耳斯效应，即折射率（n）随光场（E）成比例变化的电光效应。常用的电光开关有两种：方向耦合型光开关和 M-Z 干涉型光开关。

方向耦合型光开关是由在电光材料的衬底上制作的一对紧密排列的条形波导和一对电极构成的，两波导的能量交换通过光学隧道效应进行。

2．声光开关

声光效应是指声波通过声光材料内部应力场分布或表面形变分布应变，再通过弹性效应，引起材料的折射率周期性变化，形成布拉格光栅，衍射一定波长的输入光的现象。

声光开关是利用声致光栅使光偏转做成的光开关。

3.8.4　光开关的技术指标及特性参数

光开关的技术指标有插入损耗、回波损耗、隔离度、工作波长、消光比、开关时间等。上述大部分参数的定义与其他器件的定义相同，与其他器件定义不同的一个参数是切换时间。切换时间是指光开关端口从某一初始态（如开状态）转换为另一状态（如关状态）所需的时间，一般是指从控制信号启动到光信号切换（开启为最大光功率的 90%或关闭为最大光功率的 10%）所需的最短时间。

描述光开关的特性参数如下。

（1）光开关的插入损耗：用输出光功率（P_{out}）与输入光功率（P_{in}）之比的分贝数来表示，即

$$L_{\text{I}} = -10\lg(P_{\text{out}} / P_{\text{in}}) \tag{3.8.1}$$

（2）光开关的回波损耗（反射损耗或反射率）：用输入端的返回光功率（P_{r}）与输入光功

率 P_{in} 之比的以 10 为底的对数来表示（单位：dB），即

$$L_{\text{R}} = -10\lg(P_{\text{r}} / P_{\text{in}}) \tag{3.8.2}$$

（3）光开关的隔离度：用两个相互隔离的输出端口 m、n 处光功率之比的以 10 为底的对数来表示（单位：dB），即

$$I_{n,m} = -10\lg(P_{in} / P_{im}) \tag{3.8.3}$$

式中，P_{in} 和 P_{im} 分别为光从端口 i 输入时，在端口 n 和端口 m 处测得的光功率。

（4）当输出端口 i 接通时，若 P_i 是从端口 i 输出的光功率，P_j 是从端口 j 输出的光功率，则远端串扰为

$$C_{\text{F}ij} = -10\lg(P_j / P_i) \tag{3.8.4}$$

（5）端口 i 与匹配终端相连接，若 P_i 是输入端口 i 的光功率，P_j 是端口 j 接收到的光功率，则近端串扰为

$$C_{\text{N}ij} = -10\lg(P_j / P_i) \tag{3.8.5}$$

（6）光开关的消光比：n、m 端口处于导通和非导通状态时的插入损耗之差，即

$$R_{\text{E}nm} = L_{\text{I}nm} - L_{\text{I}nm}^{0} \tag{3.8.6}$$

式中，$L_{\text{I}nm}$ 为 n、m 端口处于导通时的插入损耗；$L_{\text{I}nm}^{0}$ 为 n、m 端口处于非导通状态时的插入损耗。

3.9 偏振控制器

3.9.1 偏振控制器概述

偏振控制器用于控制光的偏振态，可将任意偏振态的输入偏振光转变为输出端指定的偏振态。

在光纤传感器中，干涉型光纤传感器是一类主要的光纤传感器，它要求干涉的两束光偏振态一致，才能得到对比度最大、稳定的干涉信号。另外，借助某些物理参量能够改变光纤中光的偏振态，因此可以通过偏振干涉等方法对偏振态的检测来测量这些物理参数，或进行某些功能控制。在使用保偏光纤作为传感光纤的相干测量系统中，往往要求入射光的偏振方向与光纤的双折射主轴之一方向相同，以满足测量的需要，采用偏振控制器是进行偏振控制的有效手段[18]。

3.9.2 偏振控制器的基本原理

偏振控制器的基本原理：将单模光纤绕成圆圈，利用光纤弯曲引起光纤横截面内的应力具有各向异性的分布，由光弹效应使光纤材料的折射率分布发生变化，从而产生附加的应力双折射，引起导波偏振态的变化，以实现对偏振态的控制。

形成λ/m波片所需的光纤打圈的圆半径为

$$R(m,N)=2\pi\alpha r^2 Nm/\lambda \tag{3.9.1}$$

式中，r为光纤包层半径；N为光纤匝数；α为线圈转过的角度。改变光纤圈的角度，便改变了光纤中双折射主平面的方向，所产生的效果与转动波片的偏振轴一样，可以实现偏振方位角的控制。如图 3.9.1 所示，当线圈面转过α角度时，线圈的主轴也转过了α角度。同时，光纤由于扭转，对偏振也有影响。光纤打圈组成$\lambda/4$、$\lambda/2$、$3\lambda/4$的形式后，转动光纤圈平面，可使偏振方向转动$(1-t)\cdot\alpha$角度（α是光纤圈平面转过的角度；t为扭转系数，对石英来说，一般为 0.08），这样便可得到任意方向的偏振光。例如，对于$\lambda=0.63\mu\text{m}$的红光，将纤芯半径为 62.5μm 的光纤绕成一个$R=20.6\text{mm}$的光纤圈时，就构成$\lambda/4$波片。若绕两圈，就构成$\lambda/2$波片。

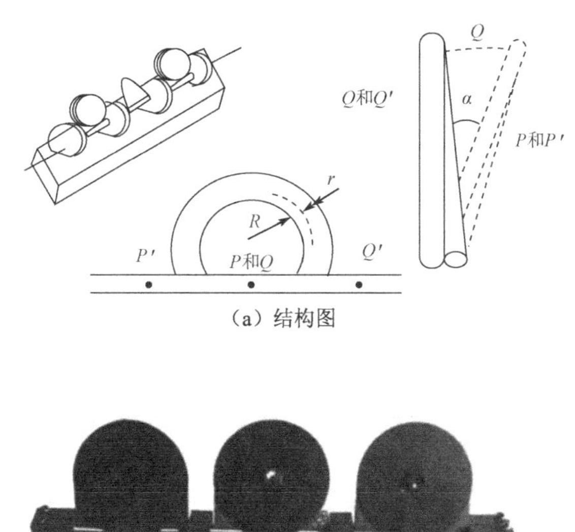

（a）结构图

（b）实物图

图 3.9.1 光纤打圈偏振控制器

一般偏振控制器的结构是采用三个鼓轮将光纤缠绕在其周向槽中（缠绕时，需注意光纤不能扭转）。第一个光纤圈和第三个光纤圈控制出射光椭圆偏振态的偏振度，第二个光纤圈控制出射光的偏振取向。

但这种方法的缺点是对波长敏感，且由于光纤弯曲半径不能过小，否则损耗太大或易断裂，因此这种器件的体积较大。但该器件的插入损耗低，在实验室得到广泛应用。

另一种基于全光纤挤压型偏振控制器的原理是，当光纤受到沿横截面某个方向的压应力时，由于弹光效应，在应力方向和垂直于应力的方向上会产生与应力大小成正比的折射率差，使光纤中两个偏振分量的相位差发生变化，从而引起输出光偏振态的变化。

由 4 个光纤挤压器组成的偏振控制器如图 3.9.2 所示。使用的挤压器越多，输出偏振的匹配情况越好，输出的波动越小[19]。其中，挤压器S_1、S_3的挤压面与水平方向平行，S_2、S_4的挤压面与水平方向成 45°角。当光纤在某一方向受压时，在被挤压端产生双折射现象，通过弹光效应来产生相位延迟。S_1、S_4 为补偿延迟器，只在 S_1、S_2 复位过程中起补偿作用。$(SOP)_{in}$ 为偏振态输入，$(SOP)_{out}$ 为偏振态输出。

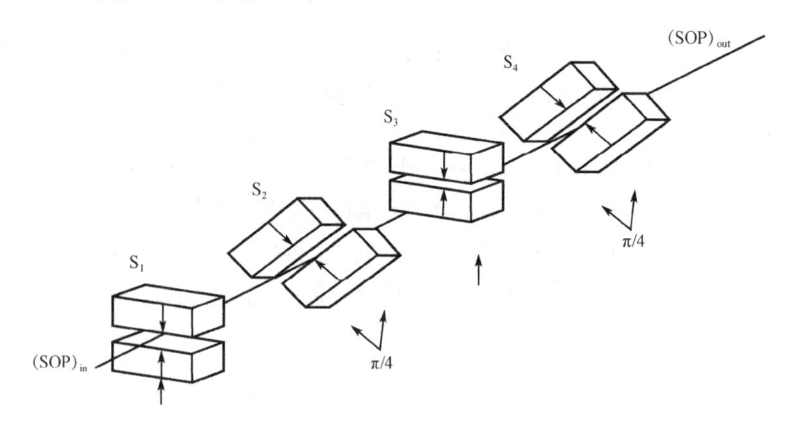

图 3.9.2　由 4 个光纤挤压器组成的偏振控制器

课后习题

一、填空题

1. 光纤耦合器是对光路实现 ______、______、______、______的无源器件。
2. 常用的光纤连接器的类型有______、______、________。
3. 光纤耦合器的技术指标包含 ______、______、______、______。

二、简答题

1. 光纤连接器的原理是什么？
2. 光隔离器是什么？并解释它的功能。
3. 概述偏振控制器的原理。
4. 什么是光纤无源器件？都有哪些种类？

参考文献

[1]　安毓英，曾小东．光学传感与测量[M]．北京：电子工业出版社，1995.
[2]　丁么明．光波导与光纤通信基础[M]．北京：高等教育出版社，2005.
[3]　李晓苇，薛国良．光纤传输与传感[M]．保定：河北大学出版社，2004.
[4]　林学煌．光无源器件[M]．北京：人民邮电出版社，1998.
[5]　王辉．光纤通信[M]．北京：电子工业出版社，2004.
[6]　吴平，严映律．光纤与光缆技术[M]．成都：西南交通大学出版社，2003.
[7]　李川．光波分复用通信技术中的基本器件与网络系统[M]．北京：科学出版社，2009.

[8]　杨英杰．光纤通信技术[M]．广州：华南理工大学出版社，2004.
[9]　FRANZ J H，JAIN V K．光通信器件与系统[M]．徐宏杰，何绍，蒋剑良，等译．北京：电子工业出版社，2002.
[10] YARIV A.Optical electronics in modern communications[M].5th ed.New York:Oxford University Press Inc.,1997.
[11] MADSEN C K,ZHAO J H.Optical filter design and analysis[M].New York:John Wiley & Sons,Inc.,1999.
[12] 胡先志．光器件及其应用[M]．北京：电子工业出版社，2010.
[13] 韦乐平，张成良．光网络——系统、器件与联网技术[M]．北京：人民邮电出版社，2006.
[14] 洪小斌，郭宏翔，伍剑．面向未来的光交换网络及其器件技术[M]．北京：电子工业出版社，2011.
[15] 江毅．高级光纤传感技术[M]．北京：科学出版社，2009.
[16] 廖延彪．光纤光学[M]．北京：清华大学出版社，2000.
[17] 曹俊忠．机械式光开关性能分析[J]．天津通信技术，2004（2）：21-24.
[18] 王惠文．光纤传感技术与应用[M]．北京：国防工业出版社，2001.
[19] 迟泽英，陈文建．纤维光学与光纤应用技术[M]．北京：北京理工大学出版社，2009.

第4章

光纤有源器件

内容关键词

- 半导体光源
- 光纤激光器
- 光纤放大器

光纤有源器件是光通信系统中将电信号转换成光信号或将光信号转换成电信号的关键器件，是光通信系统的心脏。将电信号转换成光信号的器件称为光源，将光信号转换成电信号的器件称为光电探测器。光纤放大器是光纤有源器件的新秀。

本章将通过半导体光源、光纤激光器、光纤放大器来介绍光纤有源器件。

4.1 光纤有源器件简介

光纤有源器件是指包含半导体有源材料，并且能够与光纤耦合的光电子器件。因为到目前为止，还很难直接对光信号进行处理和存储，所以在光纤传感系统中，需要进行光电转换和电光转换，实现这一转换的器件就是光纤有源器件[1]。它可以大致分为两类，即光源和光电探测器，这两类器件也是构成光纤传感器的基础。任何一个光纤传感系统都必须包含光源和光电探测器，这两类器件的价格也是构成光纤传感系统的主要成本之一[1]。目前，光电探测器的价格已经很低了，如一只PIN型光电二极管（PIN-PD）的价格由1997年的500元已经降到目前的低于50元了。光源目前还比较贵，这是限制光纤传感系统的主要价格因素。

对于光纤有源器件的选择，主要看光源的特性[2]。例如，强度调制型光纤传感器往往需要使用输出功率稳定的LED，干涉型光纤传感器必须使用窄谱线宽度的光源，而光纤光栅传感器和白光干涉测量系统中使用的常常是宽带光源，有时使用波长扫描激光器[3,4]。光源的选择和性能在很大程度上决定了光纤传感系统的性能。在工程应用中，一般使用体积小、易于光纤耦合、寿命长的半导体光源，包括发光二极管（LED）、边发光二极管（ELED）、超辐射发光二极管（SLED）、激光二极管（LD）等。最近几年，随着有源光纤技术的进步，光纤激光器和放大自发辐射（ASE）光纤光源也得到了广泛的应用。

光电探测器中，目前广泛使用的是光电二极管（PD）和雪崩光电二极管（APD）。虽然也有光电倍增管和光敏电阻等，但这两种器件的价格高、使用不方便和难以与光纤耦合等缺点，限制了它们在光纤传感系统中的应用[2]。随着探测技术的多样性发展，以及对光谱探测需求的增加，在许多应用场合也使用 CCD 阵列作为光电探测器，限于篇幅，本书不予介绍。

4.2　半导体光源

4.2.1　半导体光源的基本原理

利用半导体 PN 结发光原理制成的 LED 最早出现在 20 世纪 60 年代，是一只红色 LED，之后出现黄色 LED，直到 1994 年，才出现蓝色、绿色 LED。对光纤传感系统来说，主要使用的波长都集中在 0.85μm、1.31μm 和 1.55μm 上，这是由于这三个波长是光纤的低损耗窗口。早期技术还不能制作出远红外光源和光电探测器，因此光源以 0.85μm 波长为主。最近十年，光源几乎都集中在 1.31μm 和 1.55μm 波长上，尤其随着掺铒光纤技术的出现和发展，光纤通信几乎都集中在 1.55μm 波长上，极大地降低了这一波长的光纤器件的价格，因此目前光纤传感系统也主要集中在 1.55μm 波长上[5]。

图 4.2.1 所示为反向偏置形成半导体光源的原理图。将一个电压外加到 PN 结上，将其正极接 N 型材料、负极接 P 型材料，这时 PN 结就形成了反向偏置。由于反向偏置的作用，耗尽区向 N 区和 P 区扩张而得到加宽。这样就有效地增大了势垒强度，从而阻止少数载流子流过 PN 结，少数载流子的漂移会很弱，但如果产生了额外载流子（如照射 PD 时），这种流动也会变得相当强。这就形成半导体光源。

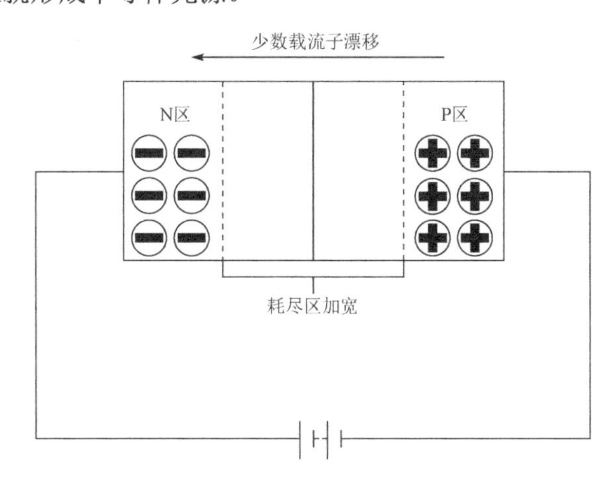

图 4.2.1　反向偏置形成半导体光源的原理图

图 4.2.2 所示为正向偏置形成半导体光源的原理图。当 PN 结被正向偏置时，会导致势垒强度降低，N 区的导带电子和 P 区的价带空穴可在结区内扩散。一旦穿过结区，它们就会极

大地增大少数载流子的浓度，余下的载流子就会与相反电荷的多数载流子复合。剩余的少数载流子的复合是产生辐射的机理。这就形成了半导体光源[3]。

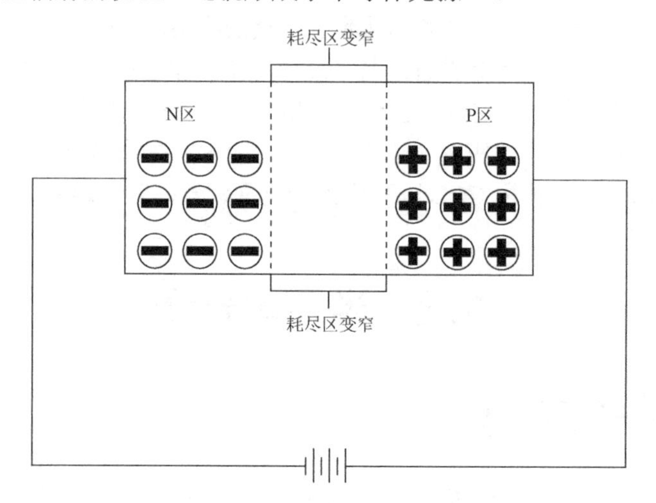

图 4.2.2　正向偏置形成半导体光源的原理图

光源都有时间相干性和空间相干性问题。但是，一般光纤中传输的光都被约束在光纤中一个很小的范围内，因此在光纤传感系统中一般不考虑光源的空间相干性。而光源的时间相干性决定了光源的相干长度，因此在干涉型光纤传感器中，光源的时间相干性是需要仔细考虑的设计因素[4]。时间相干性由光源发射的光振动波列长度决定。由统一光源分割出来的两束光经不同路径在不同时刻到达同一空间点并叠加，只有当两列光振动之间的光程差小于光振动波列长度时，才能观察到干涉效应。

两分光束产生的光干涉效应的最大光程差称为光源的相干长度，它是描述光源相干性好坏的一个衡量指标，定义为

$$L_c = \frac{\lambda^2}{\Delta\lambda} \tag{4.2.1}$$

在设计光纤干涉仪时，干涉仪的光程差必须小于光源的相干长度，这样才能产生干涉。光源发出的光也有偏振态的问题。一般宽带光源输出的光是圆偏振光或椭圆偏振光，而激光器中输出的光往往是线偏振光，因此有时需要仔细考虑光源的偏振态是否与光纤的偏振态吻合。但很多情况下，并不在意光源的偏振态问题，如光纤系统采用非保偏光纤而又不涉及干涉问题时，一般不考虑光源的偏振态。

4.2.2　发光二极管（LED）

发光二极管（Light Emitting Diode，LED）是一种非相干光源，它主要包括两种结构的二极管：面发光二极管和边发光二极管（ELED）。面发光二极管的价格极为低廉，可能是所有光源中最便宜的一种。它的发光直径一般不超过 50pm，只能与多模光纤有效地耦合；功率非常低，一般只有几十纳瓦；光谱较宽，一般可以达到 100nm。ELED 的输出功率稍高，光谱范围一般在 60nm 左右[6,7]。另外，ELED 的结区宽度一般在 50μm 左右，通过微透镜也可以耦合到单模光纤中，耦合后单模输出功率可以达到 100pW 以上。

将ELED或LED的背面镀部分反射膜，可以明显提高光源的输出功率，形成超辐射发光二极管（SLED）。由于只有一个面镀反射膜，反射反馈受到抑制，以防激射出激光。SLED的发光区域进一步减小，可以和单模光纤很好地耦合，耦合后输出功率超过1mW。但由于部分光被反馈，压缩了光源的带宽，因此SLED的谱线宽度一般约为30nm。但在实际应用中，需要注意的是，SLED的光谱不是一个理想的抛物线，而是在上面有周期性波纹（张弛振荡），这些波纹实际上是由于部分反射所形成的腔内模式。因此，在设计某些传感器时，需仔细考虑这些波段对信号测量的影响。

下面4种材料常用来制造LED（括号中为其发射波长）。

GaP（700nm） 红

GaAlAs（650～850nm） 红至近红外

GaAs（900nm） 近红外

InGaAsP（1200～1700nm） 近红外

下面来看LED的工作特性。

在一个LED中，输出光功率（P_{out}）与驱动电流呈线性正比关系。尽管其光输出与电流的非线性关系比激光二极管（LD）的情况小得多，但是在LED的调制中仍会出现一些非线性。这种非线性是由材料性能和器件结构、形状产生的。在大驱动电流下，电阻受热使非线性变得严重。

LED的调制速度主要受限于载流子的复合寿命（τ）。通常，对于有源区不掺杂质的InGaAsP型LED，其调制带宽范围为50～100MHz。对于有源区使用Mg或者Zn掺杂的LED，其调制带宽可以达到1GHz以上。

温度每升高25℃，LED的输出功率将会降低约10%（同等条件下，激光器的输出功率则降低约50%）。与激光器不同，LED的阈值与温度无关。

由于LED发光原理是自发辐射发光，没有谐振腔对波长的选择，因此LED的光源的谱线宽度比较宽。例如，工作波长为0.85μm的GaAlAs表面发光LED的谱线宽度为40nm，工作波长为1.3μm的InGaAsP型LED的谱线宽度为110nm。

随着温度的升高和驱动电流的增大，LED的光谱展宽，即光谱漂移且光强减小。

各种结构的LED的输出光功率随温度变化的程度不同，ELED对温度敏感，适用于温度变化小的场合；面发光二极管对温度不敏感，适用于温度变化大的场合。因为面LED对温度的变化不敏感，所以面LED在实际应用中对温度的要求不像激光器那样严格，可以不用复杂的温控控制电路。

LED的寿命都很长，理论推算可以达到10^8～10^{10}h。不过，电流密度对LED的寿命有影响，电流密度大时，发光功率大，LED的寿命就会大大缩短。

LED的伏安特性和普通的二极管大体一致。LED的开启电压较低，常用的半导体晶体的开启电压为1～2V。LED的工作电流约为10mA，当正向电压小于某一值（阈值）时，电流极小，LED不发光；在电压超过阈值后，电流随正向电压的增大而增大，LED发光[5,8]。

LED在传感器中作为光源，可以直接调制后输出。LED的输出特性曲线好，对于线性要求较高的模拟传输，LED是非常适合的光源。LED的调制原理图如图4.2.3所示。给LED施加正弦电流，就可以获得正弦波输出光脉冲，实现模拟调制；给LED施加脉冲电流，就产生光脉冲功率，实现脉冲调制。LED的调制频率较低。在一般工作条件下，面发光二极管的截止频率为20～30MHz。在高速调制时，应选用GaAlAs型LED，它具有高速调制能力（截止频率为80MHz），而发射波长为940nm的GaAs型LED只有约500kHz的调制能力。

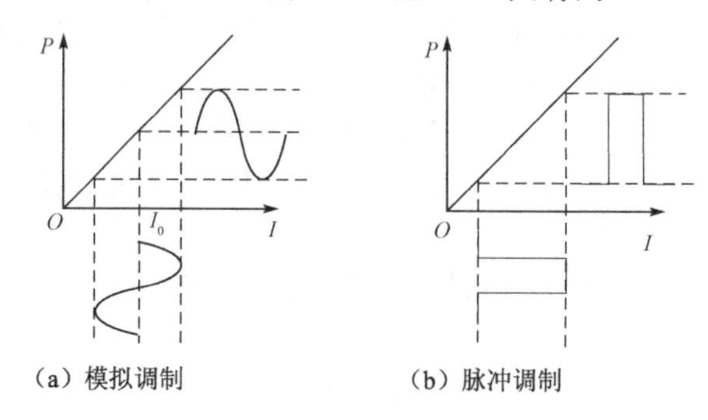

（a）模拟调制　　（b）脉冲调制

图4.2.3　LED的调制原理图

所有LED的输出光功率及波长都随温度变化，在发射波长为850nm时，输出光功率和波长的典型温度系数分别为0.5%℃$^{-1}$和0.3%℃$^{-1}$。对于简单的光传感器，甚至某些形式的双波长干涉传感器，都会产生依赖LED温度的输出信号。所以，热稳定性在很多这类传感器中都是非常重要的。

LED与LD相比，LED的输出光功率较小，谱线宽度较宽，调制频率较低。但LED的性能稳定，寿命长，使用简单，输出光功率线性范围宽，而且制造工艺简单，价格低廉。

4.2.3　激光二极管（LD）

激光指的是受激辐射光放大的过程，它的三要素是激光介质、泵浦和谐振腔。在LED中加上由晶体解理面构成的光学谐振腔，可提供足够的光反馈，当电流密度达到阈值以上时，就产生激光输出。激光二极管（LD）按其工作物质可分为同质结LD、异质结LD和双异质结LD，按其工作方式可分为在脉冲状态工作的LD和能在室温下连续工作的LD。LD与LED的区别：LD的激活区的厚度很小，截止频率在0.1μm数量级上；LD两端的表面被切开，以起到镜子的作用。

一个典型的LD的几何形状如图4.2.4（a）所示。有源增益介质区用交叉斜线画出的阴影来表示。更先进的LD所具有的有源区含一个或多个量子阱，而且可以通过外延生长在有源区内引入内部的应变。一个典型的LD的伏安特性曲线如图4.2.4（b）所示。

当输入电流达到某一值时，才能够实现粒子数反转分布，输出功率急剧增大，并且发光特性也会发生很大的变化，产生激光振荡。这个电流称为阈值电流，用I_{th}表示，它是伏安特性曲线拐点所对应的电流[9]。

图4.2.4（b）给出了外施电压与输入电流的函数关系的一个典型实验结果。由该图可以看出，当输入电流变得足够大（特别是在高温下）时，光输出与驱动电流之间具有线性关系。当LD中多出一个激光模（纵向或横向）时，在某些电平下，伏安特性曲线具有一些拐点。这些拐点表明，随着电流的增大，光输出会突然发生微小的下降。在一个拐点之后，除激光器的空间和光谱特性不同外，外部斜率效率可以是不同的。

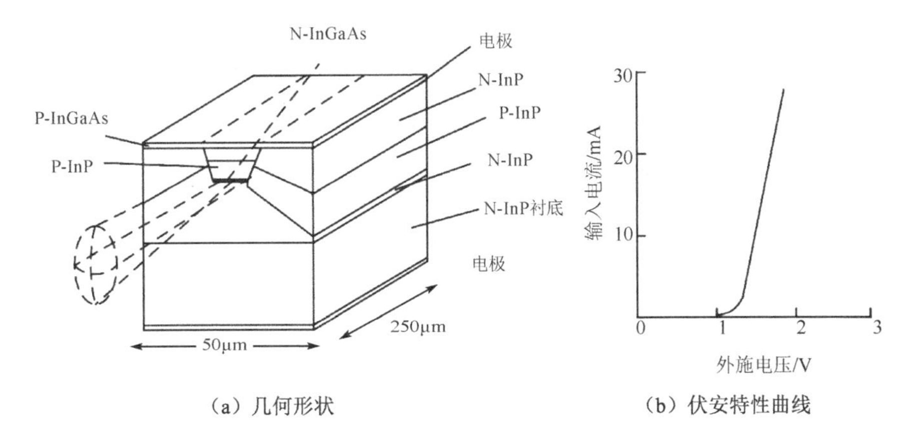

（a）几何形状　　（b）伏安特性曲线

图 4.2.4　一个典型的 LD

长波长 LD 一般比 GaAs 型 LD 对温度更敏感，在功率随电流的增大而增大的同时，温度也升高（由欧姆损耗引起的），这样阈值会提高，而且输出功率会趋向于减小。

实际上，许多长波长 LD 需要用电热制冷器来调整温度。温度与长波长 LD 的关系会限制 LD 的高温性能，LD 的高温性能又限制着 LD 可以使用的场所[10,11]。

光从 LD 的端面发出后，向着两个方向传输。如果 LD 射出的一个光束腰部宽度为 W 的发散高斯光束，可用一个透镜将发散高斯光束聚集后送入一光纤。这个新光束的腰部应该与光纤模相匹配。

普通的 LD 一般有多个纵模输出，输出谱线宽度一般为 2～4nm。

由于光在谐振腔内振荡，因此造成只有一定的相位条件的模式才能够在振荡过程中被放大。这些能够存在的模式满足的谐振条件是

$$2\beta L=2\pi m \tag{4.2.2}$$

式中，m 为一个整数；β 为模式的传播常数；L 为谐振腔的长度。可以看出，β 受整数 m 和振腔的长度（L）的限制，因此只能够存在某些特定的模式。

因为 $\beta=2\pi n/\lambda$，所以式（4.2.2）可以写成

$$m=\beta L/\pi=2nL/\lambda \tag{4.2.3}$$

这表明，当谐振腔的长度为半波长的整数倍时，谐振腔产生共振，光在谐振腔内产生驻波分布。

尽管所有的参数 m 都不能产生纵模输出，但只有在增益曲线内的模式才能形成实际振荡。LD 的纵模输出如图 4.2.5 所示，只有 4 个纵模位于增益曲线内，因此该 LD 有 4 种输出模式。

在任何给定的瞬间，一个空间模式只发射出一个光谱模。然而，在多模 LD 中会发生相当大的跳模，跳模即 LD 从一个光谱模非常迅速地跳到另一个光谱模。绝大多数光谱模测量是时间平均分的，且不解决跳模这个问题。跳模发生的时间长度处于纳秒级。跳模的解释一般涉及空间烧孔或光谱烧孔。当可用的载流子密度（或者是空间，或者是光谱）瞬间耗尽时，发生烧孔[12]。

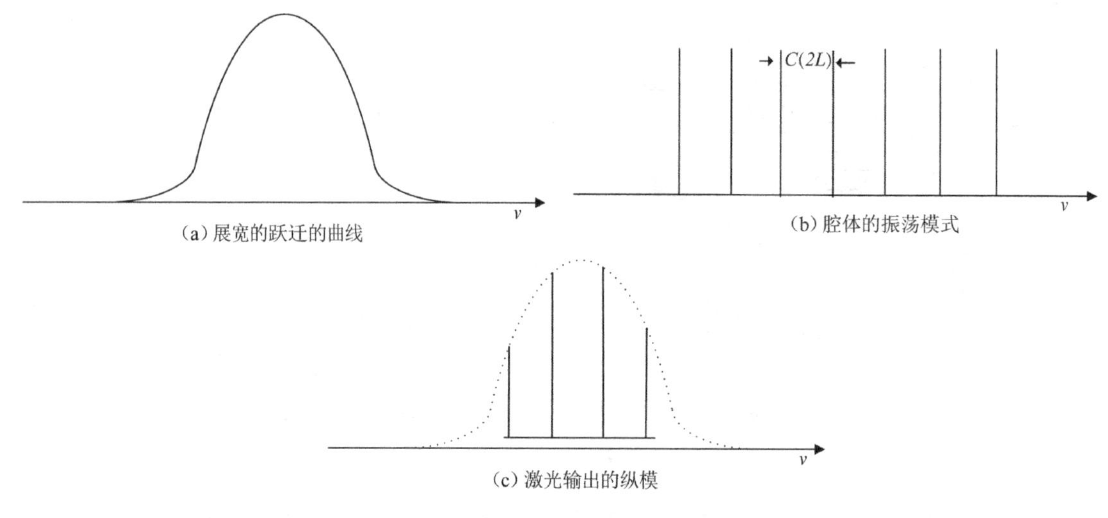

图 4.2.5　LD 的纵模输出

从一个典型的 LD 发出的光在异质结构的平面上一般呈线性偏振。然而，在有源层中应变的引入改变了偏振性能，而且实际偏振与器件的几何形状的具体情况有关。另外，分布式反馈（DFB）激光器和分布式布拉格反射（DBR）激光器都不具有强烈的偏振态。如果需要十分确定的单一偏振，必须仔细地设计和制造 DFB 激光器和 DBR 激光器。

LD 的工作波长受材料的限制，其过程效率在可见光范围内会减小，这就使制造短于红光波长的激光器变得极其困难。在近红外区，有用于 CD 机的光源（波长 700～850nm，CW 型）、用于激光测距仪的光源（波长 850nm，脉冲源）和用于通信的光源（波长 850nm、1300nm 和 1500nm，CW 单模型）[13]。

LD 的输出功率在传感器中用的典型值为 1～10mW。单模光纤的耦合效率在最佳透镜系统下，理论上可达 100%。但实践中，除低成本的微型光学系统外，能达到 50%就十分理想了。在有光学隔离器件时，耦合效率可以小于此值[14]。LD 的寿命主要取决于工作温度和驱动电流，可能因一个短暂的过电流而迅速损坏。防止 LD 过早损坏的一个主要措施是消除电流瞬态冲击。若幅度足够大，则持续几纳秒的瞬态冲击就足以造成不可逆转的损害。

4.2.4　PIN 型光电二极管（PIN-PD）

PIN 型光电二极管（PIN-PD）是光纤通信与光纤传感系统中最常用的光电探测器之一，它除具有价格低廉这一明显优势外，还具有灵敏度高、性能稳定、使用方便等优点。它的结构图如图 4.2.6 所示。

一个光电二极管（PD）的灵敏度（又称响应度，用 R 表示）是输出光电流（I_{PD}）与输入光功率（P_{S}）之比。这样，灵敏度应是

$$R = \frac{I_{\mathrm{PD}}}{P_{\mathrm{S}}} \tag{4.2.4}$$

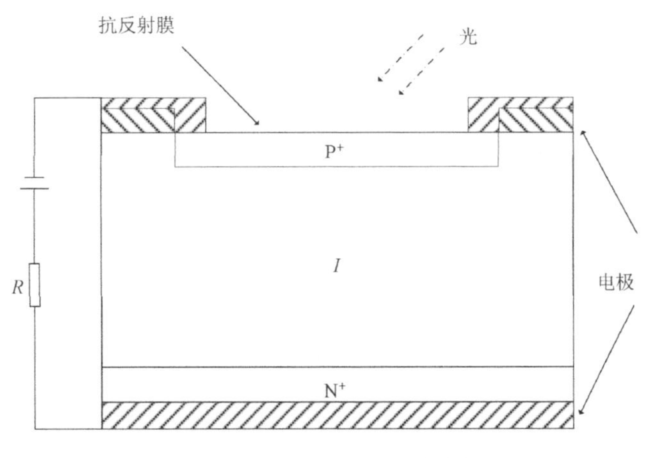

图 4.2.6　PIN-PD 结构图

影响二极管速度的因素有两个：电荷通过空间电荷区的渡越时间和负载电路中的时间常数。因此，硅光电二极管（硅 PD）本身的响应速度并不快，对于一个处在暗电流的反向偏压二极管，扩散电流以负暗电流的形式流动。负暗电流的流动方向与正向偏压二极管中电流的流动方向相反。在大的反向偏压下，暗电流是热量产生的电流。暗电流随温度的提高呈线性增大，且与反向偏压无关。

一般市面上常见的 1.55μm 波长上 PIN-PD 的灵敏度是 0.9μA/pW。PIN-PD 的灵敏度随波长变化时，其在不同波长上的灵敏度不一样，甚至在有些波长上，某些 PIN-PD 没有响应。例如，有的 PIN-PD 的工作波长是 400～1100nm，有的则是 1100～1700nm[15]。因此，需要根据系统的工作波长选择相应的光电探测器。

PIN-PD 的响应速度受耗尽层和结电层的宽度的限制，因此 PIN-PD 也有不同的响应速度，但一般的 PIN-PD 对光纤传感器的响应速度已经足够了。另外，增大反向偏置能够减小结电层，获得较快的响应速度。

PIN-PD 中存在暗电流和噪声，因此在设计放大电路时，需要仔细考虑前置放大器的设计。暗电流是指在无光照射时，PIN-PD 也存在电流。

由于 PIN-PD 的输出电流微弱，因此需要将光电探测器的信号放大，对前置放大器的要求是高输入阻抗、低噪声，因此，最好选择应用场效应管的运算放大器。由于 PIN-PD 和前置放大器间存在连接线，会引入分布电容，减慢放大器的响应速度，因此又出现了将 PIN-PD 和场效应管集成的带前置放大器的光电探测器，它的响应频带更宽，使用起来更容易[16]。

PIN-PD 输出的是光电流，是一种电流型器件，因此设计前置放大器的关键是一个电流-电压转换器。图 4.2.7 所示为一个典型的 PIN-PD 前置放大器电路，可供读者使用。它性能可靠，被广泛地应用于各种光纤传感系统中。它是一个电流-电压转换电路，输出 $U_0=RI_P$。前置放大器采用带场效应管的高输入阻抗运算放大器，PIN-PD 反向连接。通过改变 R 值，可以得到不同输出幅度的电压，R 值一般从几百欧姆到十几兆欧姆不等，R 最好选择低噪声电阻。运算放大器的同向端接地、反向端虚地，因此抗干扰能力强。

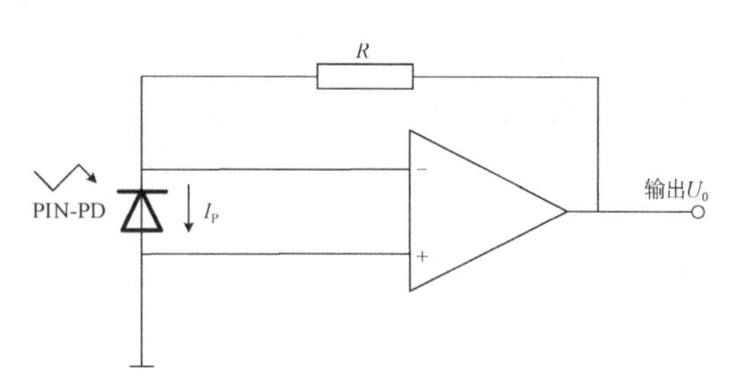

图 4.2.7　PIN-PD 前置放大器电路

4.2.5　雪崩光电二极管（APD）

雪崩光电二极管（Avalanche Photo Diode，APD）是利用雪崩倍增效应使光电流得到倍增的光电探测器。APD 可以更高速地工作，所以其非常适用于微弱光信号的探测。

APD 实质上是反向偏置接于反向击穿的 PN 结二极管。在很强的电场作用下，电子和空穴碰撞电离，从而引起载流子倍增[17,18]。在载流子倍增的过程中，将在 APD 的输出端产生光电流增量。设计合理的硅材料器件可获得 100 个数量级的电流增益。

想要获得雪崩增益，反向偏置电压必须为几百伏。增益与反向偏置电压、温度有关，因此大多数驱动电路采用闭环控制形式，可以用一个独立的温度传感器来控制 APD 的工作温度。

硅 APD 在 0.5～1.0μm 光波段具有接近理想的性能。而光纤通信使用的 1.3～1.6μm 波段的 InGaAs 同质结 APD 在加大反偏置时，由于隧道电流很大，因此会产生过大的暗电流。20 世纪 80 年代以后，出现了一种吸收区和倍增区分离的 APD（简称 SAM-APD），可以避免隧道效应的影响。

表征 APD 性能优劣的主要参数：雪崩电压、倍增因子、增益带宽积、灵敏度、暗电流等。雪崩电压是当 APD 产生自持雪崩时的电压，其数值的大小与材料、器件结构有关。倍增因子用来描述雪崩倍增的大小。APD 的倍增可以很高，但是电流脉冲的持续时间与增益数值基本成正比，因此存在增益带宽积的限制。暗电流为无光照射时反向偏压下的电流。

4.3　光纤激光器

目前，光纤传感系统中广泛使用的是半导体激光器，但它存在成本高、相干长度较短、与系统的传输光纤耦合困难等缺点。而光纤激光器是光纤传感系统中另一种很有前景的光源。光纤激光器具有效率高、可调谐、稳定、紧凑小巧、质量轻、光束质量高和易与光纤传感器耦合的优势，因此它成为光纤传感器的优质光源，在光纤传感系统中有着广阔的应用前景[8,14]。

4.3.1　光纤激光器的基本原理

光纤激光器的基本结构图如图 4.3.1 所示。一段掺杂光纤放置在两个反射率经过选择的腔镜（M_1 和 M_2）之间，泵浦光通过耦合器耦合进入光纤。左面镜（M_1）对激光全反射，右面镜（M_2）对激光部分透射，以便造成激光的反馈和获得激光输出。这种结构实际上就是法布里-珀罗（F-P）谐振腔结构。泵浦波长上的光子被介质吸收，形成粒子数反转，最后在掺杂光纤介质中产生受激发射而输出激光[15,16]。

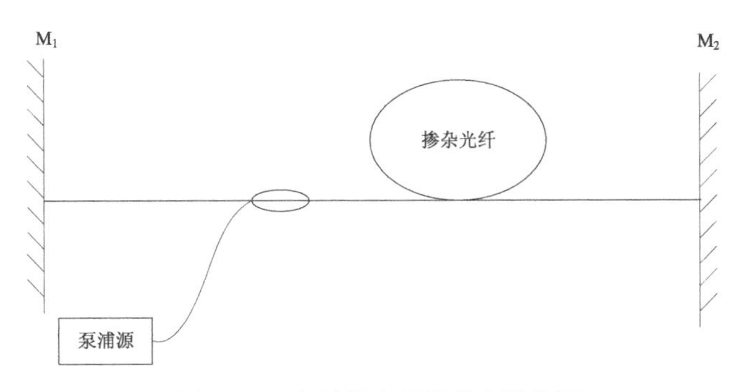

图 4.3.1　光纤激光器的基本结构图

光纤激光器有两种激射状态，一种是三能级激射，另一种是四能级激射。掺铒光纤属于三能级系统，如图 4.3.2 所示。其中，R 代表吸引能量的粒子，T 代表释放能量的粒子。粒子在泵浦光 λ_p 的激励下通过受激跃迁过程从基态 E_1 激发到抽运高能级 E_3，在该能级上，粒子的寿命很短，很快以无辐射跃迁的形式迅速转移到激光上能级 E_2。E_2 是亚稳能级，如果粒子抽运到 E_2 上的速率足够高，就能形成粒子数反转状态，在这种情况下，粒子以辐射光子的形式放出能量并回到基态。这种自发发射的光子被光学谐振腔反馈回增益介质中，诱发受激发射，产生与诱发这一过程的光子性质完全相同的光子。当光子在谐振腔内所获得的增益大于其在腔内的损耗时，就会产生激光输出 λ_1。

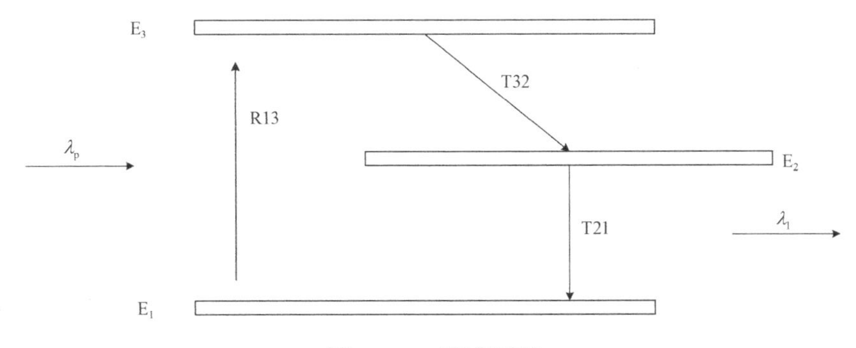

图 4.3.2　三能级系统

4.3.2　单频半导体激光器

普通的 LD 有多个纵模输出，在光纤传感系统中，常常需要单纵模的激光输出。例如，在光纤 M-Z 干涉仪中，若将 LD 作为光源，每个纵模激光都有一个相位的干涉条纹，最后得到的信号是这些干涉信号的叠加，则得到的干涉信号会很亮。为了得到清晰的干涉条纹，可以使用单频半导体激光器，包括分布式布拉格反射（DBR）激光器和分布式反馈（DFB）激光器[17,20]。

图 4.3.3 所示为典型的 DFB 激光器和 DBR 激光器的结构图。这两种器件的制作与 F-P 激光器类似，但其是由布拉格反射器（也就是布拉格光栅）或周期性折射率波纹（也称分布反

馈波纹）来产生反馈并形成激光辐射的[21]。根据半导体的长度，这种波纹分布可以应用到器件的分层结构中。

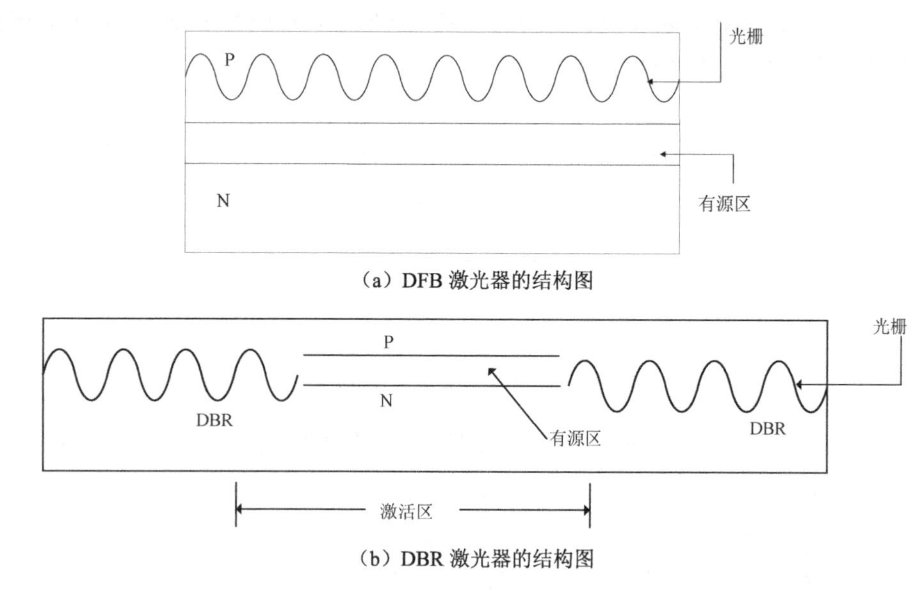

（a）DFB 激光器的结构图

（b）DBR 激光器的结构图

图 4.3.3　典型的 DFB 激光器和 DBR 激光器的结构图

当光入射时，在两种不同介质的交界面的周期性反射点上产生的周期性反射称为布拉格反射。不同的反射光由于存在相位差而产生干涉，相位差为 $2r$ 的整数倍称为布拉格反射条件，其布拉格波长可表示为

$$\lambda_b = 2n_{\text{eff}}\Lambda \tag{4.3.1}$$

式中，n_{eff} 为激光器内光场模式的有效折射率；Λ 为光栅周期。

将光栅放置于有源层平面的两侧来取代 F-P 谐振腔的解理面反射镜，形成 DBR 激光器。分布反射器激光器由有源分布反射器和无源分布反射器组成，这种结构改善了常规 DFB 激光器的发光特性，并且有很高的效率和输出功率。

DFB 激光器的一个最明显的特点是单纵模输出，因此谱线宽度较窄。一般商用的 DFB 激光器的谱线宽度小于 0.1nm，功率大于 1mW，相干长度大于 24mm，对干涉仪来说，已经可以作为光源了。DFB 激光器的另一个优点是波长稳定性好，这是由于它内部的光栅锁定稳定住了激光的输出波长，因此其温度漂移比 F-P 谐振腔形成的 LD 要小得多。但在要求严格的光纤干涉仪中，温度漂移往往是不被允许的，因此还需要对 DFB 激光器进行温度控制。一个商用的 DFB 激光器除了包括激光器本身，还包括半导体制冷器、10kΩ 的热敏电阻和光电探测器。

4.3.3　掺稀土光纤激光器

在掺稀土光纤激光器中，泵浦光将光纤中稀土离子的基态电子激发到高能态，并以非辐射形式（声子）弛豫到寿命较长的亚稳态，然后以辐射形式（光子）释放能量并回到基态；自发发射光子经光学谐振腔反馈回增益介质（光纤），诱发新的辐射跃迁（受激辐射）[18,19]。在光纤中往返一次后，输出光功率（P）与输入光功率（P_0）之比为

$$P/P_0 = r_1 r_2 \mathrm{e}^{2(G-\alpha_0)L} \tag{4.3.2}$$

式中，r_1 和 r_2 分别为谐振腔的两个介质膜镜的反射率；L 为掺杂光纤的长度；G 为增益系数；α_0 为除反射镜的损耗外单位长度上的损耗系数。光子始于自发发射，经反馈谐振，获得增益。当光子在谐振腔内获得的增益大于其在腔内所遭受的损耗，即

$$G \geqslant \alpha_0 - (2L)^{-1} \ln(r_1 r_2) \tag{4.3.3}$$

时，在谐振腔的输出端输出激光。

1. 光纤激光器的谐振腔

掺稀土光纤对泵浦光和激光都以单横模形式传播，入射面镜对泵浦光全透射、对激光全反射，以有效利用泵浦光，并防止泵浦光谐振造成光输出不稳定；输出面镜对激光部分透射，获得激光反馈和激光输出，反射泵浦光到光纤，再泵浦基态粒子跃迁[21-23]。

（1）光纤横向耦合的 F-P 腔使泵浦光输入和激光输出均直接通过光纤端面。耦合器在低分光比时有高的谐振腔精细结构常数，如图 4.3.4（a）所示；在高分光比时才有低的谐振腔精细结构常数，如图 4.3.4（b）所示。

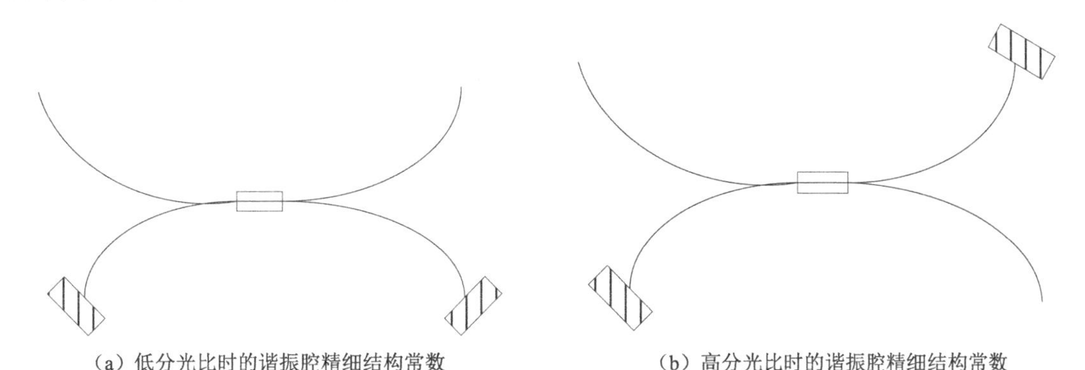

（a）低分光比时的谐振腔精细结构常数　　（b）高分光比时的谐振腔精细结构常数

图 4.3.4　光纤纵向耦合的 F-P 腔

（2）光纤环形谐振腔将光纤耦合器的两臂熔为固定接头，如图 4.3.5（a）所示，虽然不会降低激光器阈值，但会降低斜率效率；采用如图 4.3.5（b）所示的结构，腔内损耗小，精细结构常数高。

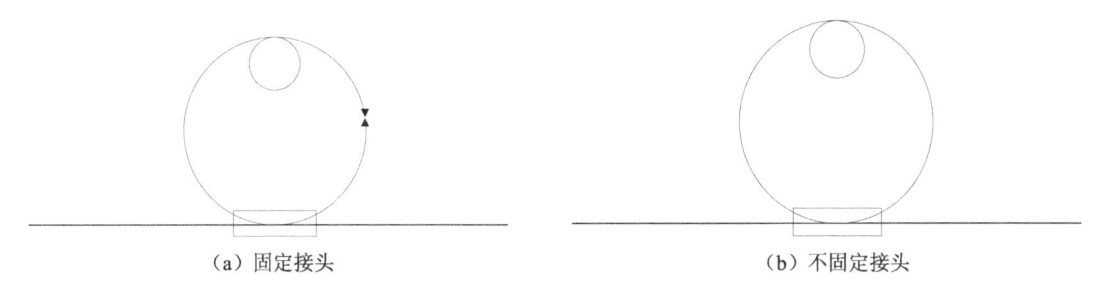

（a）固定接头　　（b）不固定接头

图 4.3.5　光纤环形谐振腔

忽略耦合器和光纤的损耗[24]，则透射率（T）和反射率（R）分别为

$$\begin{cases} T = (1-2k)^2 \\ R = 4k(1-k) \end{cases} \tag{4.3.4}$$

式中，k 为分光比。当 k=0 或 1 时，R=0，T=1；当 k=1/2 时，T=0，R=1。

（3）光纤环路反射器是一种非谐振干涉仪，泵浦光从耦合器的一个端口输入，经耦合器分为按顺时针方向传播和按逆时针方向传播的光，在分路器相干叠加后，从输入端和输出端分别输出反射波和透射波[22]。当不考虑双折射时，透射率（T）和反射率（R）分别为

$$\begin{cases} T = (1-r)^2 \mathrm{e}^{-2\alpha l}(1-2k)^2 \\ R = (1-r)^2 \mathrm{e}^{-2\alpha l} 4k(1-k) \end{cases} \tag{4.3.5}$$

式中，r 为耦合器的附加损耗；k 为分光比；α 为光纤的损耗系数；l 为光纤长度。

两环路串联构成一个光纤谐振腔，即双光纤环路谐振腔，其结构图如图 4.3.6 所示，这两只光纤耦合器起到腔镜的反馈作用。

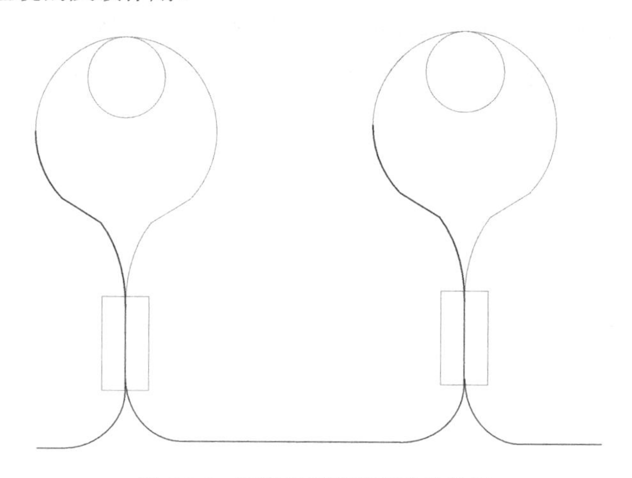

图 4.3.6　双光纤环路谐振腔结构图

由式（4.3.5）可知，耦合器的振幅透射率和反射率分别为

$$\begin{cases} t_j' = (1-2k_j)(1-r_j)\mathrm{e}^{-\alpha l_j} \\ r_j' = 2k_j^{1/2}(1-k_j)^{1/2}(1-r_j)\mathrm{e}^{-\alpha l_j} \end{cases} \tag{4.3.6}$$

考虑相位变化，则式（4.3.6）可改写为

$$\begin{cases} t_j' = (1-2k_j)(1-r_j)\mathrm{e}^{-(\alpha+\mathrm{i}\beta)l_j} = t_j \mathrm{e}^{-\mathrm{i}\beta l_j} \\ r_j' = \mathrm{i}\,2k_j^{1/2}(1-k_j)^{1/2}(1-r_j)\mathrm{e}^{-(\alpha+\mathrm{i}\beta)l_j} = \mathrm{i}\,r_j \mathrm{e}^{-\mathrm{i}\beta l_j} \end{cases} \tag{4.3.7}$$

式中，j=1 或 2；β 为光波的传播常数，$\beta = 2\pi/\lambda$；α 为光纤的损耗系数；l_1 和 l_2 分别为两耦合器的光纤长度。若光波在腔内形成振荡，则输出光功率（P）与初始光功率（P_0）之比为

$$P/P_0 = t_2^2 \mathrm{e}^{-2\alpha l}(1-r_1 r_2 \mathrm{e}^{2\alpha l})^{-2} - 4r_1 r_2 \mathrm{e}^{-2\alpha l}\sin[\beta(l+l_1/2+l_2)] \tag{4.3.8}$$

式中，l 为两耦合器之间的光纤长度。谐振腔的谐振条件为

$$\beta(l+l_1/2+l_2/2) = (2m+1)\pi/2,\quad m=0,1,2,\cdots \tag{4.3.9}$$

由式（4.3.9）可得出谐振腔的有效长度为

$$L = l + l_1/2 + l_2/2 = (2m+1)\lambda/4 \tag{4.3.10}$$

因此，产生激光振荡的条件是谐振腔的有效长度为激光波长的 1/4 的奇数倍。

2. 可协调光纤激光器

利用波长为 514nm 的氩离子泵浦激光器，单模掺钕光纤激光器的可调谐带为 80nm，如图 4.3.7（a）所示；单模掺铒光纤激光器的可调谐带为 14nm 和 11nm[25]，如图 4.3.7（b）所示。

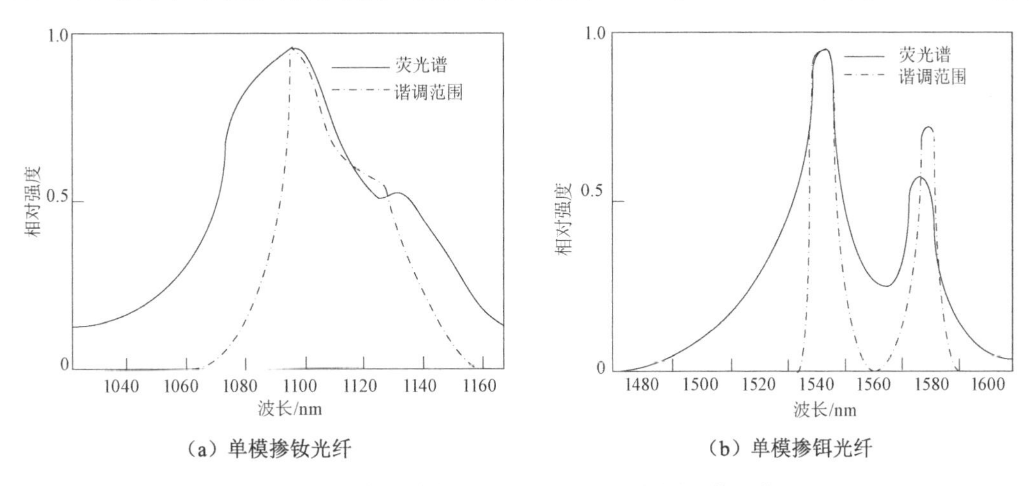

（a）单模掺钕光纤　　（b）单模掺铒光纤

图 4.3.7　掺杂单模光纤激光器的谐调范围和荧光谱

（1）组合反射镜和光栅式谐振腔构成的可调谐光纤激光器利用薄膜分束器导出激光，如图 4.3.8 所示。

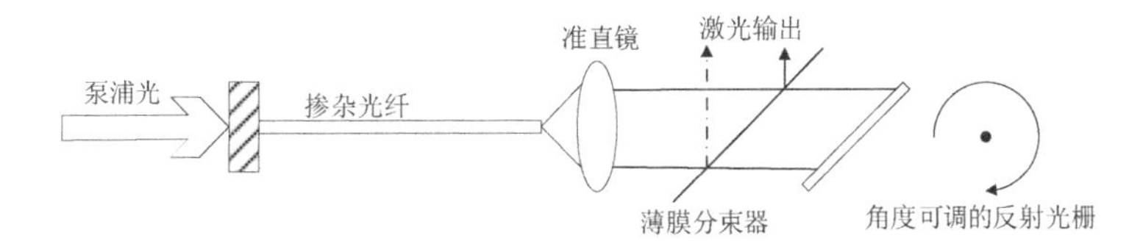

图 4.3.8　组合反射镜和光栅式谐振腔构成的可调谐光纤激光器

若激光中心波长（λ）对应的闪耀级次为 M 级，闪耀角为 α，则光栅方程为

$$2d\sin\alpha = M\lambda \tag{4.3.11}$$

式中，d 为光栅常数。根据式（4.3.11），λ 对 α 微分，可以得到

$$\frac{d\lambda}{d\alpha} = \frac{2d\cos\alpha}{M} \tag{4.3.12}$$

因此，光栅的分辨力（R）为

$$R = \frac{\lambda}{\Delta\lambda}\cdot MN \tag{4.3.13}$$

式中，N 为光栅的有效总刻线；$\Delta\lambda$ 为偏离中心波长（λ）的波长。

（2）组合反射镜和光纤环路反射器式谐振腔构成的可调谐光纤激光器采用了氩离子泵浦激光器，基模光束经 20 倍的物镜聚焦到输入镜。将光纤切成倾角后粘到输入镜上，输入镜对泵浦波长的反射率为5%，对激光波长的反射率大于95%[26,28]。掺杂光纤与未掺杂光纤圈反射器熔接在一起形成谐振回路，激光由光纤圈自由臂的光纤输出，如图4.3.9所示。

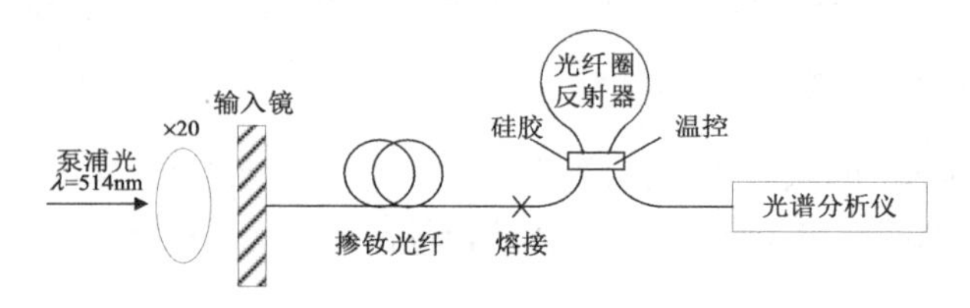

图4.3.9　组合反射镜和光纤环路反射器式谐振腔构成的可调谐光纤激光器

对于采用波长平坦光纤制成的光纤环形腔，式（4.3.5）表明，与波长有关的耦合器分光比 $k=k(\lambda)$ 的变化较缓慢，过耦合效应引起反射率的周期性变化，即

$$R(\lambda)=(1-r^2)\mathrm{e}^{-2\alpha l}\sin^2(2P\lambda) \tag{4.3.14}$$

式中，P 为响应输出口的光功率。改变 $k(\lambda)$ 可调节反射最大值的光谱位置，即

$$R(\lambda)=(1-r^2)\mathrm{e}^{-2\alpha l}\sin^2(2P\lambda+\varphi) \tag{4.3.15}$$

式中，φ 是与 k 对扰动的灵敏度有关的相移。相移 φ 随耦合器温度（T）的变化规律为

$$R(\lambda)=(1-r^2)\mathrm{e}^{-2\alpha l}\sin^2\left[2P\lambda+\varphi(T)\right] \tag{4.3.16}$$

式中，$\varphi(T)$ 与温度呈线性关系，即

$$\varphi(T)=S_\tau T \tag{4.3.17}$$

式中，S_τ 为波长移位温度系数。

3. 窄带光纤激光器

（1）光纤布拉格光栅（FBG）激光器。在埋入块硅材料的抛光面露出的纤芯表面制作光栅，光栅长度为1nm，参见图4.3.10。光纤的一端粘接介质膜腔镜，泵浦光由介质膜腔镜处引入，光纤单纵模掺钕光纤激光器的输出谱线宽度可达1.3MHz。

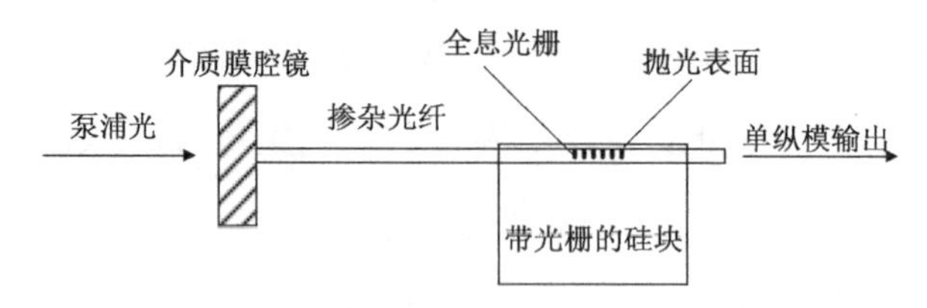

图4.3.10　窄线宽激光器光路图

（2）光纤福克斯-史密斯谐振腔激光器是利用镀在光纤端面上由高反射镜与光纤耦合器组合成的一种复合谐振腔，组成具有一个共同臂的两个横向耦合光纤F-P腔，当两个腔的腔长近似相等但不精确相等时，这种复合腔有抑制激光纵模的作用，可获得窄带激光（单纵模）输出。光纤福克斯-史密斯谐振腔对外界的温度波动及振动很敏感，影响两个子腔同时达到谐振点，因此应考虑热稳定和防振问题[23]。

（3）光纤M-Z谐振腔激光器利用反射式M-Z干涉仪作为光纤激光器的反射调制器而发挥Q开关的作用，如图4.3.11所示。

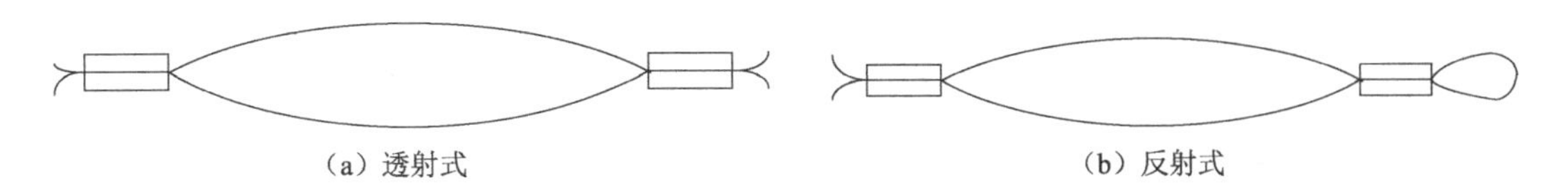

图 4.3.11　M-Z 干涉仪

4．双包层光纤激光器

双包层光纤在常规光纤中增加一个大于 100μm 的内包层，如图 4.3.12 所示，纤芯掺入 Rb、Er、Mn、Sn 等稀土元素。内部的泵浦包层被外层不掺杂的具有更低折射率的玻璃包层覆盖。泵浦光经光纤端面入射到掺杂单模光纤纤芯，并在纤芯中产生粒子数反转，泵浦光在内包层中反射、多次穿越纤芯，并被掺杂离子吸收，将泵浦光高效转换为单模激光。

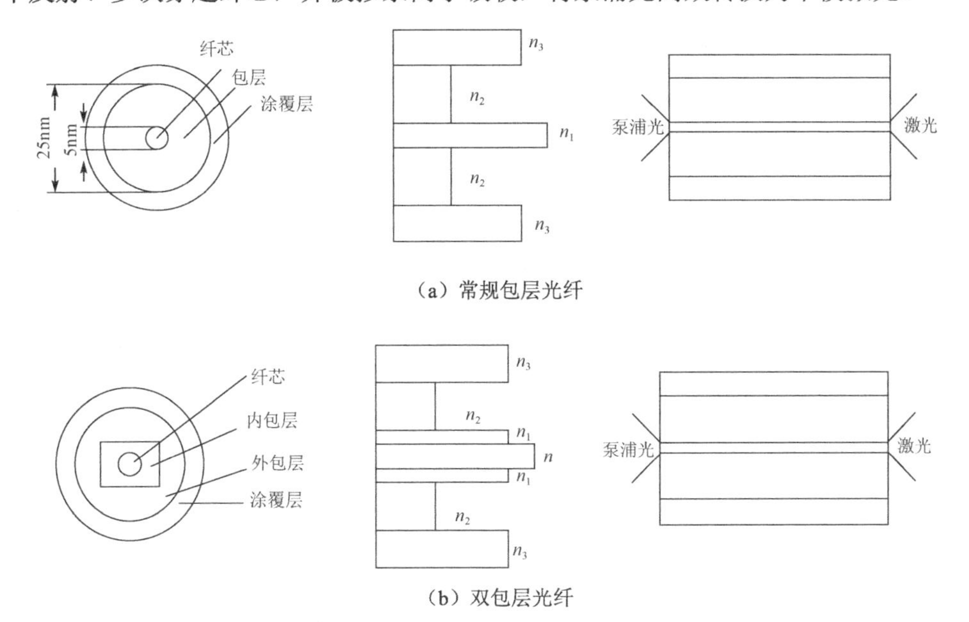

图 4.3.12　光纤激光器的结构图

5．光纤激光器的特点

光纤激光器将泵浦激光波长转换为掺稀土离子的激射波长，特点如下。

（1）光束质量好，具有较高的单色性、方向性和稳定性[28]。

（2）LD 的短波长泵浦源与稀土离子吸收光谱相对应。

（3）光纤既是激光增益介质，又是光的导波介质。纤芯直径小，芯层有较高的功率密度，激光阈值低，综合电光效率大于 20%，光转换效率大于 60%[29]。

（4）掺杂稀土离子光纤激光器在 380～3900nm 的宽带范围内实现激光输出[30]。

（5）SiO_2 的温度稳定性良好；圆柱结构表面积、体积的比值高，散热快，环境温度为 20～70℃，工作物质热负荷小，无须冷却系统，能产生高亮度和高峰值功率。

（6）光纤激光器与常规传输光纤、光纤器件相容，易于光纤集成。

（7）较强的环境适应能力，对灰尘、振荡、冲击、湿度变化、温度变化有较高的容忍度。

4.3.4 光纤非线性效应激光器

1. 光纤受激拉曼散射激光器

受激拉曼散射是高强度激光与光纤中的分子振动模式（光学声子）相互作用产生的一种三阶非线性光学效应，入射光被声子散射产生斯托克斯频移[25]。量子力学将其描述为入射光的一个光子被一个分子散射成另一个低频分子，同时分子完成振动态之间的跃迁。石英光纤中的拉曼增益 g_R 有 40THz 的频率范围，并在 13THz（440cm^{-1}）附近有一个较宽的主峰。有源增益介质通常采用掺 GeO_2 或 P_2O_5 的光纤，其中，GeO_2 掺杂光纤的斯托克斯频移为 440cm^{-1}，而 P_2O_5 掺杂光纤的斯托克斯频移为 1330cm^{-1}。在光纤两端加上具有适当反射率的反射镜，可为一定波长的受激拉曼散射产生的斯托克斯光提供反馈，使之在传输过程中放大，形成激光振荡，从而构成拉曼光纤激光器（Raman Fiber Laser，RFL）。当泵浦光功率足够强时，生成的斯托克斯光又激起第二级乃至更高级次的斯托克斯光，从而形成级联受激拉曼散射。通过级联的多次拉曼频移可将泵浦光能量转换为所需的波长[24]。

线形腔拉曼光纤激光器采用布拉格光栅作为其谐振腔的反射镜，如图 4.3.13 所示。泵浦源为 1060nm 波长的掺镱光纤激光器的输出功率为 4.2W，泵浦高掺杂长度为 100m 的磷硅光纤，使用两队光纤布拉格光栅（FBG）构成线形腔，其中，输出端的 FBG 反射率为 30%，其余均为高反射率，获得的最大输出功率为 1.9W，转换效率为 45%，量子效率为 62%。

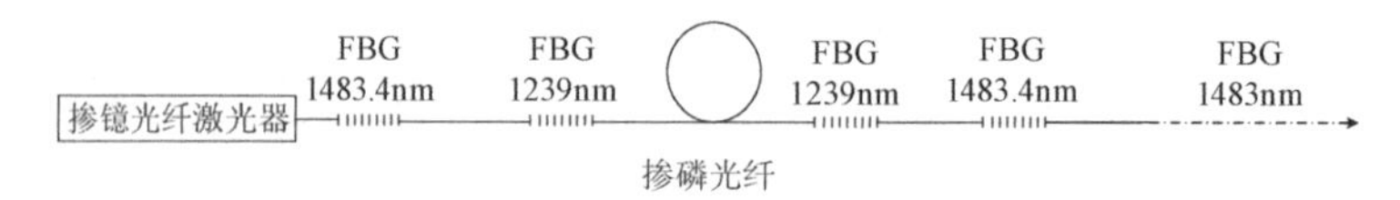

图 4.3.13 线形腔拉曼光纤激光器

在环形拉曼光纤激光器中，除了光纤光栅 1480A 的反射率为 90%，其他光纤光栅的反射率均大于 99%，拉曼光纤 A 和 B 是长度分别为 120m 和 220m 的色散补偿光纤（DCF），如图 4.3.14 所示。其中，LPFG 为长周期光纤光栅。在工作波长为 1313nm 的 Nd:YLF 激光器的泵浦作用下，二级斯托克斯光波长为 1480nm 和 1500nm。在 3.2W 的泵浦作用下，可获得大于 400mW 的激光输出。通过调整光纤光栅 1480B 的反射率，可对输出波长的功率进行控制和调整。

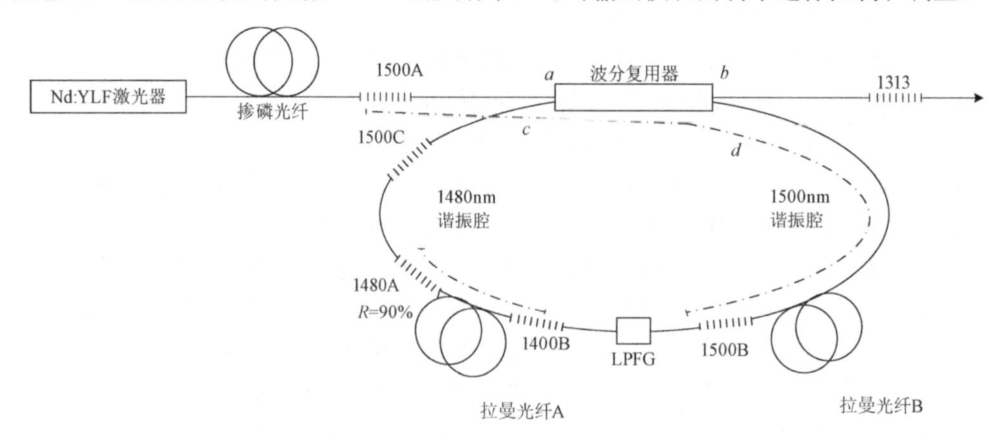

图 4.3.14 双波长环形拉曼光纤激光器

2．光纤受激布里渊散射激光器

在单模光纤中，布里渊增益可提供谱线宽度较窄且与泵浦光信号有准确频移的斯托克斯光（由声子在单模光纤中的速率决定），单模光纤中 1551nm 波段的频移一般为 10GHz[25,27]。增益介质掺铒光纤的作用是补偿振荡器的损耗且放大斯托克斯信号能量，抽运阈值仅为几十微瓦。若光纤受激布里渊散射激光器进一步级联，则谱线宽度较窄且被放大的斯托克斯信号可成为下一级斯托克斯信号的泵浦源，进而产生下一级斯托克斯信号，形成多波长激光输出。每级斯托克斯信号由其上一级斯托克斯信号产生，任意一次波长偏移均会引起其他信号的变化，因信号所受的波长偏移相等，故该多波长激光光源可避免信道间的串扰。

在常规光纤布里渊环形激光器中，泵浦光 P 以逆时针方向耦合进单模光纤谐振腔，如图 4.3.15 所示，由偏振器控制泵浦光的偏振方向，使之与谐振腔本振偏振态相匹配，泵浦光频被反馈环控制在光纤谐振腔的谐振中心。受激布里渊散射激光 B 在谐振腔内沿顺时针方向传输，通过定向耦合器从输出臂中耦合出来。

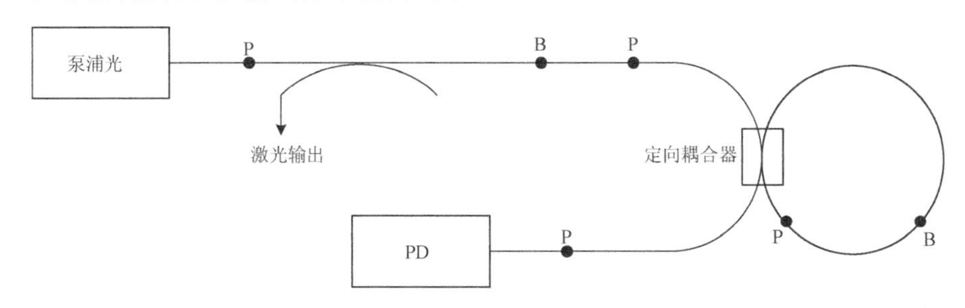

图 4.3.15　常规光纤布里渊环形激光器

在同腔光纤布里渊环形激光器中，两束独立的泵浦光 P_1、P_2 以相反方向耦合进同一谐振腔，并被锁定在不同的纵模上，如图 4.3.16 所示。相应的受激布里渊散射激光 B_1、B_2 通过定向耦合器同时输出，其拍频通过 PD 探测并由频谱仪分析[31]。

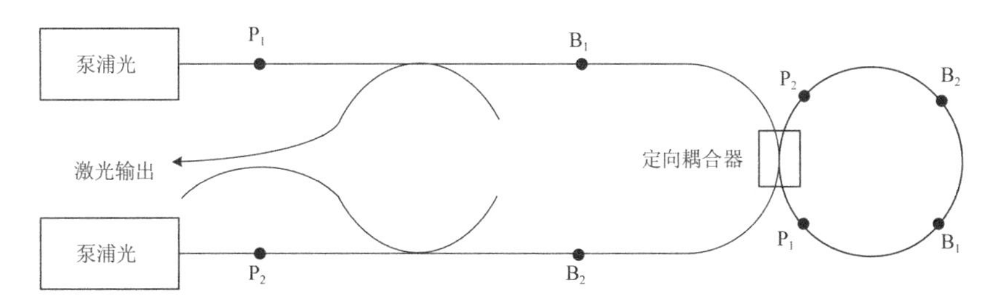

图 4.3.16　同腔光纤布里渊环形激光器

4.4　光纤放大器

在光纤传感应用中，广泛使用掺杂光纤有源器件作为光源和光放大器，这些器件多使用掺稀土元素的光纤制作，其中，使用掺铒光纤制作的有源器件目前应用得最为广泛。这里主要介绍掺铒光纤，以及利用它制作的放大自发辐射（Amplified Spontaneous Emission，ASE）光源和光纤放大器。

4.4.1 掺铒光纤概述

在石英光纤中掺杂稀土元素（如 Nd、Er、Pr、Tm 等）后，可形成符合受激辐射条件的能级结构，从而成为激光器和放大器的增益物质，其在泵浦光的作用下可以提供光增益，进而实现光放大，在提供适当的反馈后，则构成光纤激光器。铒之所以被广泛接受，是因为它能在 1525～1625nm 的波长范围内提供有用的增益，而石英光纤在这一波长范围内具有最低的损耗。

掺铒光纤是光纤有源器件的关键技术，目前主要有 Al/Er 光纤与 Ge/Er 光纤。

Ge/Er 光纤的峰值发射波长为 1535nm，而 Al/Er 光纤的峰值发射波长为 1530nm，且其荧光谱平坦得多，但 Ge/Er 光纤的发射截面比 Al/Er 光纤的大，荧光寿命也比 Al/Er 光纤的长。因此，现在商用的掺杂光纤往往是 Al/Ge/Er 共掺。

光纤的掺杂有一个最佳掺杂浓度的问题，如果掺杂浓度低，入射光子数超过了掺杂离子数，处于基态的离子有可能被耗尽，从而限制了信号的放大。要想提高增益，需提高离子浓度，但离子浓度的提高会带来两个方面的问题：第一，浓度猝灭，即较高的掺杂浓度将导致相邻能级无辐射交叉弛豫，使激光上能级的离子数下降，产生猝灭；第二，在掺杂光纤中，非晶体的稀土元素离子在荧光谱中出现附加的窄线谱，材料中的微晶结构将受到泵浦激光波长的精确度的影响。为获得最好的激光输出，最佳掺杂比一般为数百 ppm。

在掺铒光纤器件的制造过程中，还有一个最佳掺杂光纤长度的问题，掺杂光纤太短，掺杂离子对泵浦光的吸收不充分，不能形成粒子数反转；掺杂光纤太长，在输出端，介质吸收激光光子，使输出功率下降。因而掺铒光纤存在一个最佳长度，以获得最小的阈值功率，使所能得到的泵浦光子数和粒子反转数在泵浦端达到最大值，得到尽可能高的泵浦光转换效率[32]。

4.4.2 掺铒光纤的放大特性

1．掺铒光纤的能级和发光原理

如前所述，掺铒光纤作为激光工作物质，其能级模型为三能级系统，如图 4.4.1 所示。基态粒子在波长 0.98μm 入射光的激励下受激跃迁到高能级 $^4I_{11/2}$。粒子在能级 $^4I_{11/2}$ 上的寿命很短，很快以无辐射跃迁的形式弛豫到亚稳态能级 $^4I_{13/2}$，在未形成粒子数反转时，粒子主要以自发跃迁形式返回基态 $^4I_{15/2}$，同时产生自发辐射，即粒子在向下跃迁的同时释放出一个能量等于两能级能量之差的光子，产生的光波在一定长度的掺铒光纤中传播时得到放大，就产生放大的自发辐射，这就是 ASE 光源的发光机理。如果粒子抽运速率足够高，就能在亚稳态和基态间形成粒子数反转，这时受激辐射和吸收跃迁将占绝对优势。受激辐射即处于上能级的粒子在一定频率的入射光作用下，在跃迁至低能级的同时辐射出一个光子的过程，由于受激辐射是在外界辐射场控制下的发光过程，受激辐射的相位与外界辐射场的相位相同。当信号光经过处于粒子数反转状态的掺铒光纤时，受激辐射就能放大信号光，这就是光放大器的工作机理。同样，在粒子数反转状态下，如果泵浦功率高于阈值，再引入适当的反馈，使特定频率的光起振，就会产生特定波长的激光，这是激光器的发光机理。

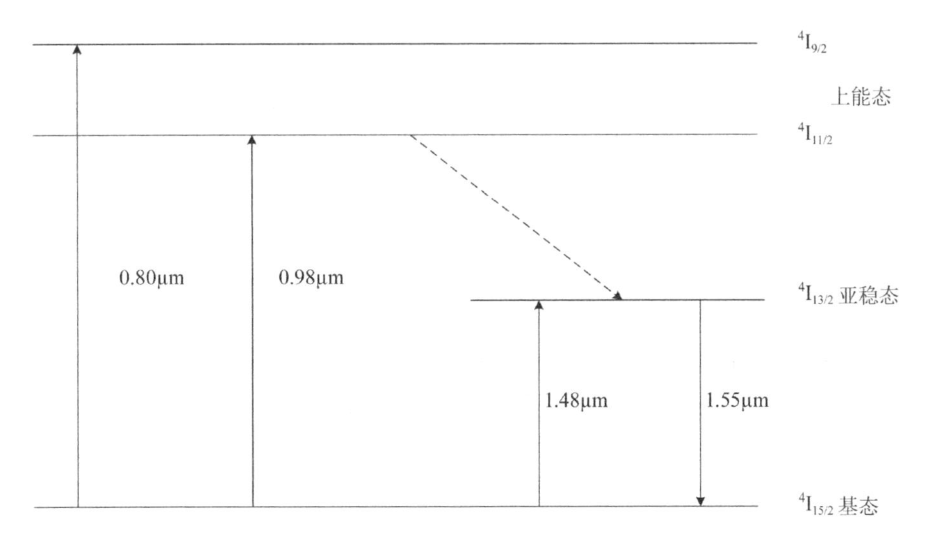

图 4.4.1　铒离子能级图

掺铒光纤之所以能获得应用，是因为存在相对于基态以 1.55μm 频带光子能隙隔开的亚稳态（$^4I_{13/2}$）。跃迁的峰值波长几乎完全与石英光纤的最小衰减波长一致。

2．掺铒光纤的泵浦波长

铒离子有许多吸收带（0.65μm、0.80μm、0.98μm、1.48μm），在这些吸收带上，它都能吸收光子。0.98μm 和 1.48μm 的泵浦分别对应无激发态吸收带，因而泵浦效率高，这两个波长是当今备受重视的两个泵浦波长。铒离子在 $^4I_{15/2}$ 至 $^4I_{11/2}$ 能级间的跃迁对应 0.98μm 的吸收带峰，在 $^4I_{15/2}$ 至 $^4I_{13/2}$ 能级间的跃迁对应 1.48μm 的吸收带，这两个波长的泵浦源都可以用半导体激光器实现。

1.48μm 的优点是它和信号光（增益谱线的中心波长为 1.55μm）的波长相近，因而泵浦光和信号光都是单模传输，可用单模光纤制成定向耦合器，降低接入损耗。0.98μm 泵浦属于三能级系统。1.48μm 所对应的能级与工作的高能级 1.55μm 属于同一准能带。泵浦源将基态粒子泵浦到与 1.48μm 相应的能级上，1.48μm 是不稳定的，将很快衰减到工作高能级 E_2 上，与基态间形成粒子数反转分布。1.48μm 相应的能级属于二能级系统。

当泵浦光入射到掺铒光纤中时，光纤会散发出绿色荧光，这是由泵浦光在掺铒光纤中产生的非线性效应引起的。当泵浦功率较低时，荧光强度与泵浦功率成正比；当泵浦功率较高时，荧光强度与泵浦功率的二次方成正比。这说明，泵浦功率越高，由非线性效应损失的功率越大。

3．掺铒光纤的端面泵浦方式

目前，光纤有源器件大多采用 LD 进行泵浦，由于在泵浦源任何方向的泵浦下，掺铒光纤都会从两个方向产生辐射，因此常见的端面泵浦方式有同向泵浦、反向泵浦及双向泵浦等。这里，泵浦方向是针对输出信号或输出光的方向而言的，即泵浦方向与输出信号或输出光的方向相同为同向泵浦，反之则为反向泵浦，如图 4.4.2 所示。

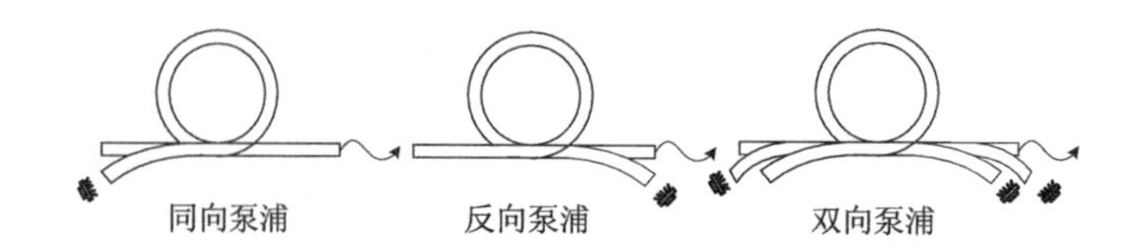

图 4.4.2　掺铒光纤的端面泵浦方式

（1）同向泵浦。该种方式的泵浦光与信号光从同一方向输入掺铒光纤。同向泵浦的优点是结构简单，缺点是噪声性能不佳。

（2）反向泵浦，也称为后向泵浦。该种方式的泵浦光与信号光从不同的方向输入掺铒光纤，二者在光纤中反向传输，其优点是，当光信号放大到很强时，泵浦光也很强，不易达到饱和，因而噪声性能好。

（3）双向泵浦，用多个泵浦源激励掺铒光纤，部分前向泵浦，部分后向泵浦。这种泵浦方式结合了同向泵浦和反向泵浦的优点，使泵浦光在光纤中均匀分布，从而使其增益在光纤中均匀分布。

4.4.3　光纤放大器的性能指标

掺铒光纤放大器的主要性能指标如表 4.4.1 所示。

表 4.4.1　掺铒光纤放大器的主要性能指标

性　能	单　位	前置放大掺铒光纤	线路放大掺铒光纤	功率放大掺铒光纤
数值孔径	—	0.24±0.02	0.24±0.02	0.24±0.02
截止波长	nm	935±35	935±35	935±40
模场直径	μm	4	4.8～5.9	5.2～6.6
峰值吸收波长	nm	＜1529.5	1530.5±5	1530±5
峰值衰减	dB/m	7±2	7±2	5±2.5
背景损耗	dB/m	5±1.5	5±1.5	3.5±2
衰减	dB/km	＜35	＜15	＜15
饱和功率	mW	0.17	0.15	0.18
典型应用		线路放大器 前置放大器	线路放大器	功率放大器

光纤放大器在泵浦光作用下实现粒子数反转，通过受激辐射实现对入射光信号的放大作用。增益 G 是光纤放大器的输出光功率（P_{out}）与输入光功率（P_{in}）之比，即

$$G = P_{out} / P_{in} = \int_0^L e^{g(\omega,z)z} dz \tag{4.4.1}$$

式中，$g(\omega,z)$ 为掺杂光纤的增益系数；L 为掺杂光纤的长度。均匀展宽二能级系统的增益系数的计算公式为

$$g(\omega) = G_0 \left[1 + (\omega - \omega_0)^2 T_2^2 + P / P_s\right]^{-1} \tag{4.4.2}$$

式中，G_0 为放大器泵浦值决定的峰值增益；ω 为入射的角频率；ω_0 为激活介质跃迁中心角频率；P 为信号光功率；P_s 为饱和光功率；T_2 为非辐射弛豫时间（横向弛豫时间），T_2=0.1ps～

1ns。

（1）带宽和增益。当 $P \ll P_s$ 时，将式（4.4.3）近似表示为洛伦兹分布函数，即

$$g(\omega)=G_0\left[1+(\omega-\omega_0)^2T_2^2\right]^{-1} \tag{4.4.3}$$

式（4.4.3）表明，当 $\omega=\omega_0$ 时，增益 $g(\omega_0)=G_0$；当 $\omega\neq\omega_0$ 时，增益按洛伦兹分布减小。定义增益带宽为增益系数 $g(\omega)$ 的半峰全宽（FWHM），即

$$\Delta\omega_g=2/T_2 \tag{4.4.4}$$

$$\Delta\nu_g=\Delta\omega_g/\pi=1/(\pi T_2) \tag{4.4.5}$$

根据式（4.4.1），放大器的增益与增益系数的关系为

$$G_A=e^{g(\omega)L} \tag{4.4.6}$$

放大器的增益与信号频率有关，当 $\omega=\omega_0$ 时，增益取最大值 $G_{A0}=e^{G_0L}$；当出现失谐，即 $\omega\neq\omega_0$ 时，$G_A(\omega)$ 减小。定义放大器的带宽（$\Delta\nu_A$）为 $G_A(\omega)$ 的半极大值全宽，即

$$\Delta\nu_A=\ln 2(G_0L-\ln 2)^{-1} \tag{4.4.7}$$

（2）增益饱和是指当 P 较大时，$g(\omega)$ 随 P 的增大而减小，根据式（4.4.6），放大器的增益减小。当 $\omega=\omega_0$（共振）时，将式（4.4.2）简化为

$$g(\omega)=G_0(1+P/P_s)^{-1} \tag{4.4.8}$$

在放大器中，z 处的光功率 $P(z)$ 可表示为

$$\frac{dP(z)}{dz}=G(\omega)P(z)=\frac{G_0P(z)}{1+P(z)/P_s} \tag{4.4.9}$$

对式（4.4.9）在放大器长度内积分，结合式（4.4.6），得

$$G_A=G_{A0}\exp[-(G_A-1)P(z)(G_AP_s)^{-1}] \tag{4.4.10}$$

式（4.4.10）表明，当 P_{out} 可与 P_s 比较时，放大器的增益 G_A 从最大增益 G_{A0} 开始减小。

定义放大器的饱和输出功率为放大器的增益 G_A 从 G_{A0} 下降 3dB 时的输出功率。根据式（4.4.10），令 $G_A=G_{A0}/2$，则放大器的饱和输出功率为

$$P_{out}=P_sG_{A0}(G_{A0}-2)^{-1}\ln 2 \tag{4.4.11}$$

一般而言，若 $G_{A0}\gg 2$，则式（4.4.11）近似为

$$P_{out}=P_s\ln 2\approx 0.69P_s \tag{4.4.12}$$

（3）放大器的噪声。放大器存在 ASE，当放大器对光信号进行放大时，入射信号的信噪比（SNR）会降低。放大器的噪声系数（F）为

$$F=(SNA)_{in}/(SNA)_{out} \tag{4.4.13}$$

若单位时间入射的光子数为 N，则光功率为 $P=Nh\nu$，其中，h 为普朗克常数，N 为单位时间内入射的光子数，ν 为入射光频率。若光电探测器的量子效率为 η，则光电探测器输出的平均光电流 I_0 为

$$I_0 = \eta Ne \tag{4.4.14}$$

式中，e 为电子电荷。若用 N_q 表示 N 的色散，则单位带宽的功率为

$$P_q = N_q h\nu \tag{4.4.15}$$

当含有噪声成分的光功率在光电探测器中转换为光电流时，光功率与量子噪声的失真使散粒噪声（噪声电流）的平方 ${I_{sp}}^2$ 为

$${I_{sp}}^2 = 2eI_0B \tag{4.4.16}$$

式中，B 为光电探测器的带宽。

在光电探测器中，定义功率信噪比为平均电流的平方与噪声电流的平方之比，所以输入光信号转换成电信号的信噪比为

$$(\mathrm{SNR})_{in} = I_0(2eB)^{-1} \tag{4.4.17}$$

光纤放大器存在自发辐射，ASE 光与光信号一起被放大。若光纤放大器的功率增益为 G_A，则输出端单位频率的自发辐射功率为

$$P_{np} = n_{sp}(G_A - 1)h\nu \tag{4.4.18}$$

式中，n_{sp} 为 ASE 因子或反转数因子，对二能级系统的定义为

$$n_{sp} = N_2 / (N_2 - N_1) \tag{4.4.19}$$

式中，N_1 和 N_2 分别为基态和激发态的粒子数密度。当放大器实现粒子数完全反转（$N_2=N$，$N_1=0$）时，$n_{sp}=1$；当粒子数未完全反转（$N_2<N$，$N_1\neq 0$）时，$n_{sp}>1$。

含 ASE 噪声的光信号经光电探测器转换为光电流，放大时成为噪声电流 I_{sp}，则有

$$I_{sp}^2 = 4G_A Nen_{sp}(G_A - 1)eB \tag{4.4.20}$$

光信号经放大器放大后的噪声电流（散粒噪声）为

$$I_{sh,out}^2 = 2e(G_A Ne)B \tag{4.4.21}$$

光电探测器输出的平均信号电流的平方值为

$$I_{0,out}^2 = (G_A Ne)^2 \tag{4.4.22}$$

输出光电流的信噪比为

$$(\mathrm{SNR})_{out} = I_{0,out}^2 / \left(I_{sp}^2 + I_{sh,out}^2\right) = Ne(2eB)^{-1}\left[1/G_A + 2n_{sp}\left(G_A - 1\right)/G_A\right]^{-1} \tag{4.4.23}$$

若 $G_A \gg 1$，则式（4.4.23）近似为

$$(\mathrm{SNR})_{out} = Ne(4eBn_{sp})^{-1} \tag{4.4.24}$$

根据式（4.4.13）、式（4.4.17）和式（4.4.24），放大器的噪声系数（F）为

$$F = 2n_{sp} \tag{4.4.25}$$

式（4.4.25）表明，理想放大器（$n_{sp}=1$）输入信号的信噪比降低了 3dB。实际上，放大器的噪声系数都大于 3dB，有些放大器的放大系数为 6～8dB。

（4）掺铒光纤放大器的放大有一定光频范围（光频响应），如图 4.4.3 所示。在波长 1532nm

处有峰值，在波长 1540nm 后是一个平台，峰值与平台之间的增益差大于 8dB。掺铒光纤放大器的增益带宽为 40nm，但平台部分的带宽只有 22nm；当要求增益起伏不超过±0.5dB 时，带宽只有 15nm。通过消除增益谱线尖峰，可使掺铒光纤放大器的整个增益谱线平坦，具体有以下几种方法[33]。

① 掺铝可使掺铒光纤放大器的增益谱线有明显的平坦效果。

② 利用闪耀光栅，将光纤纤芯中传播 1532nm 处的部分能量耦合到背向传播的漏模中，使其辐射逸出光纤，在 1550nm 的窗口处获得 35nm 的带宽范围。

③ 利用一段吸收谱与掺铒光纤放大器在 1532nm 附近反转的、增益谱线形状相似的掺钐光纤吸收 1532nm 处的部分能量，获得 1529～1559nm 的增益范围。

④ 利用长周期级联光栅在 1532nm 处的吸收峰几乎接近光纤放大器 1532nm 处反转的增益峰值，可使 40nm 带宽范围内的增益变化小于 1dB。

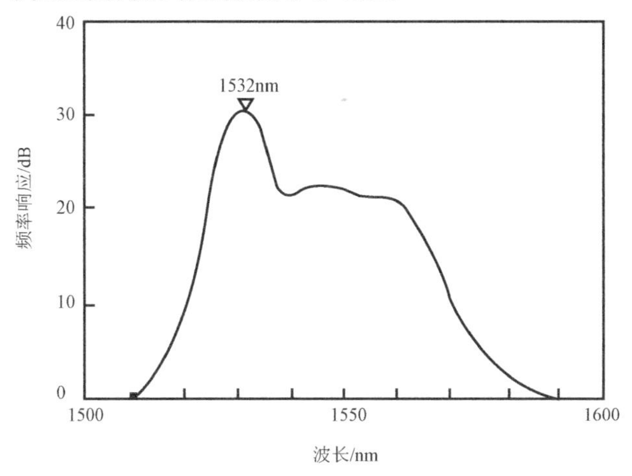

图 4.4.3　掺铒光纤放大器的光频响应

4.4.4　放大自发辐射（ASE）光源

宽带光源是一种在较宽波长范围内都发光的光源，在光纤传感领域有着广泛的应用。掺铒光纤的放大自发辐射（Amplified Spontaneous Emission，ASE）光源与超辐射发光二极管（SLED）相比，具有带宽更宽、稳定性更好、功率更高、使用寿命更长、更易与光纤传感系统耦合等优点，被广泛应用于光纤陀螺、信号处理、光学层析、医学诊断等众多光纤传感、光纤探测及密集波分复用（DWDM）系统中[34]。例如，光纤陀螺中使用的宽带光源可以降低相干噪声，复用光纤光栅的传感器需要宽带光源同时提供各个波长上的光，测量法布里-珀罗（F-P）腔自由光谱区和精细度等都要用到宽带光源。

当铒离子处于亚稳态时，除发生受激辐射和受激吸收外，还要发生自发辐射，即铒离子在亚稳态上短暂停留，还没有机会与光子相互作用，就会自发地从亚稳态跃迁到基态，并发射出 1550nm 波段的光子。随着光波在掺铒光纤介质中传输距离的增大，该自发辐射得以放大，称为放大的自发辐射。

1. 基本结构

ASE 光包括沿抽运光和逆抽运光两个方向的自发辐射，泵浦光由光纤耦合输出的半导体激光器发出（这里以 980nm LD 为例），通过波分复用器（WDM）耦合进入掺铒光纤，根据泵浦光和超荧光传播方向的异同及光纤两端是否存在反射，ASE 光源有如图 4.4.4 所示的几种基本结构。其中，平面光纤端面为反射性的，斜面光纤端面为非反射性的。为了防止产生光激射，应将掺铒光纤的最远端（非泵浦端）劈成一定角度，并使其具有一定的弯曲损耗。若光纤两端面均是非反射性的，则称为单程装置；若光纤端面中有一端是非反射性的，而另一端是高反射的（对超荧光中心波长附近的光而言），则称为双程装置。从泵浦端输出的是后向超荧光，而从泵浦端的反向端输出的是前向超荧光。在光源的输出端加上隔离器（ISO），用于防止产生谐振。图 4.4.4（a）所示为单程前向装置（SPF），图 4.4.4（b）所示为单程后向装置（SPB），图 4.4.4（c）所示为双程后向装置（DPB），图 4.4.4（d）所示为双程前向装置（DPF）。

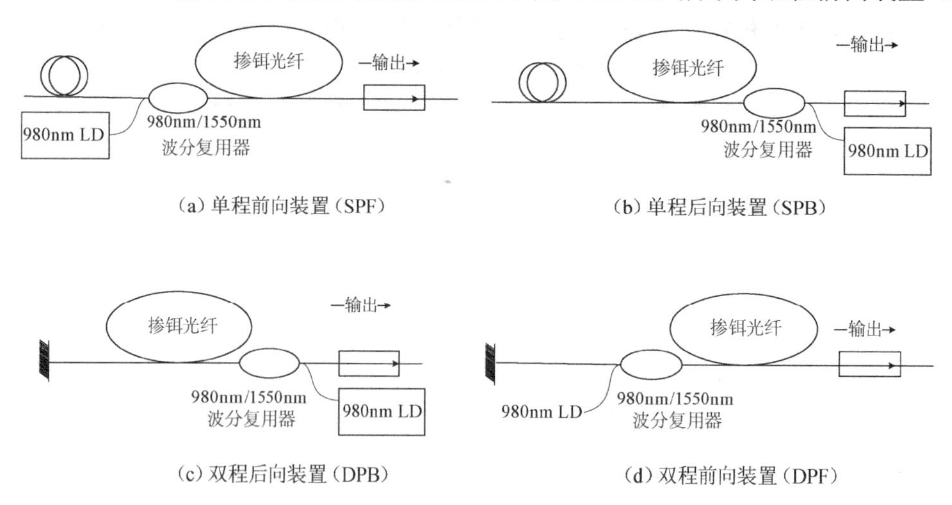

图 4.4.4　ASE 光源基本结构

C 波段 ASE 谱如图 4.4.5 所示，由该图可见，放大自发辐射（ASE）覆盖 1525～1565nm 波长范围，相当于通信中的 C 波段，在 1530nm 附近的超荧光功率最高，输出谱有一个自然尖峰。

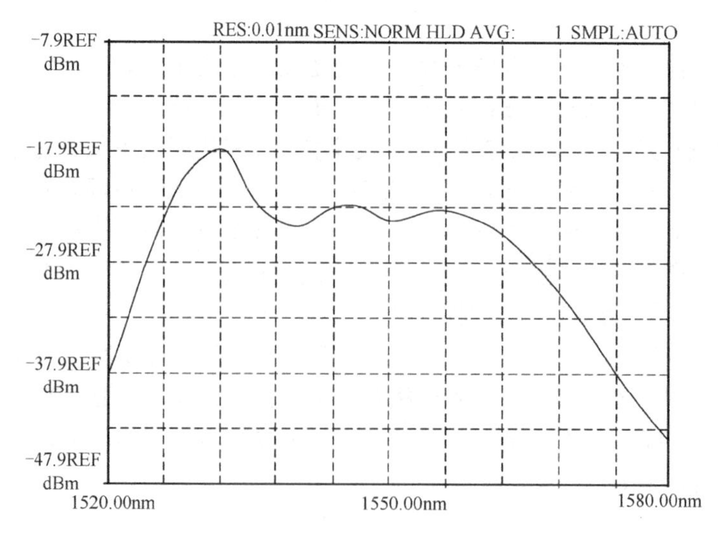

图 4.4.5　C 波段 ASE 谱

2．C 波段与 L 波段的超荧光光源的实现

由图 4.4.6 可以看出，掺铒光纤中，C 波段与 L 波段的 ASE 光都是由能级 $^4I_{13/2}\rightarrow{}^4I_{15/2}$ 跃迁产生的，C 波段的 ASE 光由 $^4I_{13/2}\rightarrow{}^4I_{15/2}$ 主能级的斯塔克分裂能级的高能级之间的跃迁产生，L 波段的 ASE 光由 $^4I_{13/2}\rightarrow{}^4I_{15/2}$ 主能级的斯塔克分裂能级的低能级之间的跃迁产生。在抽运光的作用下，掺铒光纤前段产生 C 波段的 ASE 光，C 波段的 ASE 光作为二次抽运源被后端掺铒光纤吸收，从而形成 L 波段的 ASE 光。L 波段 ASE 用的是铒离子增益带的尾部，其发射和吸收系数是 C 波段的 1/4～1/3。为了获得较大功率的 L 波段 ASE，往往需要较长的掺铒光纤，带来了降低抽运光转换效率等很多不利的影响，同时出现各种非线性现象。因此，用于 L 波段的掺铒光纤通常选用高掺杂、低损耗的。

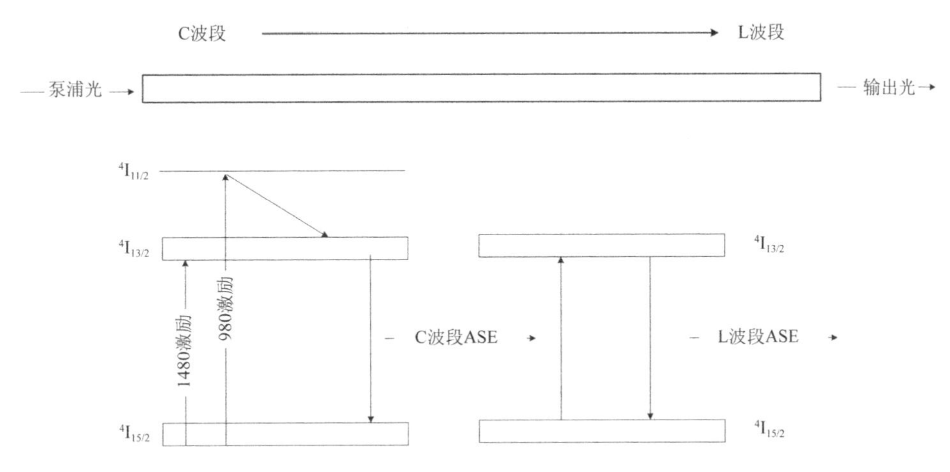

图 4.4.6　铒离子能级间产生 C+L 波段 ASE 原理图

3．双级双程结构及原理分析

对采用两段光纤长度和浓度均不同的双级双程结构，以长的高浓度掺铒光纤作为主要的增益介质可以实现 C 波段较高功率或 L 波段光的输出，另一段短的低浓度光纤用于调节输出光的光谱。所以，将低浓度的掺铒光纤用在第 1 级，而将高浓度的掺铒光纤用在第 3 级，并将其作为最终输出端口[35]。若将高浓度掺铒光纤的前向作为输出端口，则可实现 L 波段 ASE 高功率输出。若将高浓度掺铒光纤的后向作为输出端口，则可得到高功率的 C+L 波段 ASE 输出，图 4.4.7 所示为此种结构中的两种不同的实现方式，其区别在于第 1 级采用双程前向或双程后向。

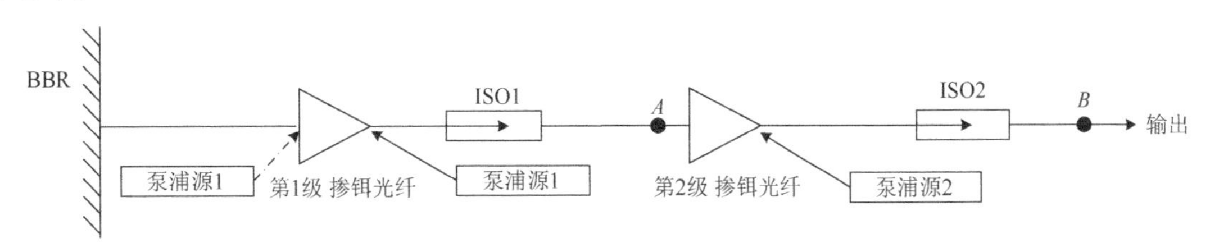

图 4.4.7　双极双程输出 C+L 波段的 ASE 光源结构图

在其他部分均不变的情况下，两种方式都可以实现 C+L 波段高功率 ASE 输出。当仅使用第 2 级光纤时，一根长的高浓度光纤中，在 *A* 点测得的是高功率 C 波段光谱，在 *B* 点测得的

是L波段光谱；当仅使用第1级光纤时，在*A*点得到的为C波段的光谱；当将两级光纤合并起来使用时，可以调节并改善整个光谱，使相对于单独第1级采用双程前向时L波段时的输出功率有所下降。这主要是因为第1级输出的C波段光进入第2级光纤中会消耗部分的铒离子，发出C波段光，当调节两级抽运光的配合变化时，输出的C波段光和L波段光得以较好地匹配，从而实现C+L波段的ASE同时较高功率输出。

另一种C+L波段的ASE光源结构图如图4.4.8所示。这种结构的优点是，利用第1级掺铒光纤（EDF Ⅰ）的前向光产生C波段光谱，后向光泵浦第2级掺铒光纤（EDF Ⅱ）产生L波段光谱，通过对两级进行灵活调整并将两个输出端的光合并后，可获得增益在C+L波段平坦的超宽带光源。

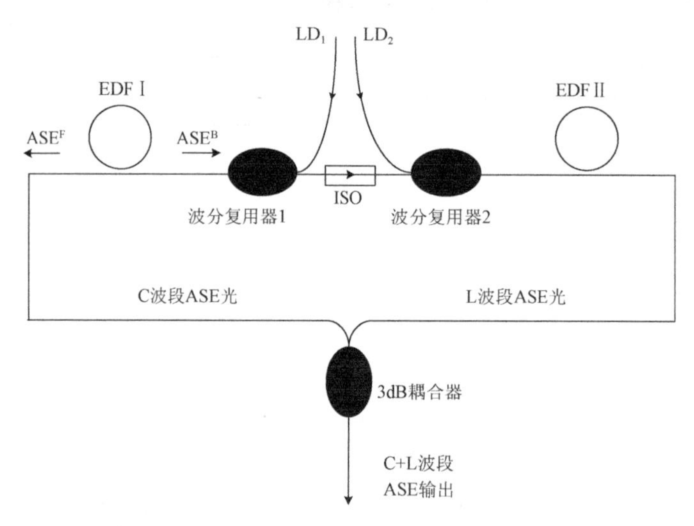

图4.4.8　另一种C+L波段的ASE光源结构图

4．单级C+L波段ASE光源的实现

由于使用高浓度的掺铒光纤，同时根据泵浦掺铒光纤产生的背向光只在C波段的波长范围内的事实，北京理工大学研究小组设计的光源结构图如图4.4.9所示。在实验中使用Liekki公司生产的Er20-4/125高掺杂光纤，在1530nm处的吸收峰值为(20±2)dBm/m，在1550nm处的模场直径为(6.5±0.5) μm，截止波长的范围是800～980nm。

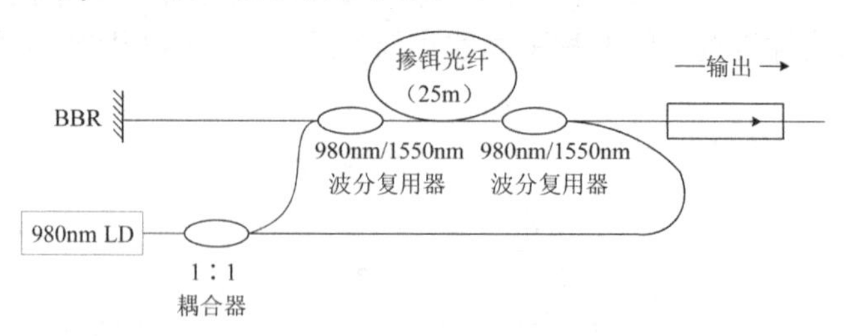

图4.4.9　单级双程输出C+L波段的ASE光源结构图

图4.4.9中的BBR为用光纤端面镀膜制成的宽带反射镜(Broadband Reflector)，在1550nm波长上的反射率大于97%。整个光源采用单级双程结构，将980nm的LD产生的泵浦激光利用1∶1的耦合器分为两部分，分别从掺铒光纤的两端进行泵浦，采用这种结构的原因如下。

（1）在反射镜端利用前向结构可以有效利用泵浦光和背向光来提高 L 波段的功率，经实验验证，后向结构在掺铒光纤达到 5m 的时候就起不到明显地提高输出功率的作用，利用前向结构既可以使泵浦光在掺铒光纤中被充分吸收，又可以将功率很高的 C 波段后向辐射充分利用起来。

（2）同样基于上述实验结果，在输出端使用前向结构可以获得 L 波段高功率，在这样的结构下，二级泵浦具有放大作用，但是产生不了 C 波段的自发辐射，利用图 4.4.9 中的后向结构，一方面二级泵浦可以产生 C 波段的后向 ASE 光，另一方面在输出端将粒子激发到上能级，可以对前端产生的 L 波段 ASE 光起到放大的作用。

对于给定的泵浦功率，掺铒光纤的长度有一个适合的值，过长的掺铒光纤会导致反射镜端泵浦产生的 C 波段 ASE 光在传输过程中损耗过大，而输出端由后向泵浦产生的背向 C 波段辐射很小，导致光谱不平坦。经过实验，选取掺铒光纤的长度为 25m，ASE 光源输出波长的范围是 1525～1605nm，输出总功率为 8mW。

该结构的优点是使用单级结构，结构简单，只使用一个 LD，成本低，没有像双级结构那样加入 ISO（光纤隔离器），大大减小了插入损耗；使用宽带反射镜，充分利用反射镜端的后向 ASE 光，同时通过调整耦合器的耦合输出比例，可以对输出光的光谱进行调整。

4.4.5　光纤非线性效应放大器

1．拉曼光纤放大器

1928 年，印度的拉曼（Raman）发现由受激辐射产生的散射现象，并因此在 1930 年获得诺贝尔物理学奖。1972 年，Stolen 等人在硅基光纤中发现受激拉曼散射现象。拉曼光纤放大器（RFA）利用受激拉曼散射产生增益。受激拉曼散射是非弹性过程，泵浦光子被光振荡模（光声子）散射，能量从泵浦光子传递到光声子，在较低频率 ν_s（斯托克斯下移）产生能量减小的光子。当泵浦波长 1450nm 与信号波长 1550nm 同向或反向传播到光纤时，能量通过受激拉曼散射相互作用从泵浦传递给信号。

石英分子的光学声子能级被合并形成连续带，产生一个很宽的放大频带。在石英光纤中，斯托克斯频移为 13.2THz，主要放大带宽为 6THz。平均斯托克斯频移和放大带宽均随基质成分的变化而变化。由于能量传递（放大）过程的非谐振特性，拉曼光纤放大器（FRA）原则上可在整个低损耗通信窗口（1300～1600nm）的任意波长上运行。拉曼散射效应存在于所有类型的光纤中，与各类光纤系统有良好的兼容性[25,34]。FRA 有以下两种配置。

（1）分立式拉曼放大器利用高增益光纤，光纤增益介质的长度一般小于或等于 10km，泵浦功率为几瓦至十几瓦，可产生大于 40dB 的高增益，对信号光进行集中放大。

（2）分布式拉曼放大器利用系统传输光纤作为增益介质，光纤增益介质长达几十千米，主要辅助掺铒光纤放大器改进波分复用系统的性能，降低入射功率，避免非线性限制，提高光信噪比，光传输距离可大于 2000km。

2．光纤布里渊放大器

当输入光功率达到布里渊散射的阈值时，布里渊散射由携带绝大部分输入光功率反向传输的斯托克斯波产生。两只激光器以连续方式工作，为使布里渊增益达到最大，其波长在布里渊频移附近可连续调谐，泵浦光经 3dB 耦合器输入长度为 37.5km 的光纤，在光纤的另一端输入弱信号检测光。在泵浦光和信号光于光纤中反向传输的情况下，当光波频率差为布里渊频移时，大部分泵浦光功率被转换为斯托克斯波。最初，信号光功率按指数增大；当布里渊增益开始饱和时，这种增益呈现下降趋势。

3. 光纤非线性环形波长变换器

光纤非线性环形波长变换器利用光纤的萨尼亚克干涉原理和由光纤中的交叉相位调制产生的非线性相移实现波长变换，如图 4.4.10 所示。泵浦脉冲从耦合器 2 输入，在端口 3、4 处分成功率相等但传输方向相反的两束光。当无光脉冲输入时，光纤非线性环形波长变换器对波长为λ_c的信号起全反射作用，端口 2 没有信号输出；当波长为λ_c的探测光信号从耦合器 1 输入时，相向传输的波长为λ_c的探测光信号受波长为λ_s的泵浦脉冲的交叉相位调制，相位差不再相同，端口 2 有信号输出。选取适当长度的色散位移光纤（DSF），控制波长为λ_c的探测光信号和波长为λ_s的泵浦脉冲的强度，调节偏振控制器，使光纤非线性环形波长变换器透射，输出光信号完全受波长为λ_s的泵浦脉冲强度的控制。端口 2 的输出受波长为λ_c的探测光信号的调制，从而实现波长变换。

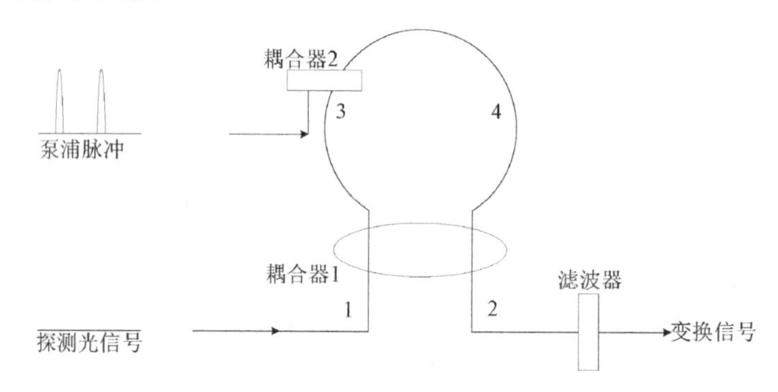

图 4.4.10　光纤非线性环形波长变换器

4.4.6　宽带光纤放大器

低水峰光纤的工作波长为 1280～1625nm，宽带或混合放大器将多个光纤放大器组合起来获得更宽的波长范围，光纤放大器的不同组合方式如图 4.4.11 所示。

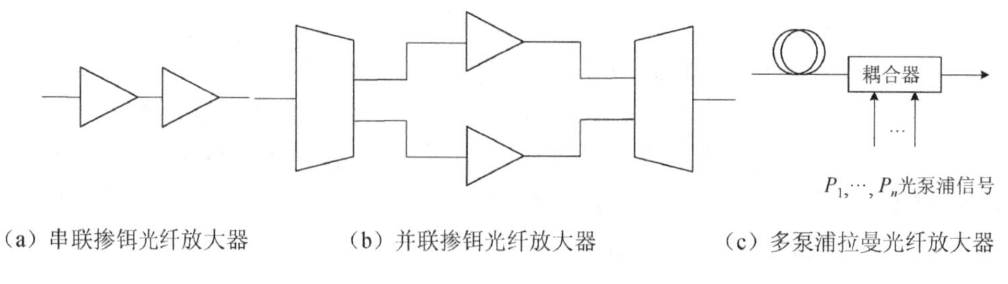

图 4.4.11　光纤放大器的不同组合方式

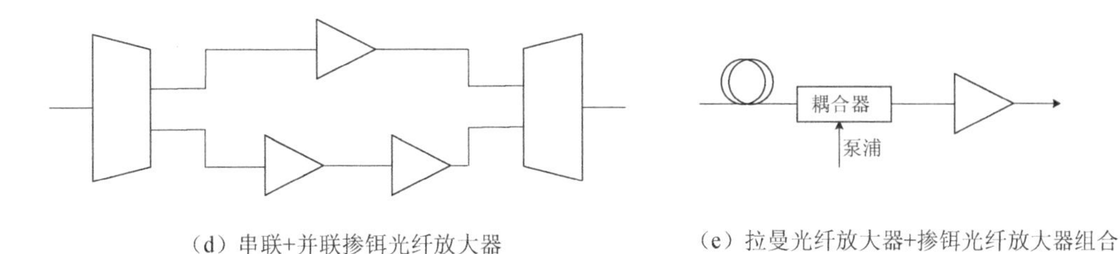

（d）串联+并联掺铒光纤放大器

（e）拉曼光纤放大器+掺铒光纤放大器组合

图 4.4.11 光纤放大器的不同组合方式（续）

课后习题

1．在光半导体元器件中，LD 表示（　　）。
　A．半导体激光器
　B．发光二极管
　C．光电二极管
　D．雪崩二极管
2．使半导体激光器发光的基本条件是什么？
3．能级跃迁有哪几种形式？
4．比较半导体激光器和发光二极管（LED）的异同。
5．试说明 APD 和 PIN-PD 在性能上的主要区别。
6．简述光纤中包层存在的必要性。
7．掺铒光纤放大器的工作原理是什么？掺铒光纤放大器有哪些应用方式？
8．光纤放大器按原理可以分为哪几种类型？
9．光纤放大器有哪些重要参数？
10．简述掺杂光纤放大器的原理。
11．掺铒光纤放大器有哪些优缺点？
12．掺铒光纤放大器的泵浦方式有哪些？
13．简述拉曼放大器的放大原理。
14．拉曼光纤放大器可以分为哪两种？它们各有什么特点？
15．拉曼光纤放大器有哪些优缺点？

参考文献

[1] 方强，梁猛．光纤通信[M]．西安：西安电子科技大学出版社，2003．
[2] 胡先志．光纤与光缆技术[M]．北京：电子工业出版社，2007．
[3] 刘德明，向清，黄修德．光纤技术及其应用[M]．成都：电子科技大学出版社，1994．
[4] 饶云江．光纤技术[M]．北京：科学出版社，2006．
[5] 王惠文．光纤传感技术与应用[M]．北京：国防工业出版社，2001．

[6] 王玉田．光电子学与光纤传感器技术[M]．北京：科学出版社，2003．
[7] 延凤平，裴丽，宁提纲．光纤通信系统[M]．北京：科学出版社，2006．
[8] 杨英杰．光纤通信技术[M]．广州：华南理工大学出版社，2004．
[9] 陈香梅，江毅，刘莉．可调谐环形腔掺铒光纤激光器[J]．光学技术，2006，32（1）：17-19．
[10] 郭玉彬，霍佳雨．光纤激光器及其应用[M]．北京：科学出版社，2008．
[11] 聂秋华．光纤激光器和放大器技术[M]．北京：电子工业出版社，1997．
[12] 王珊珊．窄线宽光纤激光器的研究[D]．北京：北京理工大学，2007．
[13] 徐华斌，陈林，陈抱雪．基于光纤环形镜的掺铒光纤激光器[J]．上海第二工业大学学报，2001（2）1-6．
[14] 周炳琨，高以智，陈倜嵘，等．激光原理[M]．5 版.北京：国防工业出版社，2004．
[15] DIGONNET M.Theory of superfluorescent fiber lasers[J].Journal of Lightwave Technology,1986,4(11):1631-1639.
[16] DONG X Y,TAM H Y,GUANA B O,et al.High power erbium-doped fiber ring laser with widely tunable range over 100 nm[J].Optics Communications,2003,224(4-6):295-299.
[17] GILES C R,DESURVIRE E.Modeling erbium-doped fiber amplifiers[J].Journal of Lightwave Technology,1991,9(2):271-284.
[18] WANG X,HUANG W C.A novel two-stage erbium amplified spontaneous emission fiber source with 80nm bandwidth[J].Proceedings of SPIE,2005,6019(48):1-8.
[19] YAMASHITA S.Widely tunable erbium-doped fiber ring laser covering both C-Band and L-Band[J].IEEE Journal of Selected Topics in Quantum Electronics,2001,7(1):41-44.
[20] HUANG W C,WAN P,TAM H Y,et al.One-stage erbium ASE source with 80nm bandwidth and low ripples[J].Electronics Letters,2002,38(17):956-957.
[21] DIGONNET M J F.Rare earth-doped fiber lasers and amplifiers[M].NewYork:Marcel Dekker,Inc.,1993.
[22] SHIMADA S,ISHIO H.Optical amplifiers and their applications[M].NewYork:John Wiley & Sons,Inc.,1994.
[23] DESURVIRE E.Review:Erbium-doped fiber amplifiers:principles and applications[M].NewYork:John Wiley & Sons,Inc.,1994.
[24] BECKER P C, OLSSON N A, SIMPSON J R Erbium-doped fiber amplifiers: fundamentals and technology[M].Amsterdam: Elsevier,1999.
[25] MEARS R J.Optical fibre lasers and amplifiers[D].Southampton:University of Southampton,1987.
[26] 高存孝．脉冲光纤激光器和放大器技术的研究[D]．西安：中国科学院研究生院（西安光学精密机械研究所），2011．
[27] 郭玉彬，霍佳雨．光纤激光器及其应用[M]．北京：科学出版社，2008．
[28] SNITZER E.Optical master action of Nd^{3+} in a barium crown glass[J].Physics Review Letters,1961,7(12):441-449.

[29] KOESTER C J,SNITZER E.Amplification in a fiber laser[J].Applied Optics,1964,3(10):1182-1186.

[30] SNITZER E.Glass lasers[J].Applied Optics,1966,5(10):1487-1499.

[31] POOLE S B,PAYNE D N,FERMANN M E. Fabrication of low-loss optical fibers containing rare-earth ions[J].Electronics Letters,1985,21(17):737-738.

[32] POOLE S B,PAYNE D N,MEARS R J,et al.Fabrication and characterization of low-loss optical fibers containing rare-earth ions[J].Journal of Lightwave Technology,1986,4(7):870-876.

[33] DOMINIC V,MACCORMACK S,WAARTS R,et al.110W fiber laser[J].Electronics Letters, 1999,35(14):1158-1160.

[34] JHA A R.Infrared technology[M].NewYork:John Wiley & Sons,Inc.,2000.

[35] AGRAWAL G P.Nonlinear fiber optics[M].4th ed.Pittsburgh:Academic Press,2007.

第5章

光纤解调技术

内容关键词

- 解调技术
- 强度解调、波长解调、频率解调、相位解调及偏振态解调

本章在光纤传感器模型的基础上重点研究解调方案，针对不同参数进行研究，包括强度解调、波长解调、频率解调、相位解调及偏振态解调5个方面。

5.1 强度解调

强度解调的方案结构简单，适合短距离且对信噪比要求不太高的场合，受激光器相位噪声的影响较小。强度解调的过程如图5.1.1所示，先对光信号进行光学滤波，滤除中心波长以外的其他噪声，然后利用光电探测器将光信号转换成电信号，将获得的信号放大，最后对信号进行再一次滤波，保证只将有用信号放大。

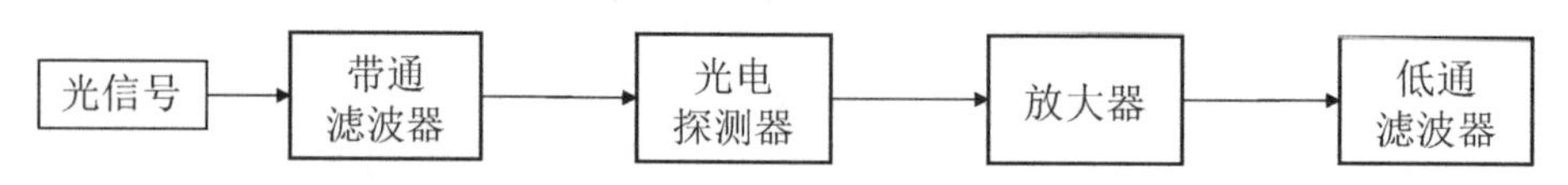

图5.1.1　强度解调的过程

强度解调获得的信号I_s与单位时间内光生载流子的数目成正比，比值为信号光的平均功率P_s。而P_s又与光场信号振幅的二次方成正比，光场信号的振幅可表示为

$$|E_b s(t)| = \mathrm{Re}[E_b s(t)] = \mathrm{Re}[E_a m p(t)\mathrm{e}^{\mathrm{j}[2\pi ft+\Delta\varphi(t)]}] \tag{5.1.1}$$

因此，直接检测得到的瑞利散射信号可以表示为

$$I_s(t) = P_s = E_b s(t)\cdot E_b s^*(t) = 2E_a m p^2(t) = A + B\cos\Delta\varphi(t) \tag{5.1.2}$$

强度解调获得的信号等于干涉场信号振幅的平方和，因此干涉场的相位信息直接被掩盖而无法检测。光电探测器的响应频率低于10^{10} Hz，而光的频率一般在10^{14}～10^{15} Hz 范围内，因此光电探测器只对光信号包络产生响应，而相位信息全被掩盖。强度解调方式只适用于传统光时域反射（OTDR）的强度解调型分布式光纤传感系统，只能对扰动信号实现定性的测量，如测试光纤断点、外事件位置等；不能实现定量的测量，如测量扰动信号的大小。

强度解调中，为了保证只将有用信号放大，在解调算法的最后对信号进行滤波，此时滤波器的选择对解调结果会造成一定影响。数字滤波器主要分为有限冲激响应（FIR）与无限冲激响应（IIR）两类，从公式上看，一般离散系统可以用 N 阶差分方程来表示，系统函数可写为

$$H(Z)=\frac{\sum_{r=0}^{M}a_r Z^{-r}}{1+\sum_{k=1}^{N}b_k Z^{-k}} \tag{5.1.3}$$

当 b_k 全为 0 时，$H(Z)$ 为多项式，称为 FIR 滤波。

当 b_k 不全为 0 时，$H(Z)$ 为分式形式，称为 IIR 滤波。

FIR 滤波器的冲击响应是有限的，与 IIR 滤波器相比，它具有线性相位、容易设计的优点。反之，IIR 滤波器具有相位非线性、不容易设计的缺点。此外，设计同样参数的滤波器，FIR 比 IIR 需要更多的参数。这说明，选用 IIR 滤波器会增大计算量，对实时性也有影响。

强度调制的基本原理：作用于光纤（接触或非接触）的被测物理量使光纤中传输的光信号的强度发生变化，检测出光信号强度的变化量即可实现对被测物理量的测量。因此，将强度调制型光纤传感器定义为利用外界因素引起光纤中光强的变化来探测外界物理量及其变化量的光纤传感器。

强度解调型 FBG 传感器是通过测量传感 FBG 的光强或光功率来解调被测参量的传感器，其传感系统通常由光源、传感头、光信号传输器件和解调模块四部分组成，而解调模块中方案的选择直接决定了系统成本的高低和系统的精度，是传感系统的关键部分。从解调方法考虑，强度解调型 FBG 传感器的解调方案分为光栅匹配法、边缘滤波法、光栅啁啾法、激光匹配法和射频探测法。

5.1.1　光栅匹配法

光栅匹配法是利用参考 FBG 的波长选择反射（或透射）功能来解调传感 FBG 的反射光信号的方法。图 5.1.2 所示为光栅匹配法原理图，FBG1 为传感 FBG，FBG2 为参考 FBG，二者的反射波长接近，反射带部分重合，因此称为匹配 FBG。宽带光源（BBS）发出的光经耦合器（或光环形器）1 进入 FBG1，FBG1 的反射光经过耦合器（或光环形器）1 和 2 后成为 FBG2 的入射光。当被测量的是 FBG2 反射回来的光强（两个 FBG 反射谱的重叠部分）时，称为反射型光栅匹配法；当被测量的是透过 FBG2 的光强（两个 FBG 反射谱的未重叠部分）时，称为透射型光栅匹配法。由于 FBG2 的反射谱不受被测参量的影响，相对固定，而 FBG1 的反射谱受被测参量的影响，中心反射波长会发生变化，导致两个 FBG 反射谱的重叠程度变

化，FBG2 的反射光或透射光的功率变化，由光电探测器 1 或光电探测器 2 监测光功率。通过监测光电探测器的输出信号，便可解调出被测参量的变化。下面以反射型光栅匹配法为例进行理论分析，可采用高斯函数来近似描述 FBG 的反射谱[1]。

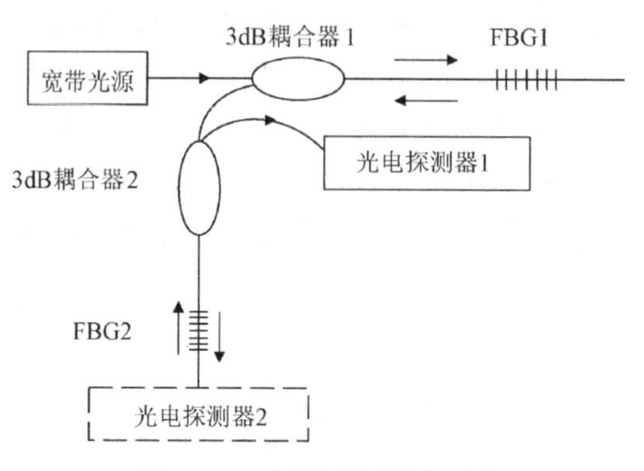

图 5.1.2　光栅匹配法原理图

光栅匹配法结构简单、成本低，如果将传感 FBG 与参考 FBG 放置于相同的环境中，可以实现温度的自动补偿效应。但该方法只允许在有限的波长范围内测量，若测量范围超出了参考 FBG 反射带宽的 2 倍，则光电探测器的输出信号为零。

$$R_i(\lambda)=R_i'\exp\left[-4\ln\frac{2(\lambda-\lambda_c)^2}{\Delta\lambda_i^2}\right] \tag{5.1.4}$$

式中，R_i' 为 FPG_i 的峰值反射率（$i=1,2$）；λ_c 为中心反射波长；$\Delta\lambda_i$ 为 3dB 带宽。设两个 FBG 反射谱重叠部分的光功率为 P，进行积分运算可求得

$$P=\eta I_0\int_{-\infty}^{+\infty}R_1(\lambda)R_2(\lambda)\,\mathrm{d}\lambda=\alpha I_0R_1'R_2'\cdot\frac{\sqrt{\pi}}{2\sqrt{\ln 2}}\cdot\Delta\lambda_1\cdot\frac{\Delta\lambda_2}{\left(\Delta\lambda_1^2+\Delta\lambda_2^2\right)^{1/2}}\cdot\exp\left[-4\ln\frac{2(\lambda_2-\lambda_1)^2}{\Delta\lambda_1^2+\Delta\lambda_2^2}\right] \tag{5.1.5}$$

式中，I_0 为 FBG1 反射中心波长处的光强；η 为由耦合器分光比和光纤传输损耗决定的传递系数。由式（5.1.5）可见，P 仅是两个 FBG 波长差的指数函数，最大值对应于两个 FBG 波长相同的情况。在波长差随被测参量变化的情况下，探测 P 值的变化即可获得被测参量的信息。

但在式（5.1.5）中，两个 FBG 波长差的符号并不影响 P 值的大小，对应两种情况，传感 FBG 的反射谱与参考 FBG 的反射谱的重叠面积，在完全重叠点的两侧各有一次相同的情况，而光电探测器只能得到一个绝对数值，不能区分这两种情况。针对光栅匹配法的双值问题，可采用并联两个或多个参考 FBG 来解决，通过巧妙地选取各参考 FBG 之间的中心波长间隔，使传感 FBG 的反射谱在与前一个参考 FBG 的重叠面积达到最大后，即与下一个参考 FBG 重叠，从而避免双值问题[2]。另外，通过选择反射带宽较宽的 FBG 作为参考 FBG，可以增大传感器的测量范围[3]，通过使传感 FBG 和参考 FBG 产生相反的波长变化，可将传感器的灵敏度提高为原来的 2 倍[4]。

5.1.2 边缘滤波法

边缘滤波法是一种利用 FBG 反射光功率谱和滤波器的反射（或透射）光谱透射率特定部分呈线性关系的功能来解调 FBG 传感器的方法。通常利用某些滤波器在一定波长范围内呈线性（或接近线性）的滤波特性，将 FBG 反射信号的波长变化转换为光功率变化，以实现对 FBG 传感器的强度解调。已经报道过的滤波器包括三角函数滤波器、波分复用耦合器、长周期光纤光栅（LPFG）、保偏光纤环形镜（HiBi-FLM）等。图 5.1.3 所示为边缘滤波法系统原理图，FBG 的反射波长落在滤波器的线性边缘的中间，波长变化时，对应的透过率发生变化，即可将 FBG 的波长变化转换为强度变化。

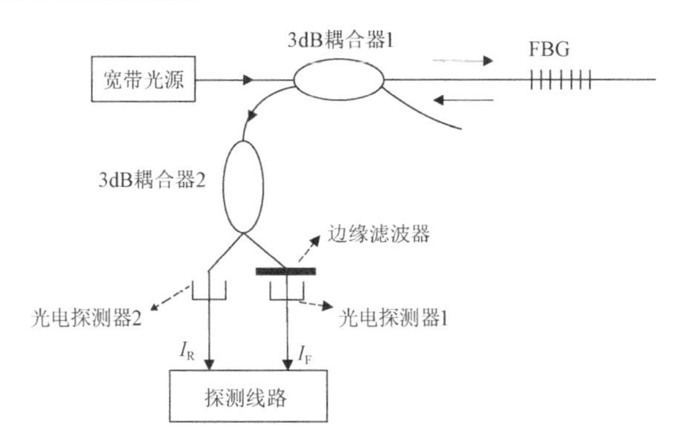

图 5.1.3　边缘滤波法系统原理图

假设线性边缘滤波器的滤波函数为[5]

$$F(\lambda)=A(\lambda-\lambda_0) \tag{5.1.6}$$

式中，A 为滤波函数的斜率；λ_0 为边缘滤波器的初始值，即 $F(\lambda_0)=0$；λ 为布拉格波长。FBG 的反射光经 3dB 耦合器后分为两路，一路经边缘滤波器后作为信号光被光电探测器 1 接收，另一路作为参考光直接被光电探测器 2 接收。假设 FBG 的反射光强度是与光谱带宽（$\Delta\lambda$）和布拉格波长（λ_B）有关的高斯函数，则信号光光强（I_F）和参考光光强（I_R）可以分别表示为

$$I_F=I_0RA\frac{\sqrt{\pi}}{2}\left(\lambda_B-\lambda_0+\frac{\Delta\lambda}{\sqrt{\pi}}\right)\Delta\lambda \tag{5.1.7}$$

$$I_R=I_0R\frac{\sqrt{\pi}}{2}\Delta\lambda \tag{5.1.8}$$

式中，I_0 为入射光强；R 为 FBG 的反射率；A 为滤波函数的斜率。为了降低光源波动和光纤链路对光强的影响，将两路信号放大后相除得到信号的变化量输出，即

$$\frac{I_F}{I_R}=A\left(\lambda_B-\lambda_0+\frac{\Delta\lambda}{\sqrt{\pi}}\right) \tag{5.1.9}$$

1992 年，Melle 等人提出了基于线性波片边缘滤波法的应变传感器[5]。应用该传感器的探测系统已被美国 Electro-Photonics LLC 公司商用化[6]。此后，各种改进结构的传感器和其他滤波器［如光纤波分复用耦合器、LPFG、阵列波导光栅（AWG）和 HiBi-FLM 等］也被用作边

缘滤波器。还有一些新颖的边缘滤波法解调 FBG 传感器，如使用放大自发辐射（ASE）光源功率谱密度的线性变化段对 FBG 传感器进行解调[7]。通过实验对应变进行了测量，得到在 3nm 范围内的线性解调，应变测量范围可达 2500 $\mu\varepsilon$。

需要说明的是，在利用光纤波分复用耦合器、阵列波导光栅和 HiBi-FLM 的传感解调系统时，由于滤波器对两路输出信号具有相反的滤波函数，可以利用两路输出光信号的差值与和值的比值作为输出量，达到消除光源噪声和提高灵敏度的效果。图 5.1.4 所示为波分复用耦合器滤波器法原理图。3dB 耦合器 2 的两路输出光信号经光电探测器转换为电压信号，经过模拟信号运算输出，其输出量正比于 FBG 的波长变化[8]。

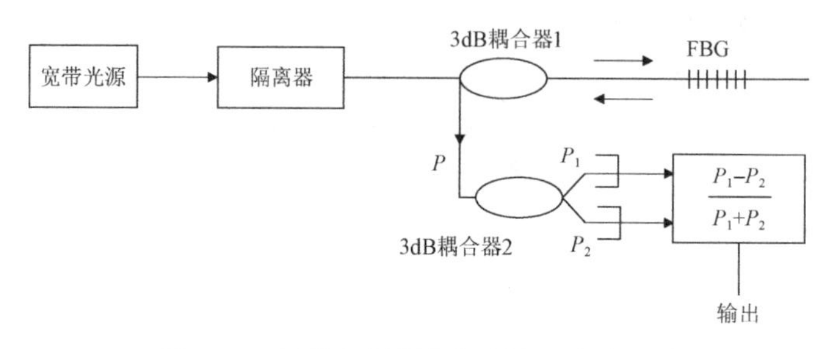

图 5.1.4　波分复用耦合器滤波器法原理图

边缘滤波法解调 FBG 传感系统的结构简单、性价比较高，能有效抑制光源输出功率波动或变化的干扰，系统的分辨率由滤波器的滤波曲线斜率决定。但是，FBG 传感器的温度效应需要额外的方法补偿，而且对滤波曲线的线性近似也造成一定的误差，因此该方法适用于一些对测量精度要求不高的场合。

5.1.3　光栅啁啾法

光栅啁啾法是将被测参量的变化与 FBG 的啁啾效应联系起来，通过测量 FBG 的反射带宽或反射光功率来获得被测参量信息的方法，其原理图如图 5.1.5 所示。

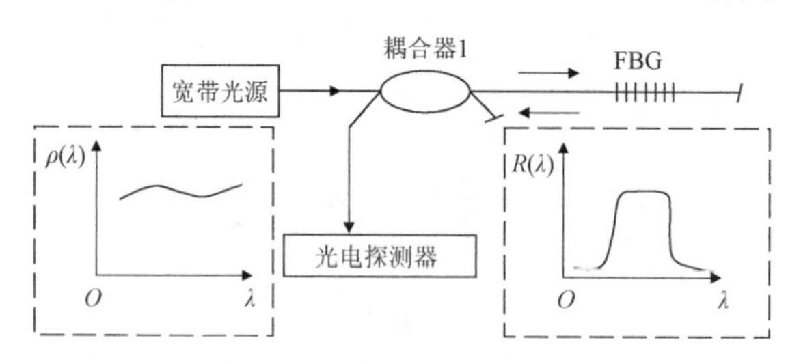

图 5.1.5　光栅啁啾法原理图

宽带光源发出的光经过耦合器后进入啁啾率可变的 FBG，反射回来的窄带光谱成分经耦合器到达光电探测器，探测到的光功率可以表示为[9]

$$P = \eta\int_{\lambda}\rho(\lambda)R(\lambda)\,\mathrm{d}\lambda \qquad (5.1.10)$$

式中，η 为光功率传递系数，描述了从光源到光电探测器的传输损耗，如光纤熔接和连接损耗、耦合器的插入损耗等，但不包括 FBG 反射引起的损耗；$\rho(\lambda)$ 为宽带光源的功率谱密度，在检测过程中，不随被测参量变化；$R(\lambda)$ 为 FBG 的反射率，随着 FBG 的反射谱被展宽或变窄而变化。为了实现线性响应和对温度不敏感的测量，可使用一个输出功率密度谱平坦的宽带光源，如超辐射发光二极管（SLED）或平坦化的掺铒光纤自发辐射光源，此时 $\rho(\lambda)$ 是常数，意味着它不随波长而改变。一般情况下，啁啾 FBG 反射谱近似为矩形，此时，式（5.1.10）可改写成

$$P = \eta \rho R \Delta \lambda_{\mathrm{bw}} \tag{5.1.11}$$

式中，P 为宽带光源的功率谱密度；R 为 FBG 的平均反射率；$\Delta\lambda_{\mathrm{bw}}$ 为 FBG 的 3dB 带宽。

利用具有非均匀应变场效应的双孔梁结构，成功实现了将 FBG 的啁啾效应应用于压力测量的强度解调[10]。将 FBG 的前段封装于套管中，并对尾段进行锥形蚀刻，同样通过 FBG 的啁啾效应实现了应变的测量[11,12]。光栅啁啾法解调 FBG 传感器可直接将被测参量的变化转换为 FBG 光功率的变化，由于温度变化只改变 FBG 的中心波长，不改变 FBG 的反射带宽和光功率，因此该方法的优点是不受环境温度变化的影响。但该方法只适用于可以与 FBG 的啁啾率相关联的被测参量，而且光源功率的波动会影响系统的测量精度。此外，随着 FBG 带宽的展宽，反射率会下降，导致灵敏度降低。

5.1.4　激光匹配法

激光匹配法原理图如图 5.1.6 所示，光源为窄线宽激光器，经光纤耦合器照射 FBG，反射回来的光用光电探测器测量。该方法的关键是，窄线宽激光器的波长要定位于 FBG 反射峰边缘的中部。当传感 FBG 的波长改变时，FBG 的反射谱发生移动，而激光器的波长不动，则 FBG 反射回来的光功率发生变化，如此获得被测参量的信息。

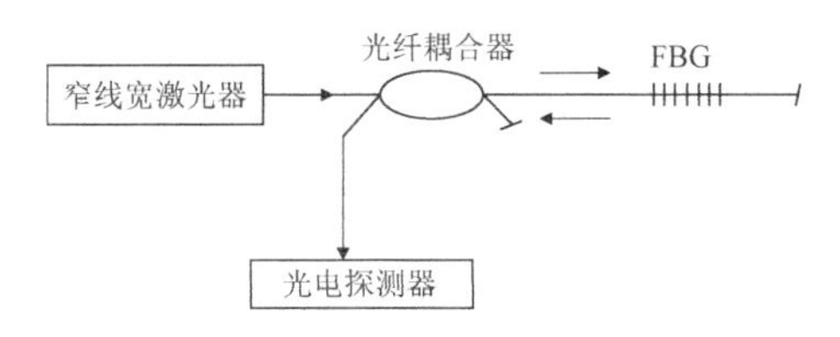

图 5.1.6　激光匹配法原理图

1998 年，Lissak 等人用该方法设计了 FBG 压力传感器，进行了高灵敏度的动态压力测量[13]。之后，使用激光匹配法解调的 FBG 水听器被设计出来[14]。

由于激光器的光功率较高，因此激光匹配法解调系统的信噪比和分辨率也较高，可实现高精度的动态信号检测，但对光源的波长和功率稳定性要求高，测量范围小。当 FBG 的波长漂移超出其带宽的 2 倍时，便无法测量。此外，该方法无法消除温度的交叉敏感效应。

5.1.5　射频探测法

射频探测法是将传感 FBG 反射回来的射频调制信号与参考 FBG 反射回来的射频调制信号叠加，并对其进行光电转换，通过监测获得的射频信号的强度进行传感测量的方法。2008 年，Dong X.Y.等人首次用该方法设计了 FBG 传感系统[15]，其原理图如图 5.1.7 所示。

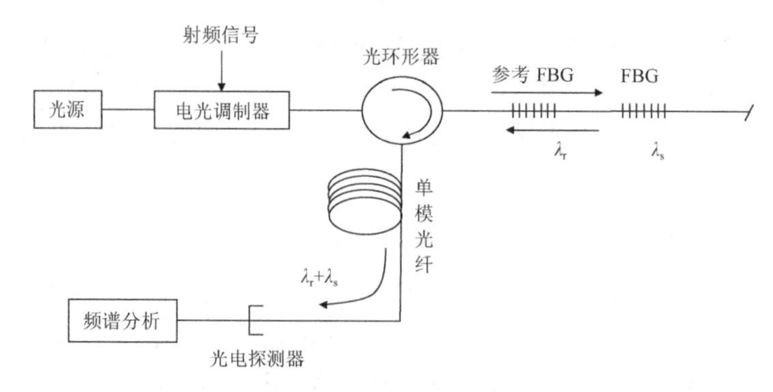

图 5.1.7 射频探测法解调 FBG 传感器原理图

宽带光源发出的光通过电光调制器（EOM）被一定频率的射频（RF）信号调制，进入同一根光纤上间隔一定距离（大约 20cm）的两个 FBG 后的反射光由光环形器进入一段长的单模光纤（SMF）。由于光纤色散，两个不同波长的调制信号光之间引入一定的相位差，由光电探测器送入频谱分析仪（Spectrum Analyzer）检测[11]。假设宽带光源受到频率为 f 的正弦信号的调制，且调制系数为 m（$0<m<1$），两个 FBG 的反射光功率可以表示为

$$P_{(\mathrm{r,s})}=P_{(\mathrm{r,s})}^{\mathrm{c}}\left[1+m\sin\left(2\pi ft+\varphi_{(\mathrm{r,s})}\right)\right] \tag{5.1.12}$$

式中，P_r 和 P_s 分别为由参考 FBG 和传感 FBG 发射的光功率；P_r^c 和 P_s^c 为相应的载波光功率；φ_r 和 φ_s 分别为两个调制信号的相位。若忽略光源输出功率的波长差异，则两个 FBG 调制光信号的载波光功率相等，即 $P_\mathrm{r}^\mathrm{c}=P_\mathrm{s}^\mathrm{c}=P_\mathrm{c}$。光电探测器的输出光功率可表示为

$$P_\mathrm{m}=P_\mathrm{r}+P_\mathrm{s}=2P_\mathrm{c}+P_0\sin\left(2\pi ft+\varphi_0\right) \tag{5.1.13}$$

式中，P_0 为输出信号的交流分量，可由频谱分析仪测量出来；$2P_\mathrm{c}$ 为直流输出分量，不能被测量出来，P_0 和 φ_0 分别为射频信号输出的强度和相位。$\Delta\varphi=\varphi_\mathrm{s}-\varphi_\mathrm{r}$，为两调制光信号的相位差，表示为

$$\Delta\varphi=2\pi f(2n\Delta L/c+DL\Delta\lambda) \tag{5.1.14}$$

式中，n 为光纤的折射率；c 为光速；ΔL 为两个 FBG 间的距离；D 和 L 分别为长单模光纤的色散系数和长度。由于射频信号（P_0）与 $\Delta\varphi$ 相关，而 $\Delta\varphi$ 又与传感 FBG 的波长漂移（$\Delta\lambda$）相关，因此通过监测输出的光功率变化就能得到被测量的信息。

射频探测法的优点是，可以通过改变调制频率来改变 FBG 传感系统的动态灵敏度和测量范围，并且可以消除温度的交叉敏感效应，因为传感 FBG 和参考 FBG 离得很近，对温度的响应相同。但是，该方法需要采用调制器等价格较高的器件，系统成本较高。

5.2 波长解调

通常利用精度较高的光谱仪进行光纤光栅解调，但其体积大、成本高，因此一般适用于实验室的研究工作。为方便使用，研究人员提出了相位解调法、强度解调法、波长解调法等解调方法[16,17]，根据解调方法的特点，将其用于合适的环境中。其中，波长解调法应用得最

广，它通过对被测信息进行编码，计算中心波长的漂移量[18]，既不需要对光源输出的功率起伏情况进行补偿，又无须过多考虑耦合器和光纤连接器的连接损耗。

解调系统由宽带光源、FBG 传感器和波长解调系统组成[19]。宽带光源入射到光纤光栅上，满足布拉格反射条件［见式（4.3.1）］的光波被反射回来，形成窄带光谱信号，外界环境的变化引起光纤光栅的反射中心波长发生相应变化，通过检测光纤光栅的反射光谱，能够得到该波长的变化量。

波长解调是利用待测物理量在传感区域内对光进行调制，使传感器的输出光谱的波长分布发生改变这一原理来实现的。根据光纤光栅解调方法的不同，可将其分为干涉解调法和滤波解调法[20]。

5.2.1 干涉解调法

干涉解调法的工作原理是，宽带光经过耦合产生相干光，引起中心波长漂移，进而产生相位差。光纤光栅的灵敏度高，易受外界环境因素的影响，适用于动态测量。目前，常用的干涉解调法主要有马赫-曾德尔（M-Z）干涉解调法和迈克耳孙干涉解调法。

1. 非平衡 M-Z 干涉解调法

1992 年，Kersey 提出了非平衡 M-Z 干涉解调法[21]。非平衡 M-Z 干涉解调原理图如图 5.2.1 所示，一束宽带光源经过隔离器、3dB 耦合器入射到传感光纤光栅上，然后反射光通过 3dB 耦合器进入不等臂长的 M-Z 干涉系统。该方法的分辨率较高，被广泛地应用在高精度测量中。

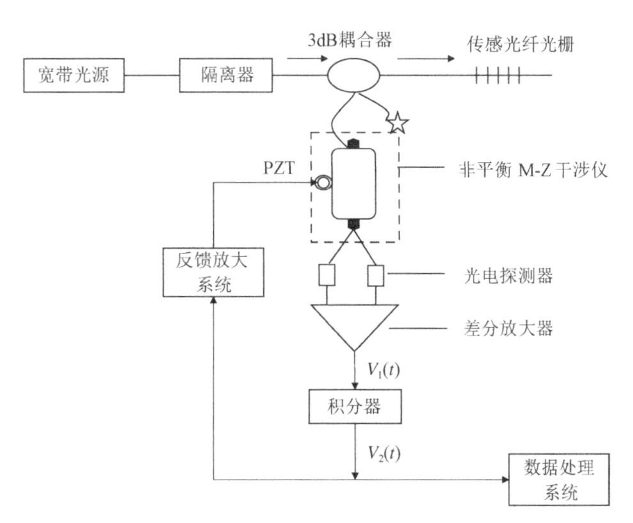

图 5.2.1 非平衡 M-Z 干涉解调原理图

根据干涉仪原理，光电探测器检测到的输出光强为 I，即有

$$I = A\{1 + k\cos[\varphi(\lambda) + \varphi]\} \tag{5.2.1}$$

式中，不等臂长产生的相位差是 $\varphi(\lambda) = 2\pi nd / \lambda_B$；$n$ 为光纤有效折射率；d 为 M-Z 干涉仪的原始臂长差；λ_B 为传感光纤光栅的中心波长；A 为输出的直流分量（它与输入的光强和系统

的损失有关）；φ为因环境因素而引起的系统随机相位差；k（$k<1$）为干涉条纹的可见度。若传感光纤光栅的中心波长漂移量为$\Delta\lambda_B$，则经过 M-Z 干涉仪而引起的相位变化量是$\Delta\varphi(\lambda_B)$，即有

$$\Delta\varphi(\lambda_B) = 2\pi nd\Delta\lambda_B / \lambda_B^2 \tag{5.2.2}$$

当相位产生变化时，I 也会随之发生变化。由式（5.2.2）可知，若解调出$\Delta\varphi(\lambda_B)$，便可得出波长的漂移量。使用这种解调方法可以得到较好的动态响应和相当高的分辨率[22]，根据相关报道，当频率为 500Hz 时，应变分辨率为$0.6n\varepsilon / \text{Hz}$。此种解调方法较易受到外界环境的干扰，所以需要采取相应的保护措施，但由于依然存在干扰，此种解调方法只适用于 100Hz 以上信号的检测[23]。

2. 非平衡迈克耳孙干涉解调法

迈克耳孙干涉仪是利用一个光纤耦合器，在一个臂上的两根光纤（一根作为信号臂，另一根作为参考臂）的相应端面上镀上高反射膜构成的，属于一种双光束干涉仪。其原理图[24]如图 5.2.2 所示。

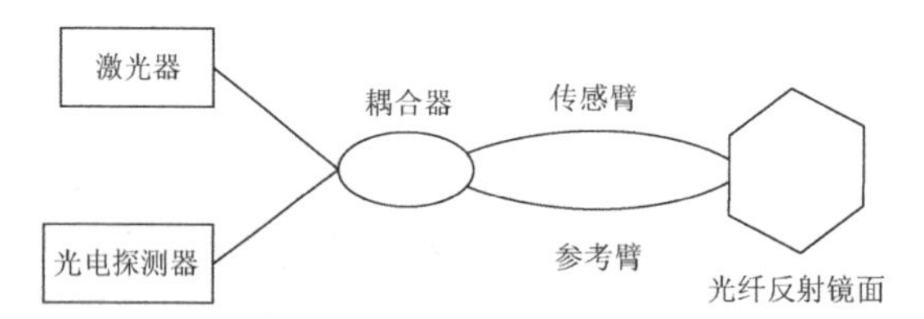

图 5.2.2　迈克耳孙干涉仪原理图

非平衡迈克耳孙干涉解调系统如图 5.2.3 所示，宽带光源经过传感光纤光栅变化为窄带光进入非平衡迈克耳孙干涉仪，干涉仪受到压电陶瓷（PZT）的驱动。根据干涉相关原理，当两束光的光程差发生微小变化时，干涉条纹的相位会随之发生变化，系统因此存在光程差。两束反射光在耦合器处产生干涉光，经过光电探测器后，干涉光与 PZT 的驱动信号分别作为待测信号和参考信号输入相位计，相位计中显示的数据与在传感光纤光栅上施加的待测应变的大小有关。此种干涉仪具有高灵敏度，也易受到外界环境（如温度、振动等）的影响，致使被测量信号的信噪比较低。

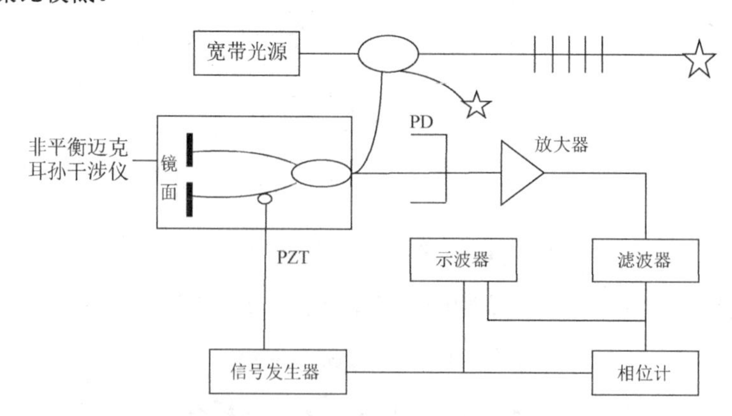

图 5.2.3　非平衡迈克耳孙干涉解调系统

根据双光束干涉原理，迈克耳孙干涉仪产生的干涉场干涉光强为

$$I \propto (1+\cos\delta) \tag{5.2.3}$$

当 $\delta = 2m\pi$ 时，干涉场存在极大值

$$m = \Delta L / \lambda \tag{5.2.4}$$

式中，m 为干涉级次，当光程差（ΔL）、传播的光频率（n）、波长（λ）发生变化时，m 均会发生相应变化，致使干涉条纹移动。此系统极易受到外界因素（如温度、应力等）的影响，可直接引起干涉仪传感臂光纤的长度（L，光纤的弹性形变）和折射率（n，光纤的弹光效应）的变化，由于

$$\varphi = \beta L \tag{5.2.5}$$

因此

$$\Delta\varphi = \beta\Delta L + L\Delta\beta = \beta L(\Delta L / L) + L(\Delta\beta / \Delta n)\Delta n + L(\Delta\beta / \Delta D)\Delta D \tag{5.2.6}$$

当迈克耳孙干涉仪受到外界因素的干扰时，会发生相位变化，其表达式为式（5.2.6）。其中，β 表示光纤传播常数，L 表示光纤长度，n 表示光纤材料折射率。光纤直径的变化（ΔD）与波导效应相对应。而 ΔD 引起的相移变化通常比 L 与 n 小两三个数量级，可忽略。

5.2.2　滤波解调法

1. 边沿滤波解调法

边沿滤波器拥有一定的单值边沿。它的单值边沿较宽，常为十几纳米或几十纳米。由边沿滤波器的线性解调原理可知，输出光强与波长呈线性关系，即

$$I = k\lambda + c \tag{5.2.7}$$

式中，I 为输出光强；λ 为波长；k、c 分别为滤波器对应线性段中的斜率、截距，通常为常数。若要求波长信息，需对输出光强进行测量，可得出测量范围和光电探测器的分辨率成反比。

边沿滤波解调法构成的线性解调系统[25,26]如图 5.2.4 所示。

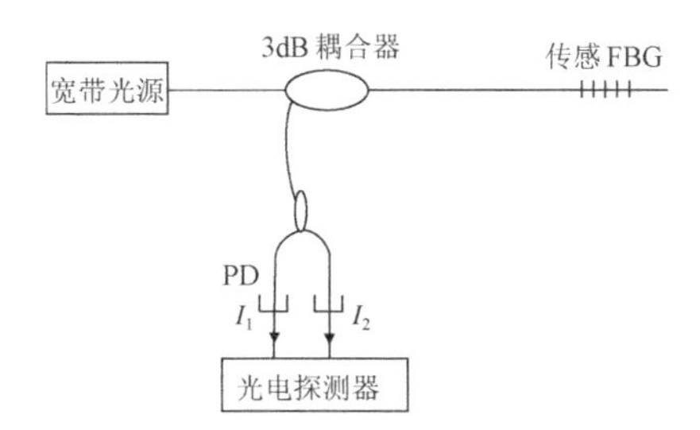

图 5.2.4　边沿滤波解调法构成的线性解调系统

在上述系统中，引入参考光 I_1 可抵消由光源波动产生的影响。考虑到线性边沿，滤波函数可表示为

$$H(\lambda) = A\lambda + B \tag{5.2.8}$$

式中，A 为线性滤波器的比例系数；B 为截距。结合滤波器的物理性质可得

$$H(\lambda)=I_2/I_1 \tag{5.2.9}$$

式中，I_2、I_1以光功率的形式分别表示经过滤波器以后的光强和参考光强，即有

$$\lambda=1/A\cdot(I_2/I_1-B) \tag{5.2.10}$$

所以，要想得到λ的值，需先测量I_2、I_1的值。

此方案是基于光强来检测的，无论是动态测量还是静态测量，都表现出了较好的线性输出特性，尤其是静态测量。此方案同时采用了较好的补偿措施，对抑制光源输出功率变化造成的起伏和连接产生的干扰等因素有良好效果。

2. 匹配光纤光栅调谐滤波解调法

匹配光纤光栅调谐滤波解调法[27]利用与测量到的FBG值相匹配的光纤光栅，在驱动元件的作用下，跟踪传感光纤光栅的波长变化，通过测量驱动元件的驱动信号得到作用于传感光纤光栅的物理量。

匹配光纤光栅调谐滤波解调系统如图5.2.5所示。反射式的工作原理是，宽带光源的光经耦合器1进入传感光纤光栅FBG1，经FBG1反射后形成的窄带光波经过耦合器2到达可调谐滤波光栅FBG2，经FBG2反射或透射后，最终通过耦合器2到达光电探测器，转换为电信号，送入计算机进行数据处理。

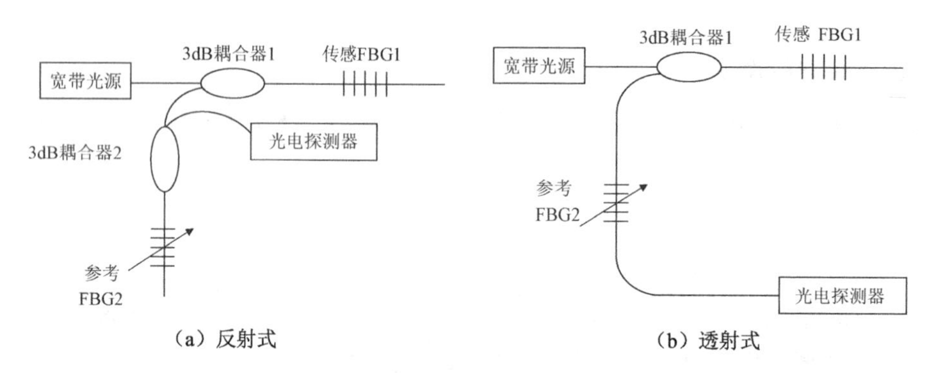

图5.2.5　匹配光纤光栅调谐滤波解调系统

宽带光源的带宽比光纤光栅的带宽大，在光纤光栅反射谱线宽度内，将入射光视为恒定。

将传感光纤光栅FBG1的反射光取高斯分布，即

$$S(\lambda)=I_0R_s\cdot\exp\left[-4\ln 2\cdot\frac{(\lambda-\lambda_s)^2}{\Delta\lambda_s^2}\right] \tag{5.2.11}$$

式中，λ_s、R_s分别为FBG1的中心波长、峰值反射率；$\Delta\lambda_s$为半峰全宽（FWHM）；I_0为入射光光强。

FBG2的反射谱为

$$S(\lambda)=R_s\cdot\exp\left[-4\ln 2\cdot\frac{(\lambda-\lambda_s)^2}{\Delta\lambda_s^2}\right] \tag{5.2.12}$$

式中，λ_s、R_s分别为FBG2的中心波长、峰值反射率；$\Delta\lambda_s$为半峰全宽（FWHM）。忽略连接

损耗，光电探测器接收到的光功率 P_D 就是对 $\alpha \cdot S(\lambda) \cdot R(\lambda)$ 在频域内的积分，即

$$P_D = \alpha \int_{-\infty}^{+\infty} S(\lambda) \cdot R(\lambda) \cdot \mathrm{d}\lambda = \alpha I_0 R_s R_B \frac{\sqrt{\pi}}{2\sqrt{\ln 2}} \cdot \left\{ \frac{\Delta\lambda_s \Delta\lambda_B}{\left(\Delta\lambda_s^2 + \Delta\lambda_B^2\right)^{1/2}} \cdot \exp\left[-4\ln 2 \frac{(\lambda_s - \lambda)^2}{\Delta\lambda_s^2 + \Delta\lambda_B^2} \right] \right\}$$

（5.2.13）

式中，α 为耦合器分光比造成的总衰减。由于宽带光 4 次经过两个 3dB 耦合器，因此 $\alpha = 1/16$。假设在 FBG2 线性调谐的过程中，反射光波形保持不变，将 λ_B 改作变量 λ，将式（5.2.13）改写为

$$P_D = \alpha I_0 R_s R_B \frac{\sqrt{\pi}}{2\sqrt{\ln 2}} \cdot \left\{ \frac{\Delta\lambda_s \Delta\lambda_B}{\left(\Delta\lambda_s^2 + \Delta\lambda_B^2\right)^{1/2}} \cdot \exp\left[-4\ln 2 \frac{(\lambda_s - \lambda)^2}{\Delta\lambda_s^2 + \Delta\lambda_B^2} \right] \right\} \tag{5.2.14}$$

调谐 λ 时，输出光谱曲线表示光电强度变化曲线，曲线中的极大值就是传感光纤光栅的峰值波长。当传感光纤光栅因温度或应力发生形变时，光栅峰值波长改变，对应曲线的极大值的位移发生改变。

匹配光纤光栅调谐滤波解调法的优势：检测灵敏度高，且系统性价比较 F-P 滤波器要高。然而，在 FBG2 的调谐过程中，不可避免会存在啁啾现象，系统解调输出会因此受到一定影响。为了避免 FBG2 在调谐过程中出现啁啾现象，FBG2 的调谐范围一般控制在数纳米之内，其调谐范围较 F-P 滤波器小得多。此外，调谐系统的重复性、稳定性也会对调谐光纤光栅产生一定影响，进而影响系统的解调精度。

5.3 频率解调

光纤多普勒流速计是一种频率调制型的光纤传感器，可实现对物体速度的非接触高精度测量，在气象观测、工业测量及医疗仪器中得到了普遍应用。根据光学多普勒效应，如果频率为 f 的光入射到相对于光电探测器速度为 v 的流体上，从流体反射的光频率为

$$f_1 = [1 + v/c]f \tag{5.3.1}$$

其频差为

$$\Delta f = f_1 - f = vf/c = nv/\lambda \tag{5.3.2}$$

式中，λ、n 分别为介质中的波长、折射率；c 为真空中的光速。式（5.3.2）表明了光源、光电探测器和被测流体都在做相对运动的情况。光纤多普勒流速计基于三者的关系通过检测频差（Δf）确定流体的运动速度。光纤多普勒流速计的测量方式按散射光的取法可分为前方散射型和后方散射型。

前方散射型是一种透射式的测量方式。目前，在这种方式中应用得较广泛的是双光束差动式检测系统。在双光束差动式检测系统中，激光束被分为强度相等且具有一定夹角的两束光，这两束光在相交处产生等间距的干涉条纹，如图 5.3.2 所示。

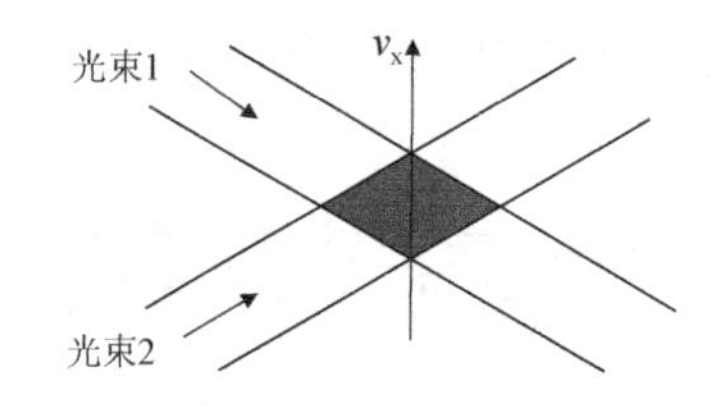

图 5.3.1　前方散射型形成的干涉条纹

当流体中的微粒越过干涉条纹区时，微粒将产生散射光。散射光信号是干涉条纹强度信号的调制，调制频率（Δf）就是多普勒频移，它与垂直于条纹的速度分量成正比。Δf 与流体运动速度的关系为

$$\Delta f = 2\sin\left(\frac{\varphi}{2}\right)\frac{v_x}{\lambda} \tag{5.3.3}$$

式中，λ 为介质中的光波长；φ 为两光束间的夹角；v_x 为运动粒子垂直于干涉条纹的速度分量。通过使双光束中的一束光先产生频率偏移（$\Delta f'$），调制频移为

$$\Delta f = \Delta f' 2\sin\left(\frac{\varphi}{2}\right)\frac{v_x}{\lambda} \tag{5.3.4}$$

所以，可通过比较 Δf 与 $\Delta f'$ 的大小来实现速度方向的判别。

后方散射型的工作原理是检测反射光的调制频率。医学上测量血流速度通常就是采用这种类型的光纤多普勒流速计来实现的。

5.4　相位解调

相位调制简称调相，用 PM 表示。相位调制使高频振荡信号的相位按调制信号的规律变化，而高频振荡信号的振幅保持不变。调相信号的解调称为鉴相或相位检波。角度调制属于频谱的非线性变换，即已调信号的频谱结构不再保持原调制信号频谱的内部结构，且调制后的信号带宽比原调制信号的带宽大得多。

5.4.1　干涉仪的信号解调

本节以 M-Z 干涉仪为例说明干涉信号的解调技术。在此需要采用信号处理的方法，从干涉仪输出的变化光强中解调出相位变化信号，从而进一步得到传感信号。根据参考臂中光频率是否改变，可将这些解调技术分成两类：一类是零差方式（Homodyne），另一类是外差方式（Heterodyne）[28,29]。

在零差方式下，解调电路直接将干涉仪中的相位变化转变为电信号。零差方式又包括主动零差法（Active Homodyne Method）和被动零差法（Passive Homodyne Method）[28]。

在外差方式下，首先通过在干涉仪的一臂中对光进行频移，产生一个拍频信号，然后利用干涉仪中的相位变化对这个拍频信号进行调制，最后采用电子技术解调出这个调制的拍频信号。外差方式包括普通外差法（True Heterodyne）、合成外差法（Synthetic Heterodyne）和伪

外差法（Pseudo-Heterodyne Method）[30]。

一般情况下，和零差方式相比，外差方式的相位解调范围要大得多，但其解调电路也要复杂得多。下面对各种解调方法做简单的介绍。

1. 主动零差法

普通的光纤干涉仪如果不附加额外的相位控制部分，其初始相位工作点会由于外界环境的微扰处于不断的随机变化中，这种相位工作点的漂移给相位信号的检测造成了极大的困难。

在主动零差法中，需要"主动"地控制干涉仪参考臂的长度，使干涉仪工作在正交工作点处，即$\varphi_0 = \pi/2$。常见的主动零差法包括两种，即主动相位跟踪零差法（Active Phase Tracking Homodyne，APTH）和主动波长调谐零差法（Active Wavelength Tuning Homodyne，AWTH）。

对于主动相位跟踪零差法，通常在干涉仪的参考臂中引入一个相位调制器，干涉仪的输出信号经过一个电路伺服系统的处理后反馈控制相位调制器，动态改变参考臂的相位，从而保持干涉仪两臂的相位差$\varphi_0 = \pi/2$。常用的相位调制器，如压电陶瓷（PZT），可利用压电效应，用电信号改变缠绕在 PZT 上的光纤长度。

主动波长调谐零差法则略有不同，干涉仪的输出信号经过处理后，反馈控制光源的驱动电路，使光源的波长发生改变。这种零差解调方案要求干涉仪两臂存在一定的非平衡性。假设光源的波长为λ，干涉仪两臂的长度差为l，光纤折射率为n，则当光源波长的改变为$\Delta\lambda$时，干涉仪两臂的相位差将改变

$$\Delta\varphi = \frac{2\pi nl}{\lambda^2} \cdot \Delta\lambda \tag{5.4.1}$$

对于常用的半导体激光器，可以通过改变工作电流的方法来改变光源波长。和主动相位跟踪零差法相比，主动波长调谐零差法更容易受到光源相位噪声的影响。

2. 被动零差法

在被动零差法中，不控制干涉仪的工作点。此时，干涉仪两臂的相位差（φ_0）将不断改变，从而引起干涉仪的两个输出不断改变。当干涉仪一臂的输出完全减弱时，干涉仪另一臂的输出将增强。若使用这两个信号进行信号的解调，则可使系统始终保持最佳灵敏度。

被动零差法也有很多种实现形式，现介绍其中最常用的"微分交叉相乘法"。仍然令$\Delta\varphi(t)$和φ_0分别代表干涉仪的相位变化和初始相位。通过某种方法，可以得到以下两个正交分量：

$$\begin{aligned} W_1 &= A\cos[\Delta\varphi(t) + \varphi_0] \\ W_2 &= A\sin[\Delta\varphi(t) + \varphi_0] \end{aligned} \tag{5.4.2}$$

式中，A为一个代表幅度的常数。

再分别对W_1和W_2进行微分，有

$$\begin{aligned} \frac{\mathrm{d}W_1}{\mathrm{d}t} &= -\frac{\mathrm{d}\Delta\varphi(t)}{\mathrm{d}t} \cdot A\sin[\Delta\varphi(t) + \varphi_0] \\ \frac{\mathrm{d}W_2}{\mathrm{d}t} &= -\frac{\mathrm{d}\Delta\varphi(t)}{\mathrm{d}t} \cdot A\cos[\Delta\varphi(t) + \varphi_0] \end{aligned} \tag{5.4.3}$$

将式（5.4.2）和式（5.4.3）交叉相乘并作差，有

$$W_0 = W_1 \frac{\mathrm{d}W_2}{\mathrm{d}t} - W_2 \frac{\mathrm{d}W_1}{\mathrm{d}t} = A^2 \frac{\mathrm{d}\Delta\varphi(t)}{\mathrm{d}t} \tag{5.4.4}$$

将式（5.4.4）的两边分别积分，最终得到

$$\Delta\varphi(t) = \frac{1}{A^2}\int W_0\,\mathrm{d}t + K \tag{5.4.5}$$

式中，K 为积分常数。可以看出，此时得到的 $\Delta\varphi$ 是一个相对相位，这在通常的应用中都是可以接受的。

有多种方法可以得到形如式（5.4.5）的等式，常见的方法包括相位产生载波（PGC）法[31]和3×3耦合器法[32]。相位产生载波法利用对光源进行调频或者对干涉仪的一臂进行相位调制，在干涉信号中引入相位载波信号，最终完成信号的解调。

3×3耦合器法的思路比较简单，如图5.4.1所示。

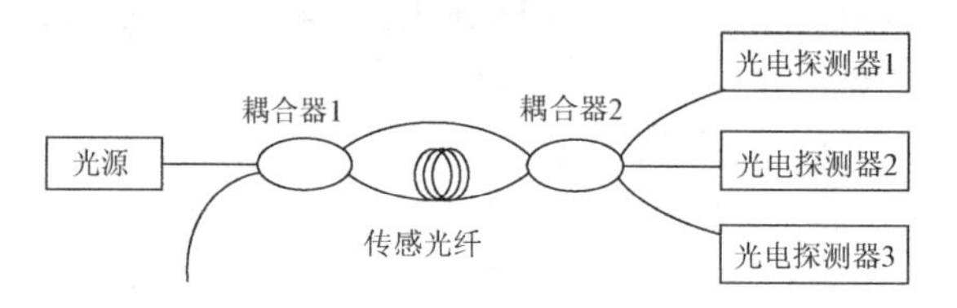

图 5.4.1　3×3耦合器法

在图5.4.1中，干涉仪中的第二个耦合器用了一个3×3耦合器，此时在三个光电探测器处的信号分别为

$$\begin{cases} V_1 = a + b\cdot\cos[\Delta\varphi(t)+\varphi_0] + c\cdot\sin[\Delta\varphi(t)+\varphi_0] \\ V_2 = -2b\{1+\cos[\Delta\varphi(t)+\varphi_0]\} \\ V_3 = a + b\cdot\cos[\Delta\varphi(t)+\varphi_0] - c\cdot\sin[\Delta\varphi(t)+\varphi_0] \end{cases} \tag{5.4.6}$$

式中，a、b、c 是和耦合器性能相关的常数。

容易看出，对式（5.4.6）中的 V_1 式和 V_3 式分别进行加、减运算，就可以得到式（5.4.2）。被动零差法的动态范围仍然受到解调电路的限制，但传感器的相位解调范围大大增加，理论上没有限制，而且被动零差法对光源的相位噪声不敏感。但是，被动零差法的解调电路要比主动零差法复杂得多。

3. 普通外差法

普通外差法如图5.4.2所示。

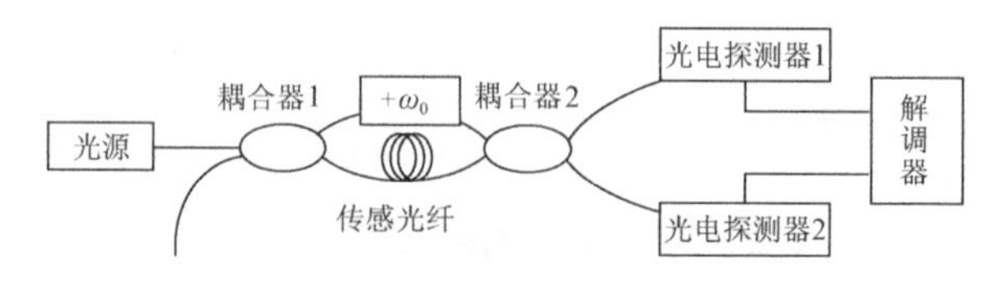

图 5.4.2　普通外差法

在外差解调中，干涉仪的参考臂中引入了一个移频器（如布拉格盒），此时干涉仪的输出信号可以写成以下形式：

$$\omega_{\text{out}} = \frac{1}{2}\omega_0 10^{-al}\left\{1 + V\cos\left[\omega_0 t + \Delta\varphi(t) + \varphi_0\right]\right\} \tag{5.4.7}$$

与干涉信号的通式相比，式（5.4.7）中多了代表频率移动的 $\omega_0 t$ 项。通过鉴频器或者锁相环，可以解调出其中的相位变化 $\Delta\varphi$。

4．合成外差法

普通外差法中的关键器件是移频器，常用的布拉格盒移频器难以集成到光纤系统中。合成外差法[33]和伪外差法都可以避免移频器的使用，以简化系统。

在合成外差法中，干涉仪的参考臂中引入了一个相位调制器，并且用高频、大幅度的正弦信号控制相位调制器。设调制信号的振幅为 φ_{m}，频率为 ω_{m}，则干涉仪的输出为

$$\omega_{\text{out}} = \frac{1}{2}\omega_0 10^{-al}\left\{1 + V\cos\left[\varphi_{\text{m}}\sin\left(\omega_{\text{m}} t\right) + \Delta\varphi(t) + \varphi_0\right]\right\} \tag{5.4.8}$$

由于相位的调制幅度（φ_{m}）很大，因此在式（5.4.8）中，ω_{m} 的谐波分量变化将十分明显。利用和式（5.4.7）相同的分析方法，得到干涉仪输出的一次谐波分量和二次谐波分量分别为

$$\begin{aligned}&\propto -\sin\left[\Delta\varphi(t) + \varphi_0\right] J_1\left(\varphi_{\text{m}}\right)\cdot\sin\left(\omega_{\text{m}} t\right)\\&\propto -\cos\left[\Delta\varphi(t) + \varphi_0\right] J_2\left(\varphi_{\text{m}}\right)\cdot\cos\left(\omega_{\text{m}} t\right)\end{aligned} \tag{5.4.9}$$

式中，正比符号（$\propto$）表示省略了前面的常系数。这两个谐波分量可以利用带通滤波器，从干涉仪的输出信号中产生。将两个谐波分量分别和频率为 $2\omega_{\text{m}}$ 和 ω_{m} 的本振信号相乘，并取出其中频率为 $3\omega_{\text{m}} t$ 的分量如下：

$$\propto -\sin\left[\Delta\varphi(t) + \varphi_0\right] J_1\left(\varphi_{\text{m}}\right)\cdot\sin\left(3\omega_{\text{m}} t\right) \tag{5.4.10}$$

适当地选取调制幅度，使式（5.4.9）中两信号的差为

$$\cos\left\{3\omega_{\text{m}} t - \left[\Delta\varphi(t) + \varphi_0\right]\right\} \tag{5.4.11}$$

此合成外差信号可通过检相器或者锁相环加以解调。

5．伪外差法

伪外差法[34]可以不用移频器件。在伪外差法中，常用一个锯齿波调制激光器的工作电流，而相应的干涉仪必须是非平衡的，即保证一定的光程差。电流调制的作用是调制激光器的频率。光源频率的改变造成干涉仪中的相位变化为

$$\Delta\varphi_{\text{s}} = 2\pi l\Delta f / c \tag{5.4.12}$$

当锯齿波处于上升沿阶段时，频率的线性改变导致干涉仪中相位的线性改变。通过调整锯齿波的波形可以使一个锯齿波调制周期内干涉仪的相位改变 m 个整周期，从而在干涉仪中引入所需要的外差载波。在干涉仪的输出部分需要使用带通滤波器提取调制频率的第 m 次谐波信号，并消除锯齿波信号回扫部分（锯齿波从最大值回到最小值的部分）对解调信号的影响。第 m 次谐波信号为

$$\propto -\cos\left[2\pi mft + \Delta\varphi(t) + \varphi_0\right] \tag{5.4.13}$$

根据式（5.4.13），可以用前面提到的检相器或者锁相环提取出最终需要的相位调制信号。

在三种外差方式中，普通外差法的相位解调范围最大，在理论上没有限制，但需要特殊的移频器件。合成外差法的相位解调范围也很大，但其解调电路的复杂性也最高。伪外差法在各方面的性能比较平衡，是现在常用的外差解调方法。三者都对激光器的相位噪声很敏感。

5.4.2 3×3 耦合器解调法

系统探测到的光强信号与外界振动信号之间是非线性关系，而与外界振动信号所引起的相位差之间是线性关系，所以不能直接由光电探测器的探测信号进行强度解调，来获取外界振动信号的全部信息，而需要采用相位解调技术从探测到的光强信号中还原出相位信息，从而获取引起相位变化的外界振动信号。因此，相位解调是系统准确探测外界扰动的关键，也是干涉型分布式光纤传感系统得以推广的研究难点。

光纤耦合器是一种光纤传感技术及光纤通信领域比较常用的无源器件，在光纤耦合器中，光信号在内部特殊的区域内发生耦合，耦合前后，光信号的频谱成分并没有发生改变，改变的只是光信号的功率。目前，比较常见的两种耦合器是2×2 耦合器及3×3 耦合器，分别是输入、输出端各有 2 个端口及输入、输出端各有 3 个端口。在 20 世纪 80 年代，通过对 3 输入 3 输出耦合器内部的原理进行剖析，K P Koo 团队率先提出了使用3×3 耦合器来解调干涉型光纤传感器采集到的信号[36,37]。

3×3 耦合器解调法是一种无源零差的解调方案（信号臂和参考臂之间不存在频率差），而且该解调法属于被动相位调制型方法。该方法具有测量动态范围大、灵敏度高及便于实现全光纤化的优点。图 5.4.3 所示为3×3 耦合器干涉仪结构图。其中，FRM 为法拉第旋转镜。根据光纤理论，输出端的 3 路信号存在 120° 的相位差，采用 3 个型号相同的光电探测器同时对耦合器的 3 路输出信号进行探测，这样能保证整个系统的相位灵敏度符合稳定性的要求，对后面的解调还原外界待测信号具有十分重要的作用[38-43]。

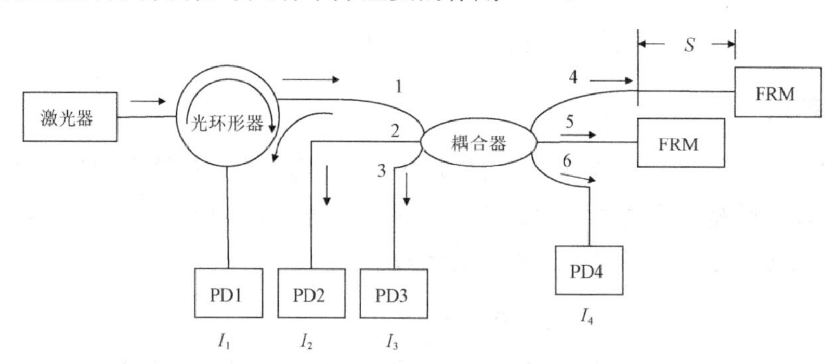

图 5.4.3 3×3 耦合器干涉仪结构图

假设连接3×3 耦合器的 3 根光纤完全相同，并且耦合器没有损耗，3×3 耦合器的每路光强的具体推导如下。

接口 1 入射光 $A_0 e^{i\theta}$，其中，A_0 为入射光的振幅，θ 为初始相位。

3×3 耦合器和 FRM 的传输矩阵分别为

$$\boldsymbol{S}_{33}=\frac{1}{\sqrt{3}}\begin{bmatrix}1 & \mathrm{e}^{\mathrm{i}2\pi/3} & \mathrm{e}^{\mathrm{i}2\pi/3}\\ \mathrm{e}^{\mathrm{i}2\pi/3} & 1 & \mathrm{e}^{\mathrm{i}2\pi/3}\\ \mathrm{e}^{\mathrm{i}2\pi/3} & \mathrm{e}^{\mathrm{i}2\pi/3} & 1\end{bmatrix}\quad \boldsymbol{S}_{\mathrm{MI}}=\begin{bmatrix}\mathrm{e}^{\mathrm{i}\varphi} & 0 & 0\\ 0 & 1 & 0\\ 0 & 0 & 0\end{bmatrix} \tag{5.4.14}$$

式中，φ为干涉仪引入的相位差。入射光第一次通过3×3耦合器到达 FRM 前的振幅为

$$\boldsymbol{T}_1=\boldsymbol{S}_{33}\begin{bmatrix}A_0\,\mathrm{e}^{\mathrm{i}\theta}\\ 0\\ 0\end{bmatrix}=\frac{1}{\sqrt{3}}\begin{bmatrix}1 & \mathrm{e}^{\mathrm{i}2\pi/3} & \mathrm{e}^{\mathrm{i}2\pi/3}\\ \mathrm{e}^{\mathrm{i}2\pi/3} & 1 & \mathrm{e}^{\mathrm{i}2\pi/3}\\ \mathrm{e}^{\mathrm{i}2\pi/3} & \mathrm{e}^{\mathrm{i}2\pi/3} & 1\end{bmatrix}\begin{bmatrix}A_0\,\mathrm{e}^{\mathrm{i}\theta}\\ 0\\ 0\end{bmatrix}=\frac{A_0}{\sqrt{3}}\begin{bmatrix}\mathrm{e}^{\mathrm{i}\theta}\\ \mathrm{e}^{\mathrm{i}(\theta+2\pi/3)}\\ \mathrm{e}^{\mathrm{i}(\theta+2\pi/3)}\end{bmatrix} \tag{5.4.15}$$

入射光经 FRM 并再次通过3×3耦合器时，3 路信号的振幅为

$$\boldsymbol{T}_2=\boldsymbol{S}_{33}\boldsymbol{S}_{\mathrm{MI}}\boldsymbol{T}_1=\frac{1}{\sqrt{3}}\begin{bmatrix}1 & \mathrm{e}^{\mathrm{i}2\pi/3} & \mathrm{e}^{\mathrm{i}2\pi/3}\\ \mathrm{e}^{\mathrm{i}2\pi/3} & 1 & \mathrm{e}^{\mathrm{i}2\pi/3}\\ \mathrm{e}^{\mathrm{i}2\pi/3} & \mathrm{e}^{\mathrm{i}2\pi/3} & 1\end{bmatrix}\begin{bmatrix}\mathrm{e}^{\mathrm{i}\varphi(t)} & 0 & 0\\ 0 & 1 & 0\\ 0 & 0 & 0\end{bmatrix}\frac{A}{\sqrt{3}}\begin{bmatrix}\mathrm{e}^{\mathrm{i}\theta}\\ \mathrm{e}^{\mathrm{i}(\theta+2\pi/3)}\\ \mathrm{e}^{\mathrm{i}(\theta+2\pi/3)}\end{bmatrix}=\frac{A_0}{3}\begin{bmatrix}\mathrm{c}^{\mathrm{i}(\theta+\varphi)}+\mathrm{e}^{\mathrm{i}(\theta+2\pi/3)}\\ \mathrm{e}^{\mathrm{i}(\theta+\varphi+2\pi/3)}+\mathrm{e}^{\mathrm{i}(\theta+2\pi/3)}\\ \mathrm{e}^{\mathrm{i}(\theta+\varphi+2\pi/3)}+\mathrm{e}^{\mathrm{i}(\theta+4\pi/3)}\end{bmatrix} \tag{5.4.16}$$

光电探测器 PD_1～PD_4 探测到的光强可表示为

$$\begin{aligned}
I_1&=\frac{2A_0^2}{9}[1+\cos\varphi]\\
I_2&=\frac{2A_0^2}{9}\left[1+\cos\left(\varphi-\frac{2\pi}{3}\right)\right]=\frac{2A_0^2}{9}\left[1+\left(\cos\varphi\cos\frac{2\pi}{3}+\sin\varphi\sin\frac{2\pi}{3}\right)\right]\\
I_3&=\frac{2A_0^2}{9}\left[1+\cos\left(\varphi-\frac{4\pi}{3}\right)\right]=\frac{2A_0^2}{9}\left[1+\left(\cos\varphi\cos\frac{4\pi}{3}+\sin\varphi\sin\frac{4\pi}{3}\right)\right]\\
I_4&=A_0^2/3
\end{aligned} \tag{5.4.17}$$

可见，3×3耦合器的 3 个输出信号在相位上相差$2\pi/3$，用I_4分别除I_1～I_3做归一化处理，即可达到提高信噪比的效果。

基于3×3耦合器的干涉解调法如图 5.4.4 所示。其中，HPF 为高通滤波器，3 个光电探测器分别检测3×3耦合器的 3 个输出信号，经电路处理，再经过运算，将需要的待测信号解调出来。

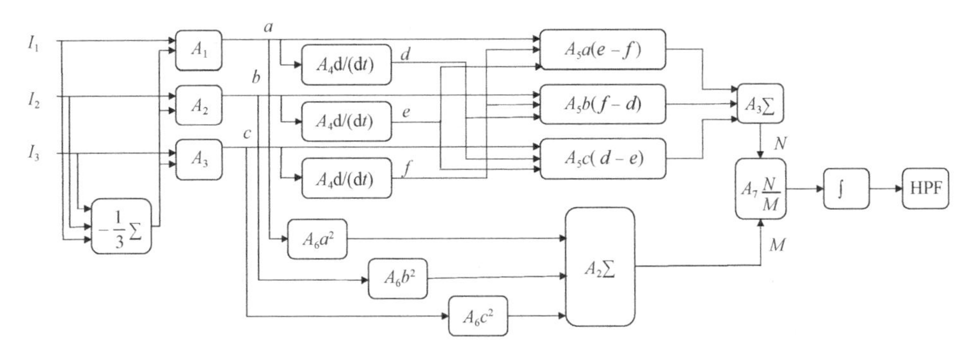

图 5.4.4　基于 3×3 耦合器的干涉解调法

由式（5.4.17）可知，光电探测器 PD_1～PD_3 探测到的光强可表示为

$$I_k = D + I_0 \cos\left[\varphi(t) - (k-1)\frac{2\pi}{3}\right] \quad (k=1,2,3) \tag{5.4.18}$$

式中，D 为各路输出的平均光强；I_0 为干涉条纹的峰值强度；$\varphi(t)$ 为待测位号。在图 5.4.4 中，$A_1 \sim A_7$ 分别是相应运算器的增益，方便起见，令 $A_1 \sim A_7$ 为 1。首先，消除各路输出的平均光强（D）可得

$$\begin{aligned} a &= I_0 \cos[\varphi(t)] \\ b &= I_0 \cos\left[\varphi(t) - \frac{2\pi}{3}\right] \\ c &= I_0 \cos\left[\varphi(t) - \frac{4\pi}{3}\right] \end{aligned} \tag{5.4.19}$$

然后，将 a 、b 、c 经过三个相同的微分器微分，可得

$$\begin{aligned} d &= -I_0\varphi'(t)\sin[\varphi(t)] \\ e &= -I_0\varphi'(t)\sin[\varphi(t) - 2\pi/3] \\ f &= -I_0\varphi'(t)\sin[\varphi(t) - 4\pi/3] \end{aligned} \tag{5.4.20}$$

接着，将每路信号 a 、b 、c 与另外两路微分后的差相乘后求和，可得

$$N = a(e-f) + b(f-d) + c(d-e) = \frac{3\sqrt{3}}{2} I_0^2 \varphi'(t) \tag{5.4.21}$$

在实际环境中，光源强度波动及偏振态变化会使 I_0 的值发生变化，为了消除 I_0 带来的影响，先对 3 个输入信号求平方和，可得

$$M = a^2 + b^2 + c^2 = 3/2I_0^2 \tag{5.4.22}$$

再用 N 除以 M，消去 $I_0^{\ 2}$，得

$$P = \frac{N}{M} = \sqrt{3}\varphi'(t) \tag{5.4.23}$$

最后，经积分运算后，输出

$$V_{\text{out}} = \sqrt{3}[\varphi(t) + \psi(t)] \tag{5.4.24}$$

式中，$\psi(t)$ 为由数学积分所产生的相位差，一般将 $\psi(t)$ 当作慢变化量，可以利用高通滤波器来滤除这个慢变化量，从而解调出待测的信号 $\varphi(t)$ 。3×3 耦合器解调法可以实现几赫兹到几十千赫兹的解调，可以满足声波检测的频带需要。

5.4.3 相位产生载波（PGC）解调法

在数据处理过程中，由于不能直接探测光信号的相位（P_0），只能探测光强（I），光强与相位是三角关系，而非线性关系，如何从光强信号中解调出我们所需要的相位信号（干涉仪的解调）是非常关键的。当 $\varphi_n + \varphi_0$ 在 $\pi/2$ 附近时，I 的变化最快，即系统的响应灵敏度最高；当 $\varphi_n + \varphi_0$ 在 0 附近时，系统的响应灵敏度最低；当 $\varphi_n + \varphi_0$ 随机变化时，系统的响应灵敏度也无规则地变化，这就是干涉仪的相位衰落现象。而且，当相位变化超过 2π 时，直接利用反三

角运算不能正确解调出结果。为解决这些问题，可采用相位产生载波（PGC）解调技术。

光学原理指出，光在相交区域内形成一组稳定的明暗相间或彩色的条纹的现象，称为光的干涉现象。而通过干涉条纹的变化，也就可以测定相当于光波波长数量级的距离的变化，即光的干涉测量原理，下面由光学原理分析发生干涉光强的变化，将参考光和信号光描述为复振幅形式：

$$E_{\mathrm{R}}(p,t)=A_1\exp\left[-\mathrm{j}\left(\omega t-\varphi_1\right)\right] \tag{5.4.25}$$

$$E_{\mathrm{s}}(p,t)=A_2\exp\left[-\mathrm{j}\left(\omega t-\varphi_2\right)\right] \tag{5.4.26}$$

式中，ω 为光源频率。两束光在光电探测器上发生干涉，合成的电场强度为

$$E(p,t)=E_{\mathrm{r}}(p,t)+E_{\mathrm{s}}(p,t) \tag{5.4.27}$$

光强平均能量正比于振幅的平方，或正比于复振幅与其共轭的乘积，于是

$$\begin{aligned}I(p,t)&=E(p,t)E^*(p,t)=\left[E_{\mathrm{r}}(p,t)+E_{\mathrm{s}}(p,t)\right]\left[E_{\mathrm{r}}^*(p,t)E_{\mathrm{s}}^*(p,t)\right]\\&=A_1^2+A_2^2+A_1A_2\left[\mathrm{e}^{\mathrm{j}(\varphi_1-\varphi_2)}+\mathrm{e}^{-\mathrm{j}(\varphi_1+\varphi_2)}\right]\end{aligned} \tag{5.4.28}$$

即

$$I(p,t)=I_1+I_2+\sqrt{I_1I_2}\cos\delta(p) \tag{5.4.29}$$

式中，$I_1=A_1^2$ 和 $I_2=A_2^2$ 分别为两束光单独在光电探测器处的强度；$\delta(p)=\varphi_1-\varphi_2$ 为两束光在光电探测器处的相位差。干涉仪的输出均可表示为

$$I=A+B\cos[C\cos\omega_{\mathrm{c}}t+\varphi_{\mathrm{s}}(t)] \tag{5.4.30}$$

式中，A、B 为与输入光强成正比的常数；C 为载波引起的相位调制幅度；$\omega_{\mathrm{c}}=2\pi f_{\mathrm{c}}$，$f_{\mathrm{c}}$ 为载波信号频率；$\varphi_{\mathrm{s}}(t)=D\cos_{\mathrm{s}}t+\psi(t)$ 为声信号引起的相位调制幅度；$\psi(t)$ 为环境扰动等引起的初始相位的缓慢变化。

采用贝塞尔函数展开式，可得

$$I=A+B\{[J_0(C)+2\sum_{k=1}^{\infty}(-1)^kJ_{2k}(C)\cos(2k\omega_{\mathrm{c}}t)]\cos\varphi_{\mathrm{s}}(t)-2[\sum_{k=1}^{\infty}(-1)^kJ_{2k+1}(C)\cos(2k+1)\omega_{\mathrm{c}}t]\sin\varphi_{\mathrm{s}}(t)\} \tag{5.4.31}$$

由式(5.4.31)可以得出，当 $\varphi_{\mathrm{s}}(t)=0$ 时，信号中只存在 ω_0 的偶数倍频项；当 $\varphi_{\mathrm{s}}(t)=\pi/2\,\mathrm{rad}$（正交条件）时，信号中只存在 ω_0 的奇数倍频项。将 $\sin\varphi_{\mathrm{s}}(t)$ 和 $\cos\varphi_{\mathrm{s}}(t)$ 同样用贝塞尔函数展开

$$\begin{aligned}\cos\varphi_{\mathrm{s}}(t)=&[J_0(D)+2\sum_{k=1}^{\infty}(-1)^kJ_{2k}(D)\cos(2k\omega_{\mathrm{s}}t)]\cos\psi(t)\\&-2\left\{\sum_{k=0}^{\infty}(-1)^kJ_{2k+1}(D)\cos[(2k+1)\omega_{\mathrm{s}}t]\right\}\sin\psi(t)\end{aligned} \tag{5.4.32}$$

$$\begin{aligned}\sin\varphi_{\mathrm{s}}(t)=&2[\sum_{k=0}^{\infty}(-1)^kJ_{2k+1}(D)\cos(2k+1)\omega_{\mathrm{s}}t]\cos\psi(t)\\&+[J_0(D)+2\sum_{k=1}^{\infty}(-1)^kJ_{2k}(D)\cos(2k\omega_{\mathrm{s}}t)]\sin\psi(t)\end{aligned} \tag{5.4.33}$$

由以上公式可以看出，当$\varphi_s(t)=0$时，输出信号的频谱中，偶（奇）数ω_s（待测信号）出现在偶（奇）数倍角频率ω_c（载波信号）的两侧；当$\varphi_s(t)=\pi/2$ rad时，频谱上偶（奇）数倍角频率ω_s（待测信号）出现在奇（偶）数倍角频率ω_c（载波信号）的两侧。这些在偶（奇）数倍角频率ω_s的两侧的边带频谱携带了所要检测的信号，它们或以ω_s的偶数倍频率为中心，或以ω_s的奇数倍频率为中心。将总的输出信号与ω_s的适当倍频信号相乘，再通过低通滤波器滤除待检测信号最高频率以上的项，就可以得到有用的信号。若不加载波信号，则有

$$I=A+B\cos\varphi(t) \tag{5.4.34}$$

当$\cos\varphi_s(t)=0$或$\cos\varphi_s(t)=\pm1$时，我们会发现，干涉信号将发生消隐或畸变现象，这时待测信号将无法被解调出来。这种干涉仪输出信号随外界环境的变化而出现的随机涨落，即为干涉仪的相位衰落现象。而由上面的分析可知，加入载波信号 0 以后，即使$\cos\varphi_s(t)=0$或$\cos\varphi_s(t)=\pm1$，也不会发生信号消隐或畸变现象，从而实现了抗相位衰落。

PGC 解调原理图如图 5.4.5 所示。其中，PM 为相位调制器。

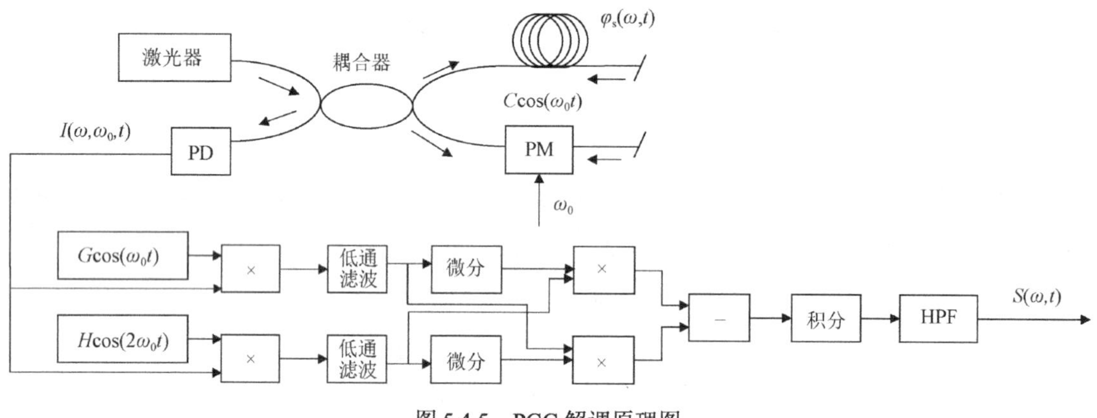

图 5.4.5　PGC 解调原理图

对幅度分别为 G、H，角频率分别为ω_c、$2\omega_c$的载波信号与干涉仪的输出信号进行混频操作，得到的结果分别为

$$\begin{aligned}I_{1c}=&G\cos(\omega_c t)\cdot A+G\cos(\omega_c t)\cdot B\left\{\left[J_0(C)+2\sum_{k=1}^{\infty}(-1)^k J_{2k}(C)\cos(2k\omega_c t)\right]\cos\varphi_s(t)\right.\\&\left.-2\left\{\sum_{k=0}^{\infty}(-1)^k J_{2k+1}(C)\cos\left[(2k+1)\omega_c t\right]\right\}\sin\varphi_s(t)\right\}\\=&AG\cos(2\omega_c t)+GBJ_0(C)\cos(\omega_c t)\cos\varphi_s(t)+GB\sum_{k=1}^{\infty}(-1)^k J_{2k}(C)\\&\times\left\{\cos\left[2(k+1)\omega_c t\right]+\cos\left[2(k-1)\omega_c t\right]\right\}\cos\varphi_s(t)-GB\sum_{k=1}^{\infty}(-1)^k J_{2k+1}(C)\\&\times\left\{\cos\left[(2k+3)\omega_c t\right]+\cos(2k\omega_c t)\right\}\sin\varphi_s(t)\end{aligned} \tag{5.4.35}$$

$$I_{2c}=H\cos 2\omega_c t\cdot A+H\cos 2\omega_c t\cdot B\left\{\left[J_0(C)+2\sum_{k=1}^{\infty}(-1)^k J_{2k}(C)\cos(2k\omega_c t)\right]\cos\varphi_s(t)\right.$$
$$\left.-2\left\{\sum_{k=0}^{\infty}(-1)^k J_{2k+1}(C)\cos\left[(2k+1)\omega_c t\right]\right\}\sin\varphi_s(t)\right\}$$
$$=AH\cos 2\omega_c t+HBJ_0(C)\cos 2\omega_c t\cdot\cos\varphi_s(t)+HB\sum_{k=1}^{\infty}(-1)^k J_{2k}(C) \tag{5.4.36}$$
$$\times\left\{\cos\left[2(k+1)\omega_c t\right]+\cos\left[2(k-1)\omega_c t\right]\right\}\cos\varphi_s(t)-HB\sum_{k=1}^{\infty}(-1)^k J_{2k+1}(C)$$
$$\times\left\{\cos\left[(2k+3)\omega_c t\right]+\cos\left[(2k-1)\omega_c t\right]\right\}\sin\varphi_s(t)$$

将以上两结果分别通过低通滤波（LPF），得到

$$I_{1s}=-GBJ_1(C)\sin\varphi_s(t) \tag{5.4.37}$$

$$I_{2s}=-HBJ_2(C)\cos\varphi_s(t) \tag{5.4.38}$$

式（5.4.37）和式（5.4.38）中均含有外部环境的干扰，还不能从这两个式子中直接提取待测信号。为了克服信号随外部的干扰信号的涨落而出现的消隐和畸变现象，采用微分交叉相乘（Differential Cross Multiplication，DCM）技术，使从低通滤波器出来的信号分别通过微分电路，得到微分后的信号为

$$I_{1d}=-GBJ_1(C)\varphi_s'(t)\cos\varphi_s(t) \tag{5.4.39}$$

$$I_{2d}=-HBJ_2(C)\varphi_s'(t)\sin\varphi_s(t) \tag{5.4.40}$$

将得到的信号与另一路滤波后的信号交叉相乘后，得到的两项分别为

$$I_{1e}=-GHB^2J_1(C)J_2(C)\varphi_s'(t)\sin\varphi_s(t)^2 \tag{5.4.41}$$

$$I_{2e}=GHB^2J_1(C)J_2(C)\varphi_s'(t)\cos\varphi_s(t)^2 \tag{5.4.42}$$

对上面两路信号经差分放大器进行差分运算，可得

$$I_g=GHB^2J_1(C)J_2(C)\varphi_s'(t) \tag{5.4.43}$$

再经积分运算放大器，则有

$$I_h=GHB^2J_1(C)J_2(C)\varphi_s(t) \tag{5.4.44}$$

最后，根据实际需要的频率范围进行高通滤波，获得与被测信号 $\varphi_s(t)$ 成正比的信号 $S(t)$，即

$$S(t)=I_h=GHB^2J_1(C)J_2(C)\varphi_s(t) \tag{5.4.45}$$

由以上推导过程可以看出，经过一系列的信号处理过程，待测信号被解调了出来，只是其幅值增加了一个系数 $GHB^2J_1(C)J_2(C)$。为了减小输出结果对贝塞尔函数的依赖关系，适当地选择载波信号的幅度（C），使 $J_1(C)J_2(C)$ 最大，并且 $J_1(C)J_2(C)$ 的导数绝对值最小，这样做的好处是，当 C 值稍有变化时，系统最后输出结果的幅值变化不大，同时得到最大的输出。

利用贝塞尔函数图，可以选择最佳载波信号的幅度（C）为2.37。为了提高信噪比，G、H值可适当大一些，但不要使后面的电路过载。B值与干涉条纹可见度有关，所以尽量使干涉仪两路信号的光强相等，从而使干涉条纹的可见度最大。

5.4.4 数字正交相位解调（I/Q 解调）法

数字正交相位解调（I/Q 解调）作为一种相干探测结构中的重要解调方法，能够实现散射光幅值和相位的解调，而且对硬件要求较低、结构简单。其最早应用于通信技术中，先利用载波信号与载波调制后的信号混频，然后通过低通滤波得到调制信号，避免了光电探测器热噪声对微弱信号的干扰，从而保证解调的准确性。适用于 I/Q 解调的基本光电结构图如图 5.4.6 所示，主要由两部分组成，用于两路信号相干的 50∶50 耦合器和用于光电转换的平衡光电探测器（Balanced Photo Detector，BPD）。向耦合器的两个端口分别输入后向瑞利散射光信号和本地光信号。本地光信号由光源分光后直接获得，后向瑞利散射光信号中携带了拍频信号及外部扰动对传感光纤链路作用所产生的相位变化信息。

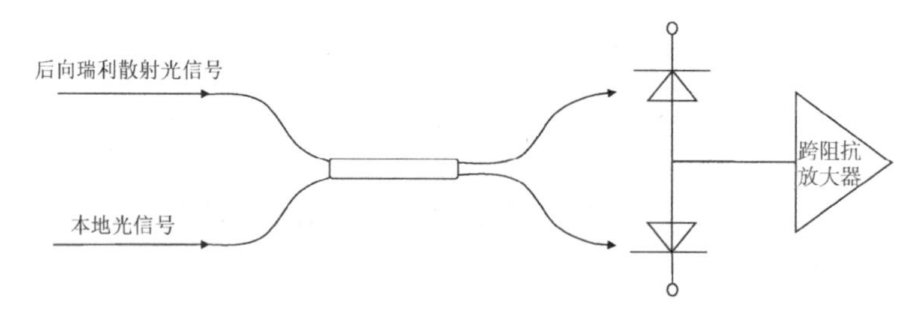

图 5.4.6 适用于 I/Q 解调的基本光电结构图

后向瑞利散射光信号可由一维脉冲响应模型表示为

$$E_{\text{bs}}(t)=\sum_{m=1}^{N}a_m\cos\left[\omega\left(t-\tau_m\right)\right]\text{rect}\left(\frac{t-\tau_m}{\omega}\right) \tag{5.4.46}$$

式中，$\omega=\omega_{\text{c}}+\Delta\omega$，$\omega_{\text{c}}$表示激光光源中心角频率，$\Delta\omega=2\pi f$。由式（5.4.46）可知，某一时刻得到的瑞利散射光是脉冲内所有瑞利散射中心的散射光的干涉结果。根据窄带高斯随机过程，可将式（5.4.46）表示为

$$E_{\text{bs}}(t)=X(t)\cos\omega t+Y(t)\sin\omega t \tag{5.4.47}$$

式中，$X(t)$和$Y(t)$分别为

$$\begin{aligned}X(t)&=\sum_{m=1}^{N}a_m\cos\omega\tau_m\,\text{rect}\left(\frac{t-\tau_m}{\omega}\right)\\Y(t)&=\sum_{m=1}^{N}a_m\sin\omega\tau_m\,\text{rect}\left(\frac{t-\tau_m}{\omega}\right)\end{aligned} \tag{5.4.48}$$

将式（5.4.47）进一步简化为

$$E_{\text{bs}}(t)=E_{\text{s}}(t)\cos[\omega t+\varphi(t)] \tag{5.4.49}$$

式中

$$E_s(t)=\sqrt{X^2(t)+Y^2(t)}$$
$$\varphi(t)=-\arctan\left[\frac{Y(t)}{X(t)}\right] \tag{5.4.50}$$

利用上述推导过程，将后向瑞利散射光的一维脉冲响应模型化简为式（5.4.49），形式上比较简单，便于理解和后续推导。后向瑞利散射光与本地光在耦合器中发生拍频，本地光可表示为

$$E_L(t)=E_0(t)\cos\left[\omega_c t+\varphi_0(t)\right] \tag{5.4.51}$$

式中，$E_0(t)$ 为本地光的振幅；$\varphi_0(t)$ 为本地光的初相位。

耦合器输出的光强为

$$\begin{aligned}I(t)=[E_{bs}(t)+E_l(t)]^2&=E_s{}^2(t)\cos^2[(\omega_c+\Delta\omega)t+\varphi(t)]+E_0{}^2(t)\cos^2(\omega_c t+\varphi_0)\\&\quad+2E_s(t)E_0(t)\cos[(\omega_c+\Delta\omega)t+\varphi(t)]\cos(\omega_c t+\varphi_0)\end{aligned} \tag{5.4.52}$$

将式（5.4.52）经过三角函数变换，可得

$$\begin{aligned}I(t)=&E_s{}^2(t)+E_0{}^2(t)+1/2E_s{}^2(t)\cos[2(\omega_c+\Delta\omega)t+2\varphi(t)]+1/2E_0{}^2(t)\cos(2\omega_c t+2\varphi_0)\\&+E_s(t)E_0(t)\cos[(2\omega_c+\Delta\omega)t+\varphi(t)+\varphi_0]+E_s(t)E_0(t)\cos[\Delta\omega t+\varphi(t)-\varphi_0]\end{aligned} \tag{5.4.53}$$

式（5.4.53）中共有六项，其中，前两项表示光强信号的直流部分；第三项、第四项和第五项的频率在光频量级，现有的光电探测器都无法达到这么高的灵敏度，故这两项不对光电探测器产生影响；最后一项为光强信号的交流部分，即拍频信号。由于 BPD 对共模信号有抑制作用，BPD 探测到的即为交流部分，输出功率可表示为

$$P_{BPD}\propto E_s(t)E_0(t)\cos\left[\Delta\omega t+\varphi(t)-\varphi_0\right] \tag{5.4.54}$$

BPD 输出的电信号由数据采集卡（DAQ）采集并转换为数字信号，DAQ 的采样频率为 f_s，则 DAQ 采集到的数字信号可表示为

$$S(n)\propto E_s(n)E_0(n)\cos\left[\Delta\omega_n n+\varphi_s(n)\right]\quad(n=1,2,3,\cdots,N) \tag{5.4.55}$$

式中，$\Delta\omega_n=2\pi n\Delta f/f_s$ 为 $\Delta\omega$ 对应的数字角频率；相位 $\varphi_s(n)=\varphi(n)-\varphi_0$；$n$ 为采样点序号；N 为 DAQ 每次采样的总采样点数。在 DAQ 完成模数转换后，将数字信号送入计算机进行 I/Q 解调。

I/Q 解调流程图如图 5.4.7 所示，算法主要分为混频、滤波、解调三部分。混频部分是将采集到的 $S(n)$信号分别与正交的同频率信号相乘，其中，正交的同频率信号由计算机产生，两信号分别为 $\cos(\Delta\omega_n n)$ 和 $\sin(\Delta\omega_n n)$，相乘之后产生的两路混频信号为

$$\begin{aligned}I'=S(n)\cos(\Delta\omega_n n)&=\frac{1}{2}E_s(n)E_0(n)\left[\cos(2\Delta\omega_n n+\varphi_s(n))+\cos\varphi_s(n)\right]Q'\\&=S(n)\sin(\Delta\omega_n n)=\frac{1}{2}E_s(n)E_0(n)\left\{\sin\left[2\Delta\omega_n n+\varphi_s(n)\right]-\sin\varphi_s(n)\right\}\end{aligned} \tag{5.4.56}$$

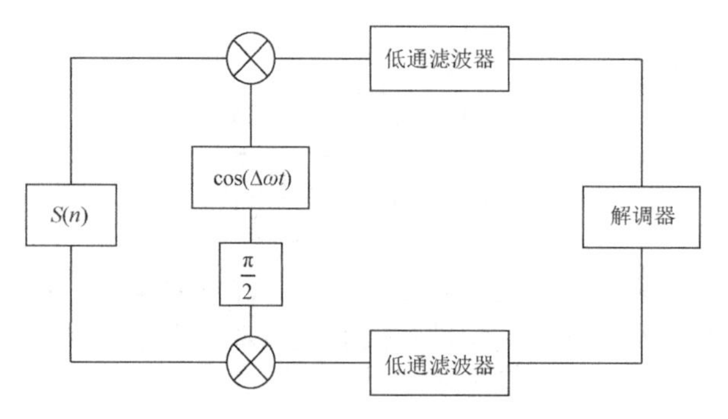

图 5.4.7　I/Q 解调流程图

从式（5.4.56）可看出，$S(n)$ 与正交信号相乘，分别产生了和频分量与差频分量，Q 中的 $\cos\left[2\Delta\omega_n n+\varphi_{\mathrm{s}}(n)\right]$ 与 $\sin\left[2\Delta\omega_n n+\varphi_{\mathrm{s}}(n)\right]$ 为其中的和频信号，其频率为声光调制器（AOM）调制频率的 2 倍。而 $\cos\varphi_{\mathrm{s}}(n)$ 和 $\sin\varphi_{\mathrm{s}}(n)$ 为差频分量，其高频项已被抵消，只存在相位分量，为解调得出其中的相位 $\varphi_{\mathrm{s}}(n)$，要将和频信号滤除，即采用数字低通滤波器（DLPF）进行低通滤波，从而得到 I 和 Q 两路信号。除了滤波的作用，DLPF 还具有对 $S(n)$ 去噪的作用，以得到更好的信号质量。

$$\begin{aligned}I&\propto E_{\mathrm{s}}(n)E_0(n)\cos\varphi_{\mathrm{s}}(n)\\Q&\propto -E_{\mathrm{s}}(n)E_0(n)\sin\varphi_{\mathrm{s}}(n)\end{aligned}\tag{5.4.57}$$

得到 I 、Q 两路信号后，可以通过式（5.4.57）分别得到 $S(n)$信号的振幅与相位。

$$\begin{aligned}E_{\mathrm{s}}(n)E_0(n)&\propto\sqrt{I^2+Q^2}\\\varphi_{\mathrm{s}}(n)&=-\arctan\frac{Q}{I}+2k\pi\end{aligned}\tag{5.4.58}$$

式中，k 为整数。由于反正切函数的值域为$(-\pi/2,\pi/2)$，要由 I 、Q 值所在的象限将反正切结果的范围扩展为$(-\pi,\pi)$，再通过相位解卷绕得到实际的相位结果。

相位的提取过程可分为如图 5.4.8 所示的三部分，对 Q 、I 信号的比值进行反正切、值域扩展和相位解卷绕处理，最后得到后向瑞利散射光的相位。

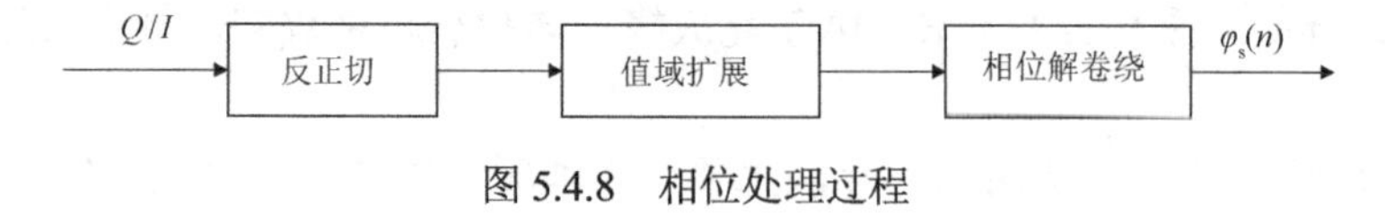

图 5.4.8　相位处理过程

反正切函数的值域为$(-\pi/2,\pi/2)$，当实际相位的值不在其值域范围内时，反正切结果将不再是相位解调结果。要想提取出正确的后向瑞利散射光相位，首先要将反正切结果的值域扩展。如图 5.4.9 所示，$\varphi_1=-\varphi_4$，$\varphi_2=\varphi_1+\pi$，$\varphi_3=\varphi_4-\pi$，则 $\tan\varphi_1=\tan\varphi_2$，$\tan\varphi_3=\tan\varphi_4$，因此在利用反正切函数求相位值时，$\tan\varphi_1$ 与 $\tan\varphi_2$ 的反正切结果相同，$\tan\varphi_3$ 与 $\tan\varphi_4$ 的反正切结果相同，导致反正切结果与实际相位不符的问题。

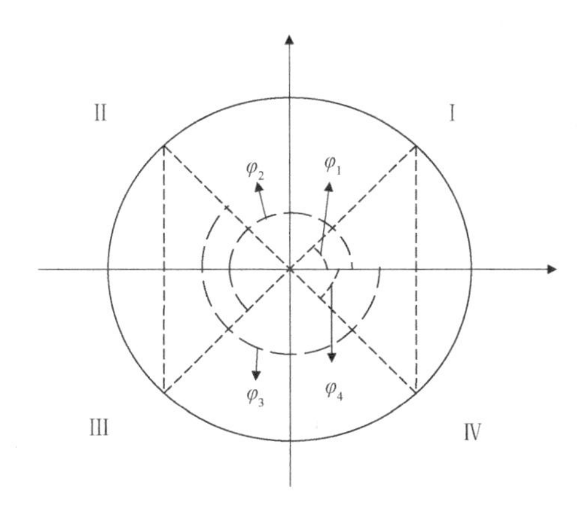

图 5.4.9　三角函数象限图

为解决此问题，即将反正切结果的范围扩展为$(-\pi,\pi)$，在求得反正切值的同时，要对正弦值和余弦值的正、负进行判断，进而判断出相位所在的象限，再根据象限确定相位的值。如图 5.4.9 所示的φ_1和φ_2，虽然其正切值相同，但$\sin\varphi_1$与$\cos\varphi_1$同时为正，而$\sin\varphi_2$与$\cos\varphi_2$同时为负，可知φ_1位于第一象限，而φ_2位于第三象限，所以φ_2实际的值要在反正切值的基础上减去π。同理，φ_3实际的值要在反正切值的基础上加上π。由式（5.4.58）可知，判断出正交解调过程中的I和Q的正负，即可判断φ_s所在的象限，具体操作如表 5.4.1 所示。由于Q值与相位的正切值符号相反，因此该表是根据I和Q来判断象限的。

表 5.4.1　相位扩展操作

象　　限	I	Q	φ_s
I	+	+	arctan(−Q/I)
II	−	+	arctan(−Q/I)+π
III	−	−	arctan(−Q/I)−π
IV	+	−	arctan(−Q/I)

虽然通过表 5.4.1 可实现将反正切函数求出的相位值范围从$(-\pi/2,\pi/2)$到$(-\pi,\pi)$的扩展，但相位解调结果仍然限制在$(-\pi,\pi)$范围内，一旦实际的相位值超出范围，相位解调结果就将出现从$-\pi$到π或π到$-\pi$的跳跃，相位不再连续变化，即出现相位卷绕现象。为应对相位卷绕，要进行相位解卷绕处理。相位解卷绕的目的是消除相位跳变，这种跳变可以通过对相邻两点的相位解调结果之差与解卷绕阈值进行比较来判断，当相邻两点的相位解调结果之差的绝对值大于解卷绕阈值时，说明存在相位卷绕，需要进行解卷绕处理；当相邻两点的相位解调结果之差的绝对值小于解卷绕阈值时，说明不存在相位卷绕，不需要进行解卷绕处理。一般将解卷绕阈值设为π，假设一个探测脉冲对应得到的相位结果经扩展后为$\varphi(z_n)$，z_n为第n个采样点对应传感光纤的位置，即一次探测得到的传感光纤后向瑞利散射光相位。为完成相位卷绕的判断及解卷绕处理，首先要逐一对相邻位置的相位差的绝对值$|\varphi(z_{n+1})-\varphi(z_n)|$与阈值$\pi$进行比较，若前者大于$\pi$，则进一步对$\varphi(z_{n+1})-\varphi(z_n)$进行判断。若其大于$\pi$，则从$z_{n+1}$开始的每点相位都减去$2\pi$；若其小于$-\pi$，则从$z_{n+1}$开始的每点相位都加上$2\pi$；在$[-\pi,\pi]$区内，则保持不变。通过上述的解卷绕方法，实现了对一次探测结果的相位解卷绕，即沿传感

光纤位置的相位实现了解卷绕问题，但这并不能完全解决相位卷绕问题，因为对振动的还原是由振动位置的相位变化实现的，即需要多次探测的相位结果，而在同一位置的相位解调结果也存在相位卷绕现象。

假设传感光纤某一位置发生扰动，扰动引入了大小为φ_{v}的相位变化，脉冲光经过振动位置后的某一时刻t_0，根据上述分析，返回的后向瑞利散射光的相位$\varphi'(t_0)$为

$$\begin{aligned}\varphi'(t_0)&=\arctan\left[\frac{Y(t_0)}{X(t_0)}\right]=\arctan\left[\frac{\sum_{m=1}^{N}a_m\sin(\omega\tau_m+\varphi_{\mathrm{v}})\mathrm{rect}\left(\dfrac{t-\tau_m}{\omega}\right)}{\sum_{m=1}^{N}a_m\cos(\omega\tau_m+\varphi_{\mathrm{v}})\mathrm{rect}\left(\dfrac{t-\tau_m}{\omega}\right)}\right]\\&=\sum_{m=1}^{N}\mathrm{rect}[(t-\tau_m)/\omega](\sin\omega\tau_m\cos\varphi_{\mathrm{v}}+\cos\omega\tau_m\sin\varphi_{\mathrm{v}})\\&/(\sum_{m=1}^{N}\mathrm{rect}[(t-\tau_m)/\omega](\cos\omega\tau_m\cos\varphi_{\mathrm{v}}-\sin\omega\tau_m\sin\varphi_{\mathrm{v}})]\\&=\arctan\{\sin[\varphi(t_0)+\varphi_{\mathrm{v}}]/\cos[\varphi(t_0)+\varphi_{\mathrm{v}}]\}\\&=\varphi(t_0)+\varphi_{\mathrm{v}}\end{aligned}\tag{5.4.59}$$

由式（5.4.59）的结果可看出，振动引入的相位变化被调制到了振动位置的后向瑞利散射光中，所以t_0时刻返回的后向瑞利散射光可表示为

$$E_{\mathrm{bs}}(t)=E_{\mathrm{s}}(t_0)\cos\left[\omega t_0+\varphi(t_0)+\varphi_{\mathrm{v}}\right]\tag{5.4.60}$$

由于φ_{v}的大小与振幅成正比，因此通过对式（5.4.60）中的相位进行解调，便可得知振动信号的变化情况。但随着振幅的增大，φ_{v}的变化范围会超出2π，可表示为$\varphi'_{\mathrm{v}}+2k\pi$，$\varphi'_{\mathrm{v}}$在$(-\pi,\pi)$范围内变化，$k$为整数，则后向瑞利散射光变为

$$E_{\mathrm{bs}}(t)=E_{\mathrm{s}}(t_0)\cos\left[\omega t_0+\varphi(t_0)+\varphi'_{\mathrm{v}}+2k\pi\right]=E_{\mathrm{s}}(t_0)\cos\left[\omega t_0+\varphi(t_0)+\varphi'_{\mathrm{v}}\right]\tag{5.4.61}$$

由式（5.4.61）可知，随着φ_{v}的增大，$E_{\mathrm{bs}}(t_0)$随之呈周期性变化，由$E_{\mathrm{bs}}(t_0)$解调出的相位也在$(-\pi,\pi)$范围内周期性变化，即发生相位模糊现象，导致解调的相位结果不能正确反映振幅和频率的情况。针对这种现象，需要进一步对振动位置附近的相位进行解卷绕，即对同一位置随时间的相位变化进行相位卷绕判断和解卷绕处理，所以一个完整的解卷绕过程要包括沿传感光纤的解卷绕（空间上的解卷绕）和同一位置的相位随时间变化的解卷绕（时间上的解卷绕），最后才能得到实际的后向瑞利散射光相位。

5.5 偏振态解调

5.5.1 偏振基础理论

光波在光纤中传输存在 4 种模式：TE 模、TM 模、HE 模和 EH 模。为了分析方便，在纵向分量远小于横向分量的情况下，可以近似为 TE 模和 TM 模，即$E_z=0$。若光矢量具有轴对

称性、均匀分布、各方向振动的振幅相同，光矢量的振动在垂直于光的传播方向上为无规则取向，偏振度为 0，则将这种光称为自然光；若光矢量端点的轨迹为直线，即光矢量的振动方向保持不变，其大小随相位变化，偏振度为 1，则将这种光称为线偏振光；若光矢量端点的轨迹为圆，即光矢量的振动为不断绕传播轴均匀转动，其大小不变，方向随时间有规律地变化，偏振度为 1，则将这种光称为圆偏振光；若光矢量端点的轨迹为椭圆，即光矢量的振动为不断绕传播轴均匀转动，其大小和方向随时间有规律地变化，偏振度为 1，则将这种光称为椭圆偏振光。光矢量偏振在某一时刻可以表示为

$$\boldsymbol{E} = E_x \boldsymbol{e}_x + E_y \boldsymbol{e}_y \tag{5.5.1}$$

式中，$\boldsymbol{e}_x$ 和 $\boldsymbol{e}_y$ 为光电场的两个正交偏振态。电场标量 E_x 和 E_y 分别为

$$\begin{aligned} E_x &= A_x \exp\left[\mathrm{i}\left(\omega t - \beta z + \varphi_x\right)\right] \\ E_y &= A_y \exp\left[\mathrm{i}\left(\omega t - \beta z + \varphi_y\right)\right] \end{aligned} \tag{5.5.2}$$

式中，ω 为光波的角频率；A_x 和 A_y 为两个正交偏振态的振幅；φ_x 和 φ_y 分别为 E_x 和 E_y 的初始相位。对偏振光而言，可以用邦加球来描述任意偏振态[44]。

斯托克斯参数如图 5.5.1 所示。在邦加球上的偏振椭圆参数（斯托克斯参数）可表示为

$$\begin{aligned} S_0 &= 1 \\ S_1 &= Ip\cos 2\chi \cos 2\psi \\ S_2 &= Ip\cos 2\chi \sin 2\psi \\ S_3 &= Ip\sin 2\psi \end{aligned} \tag{5.5.3}$$

式中，I 为光的总光强；2χ 为邦加球的纬度；2ψ 为邦加球的经度；p 为偏振度。偏振度（p）为偏振光的强度在总光强中所占的比例，其计算公式为

$$p = \frac{I_p}{I_p + I_{\mathrm{unp}}} = \frac{\sqrt{S_1^2 + S_2^2 + S_3^2}}{S_0} \tag{5.5.4}$$

以 S_1、S_2、S_3 三个参数来描述光的偏振态，由归一化条件 $S_0 = 1$ 可得

$$S_1^2 + S_2^2 + S_3^2 = S_0^2 = 1 \tag{5.5.5}$$

由式（5.5.5）可知，在以参数 S_1、S_2、S_3 组成的三维球坐标系中，对任意偏振光而言，其偏振态都可以在半径为 1 的“单位球”表面进行表征，该单位球称为斯托克斯邦加球，如图 5.5.1 所示，其中，I_p 为 p 点的偏振光光强。

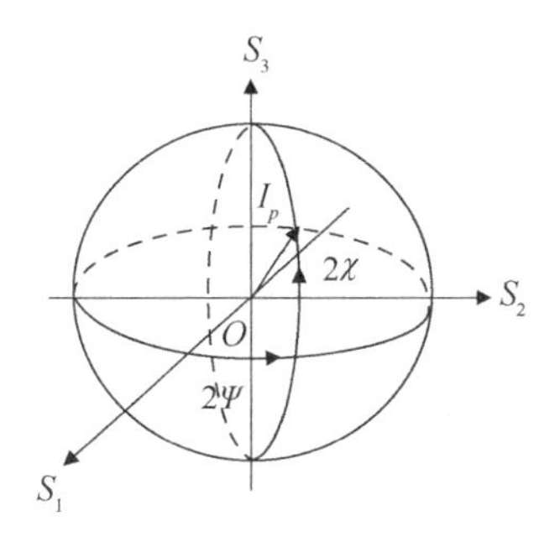

图 5.5.1　斯托克斯参数在邦加球上的表示[44]

斯托克斯邦加球上的每个点都对应着一个偏振光，分为以下几种情况。

（1）所有赤道上的点均代表不同倾斜方向的线性偏振光。

（2）非赤道上的点对应椭圆偏振光。

（3）关于球心对称的两个端点对应相互正交的偏振光。

（4）“北极点”对应右旋圆偏振光，而“南极点”对应左旋圆偏振光。上半球各点对应右旋偏振光，下半球各点对应左旋偏振光。

5.5.2 偏振拍频调控

侧抛 DFB 光纤激光器拍频测试装置原理图如图 5.5.2 所示，泵浦光源通过一个波分复用器（WDM）发射到光纤激光器谐振腔，即有源相移光纤光栅。有源相移光纤光栅刻写在高掺杂铒粒子光纤上，其两端与芯/包层直径为 8.2μm/125μm 的单模光纤（Corning SMF-28）熔接。DFB 光纤激光器反向发射的输出信号通过隔离器（ISO，Golight ISO1550-S）直接进入高速光电探测器（PD，Newfocus 1592），该隔离器用于隔离从光纤端面反射的激射激光。由于紫外激光诱导双折射和光纤本征双折射，DFB 光纤激光器的输出光存在两个相互正交的偏振模式，且不再重合，那么在频域内将会产生一个拍频信号。这里定义光纤横截面折射率最大的方向为慢轴，即 x 轴；定义光纤横截面折射率最小的方向为快轴，即 y 轴。通过对 DFB 光纤激光器的谐振腔在旋转的不同方向上施加横向压力，观察拍频信号的变化情况，进而判断光纤的快轴、慢轴。当拍频信号向高频方向移动且移动量达到最大时，施加压力的方向为快轴，即 y 轴。相反，当拍频信号向低频方向移动且移动量达到最大时，施加压力的方向为慢轴，即 x 轴。

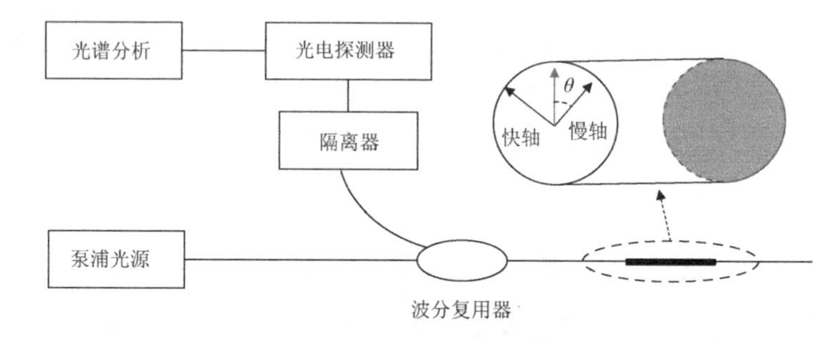

图 5.5.2 侧抛 DFB 光纤激光器拍频测试装置原理图

如果在选定的抛磨方向上对 DFB 光纤激光器的激光腔进行侧面抛磨，则抛磨后的激光腔呈非对称结构。由于光纤具有各向异性，内应力重新分布，可以改变 DFB 光纤激光器谐振腔的双折射。这里定义抛磨面法线方向与慢轴方向的夹角为 θ，如图 5.5.2 所示。DFB 光纤激光器的两个相互垂直的偏振模式所对应的波长可以分别表示为[45]

$$\lambda_x = 2n_x\Lambda,\ \lambda_y = 2n_y\Lambda \tag{5.5.6}$$

式中，n_x 和 n_y 为两个相互垂直的偏振模式所对应的有效折射率；Λ 为光纤光栅的周期。DFB 光纤激光器激射两个相互垂直的偏振模所对应的波长差可以表示为

$$\Delta\lambda = \lambda_x - \lambda_y = 2B\Lambda \tag{5.5.7}$$

式中，B 为光纤折射率的差值，$B = n_x - n_y$。DFB 光纤激光器输出的拍频信号可以通过高速光

电探测器和频谱分析仪探测，所产生的拍频信号可以表示为[45]

$$\Delta v = v_x - v_y = \frac{c}{\lambda_x} - \frac{c}{\lambda_y} = \frac{cB}{n_0 \lambda_0} \tag{5.5.8}$$

式中，n_0为光纤光栅的平均有效折射率，$n_0 = \frac{n_x + n_y}{2} \approx n_x \approx n_y$；$c$为真空中的光速；$\lambda_0$为DFB光纤激光器的激射波长。由式（5.5.8）可以看出，光纤折射率差值（B）的变化可以引起拍频信号的变化。对式（5.4.8）两边进行微分，则B的微小变化可以表示为

$$\Delta B = \frac{\Delta v \cdot n_0 \lambda_0^2}{c} = \frac{\Delta v \lambda_0^2}{2c\Lambda} \tag{5.5.9}$$

根据以上的理论分析，我们可以通过侧边抛磨的方法实现光纤的非对称结构，进而改变光纤的双折射，而双折射变化的大小可以通过拍频信号的频移量计算获得。

5.5.3 偏振解复用

在相干接收机中，偏振解复用是关键的技术，通过偏振追踪器和偏振分束器将偏振分离是高成本、高复杂度的传统偏振解复用的方法，但是现在可以采用数字信号处理（DSP）技术简单、快捷地解决偏振解复用的难题。

偏振分集接收机可以将任意偏振态分解为相互正交的X、Y偏振态的线偏振光。假设接收机接收的光信号是任意一个偏振态，且同X偏振态形成角度为θ的夹角，同时在光通信系统中存在偏振模色散（PMD），导致信号传输过程中在两偏振态出现时延，设该时延导致的相位差为T，若忽略偏振相关损耗，则接收到的偏振态可以由琼斯矩阵表示为

$$\boldsymbol{J} = \begin{bmatrix} \cos\theta \mathrm{e}^{\mathrm{j}\frac{\tau}{2}} & -\sin\theta \mathrm{e}^{\mathrm{j}\frac{\tau}{2}} \\ \sin\theta \mathrm{e}^{\mathrm{j}\frac{\tau}{2}} & \cos\theta \mathrm{e}^{\mathrm{j}\frac{\tau}{2}} \end{bmatrix} \tag{5.5.10}$$

通过琼斯矩阵的逆矩阵，能够从双偏振态中分解出相互正交的X、Y偏振态，同时补偿偏振模色散的损耗。通过矩阵变换可得琼斯逆矩阵，如式（5.5.11）所示。

$$\boldsymbol{J}^{-1} = \begin{bmatrix} h_{xx} & h_{xy} \\ h_{yx} & h_{yy} \end{bmatrix} \tag{5.5.11}$$

在式（5.5.11）中，h_{xx}、h_{xy}、h_{yx}和h_{yy}分别代表不同偏振方向上数字滤波的值，该数字滤波器用来补偿偏振角度的偏移和偏振模色散带来的相位差。与色散补偿的静态滤波器不同，该数字滤波器为动态滤波器，因为在实际光通信系统中，偏振的状态和偏振模色散带来的影响都是不能预测的，极易因光纤周围环境的变化而变化，偏振态会以毫秒量级的速率发生改变。本节将重点研究基于上述数字滤波器的偏振解复用恒模算法（CMA）与多模算法（MMA）。

1. 恒模算法（CMA）

通常采用CMA对PM-QPSK（Polarization-Multiplexed Quadrature Phase Shift Keying，偏振复用正交相移键控）调制信号进行偏振解复用，利用CMA更新FIR数字滤波器的抽头系数，可以大大减小输出误差代价函数的概率。基于CMA的偏振解复用结构图如图5.5.3所示，

输入信号 X_{in} 和 Y_{in} 是经过色散补偿的偏振复用信号，输出信号 X_{out} 和 Y_{out} 是已经完成偏振解复用的信号。输入、输出之间存在的关系如式（5.5.12）所示。

$$
\begin{aligned}
X_{\text{out}} &= h_{xx} \otimes X_{\text{in}} + h_{xy} \otimes Y_{\text{in}} \\
Y_{\text{out}} &= h_{yx} \otimes X_{\text{in}} + h_{yy} \otimes Y_{\text{in}}
\end{aligned}
\tag{5.5.12}
$$

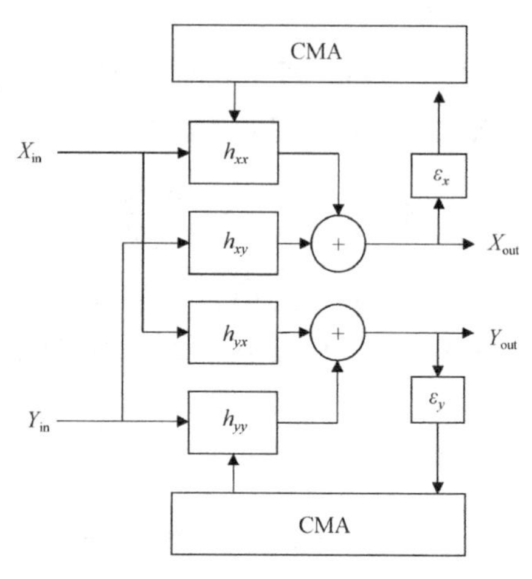

图 5.5.3　基于 CMA 的偏振解复用结构图

在式（5.5.12）中，⊗ 表示时域的卷积运算，该 CMA 结构中的滤波器为蝶形 FIR 滤波器。正交相移键控（QPSK）调制信号的星座图存在 4 个点，这 4 个点在光通信系统中受到频率偏移和相位噪声的影响，会演变为一个分布在复平面内的圆。假设在理想情况下，X_{out} 和 Y_{out} 输出的信号在星座图中应该为一个均匀分布的圆圈，此时 CMA 的误差代价函数的表达式如式（5.5.13）所示。

$$
\begin{aligned}
\varepsilon_x &= R^2 - \left| X_{\text{out}} \right|^2 \\
\varepsilon_y &= R^2 - \left| Y_{\text{out}} \right|^2
\end{aligned}
\tag{5.5.13}
$$

在式（5.5.13）中，R 代表收敛半径，设 QPSK 调制信号的收敛半径为 1，那么滤波器抽头系数的更新方程为

$$
\begin{aligned}
h_{xx} &\to h_{xx} + \mu\varepsilon_x X_{\text{out}} \hat{X}_{\text{in}} \\
h_{xy} &\to h_{xy} + \mu\varepsilon_x X_{\text{out}} \hat{Y}_{\text{in}} \\
h_{yx} &\to h_{yx} + \mu\varepsilon_y Y_{\text{out}} \hat{X}_{\text{in}} \\
h_{yy} &\to h_{yy} + \mu\varepsilon_y Y_{\text{out}} \hat{Y}_{\text{in}}
\end{aligned}
\tag{5.5.14}
$$

式中，μ 为收敛系数；$\hat{X}_{\text{in}}$ 和 $\hat{Y}_{\text{in}}$ 分别为 X_{in} 和 Y_{in} 的复共轭。在实际系统中，选择收敛系数的工作尤为重要，当收敛系数过大时，虽然算法收敛的时间较短，但是会出现较大的收敛误差；当收敛系数过小时，CMA 将会因收敛时间过长而失效。同时，由式（5.5.14）可得，CMA 只适合收敛半径恒定的调制格式，如多进制数字相位调制（MPSK）对于收敛半径不恒定的多进制正交幅度调制（MQAM）高阶调制格式，就难以发挥应有的作用。由 16QAM 调制格式的星座图可以看出，星座点存在三个不同的幅度，所以采用 CMA 估计会产生误差，甚至为光信号引入其他噪声。

2．多模算法（MMA）

MMA 解决了 CMA 收敛半径单一的问题。CMA、MMA 分别均衡 16QAM 信号的模值如图 5.5.4 所示，MMA 的代价函数可以均衡多个模值。CMA 的收敛半径为 R_C，而 16QAM 的模值为 R_D，有三个不同的半径。相较于 CMA，MMA 的收敛速度更快、误差更小，可以针对多种模值进行均衡处理。MMA 在采用三个收敛半径的同时，误差代价函数和抽头系数的更新方程也同式（5.5.13）和式（5.5.14），与 CMA 相同。

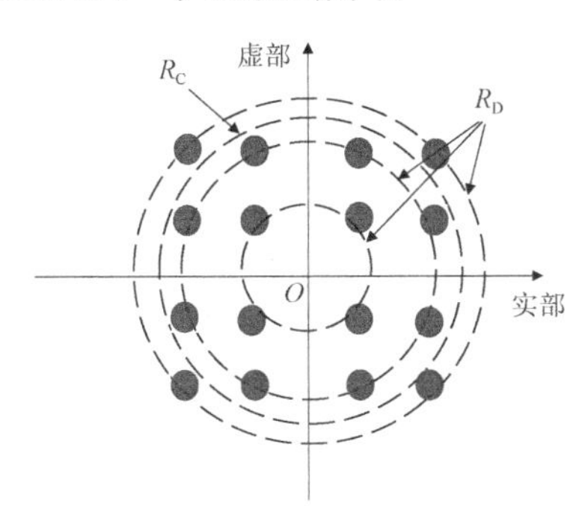

图 5.5.4　CMA、MMA 分别均衡 16QAM 信号的模值

CMA 可以推广为任意数量的收敛半径。对于 32QAM、64QAM 等更高阶的调制格式，随着需要收敛的圈数的增大，MMA 会更加复杂，同时容易造成判决误差，该问题在噪声较大时尤为明显，特别是外圈半径之差小于内圈半径之差（$R_3 - R_2 < R_2 - R_1$，其中，半径大小 $R_1 < R_2 < R_3$）时。此时，可以只选择两三个内圈进行误差估计，这样既可以提高收敛的准确度，又可以降低算法的复杂度。

课后习题

1．强度调制的基本原理是什么？请简述强度解调的过程。

2．强度解调包含哪几种方式？原理分别是什么？

3．相位调制的基本原理是什么？光纤中的相位分别由什么决定？

4．干涉仪的信号解调可分为哪几种？相位解调法包含哪几种方式？

5．试分析 3×3 耦合器模型，描述 3×3 耦合器解调的过程。

6．已知解调信号 $u_\Omega = [2\cos(2\pi\times2\times10^3 t) + 3\cos(2\pi\times300t)]\text{V}$，载波信号 $u_c = \left[5\cos(2\pi\times5\times10^5 t)\right]\text{V}$，$k_a = 1$，试写出调幅波的表达式，画出频谱图，求出频带宽度。

7．试推导 I/Q 解调算法，并且画出 I/Q 解调法流程图。

参考文献

[1] RIBEIRO A B L,FERREIRA L A,SANTOS J L,et al.Analysis of the reflective-matched fiber Bragg grating sensing interrogation scheme[J].Applied Optics,1997,36(4):934-939.

[2] 陆青，詹亚歌，向世清．光纤光栅应力传感器信号检测中双值问题的研究[J]．中国激光，2004，31（8）：988-992.

[3] WU Q,SEMENOVA Y,SUN A,et al.High resolution temperature insensitive interrogation technique for FBG sensors[J].Optics and Laser Technology,2010,42(4):653-656.

[4] PENG B J,ZHAO Y,YAN Z,et al.Tilt sensor with FBG technology and matched FBG demodulating method[J].IEEE Sensor Journal,2006,6(1):63-66.

[5] MELLE S M,LIU K,MEASURE R M.A passive wavelength demodulation system for guided-wave Bragg grating sensors[J].IEEE Photonics Technology Letters,1992,4(5):516-518.

[6] 饶云江，王义平，朱涛．光纤光栅原理及应用[M]．北京：科学出版社，2006.

[7] QIAO X G,DING F,JIA ZH An,et al.Research on a demodulation technology based on edge of linear filters of ASE light source[J].Journal of Optoelectronics·Laser,2009,20(9):1170-1173.

[8] 赵勇．光纤光栅及其传感技术[M]．北京：国防工业出版社，2007.

[9] DONG X Y,SHUM P,CHAN C C.Temperature-insensitive sensors with chirp-tuned fiber Bragg gratings,in progress in smart materials and structures research[M].New York:Optical Society of America,c2007:203-226.

[10] 郭团，刘波，张伟刚，等．光纤光栅啁啾化传感研究[J]．光学学报，2008，28（5）：828-834.

[11] 邵理阳．光纤光栅器件及传感应用研究[D]．杭州：浙江大学，2008.

[12] ZHUO Z C,HAM B S.A temperature-insensitive strain sensor using a fiber Bragg grating[J].Optical Fiber Technology,2009,15(5-6):442-444.

[13] LISSAK B,ARIE A,TUR M.Highly sensitive dynamic strain measurements by locking lasers to fiber Bragg gratings[J].Optics Letters,1998,23(24):1930-1932.

[14] 李智忠，程玉胜，胡永明，等．聚合物边孔封装无源光纤光栅水听器[J]．声学学报，2008，33（5）：469-474.

[15] DONG X Y,SHAO L Y,FU H Y,et al.Intensity modulated fiber Bragg grating sensor system based on radiofrequency signal measurement[J].Optics Letters,2008,33(5):482-484.

[16] HABEL W R,HILLEMEIER B.Results in monitoring and assessment of damages in large steel and concrete structures by means of fiber optic sensors[C].San Diego:Proceedings of SPIE,1995:2446.

[17] 夏磊．光纤光栅传感器干涉解调方法的研究[D]．北京：北京邮电大学，2014.

[18] 欧仁侠．电光调制器及其驱动技术研究[D]．吉林：长春理工大学，2008.

[19] TAKEDA K,HOSHINA T,TAKEDA H,et al.Electro-optic effect of lithium niobate in piezoelectric resonance[J].Journal of Applied Physics,2012,112(12):124105.

[20] 陈景文．晶体电光效应的研究[J]．中国科技信息，2005，23（10）：46.

[21] 王建．基于铌酸锂光波导的高速全光信号处理技术研究[D]．武汉：华中科技大学，2008.

[22] 孙学军，冯德军．基于全光纤马赫-泽德尔干涉仪的温度传感器的研究[D]．济南：山东大学，2007.

[23] 李卫. 干涉法光纤光栅传感器解调技术的研究[D]. 秦皇岛：燕山大学，2004.
[24] 向科峰. 基于 LabVIEW 的数据采集系统的设计与实现[J]. 机械管理开发，2011（4）191-192.
[25] 费莉，王博，刘述喜. 基于 LabVIEW 的数据采集及测试系统设计[J]. 重庆长期理工大学学报（自然科学），2012，26（10）：38-41.
[26] 刘雪冬，谢学征，徐元哲. 基于 LabVIEW 的光纤光栅传感解调系统的研究[J]. 现代仪器，2010（2）：48-50，60.
[27] 李扬，李晓明. 基于 LabVIEW 数据采集的实现[J]. 微计算机应用，2003，24（1）：38-41.
[28] 陈国霖. 单模光纤应力双折射及干涉型光纤传感器器件的研究[M]. 北京：清华大学出版社，1989.
[29] 廖延彪，范崇澄. 光纤传感器[J]. 中国激光，1984，11（9）：513-519.
[30] 周兆英. 微/纳机电系统[J]. 中国机械工程，2000（11）：63-69.
[31] DANDRIDGE A,TVETEN A B,KERSEY A D,et al.Multiplexing of Interferometric Sensors Using Phase Carrier Techniques[J].Journal of Lightwave Technology,1987,5(7):947-952.
[32] KOO K P,TVETEN A B,DANDRIDEG A.Passive stabilization scheme for fiber interferometers using(3×3) fiber directional couplers[J].Applied Physics Letters,1982,41(3):616-620.
[33] COLE A H,DANVER B A,BUCARO J A.Synthetic heterodyne interferometric demodulation [J].IEEE Journal of Quantum Electronics,1982,18(4):694-699.
[34] JACKSON D A,KERSEY A D,CORKE M,et al.Pseudoheterodyne detection scheme for optical interferometers[J].Electronics Letters,1982,18(25):1081-1083.
[35] 张晓峻,康崇,孙晶华.3×3 光纤耦合器解调方法[J].发光学报,2013,34(5):665-671.
[36] KOO K P,TVETEN A B.Passive stabilization scheme for fiber interferometers using 3×3 fiber directional couplers[J].Applied Physics Letters,1982,41(7):616-618.
[37] SHEEM S K,GIALLORENZI T G,KOO K P.Optical techniques to solve the signal problem in fiber interferometers[J].Applied Optics,1982,21(4):689-693.
[38] JIANG Y,LOU Y M,WANG H W.Software demodulation for 3×3 coupler based fiber optic interferometer[J].Acta Photonica Sinica,1998,27(2):152-155.
[39] GAO X M.Evolution of fiber optic hydrophones and hydrophone arrays[J].Optical Fiber & Electric Cable and Their Applications,1996,29(1):48-53.
[40] SHEEM S K.Optical fiber interferometers with[3×3]directional couplers:Analysis[J].Journal of Applied Physics,1981,52(6):3865-3872.
[41] SHEN L,YE X F,LI Z N.Research on demodulation of interferometric fiber optic hydrophone [J].Semiconductor Optoelectronics,2001,22(2):105-106.
[42] 吴锋，吴柏昆，余文志，等. 基于 3×3 耦合器相位解调的光纤声音传感器设计[J].激光技术，2016，40（1）：64-67.

[43] HE J,XIAO H,FENG L.Analysis of phase characteristics of fiber Michelson interferometer based on a 3×3 coupler[J].Acta Optica Sinica,2008,28(10):1868-1873.
[44] BARAKAT R.Statistics of the Stokes parameters[J].Journal of the Optical Society of America A,1987,4(7):1256-1263.
[45] GUAN B O,JIN L,ZHANG Y,et al.Polarimetric heterodyning fiber grating laser sensors[J]. Journal of Lightwave Technology,2012,30(8):1097-1112.

第 6 章

分立式光纤传感器

内容关键词

- 光纤传感器
- 常见干涉仪的种类
- 光纤光栅

分立式光纤传感技术利用光纤敏感器件作为传感器，来感知被测参量的变化，通过被测参量对光谱、光强、偏振等光学参量的调制获取被测量的信息。光纤作为光信号的传输通道，连接了光纤传感器及后端的解调装置。本章将介绍分立式光纤传感器的不同种类，由强度调制型、波长调制型、频率调制型、相位调制型等光纤传感器和光纤光栅传感技术的基本原理入手。

6.1 强度调制型光纤传感器

强度调制的基本原理：作用于光纤（接触或非接触）的被测物理量，使光纤中传输的光信号的强度发生变化，检测出光信号强度的变化量，即可实现对被测物理量的测量。强制调制型光纤传感器的基本原理图如图 6.1.1 所示。因此，对强度调制型光纤传感器的定义为：利用外界因素引起光纤中光强的变化，来探测外界物理量及其变化量的光纤传感器。

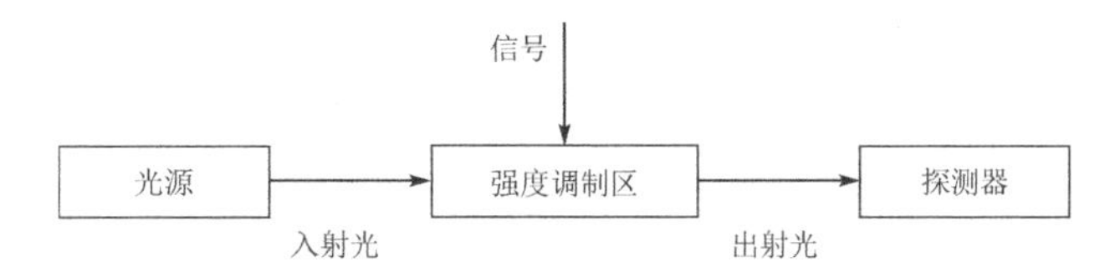

图 6.1.1　强度调制型光纤传感器的基本原理图

强度调制型光纤传感器的种类有很多。根据对信号光调制方式的不同，强度调制型光纤传感器可以分为外调制型（调制区域在光纤外部，传光型）和内调制型（调制区域为光纤本身，传感型）两类。外调制型又分为反射式强度调制和透射式强度调制，内调制型则包括光模式功率分布型、折射率强度调制型和光吸收系数调制型等。

目前，改变光纤中光强的方法有以下几种：改变光纤的微弯状态、改变光纤的耦合条件、改变光纤对光波的吸收特性、改变光纤中的折射率分布等。

6.1.1 反射式强度调制

最简单的反射式强度调制型光纤传感器的结构包括光源、传输光纤（输入与输出）、反射面及光电探测器。由于光纤接收的光强信号是与光纤参量、反射面特性及二者之间的距离等密切相关的，因而在其他条件不变的情况下，光纤参量（包括光纤间距、芯径和数值孔径等）直接影响光强调制特性。因此，有专门的研究讨论由输入光纤和输出光纤组成的光纤对的光强调制特性[1-4]。

反射式强度调制的基本原理图如图 6.1.2 所示，光源发出的光经输入光纤射向被测物体表面，然后由输出光纤接收物体表面反射回来的光，并将其传输至光电接收器；光电接收器所接收到的光强的大小随被测表面与光纤（对）之间的距离而变化。

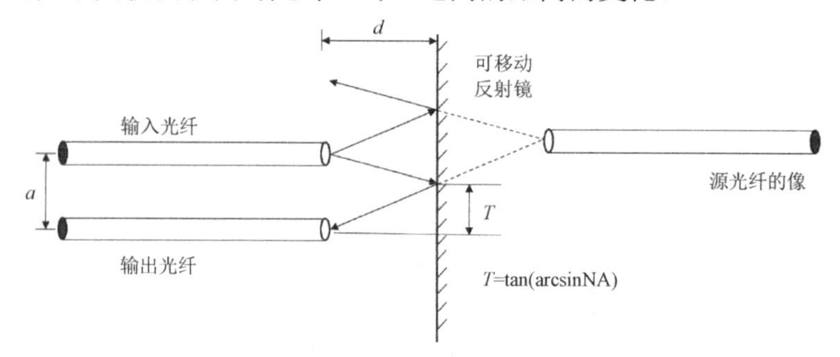

图 6.1.2　反射式强度调制的基本原理图

一般情况下，为了提高被测物体表面的反射率，即提高光电探测器的接收光强，常常采用在物体表面镀膜等工艺，如图 6.1.2 中的可移动反射镜的镜面。在图 6.1.2 中，在距离光纤端面 d 的位置，垂直于输入/输出光纤轴放置一反光物体——可移动反射镜，并且该可移动反射镜可以沿光纤轴向移动。在可移动反射镜后 d 处形成一个输入光纤的虚像。因此，确定传感器的响应（输入光纤—平面镜—输出光纤的光路耦合）等效于计算源光纤的像与输出光纤之间的耦合。

设输出光纤与输入光纤为同型号的阶跃折射率光纤，二者的间距为 a，芯径为 $2r$，数值孔径为 NA（Numerical Aperature），则输出光纤的光耦合系数有 3 种情况。

（1）当 $d < \dfrac{a}{2T}$，即 $a > 2dT$（dT 为发射光锥的底面半径），且 $T = \tan(\arcsin \mathrm{NA})$ 时，耦合进入输出光纤的光功率为零。

（2）当 $d > \dfrac{a+2r}{2T}$ 时，输出光纤与输入光纤的像的光锥底端相交，截面积恒为 πr^2，此光锥的底面积为 $\pi^2 dT^2$，因此在此间隙范围内的光耦合系数为 $\left(\dfrac{r}{2dT}\right)^2$。

（3）当 $\frac{a}{2T} \leqslant d \leqslant \frac{a+2r}{2T}$ 时，耦合到输出光纤的光通量由输入光纤的像发出的光锥底面与输出光纤重叠的面积确定，如图 6.1.3（a）所示。利用伽马函数可以精确地计算出重叠部分的面积，利用线性近似法和简单的几何分析推导同样可以做到，图 6.1.3（b）所示为重叠部分的直边模型图形。

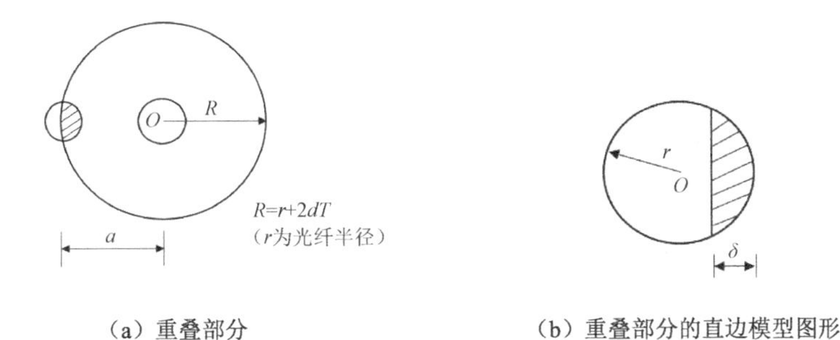

（a）重叠部分　　（b）重叠部分的直边模型图形

图 6.1.3　输入光纤与输出光纤的重叠部分示意图

设光纤轴线与被测物体表面垂直，被测表面的反射系数为 1，可得输出光纤端面中光锥照射部分的面积为

$$\alpha = \frac{1}{\pi}\left\{\arccos\left(1-\frac{\delta}{r}\right)-\left(1-\frac{\delta}{r}\right)\sin\left[\arccos\left(1-\frac{\delta}{r}\right)\right]\right\} \tag{6.1.1}$$

由图 6.1.3（b）中的几何关系可以计算得到 $\frac{\delta}{r}=\frac{2dT-\alpha}{r}$，由此输出光纤所接收到的入射光功率百分比为

$$\frac{P_0}{P_1} = F = \alpha\left(\frac{\delta}{r}\right)\cdot\left(\frac{r}{2dT}\right)^2 \tag{6.1.2}$$

式中，F 为耦合效率。此关系式可用于反射式强度调制型光纤传感器的设计。

6.1.2 透射式强度调制

透射式强度调制是在输入光纤与输出光纤的耦合端面之间插入遮光板，或者改变输入光纤与输出光纤（其中之一为可动光纤）的间距、位置，以实现对输入光纤与输出光纤之间的耦合效率的调制，从而改变光电探测器所接收到的光强。透射式强度调制型传感器的基本原理图如图 6.1.4 所示。

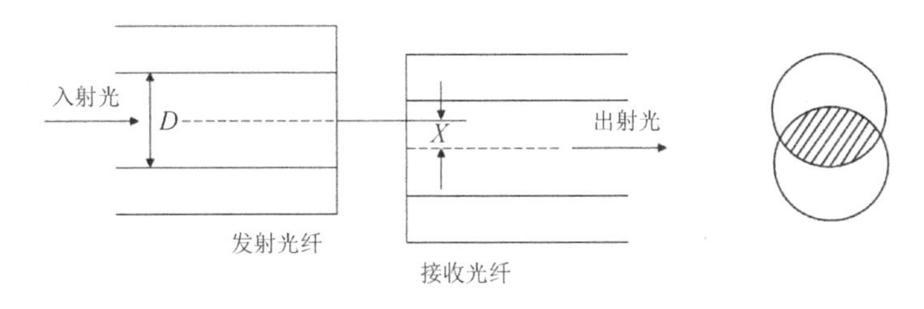

图 6.1.4　透射式强度调制型传感器的基本原理图

此类型的传感器常常被用于测量位移、压力、温度和振动等物理量。这些物理量作用于遮光板或者光纤上，使输入光纤与输出光纤的轴线发生相对移动，从而导致耦合效率的改变。

6.1.3 微弯调制

当光纤在外力作用下发生微弯时，会引起光纤中不同模式之间的转化，即某些导模变为辐射模或漏模，从而引起损耗，这就是微弯损耗。如果将微弯损耗与特制的微弯变形器及其位置引起微弯的压力等物理量，通过特定的关系式联系起来，就可以制作各种功能的传感器。

图 6.1.5 所示为光纤微弯传感器的基本原理图。

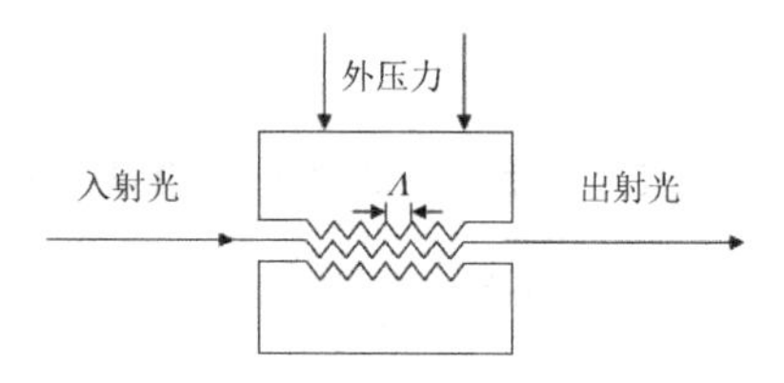

图 6.1.5　光纤微弯传感器的基本原理图

在图 6.1.5 中，微弯变形器由两块具有特定周期的波纹板和夹在其中的多模光纤构成。波纹板的周期（Λ）根据满足两种光纤模式之间的传播常数匹配原则来确定。设两个相互耦合的模式的传播常数分别为β和β'，则周期（Λ）必须满足

$$\Delta\beta = |\beta - \beta'| = \frac{2\pi}{\Lambda} \tag{6.1.3}$$

此时，相位失配为零，模间耦合达到最强。因此，波纹板有一个最佳周期，该周期由光纤本身的模式特性决定。当微弯变形器发生垂直于波纹板周期方向的位移时，将改变弯曲处的模振幅，从而产生对光纤中传输光强的调制。调制系数记作

$$Q = \frac{\mathrm{d}T}{\mathrm{d}x} \cdot \frac{\mathrm{d}x}{\mathrm{d}p} \tag{6.1.4}$$

式中，T为光纤的传输系数；x为波纹板的位移；p为外压力。

调制系数由两个参数决定：一是由光纤本身性能决定的光学参数$\frac{\mathrm{d}T}{\mathrm{d}x}$；二是由光纤微弯传感器的机械设计决定的参数$\frac{\mathrm{d}x}{\mathrm{d}p}$。为了优化传感器的性能，必须使光学设计、机械设计都满足最优化条件，二者相统一。如前所述，由式（6.1.3）可以求得传感器的最佳机械设计周期。光学参数$\frac{\mathrm{d}T}{\mathrm{d}x}$由光纤本身的性能决定，主要取决于光纤的折射率分布。光纤的折射率分布满足

$$n^2(r) = n^2(0)\left[1 - 2\Delta\left(\frac{r}{a}\right)^g\right] \tag{6.1.5}$$

6.1.4 折射率强度调制

折射率强度调制的基本原理是，多个物理量都可以引起光纤折射率的变化，通过折射率的变化实现光强的调制，主要有以下 3 种方式。

1. 利用光纤折射率的变化引起输入光损耗变化的强度调制

通常光纤的纤芯和包层的折射率温度系数不同，当温度不变时，包层折射率（n_2）与纤芯折射率（n_1）之间的差值恒定，而当温度变化时，这个差值会发生变化，从而产生传输损耗。根据这种原理，通过选择具有不同折射率温度系数的材料制作纤芯和包层，并以某一温度时接收到的光强为基准，根据传输损耗的变化就可以确定温度的变化。

光纤折射率（n）随温度（T）变化的关系曲线如图 6.1.6 所示。

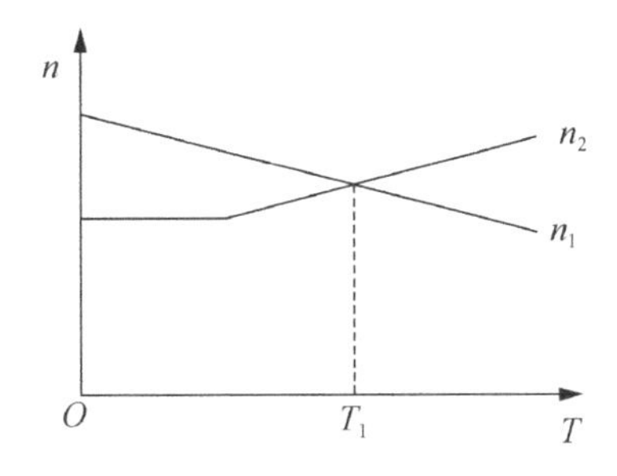

图 6.1.6 光纤折射率（n）随温度（T）变化的关系曲线

当 $T < T_1$ 时，$n_1 > n_2$，光可在光纤中传输；当 $T > T_1$ 时，$n_1 < n_2$，光传输条件被破坏，光在光纤中传输时不能发生全反射，导致传输损耗变得极大。因此，以某一温度时接收到的光强为基准，根据光功率的变化即可确定温度的变化，利用这一原理可以制成温度报警装置。

2. 利用光纤折射率的变化引起倏逝波耦合度变化的强度调制

当光由光密介质入射到光疏介质中时，会在两种介质的界面上发生全反射而不入射到光疏介质中，但实际上，由于存在波动效应，因此有一部分光会穿过界面传播到另外的介质中去，这种光场被称为倏逝场，且其强度呈指数衰减，因此平均来看，它不能将能量带出两种介质的界面。通常，当倏逝波在光疏介质中的深入距离为几个波长时，能量就可以忽略不计了。如果采用一种方法使倏逝场能以较大的振幅穿过光疏介质，并伸展到附近的折射率高的光密介质材料中，那么能量就能穿过间隙，这一过程称为受抑全反射。

倏逝波耦合型强度调制传感器的原理图如图 6.1.7 所示，当两根光纤的包层完全或部分被去掉时，只要光纤间的距离足够小，倏逝场就会在两根光纤之间产生耦合，其耦合强度和光纤之间的距离（d）、相互作用长度（L）及耦合介质的折射率（n_2）等因素有关。若被测物理量能引起其中任意一个参数的变化，则最终输出光强就会产生相应的变化，这种原理已经被应用于光扫描隧道显微镜方面。

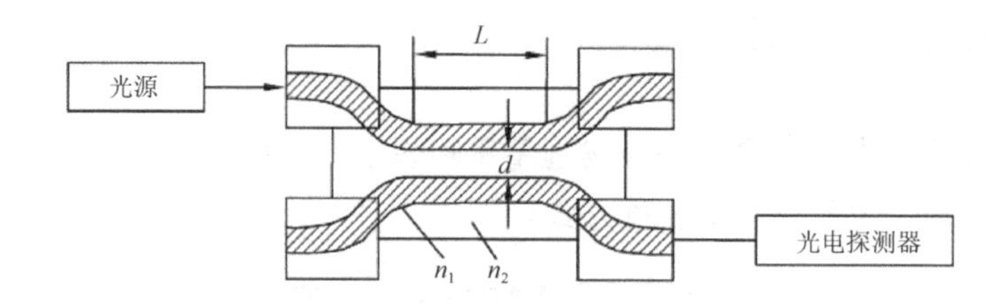

图 6.1.7 倏逝波耦合型强度调制传感器的原理图

3. 利用光纤折射率变化导致光纤光强反射系数变化的透射光强调制

反射系数型强度调制传感器的原理图如图 6.1.8 所示，该类型传感器是利用光纤（或者其他光学元件，如棱镜）的反射面的反射系数随被测物理量变化而工作的。该反射面一般需放置在另一个具有不同折射率的介质中。当被测物理量（如压力、温度等）使该介质的折射率发生变化时，相应的反射光强也会随之变化。

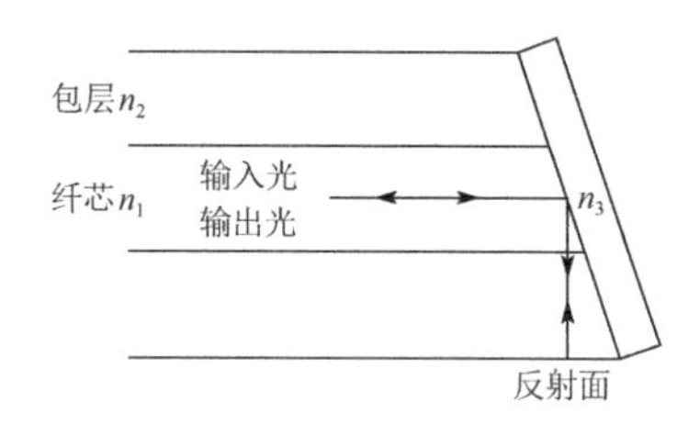

图 6.1.8 反射系数型强度调制传感器的原理图

6.1.5 光吸收系数调制

X 射线、γ 射线等会使光纤材料的吸收损耗显著增大，使光纤的输出光强降低，可以利用这一原理制作强度调制辐射量传感器，其原理非常简单，如图 6.1.9 所示。改变传感区域中光纤的材料成分，可以对不同的射线进行测量，此类型的传感器可以被用于外太空、核电站、放射性物质堆放处等的辐射量相关监测。

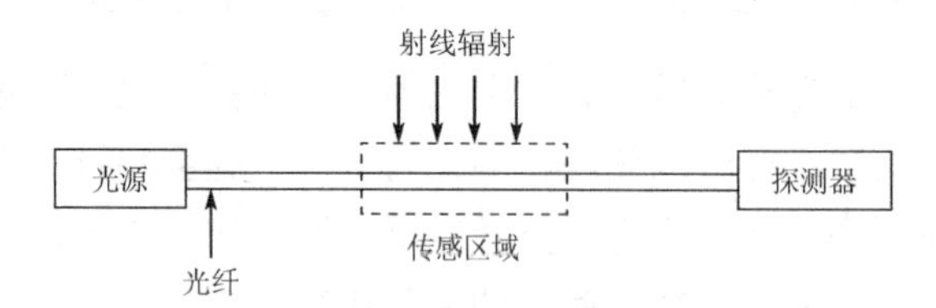

图 6.1.9 强度调制辐射量传感器的原理图

6.1.6 光学相干层析术

光学相干层析术（Optical Coherence Tomography，OCT）是将光学相干技术与激光扫描共焦显微镜术相结合的一种医学层析成像方法，能够实现对组织内显微结构的高分辨率成像，在医学上被称为“光学活检”。利用入射光在生物组织的不同深度反射层产生的背向散射信号，通过相干测量，能够完成对样品组织的层析成像，并已达到微米量级的空间分辨力，具有广阔的临床应用前景。光学相干层析术起源于光学相干域反射测量技术，一开始用于网络故障检测或光学器件内部损伤检测[5,6]。不久，人们就发现了它的生物组织探测能力。图 6.1.10 所示为离体牙齿三维重建 OCT 图像。

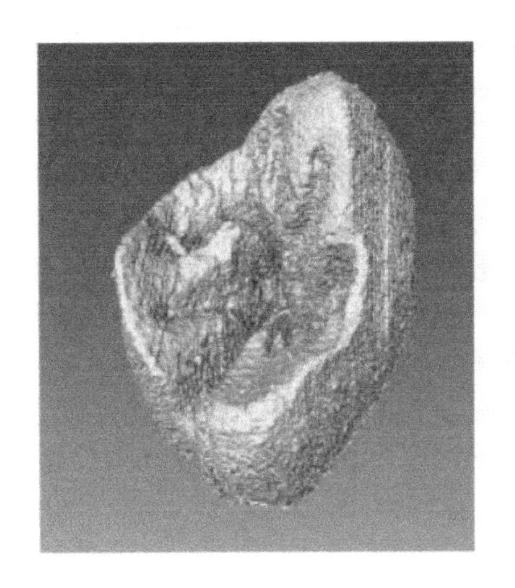

图 6.1.10 离体牙齿三维重建 OCT 图像

6.2 波长调制型光纤传感器

6.2.1 波长调制型光纤传感器的基本原理

波长调制型光纤传感技术主要是利用传感探头的光谱特性可随外界物理量变化的特性来实现的，此类传感器一般属于非功能型传感器。在波长调制型光纤传感器中，光纤只作为导光使用，即将入射光送往测量区，将输出的调制光送往探测器，使调制光经过信号处理后输出。波长调制型光纤传感器的基本原理图如图 6.2.1 所示。

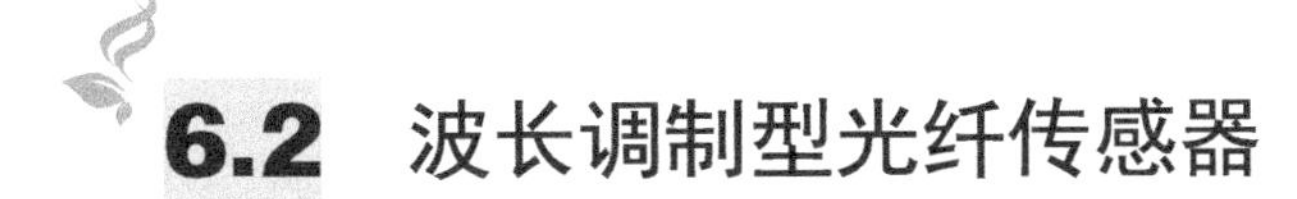

图 6.2.1 波长调制型光纤传感器的基本原理图

光纤波长（颜色）探测技术的关键是，光源和频谱分析仪的性能决定传感系统的稳定性与分辨率。在大多数波长调制系统中，光源采用白炽灯或汞弧灯。光谱分析仪一般采用棱镜分光计、光栅分光计、干涉滤光器和染料滤光器等仪器制成。由于光源、分光计及探测器的性能常常不稳定，因此，通常测取两个或多个波长的光强信号，进行比值运算，补偿系统误差。

光纤波长调制技术可被应用于医学、化学领域，例如，对于人体血气的分析、pH 值检测、指示剂溶液浓度的化学分析、磷光和荧光现象分析、黑体辐射分析等。

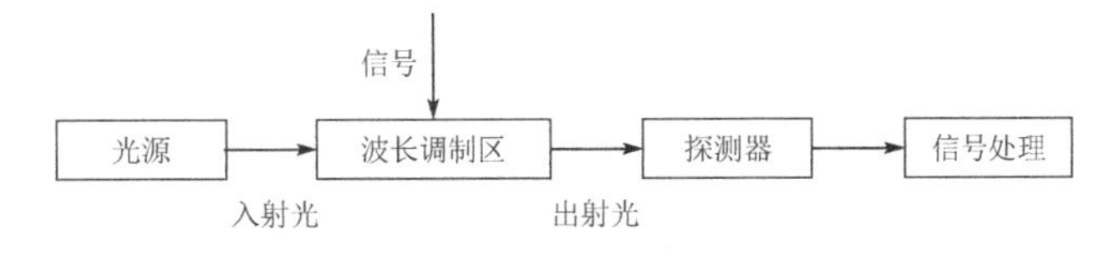

6.2.2 光纤内腔传感技术

1971 年，Peterson 等人在染料激光器的谐振腔内放入一个弱窄带吸收体，发现在吸收体的吸收波长处输出激光的强度减弱[7]。以此为基础，在激光理论上逐渐发展起来一种特殊的吸收光谱法——有源内腔法。有源内腔法的主体思想是，将气室放入激光器的谐振腔内，并使激光器的激射波长与待测气体的吸收光谱相对应，通过测量激光器输出光谱因气体吸收而产生的变化，得到待测气体的浓度。微弱光信号在谐振腔内往返振荡形成激光的过程中，多次经过待测气体，将较小的气室长度等效为很大的有效吸收光程，从而极大地提高了气体传感灵敏度。有源内腔法所用的激光器为半导体激光器、固体激光器、染料激光器、光纤激光器等。

基于光纤激光器的有源内腔气体检测系统常采用掺稀土元素的光纤作为增益介质，具有很大的增益带宽，这一带宽范围包含多种气体的吸收谱线。利用不同的谱线位置可以判定气体的种类，利用吸收谱线的幅值可以测得气体的浓度。光纤有源内腔气体传感原理图如图 6.2.2 所示。

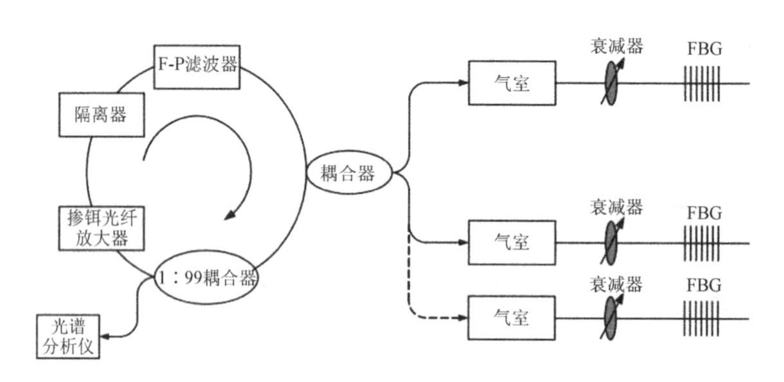

图 6.2.2 光纤有源内腔气体传感原理图

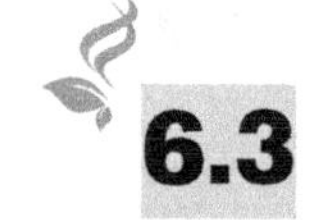

6.3 频率调制型光纤传感器

在金属-电介质界面支持的沿界面的电荷密度振荡称为表面等离子体振荡。光纤表面等离子体传感器利用光传输过程中在纤芯和包层界面产生的倏逝波来激发表面等离子体振荡，最早由华盛顿大学的 Jorgenson 教授于 1993 年提出[8]。基于这种传感器，折射率测量的最高分辨率在 900nm 波长处可达到 7.5×10^{-4}。此后，相继报道了用于化学和生物传感领域的各种结构的光纤表面等离子体传感器。

由于表面等离子体谐振是由倏逝波激发金属-电介质界面产生的，因此凡是能够产生倏逝波的器件，理论上都能够制作特定的表面等离子体传感器。光纤作为光传输的载体，在光传输过程中，纤芯和包层界面会产生倏逝波，因而可以用来制作表面等离子体传感器。光纤耦合结构的表面等离子体传感器采用光纤作为光的传输介质。由于光纤具有特殊性，因此这种传感器具有其他结构所没有的特点：它可以很方便地探测一些人类难以进入或者对人体有害的地方，可以通过光纤对敏感信号的传输实现远程监测和分布式监测，而且可以达到较高的灵敏度。光纤耦合传感器一般将普通光纤部分的保护层剥离，将纤芯裸露出来，再在纤芯外包裹金属膜层及敏感层，检测时，将该部分与样液接触，从而方便、灵敏地检测。光纤表面等离子体传感器如图 6.3.1 所示。

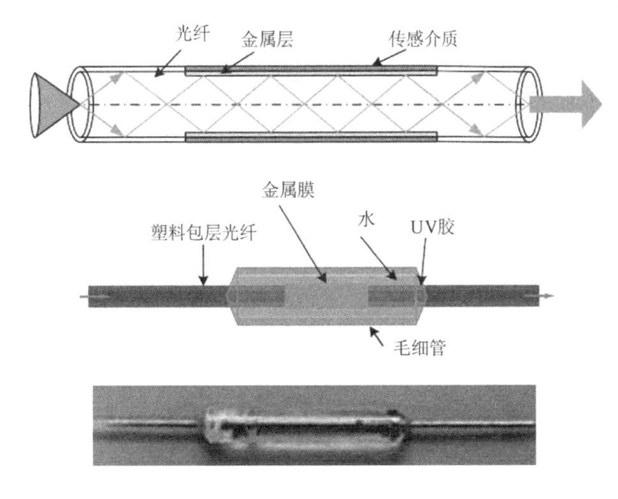

图 6.3.1 光纤表面等离子体传感器

6.4 相位调制型光纤传感器

6.4.1 相位调制型光纤传感器的基本原理

相位调制型光纤传感器的基本原理是，通过被测物理量的作用，使光纤内传输的光的相位发生变化，再用干涉测量技术将相位变化转换为光强变化，从而检测出待测物理量。光纤中光的相位由光在光纤中的传播常数、折射率及其分布、波导几何尺寸所决定，k_0 表示光在真空中的波数，n 表示传播路径上的折射率，L 表示传播路径的长度。一般来说，应力、应变、温度等外界物理量能直接改变上述三个参数，使传输光的相位产生变化，从而实现相位调制。但是，由于光的频率非常高（通常在 10^{14}Hz 以上），现有的光电探测器都不具备如此高的灵敏度，因此不能直接检测光的相位变化，必须采用干涉测量技术，才能将光的相位变化转换为光的强度变化。

相位调制型光纤传感器具有以下特点。

（1）灵敏度高。相位调制型光纤传感器主要利用光干涉原理来完成信号的检测，光学中的干涉法是十分灵敏的探测技术。

（2）测量的动态范图大，响应速度快。

（3）结构形式灵活多样。相位调制型光纤传感器的几何形状可按要求设计成不同的形式，适用于各种不同的测试环境。

（4）被测对象广泛。不论何种物理量，只要对干涉仪的光程有影响，就可测量。可直接测量的物理量包括应力、应变、温度、加速度等。

6.4.2 相位调制光纤传感的基本原理

光纤相位调制通常是通过光纤干涉仪进行的。在光纤干涉仪中，以敏感光纤作为相位调制元件，将其置于被测能量场中，被测能量场与敏感光纤的相互作用导致敏感光纤中光相位的调制。导致敏感光纤中光相位调制的物理效应有应力应变的效应、温度应变的效应等。

6.4.2.1 应力应变的效应

当光纤受到纵向（或轴向）的机械应力作用时，光纤的长度、芯径、纤芯折射率都将发生变化，这些变化将导致光波的相位变化。光波通过长度为 L 的光纤后，出射光波的相位延迟为

$$\varphi = \frac{2\pi}{\lambda} L = \beta L \tag{6.4.1}$$

式中，β 为光波在光纤中的传播常数，$\beta = 2\pi / \lambda$；λ 为光波在光纤中的传播波长。光波在外界因素的作用下，相位的变化为

$$\Delta\varphi = \beta \Delta L + L \Delta\beta = \beta L \frac{\Delta L}{L} + L \frac{\partial \beta}{\partial n} \Delta n + L \frac{\partial \beta}{\partial a} \Delta a \tag{6.4.2}$$

式中，a 为光纤纤芯的半径。第一项表示由光纤长度变化引起的相位延迟（应变效应）；第二项表示由感应折射率变化引起的相位延迟（弹光效应）；第三项表示由光纤的半径变化引起的相位延迟（泊松效应）。

根据弹性力学原理，对于各向同性材料，其折射率的变化与对应的应变（ε_i）有以下关系

$$\begin{bmatrix} \Delta B_1 \\ \Delta B_2 \\ \Delta B_3 \\ \Delta B_4 \\ \Delta B_5 \\ \Delta B_6 \end{bmatrix} = \begin{bmatrix} p_{11} & p_{12} & p_{12} & 0 & 0 & 0 \\ p_{12} & p_{11} & p_{12} & 0 & 0 & 0 \\ p_{12} & p_{12} & p_{11} & 0 & 0 & 0 \\ 0 & 0 & 0 & p_{44} & 0 & 0 \\ 0 & 0 & 0 & 0 & p_{44} & 0 \\ 0 & 0 & 0 & 0 & 0 & p_{44} \end{bmatrix} \begin{bmatrix} \varepsilon_1 \\ \varepsilon_2 \\ \varepsilon_3 \\ 0 \\ 0 \\ 0 \end{bmatrix} \tag{6.4.3}$$

式中，p_{11}、p_{12}、p_{44} 为光纤的光弹系数，$p_{44} = \left(p_{11} - p_{12}\right)/2$；$\varepsilon_1$ 和 ε_2 为光纤的横向应变；ε_3 为光纤的纵向应变。

$B_i = \left(\dfrac{1}{n_i}\right)^2$（$i = 1,2,3$），将该式两边求导后，整理得

$$\Delta n_i = -\frac{1}{2} n_i^3 \Delta B_i \quad (i = 1,2,3) \tag{6.4.4}$$

假设光纤纤芯的材料为各向同性材料，$\varepsilon_1 = \varepsilon_2$，$n_1 = n_2 = n_3 = n$，则有

$$\Delta n_1 = -\frac{1}{2} n^3 \left[\left(p_{11} + p_{12}\right)\varepsilon_1 + p_{12}\varepsilon_3\right] \tag{6.4.5}$$

$$\Delta n_2 = -\frac{1}{2}n^3\left[\left(p_{22}+p_{12}\right)\varepsilon_1 + p_{12}\varepsilon_3\right] \tag{6.4.6}$$

$$\Delta n_3 = -\frac{1}{2}n^3\left(2p_{12}\varepsilon_1 + p_{11}\varepsilon_3\right) \tag{6.4.7}$$

1. 纵向应变引起的相位变化

当存在纵向应变时，式（6.4.2）中的第三项比前两项小得多，可以忽略。

设 $\beta = nk_0$，$\varepsilon_3 = \Delta L / L$，$\partial\beta / \partial n = k_0 = 2\pi / \lambda_0$，则有

$$\Delta\varphi = k_0 nL\varepsilon_3 + k_0 L\Delta n \tag{6.4.8}$$

当只有纵向变形时，$\varepsilon_1 = \varepsilon_2 = 0$，由于光纤中光的传播是沿横向偏振的，因此仅考虑折射率的变化，将式（6.4.5）代入式（6.4.8），可得

$$\Delta\varphi = \frac{1}{2}nk_0 L\left(2 - n^2 p_{12}\right)\varepsilon_3 \tag{6.4.9}$$

2. 径向应变引起的相位变化

当存在径向应变时，$\varepsilon_3 = 0$，对于轴向对称的径向变化，$\varepsilon_1 = \varepsilon_2 = \Delta a / a$。当考虑泊松效应时，由式（6.4.8）得到的相位变化为

$$\Delta\varphi = nk_0 L\left[\frac{a}{nk_0}\left(\frac{\mathrm{d}\beta}{\mathrm{d}a}\right) - \frac{1}{2}n^2\left(p_{11}+p_{12}\right)\right]\varepsilon_1 \tag{6.4.10}$$

式中，$\dfrac{\mathrm{d}\beta}{\mathrm{d}a}$ 为传播常数的应变因子。

当不考虑泊松效应时，有

$$\Delta\varphi = -\frac{1}{2}k_0 Ln^3\left(p_{11}+p_{12}\right)\varepsilon_1 \tag{6.4.11}$$

3. 光弹效应引起的相位变化

此时，纵向效应、横向效应同时存在，将式（6.4.5）代入式（6.4.10）可得

$$\Delta\varphi = nk_0 L\left[\varepsilon_3 - \frac{1}{2}n^2\left(p_{11}+p_{12}\right)\varepsilon_1 - \frac{1}{2}n^2 p_{12}\varepsilon_3\right] \tag{6.4.12}$$

4. 一般形式的相位变化

当纵向应变为伸长时，横向应变为缩短；当纵向应变为缩短时，横向应变为伸长。二者符号相反，符合胡克定律：

$$\left|\frac{\varepsilon_1}{\varepsilon_2}\right| = \mu \tag{6.4.13}$$

式中，μ 为泊松比。当 $\varepsilon_1 = \varepsilon_2$ 时，式（6.4.12）可写为

$$\Delta\varphi = nk_0 L\left\{1 - \frac{1}{2}n^2\left[(1-\mu)p_{12} - \mu p_{11}\right]\right\}\varepsilon_3 - La\mu\frac{\partial\beta}{\partial a}\varepsilon_3 \tag{6.4.14}$$

6.4.2.2 温度应变的效应

光纤被放置在变化的温度场中，将温度场变化等效为作用力（F）时，作用力（F）将同时影响光纤折射率（n）和长度（L）的变化。由作用力（F）引起的光纤中光波相位延迟为

$$\frac{\mathrm{d}\varphi}{\mathrm{d}F}=k_0L\left(\frac{\mathrm{d}n}{\mathrm{d}F}\right)+k_0n\left(\frac{\mathrm{d}L}{\mathrm{d}F}\right)=k_0L\left(\frac{\mathrm{d}n}{\mathrm{d}F}+\frac{n}{L}\cdot\frac{\mathrm{d}L}{\mathrm{d}F}\right) \tag{6.4.15}$$

式中，第一项表示折射率变化引起的相位变化；第二项表示光纤几何长度变化引起的相位变化。若式（6.4.15）用温度变化（ΔT）和相位变化（$\Delta\varphi$）描述，则表示为

$$\frac{\Delta\varphi}{\Delta T}=k_0L\left(\frac{\mathrm{d}n}{\mathrm{d}T}\right)+k_0n\left(\frac{\mathrm{d}L}{\mathrm{d}T}\right) \tag{6.4.16}$$

由于光纤中光的传播是沿横向偏振的，当仅考虑径向折射率变化时，其相位随温度的变化可表示为

$$\frac{\Delta\varphi}{\varphi\Delta T}=\frac{1}{n}\cdot\frac{\mathrm{d}n}{\mathrm{d}T}+n\cdot\frac{1}{L}\cdot\frac{\mathrm{d}L}{\mathrm{d}T}=\frac{1}{n}\cdot\frac{\partial n}{\partial T}+\frac{1}{\Delta T}\left\{\varepsilon_3-\frac{1}{2}n^2\left[\left(p_{11}+p_{12}\right)\varepsilon_1+p_{12}\varepsilon_3\right]\right\} \tag{6.4.17}$$

式中，ε_1 和 ε_2 与光纤材料有关。

6.4.3 光纤陀螺传感技术

光纤陀螺是一种建立在萨尼亚克效应基础上的环形双光束干涉仪，利用同一光源分出特征相同的两束光波，在同一光纤线圈中沿顺时针方向和逆时针方向分别传输，并最终会合至一点而发生干涉；若干涉仪闭合光路相对于惯性空间存在一个光路法向方向的旋转速率信号，则沿顺时针方向及沿逆时针方向传播的光波会产生一个正比于旋转速率的光程差[9,10]。

从图 6.4.1 与图 6.4.2 中国外陀螺技术在 2005 年的发展状况和 2020 年的发展状况来看[11,12]，图 6.4.1 中的光纤陀螺能够适用于 $100^\circ/\sqrt{\mathrm{h}}$ 到 $0.001^\circ/\sqrt{\mathrm{h}}$ 的精度范围。但是，随着更低成本的微机电/集成光学陀螺精度的提高，光纤陀螺在 2020 年以后更多地用于导航级以上的高精度领域，中、低精度的应用将主要是微机电/集成光学陀螺的市场，更高精度的应用则为静电陀螺等转子式陀螺和很有潜力的原子干涉陀螺。高精度光纤陀螺主要被应用于军事装备、空间技术和科学研究等领域。例如，卫星应用对陀螺的寿命要求较高（长达 10～15 年），适合使用光纤陀螺。低成本、小型化光纤陀螺作为角速率传感器，将在许多对精度要求不高的领域有更广阔的应用前景。国外光纤陀螺的随机游走系数已达到 $0.000\,08^\circ/\sqrt{\mathrm{h}}$，零偏稳定性已优于 $0.0003^\circ/\sqrt{\mathrm{h}}$（$1\sigma$），而实验室下的零偏稳定性已达到 $0.0002^\circ/\sqrt{\mathrm{h}}$[13]，目前正朝着优于 $0.0001^\circ/\sqrt{\mathrm{h}}$ 而努力，以满足潜艇等应用对高性能陀螺的要求。进一步提高光纤陀螺的精度，需要提高仪表热设计和光纤线圈的绕制技术水平，增强陀螺在温度和力学条件下的零偏性能；改善光源的平均波长稳定性，以提高标度因数重复性；改进 Y 波导线性度，改进调制解调方法，提高标度因数线性度。

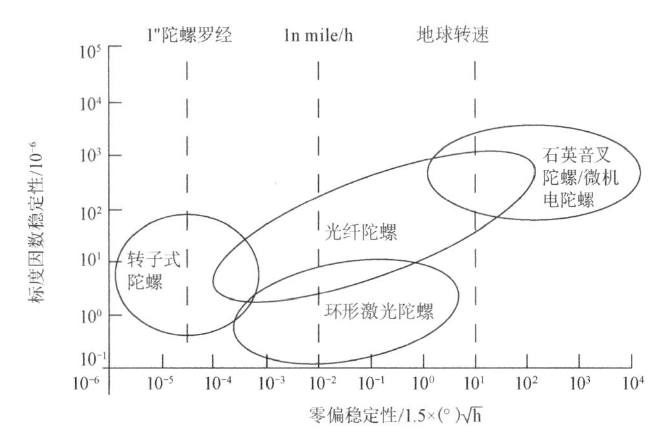

图 6.4.1　2005 年国外陀螺技术发展状况示意图

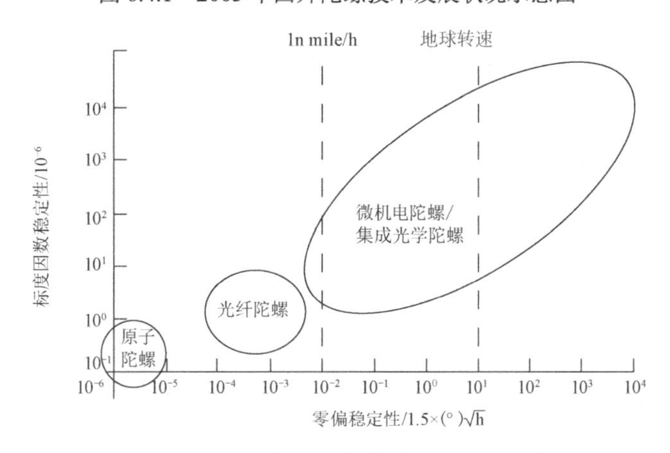

图 6.4.2　2020 年国外陀螺技术发展状况示意图

6.4.4　光纤法布里-珀罗（F-P）传感器

光纤 F-P 传感技术通过待测参量作用于 F-P 腔产生的腔长变化进行传感。 F-P 腔为光纤 F-P 压力传感器的核心敏感元件，入射光在 F-P 腔的两个端面形成反射，产生干涉信号，干涉信号随着 F-P 腔腔长的改变而发生变化，通过对干涉信号进行解调实现对待测参量传感。按照不同的 F-P 腔构成方式，可以将光纤 F-P 待测参量传感器分为本征型和非本征型两类，图 6.4.3 所示为这两类传感器的典型结构图。

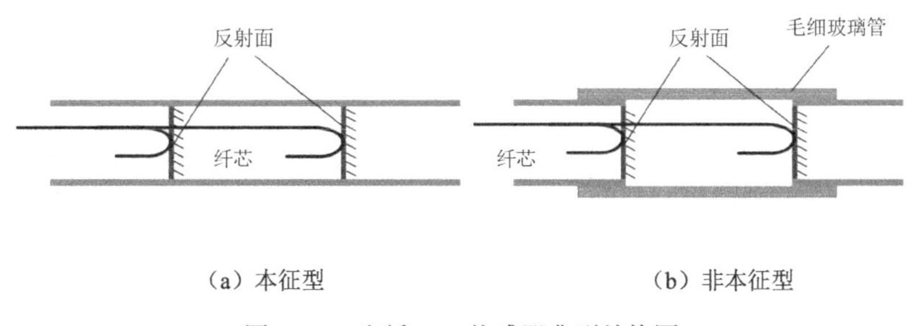

（a）本征型　　（b）非本征型

图 6.4.3　光纤 F-P 传感器典型结构图

本征型光纤 F-P 传感器是被最早研究的一种光纤 F-P 传感器，由 Lee 和 Taylor 于 1988 年首次制作成功[40]，其 F-P 腔由光纤本身构成，F-P 腔的两个反射面外侧可以是空气介质，也可以是光纤介质。除通过在光纤两端镀反射膜的方式制作 F-P 腔外，通过在光纤中间熔接不同反射率光纤的方式也可以构成本征型光纤 F-P 传感器。例如，将蓝宝石光纤与单模光纤熔接在一起[41]，或在两段单模光纤中间熔接一段多模光纤[42]。本征型光纤 F-P 传感器通过侧向感受待测参量，但由于温度、应变等参量同样会影响 F-P 腔光纤介质的折射率，本征型光纤 F-P 传感器容易产生多参量交叉敏感问题。

非本征型光纤 F-P 传感器的 F-P 腔不再是光纤本身，而是空气或其他介质，具有测量灵敏度高、动态范围大、对温度不敏感的优点，是光纤 F-P 压力传感器的研究重点[44]。

基于混合 F-P 腔结构的压力和温度双参量传感器如图 6.4.4 所示。

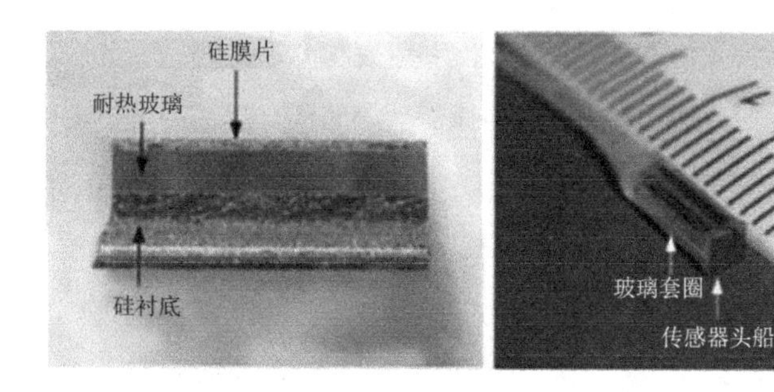

图 6.4.4　基于混合 F-P 腔结构的压力和温度双参量传感器

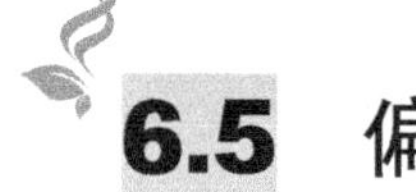

6.5　偏振调制中的常用物理效应

6.5.1　弹光效应

弹光效应又称光弹性效应或压光效应，是指当介质受到机械应力时，其折射率将发生变化的现象，如图 6.5.1 所示。

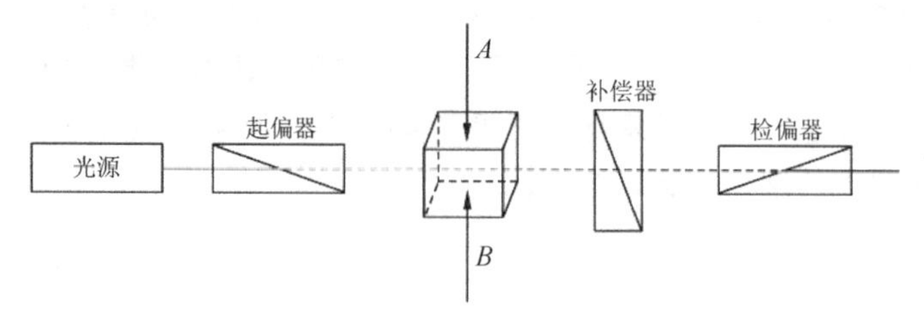

图 6.5.1　弹光效应原理图

若沿 A、B 方向有压力或张力，则沿 A、B 方向和其他方向的折射率不同，可见原来是光学各向同性的介质在力学形变时可变成各向异性，即折射率椭球发生变化，故而呈现双折射。通俗地讲，弹光效应就是一束入射光分解为两束折射光的现象。

设单轴晶体的主折射率为n_{E}，对应 A、B 方向（应力方向）上的振动的光的折射率，与 A、B 垂直方向的偏振光的折射率为n_{O}，这时弹光效应与压强（p）的关系可以表达为

$$n_{\mathrm{O}}-n_{\mathrm{E}}=kp \tag{6.5.1}$$

式中，k 为物质常数；$n_O - n_E$ 为双折射率，表征双折射性的强弱，此处也表征弹光效应的强弱。

若光波通过的材料厚度为 l，则获得的光程差为

$$\Delta = (n_O - n_E)l = kpl \tag{6.5.2}$$

而相应的引起的相位差为

$$\Delta\varphi = \frac{2\pi}{\lambda_0}(n_O - n_E)l = \frac{2\pi kpl}{\lambda_0} \tag{6.5.3}$$

此时的出射光强为

$$I = I_0 \sin^2\left(\frac{\pi kpl}{\lambda_0}\right) \tag{6.5.4}$$

利用物质的弹光效应可以构成压力、声、振动、位移光纤传感器等，可用均匀压力场引起的纯相位变化调制，从而构成干涉型光纤压力传感器、干涉型光纤位移传感器等。也可用各向异性压力场引起的感应线性双折射调制，从而构成非干涉型光纤压力传感器、非干涉型光纤应变传感器。

6.5.2 法拉第效应

许多物质在磁场的作用下可以使穿过它的平面偏振光的偏振方向产生旋转，这种现象称为法拉第效应或磁致旋光效应。法拉第效应是一种磁感应旋光性，在磁场的作用下，线偏振光的偏振方向发生旋转，光矢量旋转的角度与光在物质中通过的距离（L）、磁感应强度（B）及物质的维尔德常量（V）成正比

$$\alpha = VLB \tag{6.5.5}$$

法拉第效应与旋光性旋转的区别是，法拉第效应没有互易性，若线偏振光一次通过材料旋转 α 角，则光沿相反方向返回时将旋转 α 角，因此两次通过材料总的旋转角度为 2α，而不像旋光材料中那样为 0。所有材料都显示出某种程度的法拉第效应，这种效应在铁磁材料中最强，在抗磁材料中最弱。法拉第效应导致平面偏振光的偏振面旋转，这种磁致偏振面的旋转方向，对于所给定的法拉第材料，仅由外磁场的方向决定，而与光线的传播方向无关。这是法拉第旋转与旋光性旋转的一个最重要的区别。对于旋光性旋转，光线正、反两次通过旋光材料总的旋转角度等于 0，因此旋光性旋转是一种互易的光学过程。法拉第旋转是非互易的光学过程，若平面偏振光一次通过材料旋转 α 角，则光沿相反方向返回时将再旋转 α 角，因此两次通过法拉第材料总的旋转角度为 2α。为了获得大的法拉第效应，可以将放在磁场中的法拉第材料做成平行六面体，使通光面对光线方向稍微偏离垂直位置，并将两面镀高反射膜，只留入射、出射窗口。若光束在其间反射 N 次后出射，则有效旋光厚度为 Nl，偏振面的旋转角度提高 N 倍。

6.5.3 泡克耳斯效应

各向异性晶体中的泡克耳斯效应是一种重要的电光效应，当将强电场施加于正在穿行的各向异性晶体时，所引起的感生双折射正比于所加电场，称为线性电光效应或泡克耳斯效应。泡克耳斯效应使晶体的双折射性质发生改变，这种变化理论上可由描述晶体双折射性质的折射率椭球的变化来表示，以主折射率表示的折射率椭球方程为

$$\frac{x_1^2}{n_1^2}+\frac{x_2^2}{n_2^2}+\frac{x_3^2}{n_3^2}=1 \tag{6.5.6}$$

对于双轴晶体，主折射率 $n_1 \neq n_2 \neq n_3$；对于单轴晶体，主折射率 $n_1=n_2=n_{\mathrm{O}}$，$n_3=n_{\mathrm{E}}$。其中，n_{O}为寻常光折射率，n_{E}为非常光折射率。

应当注意，不是所有的晶体都具有电光效应。理论证明，只有那些不具备中心对称性的晶体才有电光效应。

6.5.4 克尔效应

克尔效应也被称为二次（或平方）电光效应，它发生在一切物质中。当外加电场作用在各向同性的透明物质上时，各向同性物质的光学性质发生变化，变成具有双折射现象的各向异性物质，并且与单轴晶体的情况相同。设 n_{O} 和 n_{E} 分别为介质在外加电场下的寻常光折射率和非常光折射率，当外加电场方向与光的传播方向垂直时，由感应双折射引起的寻常光折射率和非常光折射率与外加电场（E）的关系为

$$n_{\mathrm{E}}-n_{\mathrm{O}}=\lambda_0 kE^2 \tag{6.5.7}$$

式中，k 为克尔常数。在大多数情况下，$n_{\mathrm{E}}-n_{\mathrm{O}}>0$（$k$ 为正值），即介质具有正单轴晶体的性质。

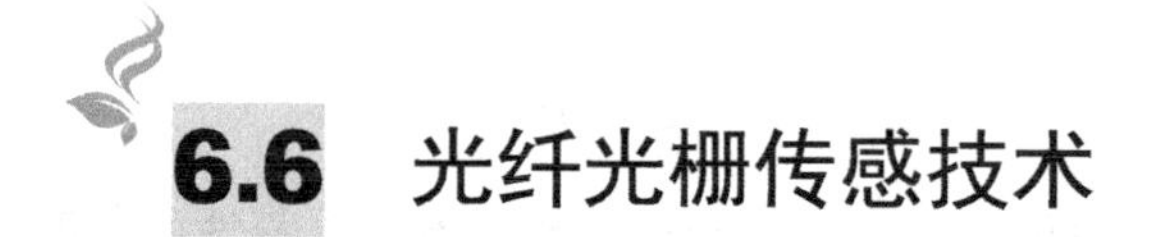

6.6 光纤光栅传感技术

6.6.1 光纤光栅分类

光纤光栅从出现至今，随着研究的深入和应用的需要，各种用途的光纤光栅层出不穷、特性各异。人们从不同的出发点提出了多种分类方法，各种分类方法虽不完全相同，但归结起来，主要可以从光纤光栅的周期、波导结构和形成机理等几个方面对光纤光栅进行分类。

6.6.1.1 按光纤光栅的周期分类

根据光纤光栅周期的长短，通常将周期小于 1μm 的光纤光栅称为短周期光纤光栅，又称为光纤布拉格光栅（FBG）或反射光栅；将周期为几十至几百微米的光纤光栅称为长周期光纤光栅，又称为透射光栅。短周期光纤光栅的特点是，传输方向相反的模式之间发生耦合，属于反射型带通滤波器，其反射谱如图 6.6.1（a）所示。长周期光纤光栅（LPFG）的特点是，

同向传输的纤芯基模和漏模之间耦合，无后向反射，属于透射型带阻滤波器，其透射谱如图 6.6.1（b）所示。

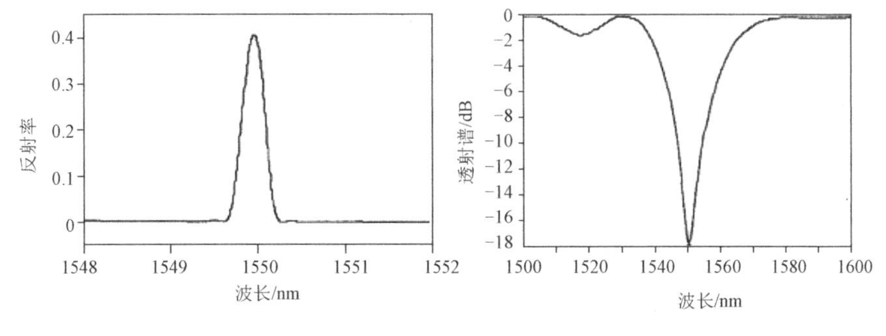

（a）光纤布拉格光栅（FBG）反射谱　　（b）长周期光纤光栅（LPFG）透射谱

图 6.6.1　光纤光栅的反射谱和透射谱

6.6.1.2　按光纤光栅的波导结构分类

根据光纤光栅的波导结构（光栅轴向折射率分布），光纤光栅可分为以下几类[20]。

（1）均匀光纤光栅。其特点是，光栅的周期和折射率调制的大小均为常数。这是常见的一种光纤光栅，其反射谱具有对称的边模振荡。

（2）啁啾光纤光栅[21]。其特点是，光栅的周期沿轴向长度逐渐变化。该光栅在光纤通信中最突出的应用是作为大容量密集波分复用（DWDM）系统中的色散补偿器件。啁啾光纤光栅可以是线性的，也可以是非线性的。线性啁啾光纤光栅的平均色散与光纤长度的平方成正比，与啁啾量成反比。

（3）高斯变迹光纤光栅[22]。其特点是，光致折射率变化的大小沿光纤轴向为高斯函数。高斯变迹光纤光栅的反射谱不具有对称性，在长波边缘光谱平滑，在短波边缘存在边模振荡结构，并且光栅长度越长，振荡间隔越小，光栅越强（折射率调制越大），振荡幅度越大。

（4）升余弦变迹光纤光栅[23]。其特点是，光致折变的大小沿光纤轴向分布为升余弦函数，且直流（DC）折射率的变化为零。变迹对均匀光栅反射谱的边模振荡具有很强的抑制作用，选择不同的变迹函数能起到不同的抑制效果。这种光纤光栅在密集波分复用系统中有很重要的应用。常用的变迹函数有高斯函数、双曲正切函数、余弦函数和升余弦函数等。

（5）相移光纤光栅[24]。其特点是，光栅在某些位置发生相位跳变，通常是 π 相位跳变，从而改变光谱的分布。相移的作用是在相应的反射谱中打开一个缺口，相移的大小决定了缺口在反射谱中的位置，而相移在光栅波导中出现的位置决定了缺口的深度，当相移恰好出现在光栅中央时，缺口深度最大，因此相移光纤光栅可用来制作窄带通滤波器，也可用于制作 DFB 光纤激光器[25]。

（6）超结构光纤光栅[18]。其特点是，光栅由许多小段光栅构成，折变区域不连续。若这种不连续区域的出现有一定周期性，则该光栅又被称为取样光栅，其反射光谱出现类似梳状滤波的等间距尖峰，且光栅长度越大，每个尖峰的带宽越窄，反射率越高。

（7）倾斜光纤光栅[26]。该光栅也被称为闪耀光纤光栅，其特点是，光栅条纹与光纤轴成小于 90° 的夹角。光栅条纹倾斜的主要影响是，有效地降低光栅的条纹可见度并显著影响辐射模耦合，从而使布拉格反射减弱，因此合理选择倾斜角度可增强辐射模耦合或束缚模（Bound Mode）耦合，从而抑制布拉格反射。倾斜光纤光栅主要可以用作掺铒光纤放大器的增益平坦器[27]、光传播模式转换器[15]等。

除上述几种外，还有特殊折射率调制的光纤光栅，其特点是，其折射率调制不能简单地归结为以上某一类，而是两种或多种光栅的结合或者折射率调制按某一特殊函数变化，这种光纤光栅往往在光纤通信和光纤传感领域有特殊的应用。

6.6.1.3 按光纤光栅的形成机理分类

根据光纤光栅的形成机理，光纤光栅可分为以下两类。

（1）利用光敏性形成的光纤光栅。其特点是，利用激光曝光掺杂光纤，诱导其光敏性，导致折射率变化，从而形成光纤光栅。其代表是紫外光通过相位掩模[16]或振幅掩模[17]曝光氢载掺锗光纤，通过掺锗光纤的光敏性，引起纤芯折射率周期性调制，从而形成光纤光栅。

（2）利用弹光效应形成的光纤光栅。其特点是，利用周期性的残余应力释放或光纤的物理结构变化，从而轴向周期性地改变光纤的应力分布，弹光效应导致光纤折射率发生轴向周期性变化，从而形成光纤光栅。其代表有采用 CO_2 激光加热使光纤释放残余应力[19]、氢氟酸腐蚀改变光纤物理结构[28]、电弧放电使光纤微弯[29]和微透镜阵列法[30]等方法形成的光纤光栅。

由于目前对各种光纤光栅的形成机理的解释还不完全统一，以致以上按形成机理的分类可能不太全面，但相信随着研究的深入，按形成机理对光纤光栅的分类必将更加完善。

根据折射率调制的强弱，光敏性光纤光栅又可分三类，即 I 型、II 型和 IIA 型（也叫III型）光纤光栅。I 型光纤光栅是由连续紫外光或者能量较弱的紫外光脉冲曝光光敏光纤形成的，折射率变化较弱，约为 10^{-5} 数量级[14,31]，其优点是，具有较理想的透射谱，且没有明显的包层耦合损耗，因此是目前常用的光纤光栅，但其热稳定性较差。II 型光纤光栅一般由高能量（阈值脉冲能量 $0.7J/cm^2$）的紫外光脉冲在高掺锗光纤中写入，折射率变化较大，约为 10^{-3} 数量级[32]。其优点是，只需单个脉冲曝光就可制成 100%反射率的光栅，且热稳定性较好；缺点是，具有较大的包层损耗或辐射模损耗。IIA 型光纤光栅一般是在掺锗浓度较高、纤芯较小的光敏光纤中形成的，可通过对 I 型光纤光栅过量曝光得到，其温度稳定性介于 I 型和 II 型光纤光栅之间[33]。

6.6.1.4 按光纤光栅的材料分类

根据写入光栅的光纤材料类型，光纤光栅可分为硅玻璃光纤光栅和塑料光纤光栅。此前，研究和应用得最多的是在硅玻璃光纤中写入的光纤光栅，然而最近在塑料光纤中写入的光纤光栅已引起了人们越来越多的关注[34-35]，该种光纤光栅在通信和传感领域有着许多潜在的应用，如具有很大的谐振波长可调范围（约为 70nm）及很高的应变灵敏度。

6.6.2 光纤布拉格光栅（FBG）传感器

FBG 传感器是通过外界物理参量对 FBG 波长的调制来获取传感信息的，是一种波长调制型光纤传感器。通过设计敏感结构，该传感器也可实现对非光学量（如压力、振动、电流、电压、磁场等参量）的光学测量。

相比以往的各种光纤传感器，FBG 传感器具有以下优点。

（1）FBG 传感器常常通过探测信号波长的漂移量来测量被测参数的变化，它对发光光源的照明强度变化不敏感，因此 FBG 传感器实现的是一种绝对测量的方法。

（2）FBG 传感器的制作比较方便，不需要改变光纤的半径和纤芯半径等几何结构，只对纤芯的折射率分布做些改变。

（3）因为光纤结构小，所以 FBG 传感器非常适用于一些要求传感探头尺寸比较小的场合。

（4）FBG 传感器可以大规模、低成本地生产，在今后的发展过程中，势必对电传感器形成较大的竞争力。

（5）FBG 传感器可以采用在其他光纤传感器中广泛使用的复用技术，如波分复用（WDM）技术、空分复用（SDM）技术、时分复用（TDM）技术等，应用这些技术，FBG 可以被更方便地应用于准分布式传感系统中。

6.6.3　光纤光栅传感器

除了对待测参量的拓展，研究人员也提出了多种 FBG 波长解调方法，如衍射光栅法[36]、边缘滤波法[37]、可调谐 F-P 滤波法[38]等。衍射光栅法解调的信噪比高，但成本高且较难进行实时校正；边缘滤波解调法具有体积小、质量轻、功耗低的优点，但复用性较差；可调谐 F-P 滤波法的复用性强，且易于实现 FBG 波长的动静态监测，获得高质量的光谱分析，是当前实用性较好的方法。

在极端环境下的应用是当前 FBG 传感技术的一个重要发展方向。针对高温检测应用，利用飞秒激光器在蓝宝石光纤上刻写的光栅，可以在高温环境下保持稳定的光栅结构和传感特性，温度检测上限可达 1500℃[39]。而航天环境复杂多变，温度、真空、辐照等因素均会对解调设备产生影响。

液氮环境中光纤光栅传感器的波长变化如图 6.6.2 所示。

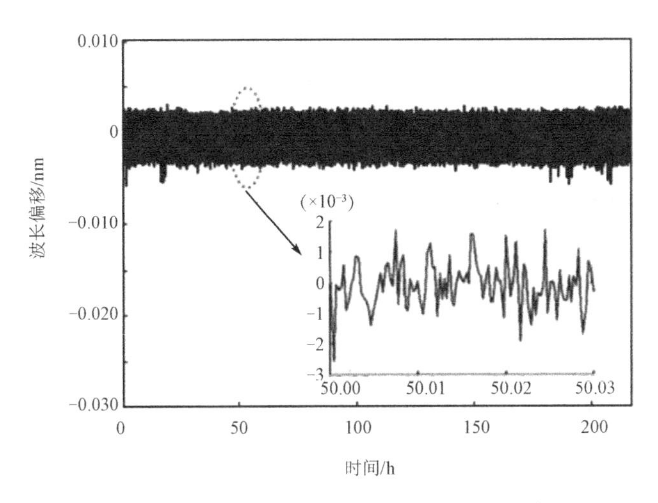

图 6.6.2　液氮环境中光纤光栅传感器的波长变化

课后习题

1．什么是分立式光纤传感技术？
2．试分析光纤强度调制型传感器的主要类型。
3．相位调制型光纤传感器具有哪些特点？
4．光纤光栅对比其他传感器具有哪些优点？
5．简述偏振调制中的常用物理效应。

参考文献

[1] 廖延彪，黎敏．光纤光学[M]．2 版．北京：清华大学出版社，2013．
[2] 李丽君．光纤通信[M]．北京：北京大学出版社，2010．
[3] FRANZ J H，JAIN V K．光通信器件与系统[M]．徐宏杰，等译．北京：电子工业出版社，2002．
[4] 丁么明，宋立新，余华清，等．光波导与光纤通信基础[M]．北京：高等教育出版社，2005．
[5] TAKADA K,YOKOHAMA I,CHIDA K,et al.New measurement system for fault location in optical waveguide devices based on an interferometric technique[J].Applied Optics,1987,26(9):1603-1606.
[6] YOUNGQUIST R C,CARR S,DAVIES D E N.Optical coherence-domain reflectometry:a new optical evaluation technique[J].Optics letters,1987,12(3):158-160.
[7] PETERSON N C,KURYLO M J,BRAUN W,et al.Enhancement of absorption spectra by dye-laser quenching[J].Journal of the Optical Society of America,1971,61(6):746-750.
[8] JORGENSON R C,YEE S S.A fiber-optic chemical sensor based on surface plasmon resonance[J].Sensors and Actuators B:Chemical,1993,12(3):213-220.
[9] LEFEVRE H C.The fiber-optic gyroscope[M].Fitchburg:Artech house Publishers,2022.
[10] ZHANG G C.The principles and technologies of fiber-optic gyroscope[M].Beijing:National Defense Industry Press,2008.
[11] SCHMIDT G T.Advances in Navigation Sensors and Integration Technology[J].NATO RTO Lecture series,2008,232:101-110.
[12] 刘铁根，于哲，江俊峰，等．分立式与分布式光纤传感关键技术研究进展[J]．物理学报，2017，66（7）：070704．
[13] AHMAD I,BHATTI A I.A novel technique for spectral processing of a fiber optic gyroscope[J].Kuwait Journal of Science & Engineering,2010,37(1):49-68.
[14] MELTZ G,MOREY M M,GLENN W H.Formation of Bragg gratings in optical fibers by a transverse holographic method[J].Optics Letters,1989,14(5):823-825.
[15] HIL K O.Bragg gratings fabricated in monomode photosensitive optical fiber by UV expose through a phase mask[J].Applied Physics Letters,1993,62(10):1035-1037.

[16] KILL K O,BILODEAU F,MALO B,et al.Birefringent photosensitivity in monomode optical fiber:Application to the external writing of rocking filters[J].Electronics Letters,1991,27:1548-1550.

[17] VENGSARKAR A M,LEMAIRE P J,JUDKINS J B,et al.Long-Period fiber gratings as band-rejection filters[J].Journal of Lightwave Technology,1996,14(1):58-65.

[18] ERDOGAN T.Fiber grating spectra[J].Journal of Lightwave Technology,1997,15(8):1277-1294.

[19] DAVIS D D,GAYLORD T K,GLYTSIS E N,et al.Long-period fiber grating fabrication with focused CO_2 laser pulses[J].Electronics Letters,1998,34(3):302-303.

[20] DAVIS D D,GAYLORD T K,GLYTSIS E N,et al.CO_2 laser-induced long-period fiber gratings:spectral characteristics cladding modes and polarization independence[J].Electronics Letters,1998,34(14):1416-1417.

[21] OUELLETTE F.Dispersion cancellation using linearly chirped Bragg grating filters in optical waveguides[J].Optics Letters,1987,12(10):847-849.

[22] MIZRAHI V,SIPE J E.Optical properties of photosensitive fiber phase gratings[J].Journal of Lightwave Technology,1993,11(10):1513-1517.

[23] GILES C R.Lightwave application of fiber Bragg gratings[J].Journal of Lightwave Technology,1997,15(8):1391-1404.

[24] AGRAWAL G,RADIC S.Phase shifted fiber Bragg gratings and their applications for wavelength demultiplexing[J].IEEE Photonics Technology Letters,1994,6(8):995-997.

[25] ASSCH H,STOROY H,KRINGLCBOTN J T,et al.10cm long Yb+ DFB fiber laser with permanent phase shifted grating[J].Electronics Letters,1995,31(10):969-970.

[26] ERDOGAN T,SIPE J E.Tilted fiber phase gratings[J].Journal of the Optical Society of America A,1996,13(2):296-313.

[27] KASHYAP R,WYATT R,MCKEE P F.Wavelength fattened saturated erbium amplifier using multiple side tap Bragg gratings[J].Electronics Letters,1993,29:1025-1026.

[28] LIN C Y,WANG L A.Loss-tunable long period fiber grating made from etched corrugation structure[J].Electronics Letters,1999,35(21):1872-1873.

[29] HWANG I K,YUN S H,KIM B Y.Long-period fiber gratings based on periodic microbends[J].Optics Letters,1999,24(18):1263-1265.

[30] LIU S Y,TAM H Y,DEMOKAN M S.Low-cost microlens array for long period grating fabrication[J].Electronics Letters,1999,35(1):79-81.

[31] PATRICK H,GILBERT S L.GROWTH of Bragg gratings produced by continuous:Wave ultraviolet light in optical fiber[J].Optics Letters,1993,18(18):1484-1486.

[32] ARCHAMBAULT J L,REEKIE L,RUSSELL P S J.100% reflectivity Bragg reflectors produced in optical fibers by single excimer laser pulses[J].Electronics Letters,1993,29(5):453-455.

[33] RIANT I,HALLER F.Study of the photosensitivity at 193 nm and comparison with photosensitivity at 240 nm influence of fiber tension:type IIa aging[J].Journal of Lightwave

Technology,1997,15(8):1464-1469.
[34] LU Y B,CHU P L.Wavelength selector using dual-core fiber for dense wavelength division multiplexing networks[J].Optical Engineering,2003,42(3):875-881.
[35] XIONG Z,PENG G D,WU B,et al.Highly tunable Bragg gratings in single-mode polymer optical fibers[J].IEEE Photonics Technology Letters,1999,11(3):352-354.
[36] LIU H Y,PENG G D,CHU P L,et al.Photosensitivity in low-loss perfluoropolymer(CYTOP) fiber material[J].Electronics Letters,2001,37(6):347-348.
[37] SANO Y,YOSHINO T.Fast optical wavelength interrogator employing arrayed waveguide grating for distributed fiber Bragg grating sensors[J].Journal of Lightwave Technology, 2003,21(1):132.
[38] KERSEY A D,BERKOFF T A,MOREY W W.Multiplexed fiber Bragg grating strain-sensor system with a fiber Fabry-Perot wavelength filter[J].Optics Letters,1993,18(16):1370-1372.
[39] GROBNIC D,MIHAILOV S J,SMELSER C W,et al.Sapphire fiber Bragg grating sensor made using femtosecond laser radiation for ultrahigh temperature applications[J].IEEE Photonics Technology Letters,2004,16(11):2505-2507.
[40]LEE C E,TAYLOR H F.Interferometric sensors using internal fiber mirrors[J].Optical Fiber Sensors,1988,652:992-1001.
[41] WANG A,GOLLAPUDI S,MURPHY K A,et al.Sapphire-fiber-based intrinsic Fabry-Perot interferometer[J].Optics Letters,1992,17(14):1021-1023.
[42] LIU T,FERNANDO G F.A frequency division multiplexed low-finesse fiber optic Fabry-Perot sensor system for strain and displacement measurements[J].Review of Scientific Instruments,2000,71(3):1275-1278.

第 7 章

分布式光纤传感器

内容关键词

- 瑞利散射、拉曼散射、布里渊散射
- 基于干涉原理的分布式光纤传感技术

分布式光纤传感器是用于连续传感、测量沿光纤长度方向分布的被测物理量的一种传感器。分布式光纤传感器中的光纤集传感、传输功能于一体，不仅能够完成在整条光纤长度上的分布式环境参量的空间、时间多维分布状态信息的连续测量，还能将分布式的测量信息实时、无损地传输到信息处理中心。

7.1 基于后向散射的分布式光纤传感原理

众所周知，光波是一种电磁波。当电磁波入射到诸如光纤这样的介质中时，入射电磁波将与组成该材料的分子或原子相互作用，从而产生散射谱。在入射光强相对较低时，可以观察到自发散射现象。当角频率为 ω_0 的光入射到介质中时，其散射谱示意图如图 7.1.1 所示。

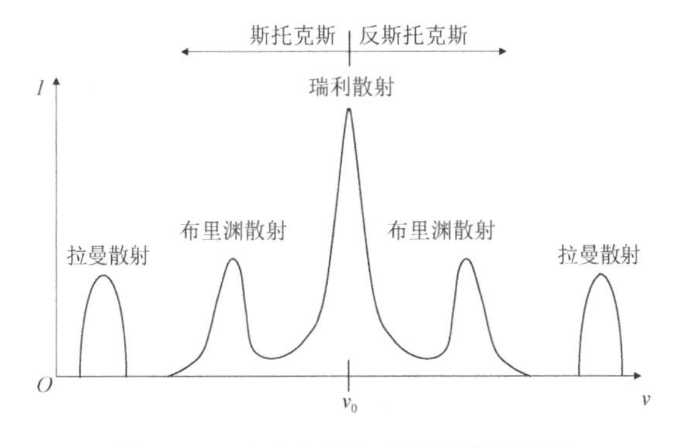

图 7.1.1　光在光纤中的散射谱示意图

其中，瑞利散射光与入射光的频率相同，均为v_0，即整个散射过程前、后光子能量守恒，因此瑞利散射也被称为弹性散射。而其他频率与入射光子频率不同的散射被称为非弹性散射。当散射光的频率高于入射光的频率时，称其为反斯托克斯光；当散射光的频率低于入射光的频率时，称其为斯托克斯光。非弹性散射过程可进一步分为布里渊散射和拉曼散射。布里渊散射描述光子与声学声子的能量转换，形式上，声子是散射材料中一种包括相应的核子运动的集体振动。拉曼散射则是由入射光与独立的分子或原子的电子结构的能量转换引起的。在凝聚态物理学中，拉曼散射被描述为光学声子的光散射。值得强调的是，分子的电子结构有两个重要的特征：一是分子的旋转有几个波数（cm^{-1}），二是有较大能量的分子振动。然而，在光纤中，很少能观察到分子的转动能量，这是由于邻近的分子堆积得非常密集，其旋转自由度受到限制。分子重构过程中存在着激发，但由于重构分子的激发态能量范围更小，从而与之相关联的主要的振动谱出现不均匀展宽。因此，拉曼散射谱含有许多窄谱带，各谱带间隔对应电子振动，其带宽源于分子旋转或重构的激发态。有人认为，拉曼散射是固态物质中的光学声子引起的。需要提出的是，上述自发散射是在入射光强不大时所产生的散射，若使用极大强度的激光作用于物质，则所得到的散射谱截然不同。

7.1.1 基于瑞利散射的分布式光纤传感原理

瑞利散射是指线度比光波波长小得多的粒子对光波的散射[1]，如大气中的灰尘、烟、雾等悬浮微粒所引起的散射。其主要特点如下：

（1）瑞利散射属于弹性散射，不改变光波的频率，即瑞利散射光与入射光具有相同的波长。

（2）散射光强与入射光波长的 4 次方成反比，即

$$I(\lambda) \propto \frac{1}{\lambda^4} \tag{7.1.1}$$

式（7.1.1）表明，入射光的波长越大，瑞利散射光的强度越小。

（3）散射光强随观察方向而变，在不同的观察方向上，散射光强不同，可表示为

$$I(\theta) = I_0(1+\cos^2\theta) \tag{7.1.2}$$

式中，θ为入射光方向与散射光方向的夹角；I_0为$\theta=\pi/2$方向上的散射光强。

（4）散射光具有偏振性，其偏振程度取决于散射光与入射光的夹角。自然光入射到各向同性介质中，在垂直于入射方向上的散射光是线偏振光，在原入射光方向及其反方向上的散射光仍是自然光，在其他方向上的散射光是部分偏振光，偏振程度与θ有关。

在光纤中，瑞利散射主要是因光纤内部各部分的密度存在一定的不均匀性，进而造成光纤中折射率的起伏。由于光纤对光波的约束，光纤中的散射光只表现为前向和背向两个传播方向，对于光纤中脉冲宽度为W的脉冲光，它的瑞利散射功率P_R为[2]

$$P_R = PS_{\alpha_s}W\frac{v}{2} \tag{7.1.3}$$

式中，P为脉冲光的峰值功率；S_{α_s}为瑞利散射系数，$S_{\alpha_s}=0.12\sim0.15dB/km$；$W$为背向散射

光功率捕获因子，$W=\frac{1}{4}\left(\frac{\lambda}{\pi n\omega}\right)^2$；$\lambda$ 为光波的波长；n 为光纤纤芯的折射率；r 为光纤的模场半径；v 为光在光纤中的速度。对于 $\lambda=1550\text{nm}$，$W=1\mu\text{s}$ 的光波，设 $2r=9\mu\text{m}$，则其瑞利散射的功率比入射光功率小约 53dB。

当光波在光纤中向前传输时，会在光纤沿线不断产生背向的瑞利散射光，如图 7.1.2 所示。根据式（7.1.3），这些散射光的功率与引起散射的光功率成正比。由于光纤中存在损耗，光波在光纤中传输时，能量会不断衰减，因此光纤中不同位置处产生的瑞利散射信号便携带光纤沿线的损耗信息。此外，由于发生瑞利散射时会保持散射前光波的偏振态[3]，因此瑞利散射信号同时包含光波偏振态的信息。因此，在瑞利散射光返回光纤入射端后，通过检测瑞利散射信号的功率、偏振态等信息，可对外部因素作用后光纤中出现的缺陷等现象进行探测，从而实现对作用在光纤上的相关参量（如压力、弯曲等）的传感。

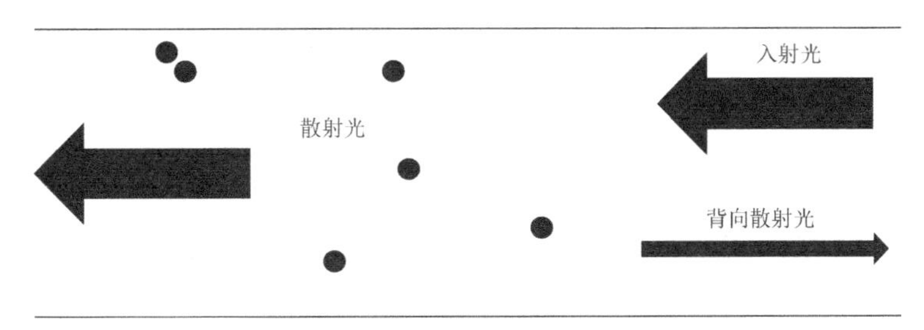

图 7.1.2 光纤中的瑞利散射示意图

相对于光纤中的布里渊散射和拉曼散射等，瑞利散射的能量最大，更加容易被检测，因此目前已有很多利用光波的瑞利散射进行全分布式传感的研究及应用。其中，最为成熟的技术为光时域反射（OTDR）技术，它主要用来测量光纤沿线的衰减和损耗。其他较为多见的基于瑞利散射的全分布式光纤传感技术主要有相干光时域反射（COTDR）技术、光频域反射（OFDR）技术、偏振光时域反射（POTDR）技术和偏振光频域反射（POFDR）技术等。

7.1.2 基于拉曼散射的分布式光纤传感原理

光在光纤中传播时，光纤中的光学光子和光学声子产生非弹性碰撞，发生拉曼散射过程。在光谱图上，可以看到拉曼散射频谱具有两条谱线，分别在入射光谱线的两侧，其中，频率为 $v_0-\Delta v$ 的为斯托克斯光，频率为 $v_0+\Delta v$ 的为反斯托克斯光。实验发现，在自发拉曼散射中，反斯托克斯光对温度敏感，其强度受温度调制，而斯托克斯光基本与温度无关，二者的光强比只和温度有关，并可由式（7.1.4）表示。

$$R(T)=\frac{I_{\text{AS}}(T)}{I_{\text{S}}(T)}=\frac{v_{\text{AS}}}{v_{\text{S}}}\cdot\exp(-\frac{hv_0}{kT}) \tag{7.1.4}$$

式中，$R(T)$ 为待测温度的函数；I_{AS} 为反斯托克斯光强；I_{S} 为斯托克斯光强；v_{AS} 为反斯托克斯光的频率；v_{S} 为斯托克斯光的频率；h 为普朗克常量；k 为玻耳兹曼常量；T 为热力学温度。因此，将反斯托克斯光作为信号通道，将斯托克斯光作为参考通道，检测二者光强的比值，就可以解调出散射区的温度信息，同时可以有效地消除光源的不稳定及光传输过程中的耦合损耗、光纤弯曲损耗和传输损耗等的影响。

基于拉曼散射的分布式光纤传感系统原理图如图 7.1.3 所示。

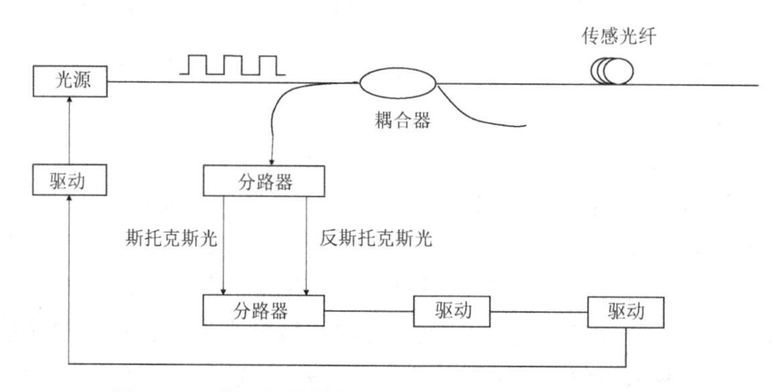

图 7.1.3　基于拉曼散射的分布式光纤传感系统原理图

基于拉曼散射的分布式光纤传感器的不足之处是返回信号相当弱，因为反斯托克斯散射光比瑞利散射光弱 20～30dB。为了避免信号处理过程的平均时间过长，脉冲激光器的峰值功率要保持相当高的水平。

7.1.3　基于布里渊散射的分布式光纤传感原理

从物理机制来看，布里渊散射与拉曼散射一样，都是光纤中光与物质相互作用的非弹性散射过程。不同的是，拉曼散射是入射光场与介质的光学声子相互作用产生的非弹性光散射现象，而布里渊散射是入射光场与介质的声学声子相互作用产生的非弹性光散射现象[4]。光纤中的布里渊散射分为自发布里渊散射（Spontaneous Brillouin Scattering，Sp-BS）和受激布里渊散射（Stimulated Brillouin Scattering，SBS），以下分别对这两种散射进行介绍。

7.1.3.1　自发布里渊散射

组成介质的粒子（原子、分子或离子）由于自发热运动，会在介质中形成连续的弹性力学振动，这种力学振动会导致介质密度随时间和空间周期性变化，从而在介质内部产生一个自发的声波场。该声波场使介质的折射率被周期性调制并以声速 v_a 在介质中传播，这种作用如同光栅（称为声场光栅），当光波射入介质中时，受到声场光栅的作用而发生散射，其散射光因多普勒效应而产生与声速相关的频率漂移，这种带有频移的散射光称为自发布里渊散射光[5,6]。

光纤中自发布里渊散射的物理模型示意图如图 7.1.4 所示。不考虑光纤对入射光的色散效应，设入射光的角频率为 ω，移动的声场光栅通过布拉格衍射反射入射光，当声场光栅与入射光运动方向相同时，由于多普勒效应，散射光相对于入射光频率发生下移，此时散射光称为布里渊斯托克斯光，角频率为 ω_S，如图 7.1.4（a）所示。当声场光栅与入射光运动方向相反时，由于多普勒效应，散射光相对于入射光频率发生上移，此时散射光称为布里渊反斯托克斯光，角频率为 ω_{AS}，如图 7.1.4（b）所示。

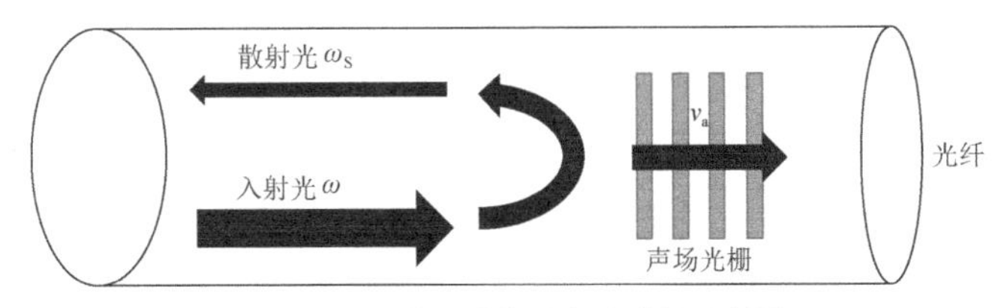

（a）布里渊斯托克斯光产生过程示意图

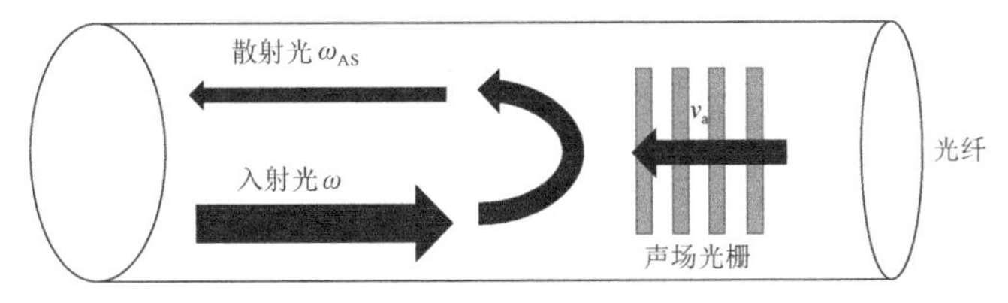

（b）布里渊反斯托克斯光产生过程示意图

图 7.1.4　光纤中自发布里渊散射的物理模型示意图

7.1.3.2　受激布里渊散射

受激布里渊散射过程可以被经典地描述为入射光波——斯托克斯波通过声波进行的非弹性相互作用。与自发布里渊散射不同，受激布里渊散射过程源自强感应声波场对入射光的作用。当入射光波到达一定功率时，入射光波通过电致伸缩产生声波，引起介质折射率的周期性调制，而且大大加强了满足相位匹配的声场，致使入射光波的大部分能量耦合到反向传输的布里渊散射光上，从而形成受激布里渊散射。

在受激布里渊散射的过程中，入射光只能激发出同向传播的声波场，因此通常只表现出频率下移的斯托克斯光谱线，其频移与介质中声频的大小相同。从量子力学的角度考虑，这个散射过程可看成一个入射光子湮没，产生一个斯托克斯光子和一个声频声子的过程。

受激布里渊散射的入射光场、斯托克斯光和声波场之间的频率及波矢关系与自发布里渊散射过程中的相似，这里不再重复分析。布里渊放大过程是与受激布里渊散射相关的非线性效应，是用于光纤传感技术的重要机制。

受激布里渊散射过程通常由经典的三波耦合方程描述，在稳态情况下，典型的三波耦合方程可以化简为[7]

$$\frac{\mathrm{d}I_p}{\mathrm{d}z} = -g_B(\varOmega)I_pI_S - \alpha I_p \tag{7.1.5}$$

$$\frac{\mathrm{d}I_S}{\mathrm{d}z} = -g_B(\varOmega)I_pI_S - \alpha I_S \tag{7.1.6}$$

式中，I_p 和 I_S 分别为入射光波和斯托克斯散射光的强度；α 为光纤的损耗系数。布里渊增益因子 $g_B(\varOmega)$ 具有洛伦兹谱型，可表示为

$$g_B(\varOmega) = g_0 \frac{(\varGamma_B/2)^2}{(\varOmega_B - \varOmega)^2 + (\varGamma_B/2)^2} \tag{7.1.7}$$

式（7.1.7）中，峰值增益因子（g_0）可以表示为

$$g_0 = g_B(\Omega_B) = (2\pi^2 n^7 p_{12}^2)/(c\lambda_0^2 \rho_0 v_a \Gamma_B) \tag{7.1.8}$$

式中，p_{12}为弹光系数；ρ_0为材料密度；Γ_B为布里渊增益谱线带宽，$\Gamma_B = 1/\tau_p$；τ_p为声子寿命。对于普通单模光纤和波长为1550nm的连续入射光，若光纤的折射率$n = 1.45$，$v_a = 5.96\text{km/s}$，则$g_0 = 5.0\times10^{-11}\text{m/W}$。由式（7.1.8）可知，当$|\Omega_B - \Omega| \gg 0$时，布里渊增益将变得很小，而在$\Omega = \Omega_B$处，布里渊散射具有最大的增益$g_0$，即只有当两光场的频率差接近$\Omega_B$时，才会有明显的受激布里渊放大效应，基于受激布里渊散射的传感技术正是应用了这一放大效应来实现传感的。

7.2 基于瑞利散射的全分布式光纤传感技术

7.2.1 光时域反射（OTDR）技术与相敏感型的光时域反射（φ-OTDR）技术

OTDR 技术基本原理图如图 7.2.1 所示，宽带光源发出的连续光经调制器调制成窄的脉冲光，脉冲光通过光环形器的 2 端口注入光纤中，脉冲光在光纤中向前传输时会不断产生瑞利散射光，并通过光环形器的 3 端口耦合到光电探测器中。

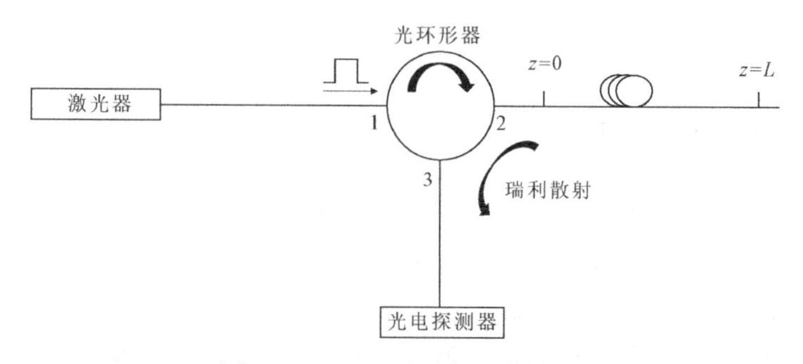

图 7.2.1　OTDR 技术基本原理图

由于从发出脉冲光到接收到脉冲光在光纤中某位置处产生的瑞利散射光所需的时间相当于光波从发射端至该位置往返传播了一次，因此可得到该位置距发射端的距离（z）为

$$z = vt \tag{7.2.1}$$

式中，v为光在光纤中的传播速度；t为从发出脉冲光到接收到某位置产生的瑞利散射光所需的时间。设光纤的衰减系数为a，则脉冲光传播到光纤z位置处时的峰值功率为[8]

$$P(z) = P_0 \mathrm{e}^{-az} \tag{7.2.2}$$

根据式（7.1.3），在光纤z位置处产生的瑞利散射光功率为

$$P_s(z) = P_0 \mathrm{e}^{-az} S_{\alpha_s} W \frac{v}{2} \tag{7.2.3}$$

当它返回光电探测器时，光功率变为

$$P_{\mathrm{R}}(z)=P_0\,\mathrm{e}^{-2aL}\,S_{\alpha_s}W\frac{v}{2}=P_0\,\mathrm{e}^{-2avt}\,S_{\alpha_s}W\frac{v}{2} \tag{7.2.4}$$

由式（7.2.4）可知，由 OTDR 技术得到的光纤沿线的瑞利散射曲线为一条指数衰减的曲线，该曲线表示出光纤沿线的损耗情况。脉冲光在光纤中传播遇到裂纹、断点、连接头、弯曲、端点等情况时，会产生相应的反射或衰减，因此利用 OTDR 技术可以对这些情况进行检测。

OTDR 技术的性能指标包括动态范围、空间分辨率、测量盲区、工作波长、采样点、存储容量、质量、体积等。作为全分布式传感器，其主要性能指标有动态范围、空间分辨率和测量盲区。

1．动态范围

动态范围的定义为初始背向散射功率和噪声功率之差，单位采用对数单位（dB）。动态范围是 OTDR 技术中一个非常重要的参数，通常用它对 OTDR 技术的性能进行分类[9]，它表明了可以测量的最大光纤损耗信息，直接决定了可测光纤的长度。

2．空间分辨率

空间分辨率反映仪器能分辨两个相邻事件的能力，影响定位精度和事件识别的准确性。对 OTDR 技术而言，空间分辨率通常定义为事件反射峰功率的 10%～90%这段曲线对应的距离。空间分辨率通常由探测光的脉冲宽度决定，若探测光的脉冲宽度为 W，则 OTDR 技术的理论空间分辨率 $\mathrm{SR}=vW/2$，其中，v 为探测光在光纤中的传播速度。虽然理论上空间分辨率由探测光的脉冲宽度决定，但是实际上系统的采样率对空间分辨率也有重要影响。只有在采样率足够高、采样点足够密集的条件下，才能获得理论空间分辨率。

3．测量盲区

测量盲区指的是由于高强度反射事件导致 OTDR 系统的光电探测器饱和后，光电探测器从反射事件开始到恢复正常读取光信号时所持续的时间，也可表示为 OTDR 系统能够正常探测两次事件的最小距离。

测量盲区可分为事件盲区和衰减盲区。事件盲区指的是 OTDR 系统探测连续的反射事件所需的最小距离。衰减盲区指的是 OTDR 系统探测到前一个反射事件和能够准确测量该事件损耗所需的最小距离。由于反射事件的能量远大于衰减事件的能量，因此事件盲区要小于衰减盲区，但在事件盲区之内只能测得下一次反射事件，不能获得事件造成的损耗大小。

图 7.2.2 所示为 OTDR 系统测量盲区示意图，其中，A 表示的是事件盲区，它是按照反射峰两侧 1.5dB 处的间距来标定的，这是业界通用的方法；B 表示的是衰减盲区，它是从发生反射事件开始，到反射信号降低到光纤正常背向散射信号后延线上 0.5dB 点间的距离。

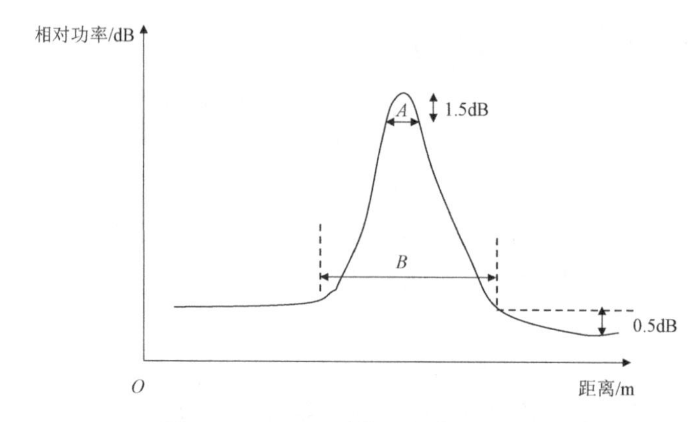

图 7.2.2　OTDR 系统测量盲区示意图

φ-OTDR 技术的光源为窄线宽激光器，探测光脉冲宽度内散射点之间的后向瑞利散射光干涉信号，是一种不同于 OTDR 技术的新型分布式光纤传感技术。φ-OTDR 技术基本原理图如图 7.2.3 所示，强相干性的脉冲光通过光环形器注入传感光纤，当外界干扰信号作用在传感光纤的某区域时，此区域光纤内的折射率变化引起后向瑞利散射光的相位随之发生改变，从而导致后向瑞利散射干涉信号发生变化。传感光纤上的干扰信号的位置是由输入光脉冲信号与接收到的信号之间的时延差决定的。

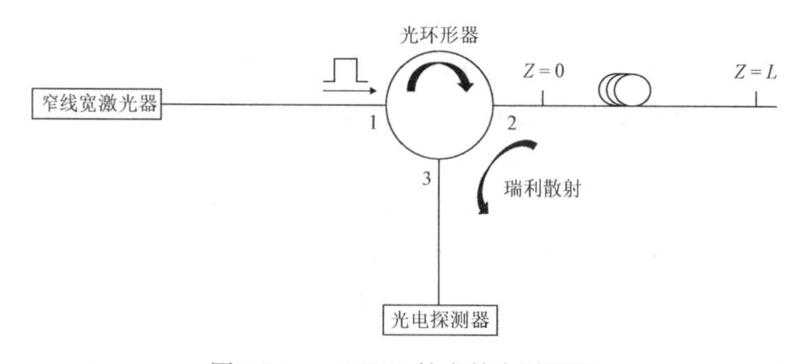

图 7.2.3　φ-OTDR 技术基本原理图

利用相位敏感型的光时域反射（φ-OTDR）技术能够实现光纤弱折射率变化的检测，因此可以显著地提高 OTDR 系统的检测灵敏度。基于离散反射镜的 φ-OTDR 模型的光纤分为 P 段，每段光纤内都有 Q 个基于瑞利散射的离散反射镜，规定每个反射镜的反射率和相位随机独立分布，该模型阐述了 φ-OTDR 技术的物理规律，实验验证了该模型的正确性。

7.2.2　相干光时域反射（COTDR）技术

7.2.2.1　相干光时域反射（COTDR）技术的原理

设信号光和参考光的频率分别为 ω_S 和 ω_L 。信号光和参考光可分别表示为

$$E_S = E_{S1}\exp\left(\mathrm{i}\omega_S t\right) \tag{7.2.5}$$

$$E_{LO} = E_{LO1}\exp\left(\mathrm{i}\omega_L t\right) \tag{7.2.6}$$

式中，E_{S1} 和 E_{LO1} 分别为信号光的振幅和参考光的振幅。信号光与参考光混合后，被光电探测

器接收到的光波场为

$$E = E_S + E_{LO} = E_{S1}\exp(i\omega_S t) + E_{LO1}\exp(i\omega_L t) \tag{7.2.7}$$

从光电探测器输出的光电流（i）可表示为

$$i = kEE^* = k\left[E_S^2 + E_{LO}^2 + 2E_S E_{LO}\cos(\omega_L - \omega_S)t\right] \tag{7.2.8}$$

式中，k 为光电探测器的灵敏度，$k = \frac{e\eta}{h\omega_0}$。由式（7.2.8）可见，光电探测器产生的电信号包含直流分量 $k\left(E_S^2 + E_{LO}^2\right)$ 和交流分量 $2kE_S E_{LO}\cos(\omega_L - \omega_S)t$。通过使用滤波器或使用交流耦合输出的探测，可得到交流输出电流为

$$i_S = 2kE_S E_{LO}\cos(\omega_L - \omega_S)t \tag{7.2.9}$$

由式（7.2.9）可知，交流输出电流的大小正比于信号光的振幅（E_S）。信号的功率正比于光电探测器输出电流的均方值，可表示为

$$\overline{(i_S)^2} = 2k^2E_S^2E_{LO}^2 = 2P_S P_{LO}\left(\frac{e\eta}{\hbar\omega}\right)^2 \tag{7.2.10}$$

式中，P_S 和 P_{LO} 分别为散射光信号的功率和参考光信号的功率；e 为电子电荷；η 为光电探测器的量子效率；$\hbar$ 为约化普朗克常量；ω 为信号光与参考光的平均频率。因此，系统测量的信噪比可表示为

$$\frac{S}{N} = \frac{2P_S P_{LO}\left(\frac{e\eta}{\hbar\omega}\right)^2}{2i_d B + 2eP_{LO}\frac{e\eta}{\hbar\omega}B + 2eP_N\frac{e\eta}{\hbar\omega}B} \tag{7.2.11}$$

式中，i_d 为光电探测器的暗电流；B 为光电探测器的带宽；P_N 为光电探测器的其他噪声所具有的等效光功率。右边分母中的各项分别代表暗电流噪声、参考光引起的散粒噪声及光电探测器的其他噪声（如热噪声等）。通常情况下，参考光的功率（P_{LO}）远大于其他成分，故其引起的噪声在系统噪声中占主导地位，信噪比可简化为

$$\frac{S}{N} = \frac{2P_S P_{LO}}{2eP_{LO}B}\cdot\frac{e\eta}{\hbar\omega} = \frac{\eta P_S}{\hbar\omega B} \tag{7.2.12}$$

由式（7.2.12）可知，信噪比仅与光电探测器的量子效率成正比，而与光电探测器中的噪声无关。因此，相干探测在理论上能达到光电探测器的量子极限，光电探测器的量子效率越高，就能达到越大的信噪比。

在 COTDR 系统中，信号光即为探测光波在光纤中传播时产生的背向瑞利散射信号，参考光则由激光光源通过耦合器分出的一部分光波来充当。为了使信号光与参考光存在频率差，通常利用声光调制器（AOM）的衍射效应对信号光进行移频，频移量（$\Delta\omega$）的大小一般为几十兆赫兹。因此，信号光与参考光的频率差为

$$\omega_S - \omega_L = \Delta\omega \pm \Delta k \tag{7.2.13}$$

式中，Δk 为激光器输出光波的谱线宽度。由此，式（7.2.9）可改写为

$$i_{\mathrm{S}} = 2kE_{\mathrm{S}}E_{\mathrm{LO}}\cos(\Delta\omega \pm \Delta k)t \tag{7.2.14}$$

由式（7.2.14）可见，COTDR 系统中的信号光经相干探测后，瑞利散射信号仅包含在光电探测器输出的交流分量 $2kE_{\mathrm{S}}E_{\mathrm{LO}}\cos(\Delta\omega \pm \Delta k)t$ 中，其频率为 $\Delta\omega \pm \Delta k$，因此信号的能量集中到了中频 $\Delta\omega \pm \Delta k$ 上。为了使信号尽可能地集中于频率 $\Delta\omega$，需要尽可能减少激光器输出光的谱线宽度（Δk），因此 COTDR 系统中通常使用的是单频窄线宽激光器。这样便可通过使用中心频率为 $\Delta\omega$ 的带通滤波器将绝大部分噪声滤除，并使信号几乎没有损失地通过，从而提高系统的信噪比和探测灵敏度。

7.2.2.2 相干光时域反射（COTDR）系统

COTDR 系统的原理图如图 7.2.4 所示。

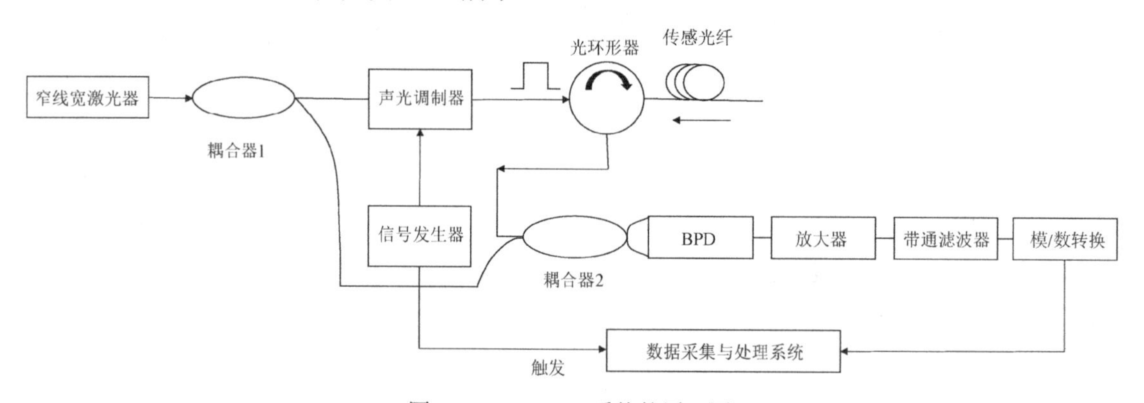

图 7.2.4 COTDR 系统的原理图

窄线宽激光器发出的连续光经耦合器 1 分成两束：一束经声光调制器调制成探测光脉冲，探测光脉冲通过一个光环形器后输入被测光纤；另一束用作信号光。探测光脉冲在被测光纤中的背向瑞利散射信号经光环形器的一端输出，进入一个 50∶50 的耦合器 2，与信号光外差相干，二者外差产生的中频信号由平衡光电探测器（BPD）接收。平衡光电探测器输出带中频信息的电信号，该电信号经放大器放大后，由带通滤波器提取中频信号，中频信号经模/数转换后，由数据采集与处理系统解调出中频信号的功率，从而得到探测曲线。

COTDR 系统的性能指标主要有三个[10]：动态范围、空间分辨率和测量时间。动态范围和空间分辨率与 OTDR 系统的定义相同。在传统的 OTDR 技术中，因为利用 OTDR 技术测量的光纤长度通常在 100km 以下，所以测量时间常常被忽略。但对 COTDR 技术而言，其所测量的光缆线路长度可达上万千米，因此需要的测量时间不能被忽略。若用 COTDR 技术测量由掺铒光纤放大器级联而成的一万千米长的海底光缆线路，则探测光在该光缆线路上的往返时间为 0.1s，即在理想情况下，利用 COTDR 技术做一次测量耗时 0.1s。但在实际测量中，往往会通过多次测量取平均来提高测量结果的信噪比，以获得平滑的 COTDR 曲线和大的动态范围。通常测量的平均次数为 2^{16}～2^{18} 次，若测量 2^{18} 次，则所需的测量时间至少为 7.28h，因此，对于 COTDR 技术，测量时间显得相当重要。

7.2.2.3　相干光时域反射（COTDR）技术区别于传统光时域反射（OTDR）技术的特点

与传统 OTDR 技术相比，COTDR 技术具有以下特点。

（1）利用外差方法可以将探测光信号的功率集中在一个中频上，通过解调中频信号，就可以得到探测光信号的功率信息，便于对中频信号做窄带滤波，以提升探测灵敏度。

（2）理论上，探测的信噪比可以达到光电探测器的量子极限。相对于传统 OTDR 技术的直接功率探测，COTDR 技术可以在较低探测光功率下获得更高的动态范围。

（3）传统 OTDR 技术采用宽带光源，宽带光源会占据部分通信信道，因此传统 OTDR 技术几乎不能用于光通信线路在线监测。为了后续相干中频信号做窄带滤波的需要，COTDR 探测光采用单频窄线宽激光，并且激光频率在通信频段以外，从而避免在线监测时对通信信道的干扰。

（4）COTDR 技术具有卓越的抗放大自发辐射（ASE）噪声的性能。当对多中继、超长距离海底光缆进行监测时，在海底光缆中数十纳米带宽的范围内分布的 ASE 噪声的总功率很大。如果使用传统的 OTDR 技术，ASE 噪声必然会使探测的信噪比急剧恶化。采用 COTDR 技术将探测光信号的功率集中在外差中频上，即使中频信号被淹没在宽频的 ASE 噪声中，只要在中频处设置一个窄带滤波器，就可以滤除绝大部分的噪声，而与中频信号同频段的 ASE 噪声的功率远小于总的 ASE 噪声的功率，因此窄带滤波后信号的信噪比会得到极大的提升。

7.2.3　偏振光时域反射（POTDR）技术

7.2.3.1　单模光纤中的偏振态

从波动光学的观点来看，光是极高频率的电磁波。通常所说的光振动是指光波的电场强度与磁感应强度的振动。由于物质的光特性（如使感光材料感光、光电效应等）主要由物质对电场的作用（介电常数 ε）决定，因此一般用电场矢量来表示光场矢量。光波是横波，即光矢量与光波传播方向垂直，所以光波具有偏振效应。其偏振态是用其电场矢量端点的轨迹来描述的。对于弱导光纤，光纤中光场的横向分量远大于纵向分量，可近似为一种具有偏振特性的横波。在垂直于光传播方向的平面内，光矢量可能有不同的振动状态，这些振动状态称为偏振态[11]。

常见的偏振态有线偏振态、圆偏振态、椭圆偏振态三种。如果光矢量的振动方向在传播过程中始终保持不变，只是它的大小随相位改变，那么这种光称为线偏振光；如果光矢量大小不变，而振动方向为绕传播轴均匀地转动，矢量端点的轨迹是一个圆，那么这种光称为圆偏振光；如果光矢量的大小和方向在传播过程中都有规律地变化，光矢量端点沿着一个椭圆轨迹转动，这种光称为椭圆偏振光。迎着光波的传播方向观察，光矢量端点顺时针旋转时为右旋偏振光，逆时针旋转时为左旋偏振光。线偏振光、圆偏振光和椭圆偏振光都可分解为两个振动方向互相垂直、沿同一方向传播的线偏振光，但它们分解出来的两个垂直分量的大小及相位差不同。线偏振光和圆偏振光又是椭圆偏振光的特例。

完全非偏振光（自然光）和部分偏振光是偏振光的另外两种形式。自然光中光波的偏振态在一切可能的方向上快速随机变化，这些光束的振动方向分布在一切可能的方位，相互之间没有确定的相位关系，在各个方向上的光矢量的时间平均值均相等。部分偏振光可分解为完全非偏振光和完全偏振光，具有部分的偏振性。光波的偏振程度可以用完全偏振光的强度与总强度的比值来表示，称为偏振度，表示为

$$P=\frac{I_\mathrm{p}}{I_\mathrm{t}}=\frac{I_\mathrm{p}}{I_\mathrm{n}+I_\mathrm{p}} \tag{7.2.15}$$

式中，I_p 为部分偏振光中包含的完全偏振光的强度；I_t 为部分偏振光的总强度；I_n 为部分偏振光中包含的自然光的强度。

光在光纤中传输时，由于边界的限制，其电磁场是不连续的，这种不连续场的解称为模式。只能传输一种模式的光纤为单模光纤，能同时传输多种模式的光纤为多模光纤。在多模光纤中，不同模式的光偏振态随机分布，使光纤端面输出光的偏振态呈现自然光的特点，因此光纤的偏振特性只存在于单模光纤中[12]。

在笛卡儿坐标系中[11,12]，任意沿 z 轴传播的完全偏振光的电场矢量 $\boldsymbol{E}$ 都可以分解为分别沿 x 轴和 y 轴振动的两个线偏振光，可将它们分别写成以下形式。

$$\begin{cases}E_x=E_{0x}\cos(\tau+\delta_1)\\E_y=E_{0y}\cos(\tau+\delta_2)\end{cases} \tag{7.2.16}$$

式中，E_{0x}、E_{0y} 分别为沿 x 轴、y 轴方向的振幅；$\tau=\omega t-\beta z$，ω 是角频率，β 是传播常数；δ_1、δ_2 为两分量的相位。

将式（7.2.16）中的参变量 τ 消去，可得

$$\left(\frac{1}{E_{0x}}\right)^2E_x^2+\left(\frac{1}{E_{0y}}\right)^2E_y^2-2\cdot\frac{E_x}{E_{0x}}\cdot\frac{E_y}{E_{0y}}\cdot\cos\delta=\sin^2\delta \tag{7.2.17}$$

式中，$\delta=\delta_2-\delta_1$。式（7.2.17）是一椭圆方程，表明电场矢量的端点所描述的轨迹是一个椭圆。即在任意时刻，沿传播方向上，空间各点电场矢量的末端在 xOy 平面上的投影是一个椭圆。该方程表示的便是椭圆偏振光。

线偏振光和圆偏振光是椭圆偏振光的两种特殊情况。由式（7.2.16）可见，当 $\delta=\delta_2-\delta_1=m\pi$（$m=0,\pm1,\pm2,\cdots$）时，椭圆偏振光就退化为一条直线，此时

$$\frac{E_y}{E_x}=(-1)^m\frac{E_{0y}}{E_{0x}} \tag{7.2.18}$$

电场矢量 $\boldsymbol{E}$ 被称为线偏振，其表示的光波即为线偏振光。

当 $E_{0x}=E_{0y}=E_0$，且其相位差 $\delta=\delta_2-\delta_1=m\pi/2$（$m=0,\pm3,\pm5,\cdots$）时，式（7.2.18）退化为

$$E_x^2+E_y^2=E_0^2 \tag{7.2.19}$$

此时，电场矢量 $\boldsymbol{E}$ 表示的便是圆偏振光。当 $\sin\delta>0$ 时，$\delta=\frac{\pi}{2}+2m\pi$（$m=0,\pm1,\pm2,\cdots$），迎着光波观察时，合成矢量的端点描绘的是一个顺时针方向旋转的圆，此时为右旋圆偏振光；当 $\sin\delta<0$ 时，$\delta=-\frac{\pi}{2}+2m\pi$（$m=0,\pm1,\pm2,\cdots$），合成矢量的端点描绘的是一个逆时针方向旋转的圆，此时为左旋圆偏振光。

7.2.3.2　偏振光时域反射（POTDR）技术的原理

由于外部的扰动会改变光纤的双折射，而光纤的双折射又会进一步改变光纤传输矩阵中的矩阵元素，因此光纤外部的扰动会最终反映在光纤中光波的偏振态上。当光波在光纤中产生瑞利散射时，会保持光波原有的偏振态；当光纤上存在外界作用时，瑞利散射光的偏振态会发生改变。因此，通过测量光纤中瑞利散射偏振态的变化，便可实现对光纤外部信息的传感。

光波在光纤中发生瑞利散射的过程可看作在光纤不同位置连续分布的反射，因此对于光纤中某一位置的散射过程，可用反射过程来分析。由于光纤具有互易性，因此光纤对反向传播的散射光的传输矩阵为正向传输矩阵的转置。又由于光波在反射时会保持其原有的偏振态[3]，因此对光纤的散射过程的传输矩阵可表示为[13]

$$\boldsymbol{R} = \overleftarrow{\boldsymbol{R}}\overrightarrow{\boldsymbol{R}} = \boldsymbol{M}\,\overrightarrow{\boldsymbol{R}}^{\mathrm{T}}\,\boldsymbol{M}\overrightarrow{\boldsymbol{R}} \tag{7.2.20}$$

式中，$\overrightarrow{\boldsymbol{R}} = R(\gamma,\varphi,\vartheta)$为前向传输的矩阵；$\overleftarrow{\boldsymbol{R}} = \boldsymbol{M}\,\overrightarrow{\boldsymbol{R}}^{\mathrm{T}}\,\boldsymbol{M}$为背向传输的矩阵；$\boldsymbol{M} = \begin{bmatrix} 1 & 0 & 0 & 0 \\ 0 & 1 & 0 & 0 \\ 0 & 0 & 1 & 0 \\ 0 & 0 & 0 & -1 \end{bmatrix}$为一辅助矩阵。因此，光纤中的位置 z 处的瑞利散射信号可以表示为

$$\boldsymbol{S}_{\mathrm{o}}(z) = \overleftarrow{\boldsymbol{R}}_1\overleftarrow{\boldsymbol{R}}_2\cdots\overleftarrow{\boldsymbol{R}_{N-1}}\overleftarrow{\boldsymbol{R}}_{(z)}\overrightarrow{\boldsymbol{R}}_{(z)}\overrightarrow{\boldsymbol{R}}_{N-1}\cdots\overrightarrow{\boldsymbol{R}}_2\overrightarrow{\boldsymbol{R}}_1\boldsymbol{S}_{\mathrm{i}} = \boldsymbol{M}\boldsymbol{R}^{\mathrm{T}}\boldsymbol{M}\boldsymbol{R}\boldsymbol{S}_{\mathrm{i}} = \boldsymbol{R}_{\mathrm{B}}\boldsymbol{S}_{\mathrm{i}} \tag{7.2.21}$$

式中，$\boldsymbol{S}_{\mathrm{o}}(z)$表示从光波入射端出射的、从光纤中位置 z 处返回的瑞利散射光波的斯托克斯矢量；$\overleftarrow{\boldsymbol{R}}_N$为第 N 段短光纤的背向传输矩阵；$\boldsymbol{R}_{\mathrm{B}} = \boldsymbol{M}\boldsymbol{R}^{\mathrm{T}}\boldsymbol{M}\boldsymbol{R}$。

POTDR 技术的基本原理图如图 7.2.5 所示，其中，脉冲激光器用来产生探测光脉冲。由于 POTDR 技术需要探测的是光纤中瑞利散射光偏振态的变化，为防止由激光器谱线宽度过宽造成的退偏振效应，光源的谱线宽度不能过宽[14]。但当光源谱线宽度太小时，由传感脉冲光在光纤中不同位置处返回的散射光会相互干涉，使散射光信号的功率产生波动，影响对光波偏振态的检测[15]。因此，光源的谱线宽度选在 0.2nm（波长为 1550nm 时，0.2nm 约对应频率 25GHz）左右比较适宜[14]。起偏器用来保证注入光纤的传感脉冲光为完全偏振光。检偏器用来使特定偏振态的散射光通过，并滤除其他偏振态的散射光。光电探测器用来将经过检偏器的光信号转换为电信号。信号采集单元和信号处理单元用来对信号进行处理。

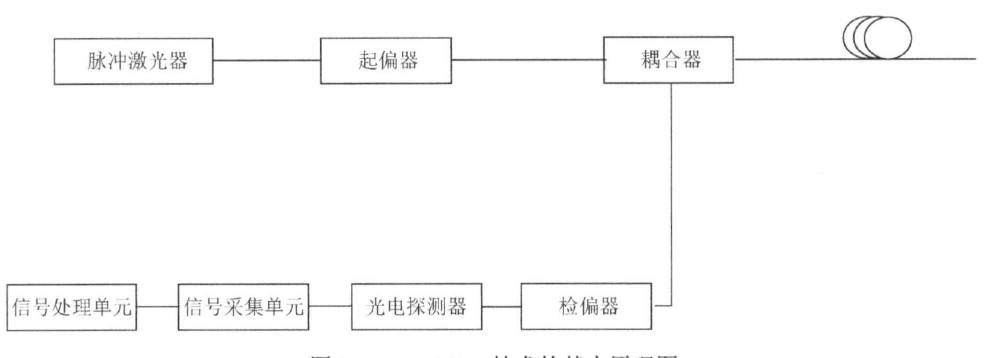

图 7.2.5　POTDR 技术的基本原理图

如前所述，光纤中背向散射光的偏振态会受到光纤中双折射的影响，而光纤受到弯曲、挤压、扭绞、温度变化、外界电磁场等的作用，又会引起双折射的变化。因此，当光纤受到外部环境的影响时，会改变其中背向散射光的偏振态，导致通过检偏器的光波发生变化。POTDR系统据此便可以实现对光纤扰动的传感。

在图 7.2.5 中，由于采用耦合器之后，不能使背向瑞利散射光全部返回检偏器，因此会使信号发生一定的损失。此外，采用检偏器检测信号，只能使偏振方向与检偏器一致的光波完全通过，而垂直于检偏器的光波会被完全阻挡。因此，图 7.2.5 所示的 POTDR 系统不能充分利用散射光的能量。一种改进的 POTDR 系统如图 7.2.6 所示[16]。其中，用光环形器代替了耦合器，使更多的光能量可以耦合进传感光纤，也使更多的散射光从传感光纤耦合进入检偏装置。同时，用偏振分束器来替代了检偏器。偏振分束器可以将偏振光波中偏振态相互垂直的两个分量分别分解到它的两个端口输出，既起到了检偏器的作用，又同时将偏振光的两个垂直方向的光波分量加以利用，增大了信号的功率，在一定程度上提高了信号的信噪比。

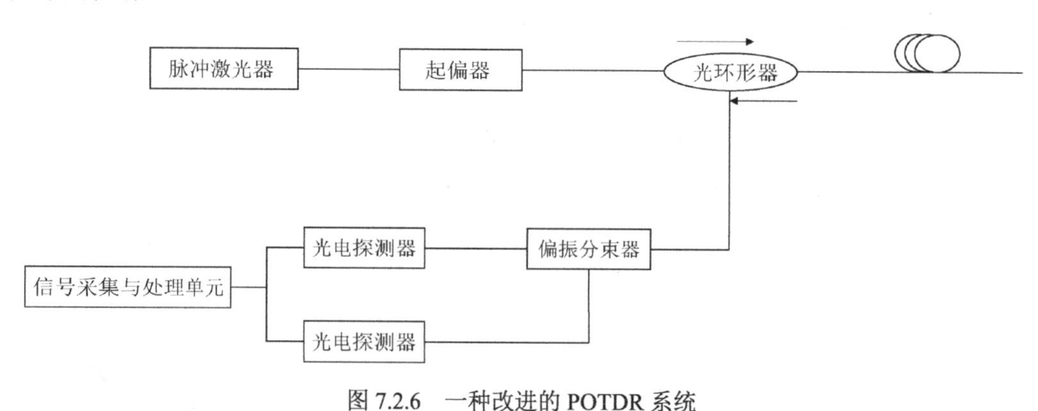

图 7.2.6　一种改进的 POTDR 系统

7.2.3.3　基于频率测量的偏振光时域反射（POTDR）技术

基于频率测量的 POTDR 技术由 Rogers 提出[17]。该技术通过利用 POTDR 测量保偏光纤沿线引起的瑞利散射信号频率的变化，来对外部事件进行传感。其基本原理是，向保偏光纤中注入一个脉冲宽度约为光纤拍长一半长度的脉冲光，并使光纤 x 轴方向和 y 轴方向光脉冲的功率相等，由于保偏光纤在两个方向上存在折射率差，因此脉冲光在光纤中前进的过程中所产生的瑞利散射光的偏振态会不断变化。若光纤中的双折射始终保持一致，则利用 POTDR 技术测得的信号的变化频率始终恒定，但当光纤上存在扰动时，均一的双折射会产生变化，进而使利用 POTDR 技术测得的信号变化频率发生改变。任何地方发生变化都会导致利用 POTDR 技术测得的相应位置处的信号频率发生变化，因此通过分析信号的频率变化，可实现对光纤沿线的全分布式传感。

基于频率测量的 POTDR 技术的原理图如图 7.2.7 所示。

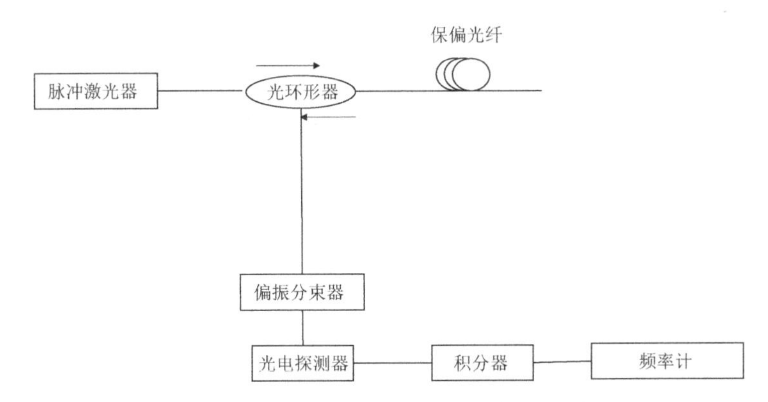

图 7.2.7 基于频率测量的 POTDR 技术的原理图

在保偏光纤中，x 轴和 y 轴两个方向的背向散射光的本征模式可分别表示为

$$\begin{cases} E_x = E_{0x}\cos(\tau + \delta_x) \\ E_y = E_{0y}\cos(\tau + \delta_y) \end{cases}$$

它们的速度可分别表示为

$$\begin{cases} v_x(s') = v - c(s')/2 \\ v_y(s') = v - c(s')/2 \end{cases} \qquad c(s') \ll v \tag{7.2.22}$$

式中，v 为两种本征模式的平均群速度；$v_x(s')$ 和 $v_y(s')$ 表示两种本征模式在位置 s' 处的群速度。在光纤中传输了距离 s 的光波相位可表示为

$$\delta(s) = \omega\int_0^s \mathrm{d}s'/v(s') \tag{7.2.23}$$

则当在光纤位置 s 处产生的散射光返回入射端时，散射光中两种本征模式之间的相位差为

$$\Delta\delta = 2(\delta_x - \delta_y) = 2\omega/v^2\int_0^s c(s')\mathrm{d}s' \tag{7.2.24}$$

所以，此光信号偏振态的变化频率为

$$f_\mathrm{D} = (1/2\pi)\mathrm{d}(\Delta\delta)/\mathrm{d}t = (1/2\pi)[\mathrm{d}(\Delta\delta)/\mathrm{d}s](\mathrm{d}s/\mathrm{d}t) \tag{7.2.25}$$

因为 $s = vt/2$，所以式（7.2.25）可转化为

$$f_\mathrm{D} = f/v \cdot c(s) \tag{7.2.26}$$

对于拍长为 b 的保偏光纤，可得

$$c = v^2/(bf) \tag{7.2.27}$$

因此，利用式（7.2.25）可得

$$f_\mathrm{D} = v/b \tag{7.2.28}$$

可见，通过测量在不同时间所返回信号的频率 $f_\mathrm{D}(t)$，可以反映出与光纤中不同位置处拍长 $b(s)$ 相关的外部扰动。

尽管基于频率测量的 POTDR 技术可以实现对光纤中多个位置处扰动的测量，但是它也存在几个显著的缺点。其一，由于保偏光纤的拍长只有几毫米，因此若要求脉冲光的脉冲宽度为半个拍长的长度，则需要脉冲光的持续时间在10ps的量级。同时，为了有足够高的信噪比，需要这样短的脉冲光有很大的功率，这对光源提出了很高的要求。其二，根据式（7.2.28），对于10mm的拍长，对应的频率 f_D 高达20GHz，探测这样高频率的信号是很困难的事情。

7.2.3.4 基于频谱分析的偏振光时域反射（POTDR）技术

基于频谱分析的 POTDR 技术由加拿大 Bao 教授的研究小组提出[18,19]，它通过对利用POTDR获取的信号进行由时域到频域的变换，再通过对信号频谱在光纤沿线长度上变化状况进行分析，对光纤沿线的动态扰动事件进行测量。利用此传感技术可制作灵敏度很高的全分布式振动传感器。

全分布式振动传感系统对光源和光电探测器都有较高的要求。对光源而言，向在POTDR系统中输入光纤的光脉冲需有较高的消光比。产生光脉冲一般有两种途径：一是在连续光激光器后加电光调制器（EOM）；二是通过调制半导体激光器的驱动电流，直接得到脉冲光输出。后一种方法可得到高消光比（大于50dB）的短脉冲输出（小于100ns）。对光电探测器而言，需要较高的灵敏度及与脉冲宽度相匹配的带宽。脉冲宽度越大，系统的空间分辨率越高，但要求的探测带宽越大，信噪比也会随之降低。

POTDR全分布式系统的数据分析是利用傅里叶变换由信号变化的频谱来实现的，第一步是数据采集，当脉冲的重复率为10kHz时，每隔0.1ms采集一个POTDR曲线。第二步是将曲线上的每点随时间的变化提取出来，若该点稳定，则时间信号没有变化；反之，则说明该点有扰动。找到第一个扰动点后，对之后每点的时间信号都进行傅里叶频谱变换，若之后的扰动频率与第一点频率不同，则从频谱上即可区分出不同频率振动点的位置。但目前POTDR技术对具有相同的频率分量的多点扰动判断仍存在困难。

POTDR全分布式系统的最大传感距离与脉冲光的能量（包括峰值功率和脉冲宽度）、光电探测器的灵敏度相关。在给定光发射、接收模块的情况下，只能通过增大脉冲宽度的办法来增大传感距离，但脉冲宽度的增大会导致系统空间分辨率的降低。单个脉冲及其瑞利散射在光纤中往返的时间（脉冲的持续期）和传感距离成正比，因此传感距离越大，系统所能测量的最高振动频率就越低。实际上，应该根据不同应用的测试要求，综合考虑POTDR系统的各项参数。

7.2.3.5 基于斯托克斯参量测量的偏振光时域反射（POTDR）技术

前面介绍的POTDR技术均利用检偏装置来检测光波偏振态的变化，其特点是速度快、反应灵敏，但不能获得光波准确的偏振态。光波的斯托克斯矢量表示法中的 S_0、S_1、S_2 和 S_3 这4个斯托克斯参量均为与光强相关的可测量量，因此通过对光强进行测量，可完全得到 S_0、S_1、S_2 和 S_3 这4个分量的大小，进而得到光波偏振态的准确信息，再通过计算就能够得到光纤沿线各个位置的偏振态分布及变化情况[20,21]。

通常测量 S_0、S_1、S_2 和 S_3 这4个分量的方法是，在光路中插入一个检偏器，并将检偏器的方位角分别调整为0°、45°和90°，同时检测通过检偏器的光功率，可得到 $I(0°,0°)$、$I(45°,0°)$ 和 $I(90°,0°)$ 三个光功率。括号中的第一个角度表示的是检偏器的方位角，第二个角度表示的是检偏器前光波的相对相位。再在检偏器前安装一个四分之一波片，同时将检偏器的原方位角调整到 45°，可得到第 4 个光功率 $I(45°,90°)$。根据以上结果，可得到 4 个斯托克斯分量的大小为

$$S_0 = I\left(0^\circ,0^\circ\right)+I\left(90^\circ,0^\circ\right) \tag{7.2.29}$$

$$S_1 = I\left(0^\circ,0^\circ\right)-I\left(90^\circ,0^\circ\right) \tag{7.2.30}$$

$$S_3 = 2I\left(45^\circ,0^\circ\right)-I\left(0^\circ,0^\circ\right)-I\left(90^\circ,0^\circ\right) \tag{7.2.31}$$

$$S_4 = 2I\left(45^\circ,90^\circ\right)-I\left(0^\circ,0^\circ\right)-I\left(90^\circ,0^\circ\right) \tag{7.2.32}$$

通过以上方式，可以完全得到光纤沿线散射光的偏振态及偏振度，因此可对外界作用于光纤沿线多个位置上的影响进行传感。但在对 4 个斯托克斯参量进行测量时，需要将散射光分成 4 路同时检测，或不断变化检偏器的状态来对散射光的 4 个参量进行检测，系统复杂、传感速度较慢，多用于测量光纤的偏振模色散（PMD）和差分群时延（DGD）等参量。

7.2.4 光频域反射（OFDR）技术

光频域反射（OFDR）技术由 Eickhoff 于 1981 年首次提出[22]。它也是通过光纤中的瑞利散射进行传感的，但与 OTDR 技术的定位原理不同，它是通过测量被调制的探测光产生的瑞利散射信号的频率来对散射信号进行定位的。相对于 OTDR 技术，它具有空间分辨率高、对探测光功率要求低等优点。

OFDR 技术的基本原理图如图 7.2.8 所示。光源发出的频率经线性扫描的连续光被耦合器分为两路。其中，一路光波被注入传感光纤，当它在光纤中传播时，会不断产生瑞利散射信号，这些瑞利散射信号成为信号光，并通过耦合器被耦合到光电探测器中；另一路光波经过反射后作为参考光，同样通过耦合器被耦合到光电探测器中。

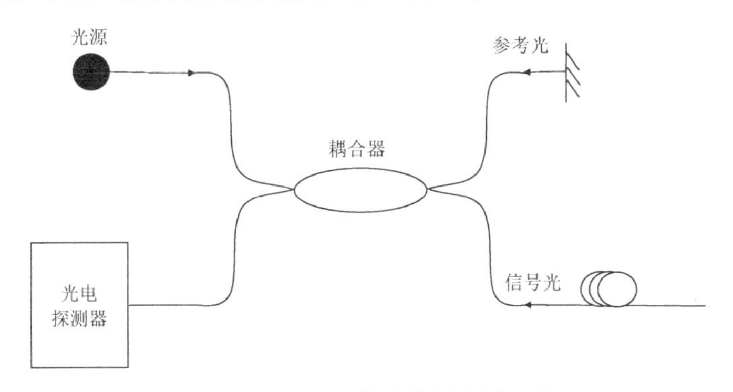

图 7.2.8 OFDR 技术的基本原理图

可见，OFDR 技术对瑞利散射信号的监测方式与 COTDR 技术相同，均为相干探测。如果瑞利散射信号光与参考光满足相干条件，它们就会在光电探测器上发生混频。对于光纤中的探测光，其电场可以表示为 $A(x)\exp[\mathrm{i}\beta(t)x]$，其中，$\beta(t)=\omega(t)/v_{\mathrm{g}}=\beta_0+\gamma t$ 为传播常数，$\omega(t)=\omega_0+\kappa t$ 为随时间进行线性扫描的光波频率，$\kappa=\gamma v_{\mathrm{g}}$ 为频率的扫描速率，γ 为传播常数的扫描速率。振幅 $A(x)=a(x)^{1/2}A_0$，其中

$$\alpha(x)=\exp\left[-\int_0^x \alpha(\xi)\mathrm{d}\xi\right] \tag{7.2.33}$$

式（7.2.33）表示从光纤入射端到 x 处的光纤沿线所有衰减系数的累积。对于一小段光纤 $\mathrm{d}x$，设其瑞利散射系数为 $\sigma(x)$，则此段光纤产生的瑞利散射的幅度为 $A(x)\sigma(x)\mathrm{d}x$。因此，在光纤入射端得到的总瑞利散射强度为

$$E_0(0,t)=A_0\int_0^L \sigma(x)\alpha(x)\exp[2\mathrm{i}\beta(t)x]\mathrm{d}x \tag{7.2.34}$$

式中，L 为光纤的总长度。对于参考光，其表达式为

$$E_\mathrm{r}(0,t)=A_\mathrm{r}\exp\left[-2\mathrm{i}\beta(t)x_\mathrm{r}\right] \tag{7.2.35}$$

因此，光电探测器上得到的两路光的混频信号为

$$V=\left|E_0+E_\mathrm{r}\right|^2=\bar{V}+\tilde{V} \tag{7.2.36}$$

式中，$\bar{V}=\left|E_0\right|^2+\left|E_\mathrm{r}\right|^2$ 为直流项，并且由于 $E_\mathrm{r}\gg E_0$，因此 $\bar{V}$ 主要由 $E_\mathrm{r}(0,t)$ 决定，与 $\beta(t)$ 无关；$\tilde{V}=E_0^*E_\mathrm{r}+E_0E_\mathrm{r}^*$ 为交流项。令 $g(\beta)=E_0(\beta)/E_\mathrm{r}$ 为归一化的瑞利散射信号，则可利用 $\tilde{V}/\bar{V}=\mathrm{Re}\{g\}$ 直接得到其实部。根据式（7.2.34）和式（7.2.35），可得

$$g(\gamma t)=\int_0^L G(x)\exp\left[2\mathrm{i}\left(x-x_\mathrm{r}\right)\gamma t\right]\mathrm{d}x \tag{7.2.37}$$

式中

$$G(x)=[\sigma(x)\alpha(x)]\exp\left[2\mathrm{i}\beta_0\left(x-x_\mathrm{r}\right)\right] \tag{7.2.38}$$

由式（7.2.37）可以看出，对于光纤中的位置 x，其在最终归一化信号 $g(\gamma t)$ 中的比例为 $G(x)\mathrm{d}x$，且此比例以 $2\gamma\left|x-x_\mathrm{r}\right|$ 的频率随时间波动。若取 $x_\mathrm{r}=0$，则可将此波动频率与光纤中的位置 x 一一对应，即光纤中位置 x 处对应的频率为

$$f(x)=2\gamma x=2x\kappa/v_\mathrm{g} \tag{7.2.39}$$

式中，v_g 为光波在光纤中的速度。因此，通过求解 $g(\gamma t)$ 的频谱，便可通过频谱上的各频率点反推光纤中的各个位置。并且由于比例 $G(x)\mathrm{d}x$ 与光纤沿线的衰减成正比，可通过各个频率点的功率得到光纤沿线各位置处的衰减情况。

OFDR 技术的空间分辨率可表示为

$$\Delta x=L\Delta f/f \tag{7.2.40}$$

式中，Δf 为频谱的频率分辨率；f 为散射信号与参考光对应的最大频率差，其表达式为

$$f=2\kappa L/v_\mathrm{g} \tag{7.2.41}$$

从时域到频域变换时，频率分辨率（Δf）由信号的持续时间（T）决定，即

$$\Delta f=1/T \tag{7.2.42}$$

光源的频率扫描范围为

$$\Delta v=KT \tag{7.2.43}$$

由式（7.2.40）和式（7.2.43）可得空间分辨率为

$$\Delta x = v_g / 2\Delta \nu \tag{7.2.44}$$

由式（7.2.44）可见，OFDR 技术的空间分辨率由光源所能实现的频率扫描范围决定。

7.3 基于拉曼散射的全分布式光纤传感技术

7.3.1 基于拉曼散射的光纤温度传感器的原理

根据量子力学的观点，可以将拉曼散射看成入射光和介质分子相互作用时，光子吸收或发射一个声子的过程[23-25]。光纤分子的拉曼声子频率为$\Delta\nu = 1.32\times10^{13}\,\text{Hz}$，产生的光子为斯托克斯光子和反斯托克斯拉曼光子：

$$h\nu_{\text{S}} = h\left(\nu_{\text{p}} - \Delta\nu\right) \tag{7.3.1}$$

$$h\nu_{\text{AS}} = h\left(\nu_{\text{p}} + \Delta\nu\right) \tag{7.3.2}$$

式中，ν_{p}、ν_{S}、ν_{AS}分别为入射光、斯托克斯拉曼散射光、反斯托克斯拉曼散射光的频率。

当激光脉冲在光纤中传播时，每个激光脉冲产生的背向斯托克斯拉曼散射光的光通量为

$$\Phi_{\text{S}} = K_{\text{S}} \cdot S \cdot \nu_{\text{S}}^4 \cdot \varphi_{\text{e}} \cdot R_{\text{S}}(T) \cdot \exp\left[-\left(\alpha_0 + \alpha_{\text{S}}\right) \cdot L\right] \tag{7.3.3}$$

背向反斯托克斯拉曼散射光的光通量可以表示为

$$\Phi_{\text{AS}} = K_{\text{AS}} \cdot S \cdot \nu_{\text{AS}}^4 \cdot \varphi_{\text{e}} \cdot R_{\text{AS}}(T) \cdot \exp\left[-\left(\alpha_0 + \alpha_{\text{AS}}\right) \cdot L\right] \tag{7.3.4}$$

式中，φ_{e}为相位；K_{S}、K_{AS}分别为与光纤的斯托克斯散射截面、反斯托克斯散射截面有关的系数；ν_{S}和ν_{AS}分别为斯托克斯散射光子的频率和反斯托克斯散射光子的频率；α_0、α_{AS}、α_{S}分别为光纤中入射光、反斯托克斯拉曼散射光及斯托克斯拉曼散射光的平均传播损耗；$R_{\text{S}}(T)$和$R_{\text{AS}}(T)$为与光纤分子低能级和高能级上的粒子数分布有关的系数，分别是背向斯托克斯拉曼散射光和背向反斯托克斯拉曼散射光的温度调制函数，二者的表达式为

$$R_{\text{S}}(T) = \left\{1 - \exp\left[-h\Delta\nu / (kT)\right]\right\}^{-1} \tag{7.3.5}$$

$$R_{\text{AS}}(T) = \left\{\exp\left[h\Delta\nu / (kT)\right] - 1\right\}^{-1} \tag{7.3.6}$$

激光与光纤分子非线性相互作用，入射光子被分子散射成另一个低频斯托克斯拉曼散射光子或高频反斯托克斯拉曼散射光子，相应的分子完成两个振动态之间的跃迁，放出一个声子成为斯托克斯拉曼散射光子，吸收一个声子成为反斯托克斯拉曼散射光子。光纤分子能级上的粒子数热分布服从玻耳兹曼定律[26,27]，反斯托克斯拉曼散射光与斯托克斯拉曼散射光的强度比为

$$I(T) = \frac{\Phi_{\text{AS}}}{\Phi_{\text{S}}} = \left(\frac{\nu_{\text{AS}}}{\nu_{\text{S}}}\right)^4 \mathrm{e}^{-\frac{h\Delta\nu}{k_{\text{B}}T}} \tag{7.3.7}$$

式中，$h = 6.626\times10^{-34}\,\text{J}\cdot\text{s}$；$\Delta\nu = 1.32\times10^{13}\,\text{Hz}$；$k_{\text{B}}$为玻耳兹曼常量，$k_{\text{B}} = 1.380\times10^{-23}\,\text{J/K}$；$T$为热力学温度。由二者的强度比，可以得到光纤各段的温度信息。

为了对全分布式光纤拉曼温度传感器进行温度标定，在光纤的前端设置一段定标光纤，将定标光纤圈放在温度为T_0的恒温槽中，恒温槽的温度一般设为20℃，由此得出拉曼强度比与温度的关系式[28-30]：

$$\frac{1}{T}=\frac{1}{T_0}-\frac{k_B}{k_B\Delta\nu}\ln\frac{\Phi_{AS}(T)\Phi_S(T)}{\Phi_{AS}(T_0)/\Phi_S(T_0)}=\frac{1}{T_0}-\frac{k_B}{h\Delta\nu}\ln F(T) \tag{7.3.8}$$

由式（7.3.8）可得

$$F(T)=\frac{\Phi_{AS}(T)/\Phi_S(T)}{\Phi_{AS}(T_0)/\Phi_S(T_0)}=\frac{e^{-h\Delta\nu/(k_BT)}}{e^{-h\Delta\nu/(k_BT_0)}} \tag{7.3.9}$$

在实际测量中，可以得到$\Phi_{AS}(T)$、$\Phi_S(T)$、$\Phi_{AS}(T_0)$、$\Phi_S(T_0)$经光电转换后的电平值，由式（7.3.8）即可得到光纤的实际温度（T）。

7.3.2 拉曼光时域反射（ROTDR）技术

7.3.2.1 拉曼光时域反射（ROTDR）技术的原理

ROTDR为拉曼光时域反射技术的英文简称。全分布式光纤拉曼温度传感器是一种用于实时测量空间温度场的高新技术传感器，利用光纤拉曼散射效应测温[31,32]。该传感器所用的光纤既是传输介质，又是传感介质，是一种功能型的光纤传感器。在一根10km的光纤上，可采集几万个点的温度信息，并能进行空间定位，光纤所处空间各点的温度场调制了光纤中的背向拉曼散射的强度，利用波分复用器和光电探测器采集带有温度信息的背向拉曼散射光信号，再经信号处理、解调环节，将温度信息实时地从噪声中提取出来并进行显示，可以将全分布式光纤拉曼温度传感器看成一种光纤测温网络[33]。在时域里，根据光纤中光波的传播速度和背向光返回起始端的时间间隔，利用光纤的OTDR技术对被测温点进行定位，相当于构建一种光纤测温雷达系统[34]。由于全分布式光纤传感系统具有优越特性，它可被应用于煤矿、隧道的火灾自动温度报警系统，也可被应用于油库、危险品库、军火库的温度报警系统，大型变压器、发电机组的温度分布测量、热保护和故障诊断，大坝的渗水、热形变和应力测量，地下电力电缆的温度检测和热保护。光纤传感系统可显示温度的变化方向、变化速度和受热面积，可将报警区域的平面结构图和光缆布线图事先输入计算机，通过光纤传感系统显示温度报警区域或故障区域。

当激光脉冲在光纤中传播时，背向拉曼散射光回到光纤的起始端，每个激光脉冲产生的背向反斯托克斯拉曼散射光与背向斯托克斯拉曼散射光的光通量分别为

$$\Phi_S=K_S\cdot Sv_S^4\cdot\varphi_e\cdot R_S(T)\cdot\exp[-(\alpha_0+\alpha_S)\cdot L] \tag{7.3.10}$$

$$\Phi_{AS}=K_{AS}\cdot Sv_{AS}^4\cdot\varphi_e\cdot R_{AS}(T)\cdot\exp[-(\alpha_0+\alpha_{AS})\cdot L] \tag{7.3.11}$$

7.3.2.2 全分布式光纤拉曼温度传感器的结构

全分布式光纤拉曼温度传感器的工作过程：脉冲激光通过集成型波分复用器由1×2双向耦合器和光纤波分复用器组成一端进入光纤，光纤产生的背向散射光经过集成型波分复用器

被分成斯托克斯拉曼散射光和反斯托克斯拉曼散射光，经过雪崩光电二极管（APD）的光电转换和高速模/数转换累加处理之后送到计算机中，进行温度解调和数据存储分析，实现在线全分布式温度测量。全分布式光纤拉曼温度传感器的结构原理图如图 7.3.1 所示，该传感器可以分为主机、信号采集和处理部分及传感光纤三部分。

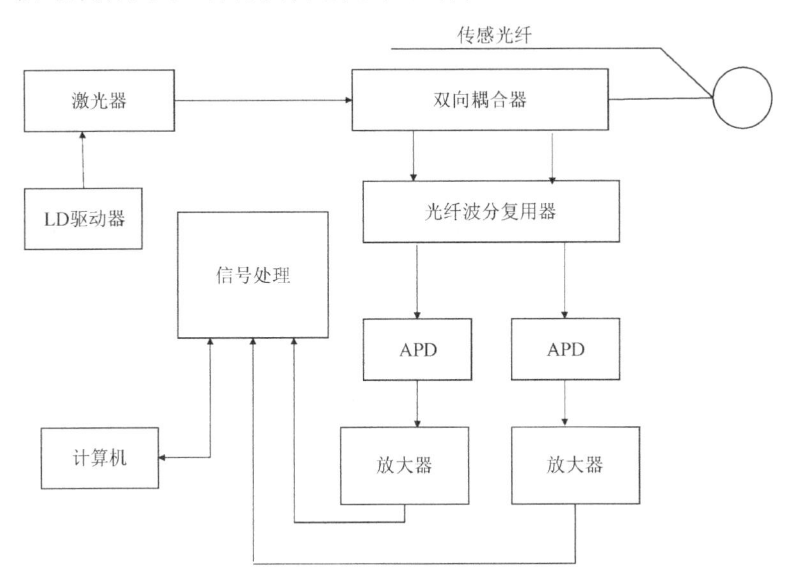

图 7.3.1 全分布式光纤拉曼温度传感器的结构原理图

全分布式光纤拉曼温度传感器的主机由脉冲激光光源模块、光纤波分复用系统及光电接收和放大模块构成。

1）脉冲激光光源模块

光纤拉曼温度传感器应用的激光器主要有 4 种：①激光二极管（LD）；②DFB 激光器；③掺铒光纤激光器；④半导体激光器和掺铒光纤放大器组成的光纤激光器。

由于全分布式光纤拉曼温度传感器是利用自发拉曼温度效应来测量温度的，而该效应所产生的有用信号非常弱，使检测非常困难。因此，需要提高入射光功率，原则上，只要不产生非线性现象，入射光功率越大越好。而非线性现象的产生跟谱线宽度有关，光谱越宽，产生非线性现象所需的输入功率越大，一般选择几纳米的谱线宽度。

2）光纤波分复用系统

光纤波分复用系统包括 1×2 双向耦合器、平行光路和滤光片组成的集成型波分复用器。1×2 双向平行光路具有低插入损耗、低偏振相关损耗、高波长隔离度。光学滤光片的设计是光纤波分复用系统的关键，主要的技术指标如下。

（1）中心波长：根据探测激光器的峰值波长，由拉曼频移确定反斯托克斯拉曼散射和斯托克斯拉曼散射的中心波长。

（2）光谱波形：光谱半宽度约 5THz，光谱波形满足超高斯型，尽量接近矩形。

（3）峰值透过率的不平坦度：不大于 0.05dB。

（4）透过率：大于 97%。

（5）隔离度：大于 40dB（对探测激光器的激光波长）。

3）光电接收和放大模块

由于系统信号非常微弱，要求光电检测系统具有低噪声、宽带和高灵敏度，因此光电检测系统的核心器件（光电探测器）需要采用高灵敏度、高雪崩增益、快速响应、低噪声的硅或铟镓砷雪崩光电二极管（APD），并配置宽带、低噪声的前置放大器。硅 APD 适用于可见光、近红外短波段，铟镓砷 APD 适用于近红外波段。

7.3.2.3 全分布式光纤拉曼温度传感器系统的主要技术指标

1）测温精度、温度分辨率

系统的测温精度用不确定度（Uncertainty）表示，由标准偏差σ度量，它表示从统计角度多次测量的平均值与测量值的均方根差。

系统的测温精度本质上由系统的信噪比决定。系统的信号由探测激光器的脉冲光子能量决定，与脉冲宽度、峰值功率相关。系统的噪声主要与随机噪声，光电接收器 APD 的噪声，前置放大器的带宽、噪声，信号采集与处理系统的带宽、噪声有关。但入射光纤的激光功率受到光纤产生非线性效应的阈值的限制，在不影响系统空间分辨率的前提下，适当地控制系统带宽，也可抑制系统的噪声。

系统的温度分辨率用测温系统最小分度指示值来表征。

2）空间分辨率、采样分辨率

空间分辨率通常用最小感温长度来表征。全分布式光纤拉曼温度传感器的待测光纤处于室温 20℃，从待测光纤中某一距离（如 2km）处取出一段光纤（如 3m）放在 60℃的恒温槽中，测量光纤的温度响应曲线，由 10%上升到 90%所对应的响应距离为系统的空间分辨率。它主要取决于脉冲激光器的带宽、光电接收器的响应时间、放大器（主要是前置放大器）的带宽和信号采集系统的带宽。要提高空间分辨率，必须压缩探测激光的脉冲宽度，这必然会减小脉冲泵浦激光的强度，也会减弱光纤的背向拉曼散射信号，并降低系统的信噪比。

系统的采样分辨率由信号采集处理系统的模/数转换采样速率确定。

3）测量时间和采样次数

系统的温度信号是淹没在噪声中的，由于信号是有序的，噪声是随机的，因此可以采用多次采样、累加的办法提高信噪比，信噪比的改善与累加次数的均方根成正比，累加次数确定后，到底需要花多少时间来完成测量，主要由信号的采集、累加系统和计算机的传输速度决定。因此，在实际系统中，用测量时间比用采样次数显得更加实用。

4）测温光纤长度（测程）

在系统的信噪比确定后，测程与系统所选用的光谱波段、光纤的种类相关。通常，系统的信噪比与光纤的损耗决定了全分布式光纤拉曼温度传感器的可测温长度。

5）测温范围

拉曼测温方法有普适性，因此测温范围由光纤、光缆材料的耐温性质决定，特种涂层材料的光纤的测温范围可达 600℃。在全分布式光纤拉曼温度传感器系统中，光纤不仅是传输媒介，还是传感媒介，系统的测温范围是由光纤涂层的热损伤特性决定的。

7.3.3 拉曼光频域反射（ROFDR）技术

在 OTDR 技术中，输入光纤的是脉冲光，要提高测量的空间分辨率，就必须减小脉冲宽度。脉冲光的脉冲宽度越小，输入光纤的光脉冲能量就越低，测量所需的带宽也越大。能量降低和测量带宽增大都会使系统的信噪比变差，测量所需的时间就会大大变长。为了解决这个问题，人们提出了多种方案，如 COTDR、光子计数 OTDR 等，这些方案都有各自的优点，但也有各自的缺点。

上述方案都是以时域技术为基础的，还有一种以频域技术为基础的方案，就是光频域反射（OFDR）技术[35,36]。在 OFDR 技术中，输入光纤的是连续的频率调制光。和 OTDR 技术相比，OFDR 技术采用的是连续光，这样系统的信噪比就和空间分辨率没有关系，有可能在不损失信噪比的情况下提高空间分辨率。如果再和相干探测结合，就更有优势，可以在大幅度提高灵敏度的同时，实现厘米级甚至毫米级的空间分辨率[37]。

在拉曼光频域反射（ROFDR）技术中，输入光纤的是连续频率调制光，然后分别测量出斯托克斯拉曼散射光和反斯托克斯拉曼散射光在不同输入频率下的响应，通过反傅里叶变换计算出系统的脉冲响应，得到时域的斯托克斯拉曼散射和反斯托克斯拉曼散射 OTDR，再按照 ROTDR 的方法计算温度分布[38]。

ROFDR 实验装置如图 7.3.2 所示。在 ROFDR 中，输入光纤的是正弦强度调制光。调制频率从直流开始，每次增加一个调制频率的步长（Δf_{mod}），一直到最大调制频率（$f_{\mathrm{mod,max}}$）。对激光器的调制可以采用外调制，也可以采用内调制。激光器输出的光被分为两部分，绝大部分通过双向耦合器耦合进光纤，还有一小部分被引出作为参考光。背向散射光通过光学滤波器滤出斯托克斯拉曼散射光和反斯托克斯拉曼散射光，然后送入信号检测和处理系统。在检测的时候，因为参考光的功率比较大，所以可以用 PD 检测，而斯托克斯拉曼散射和反斯托克斯拉曼散射的功率非常小，所以一般用 APD 检测。

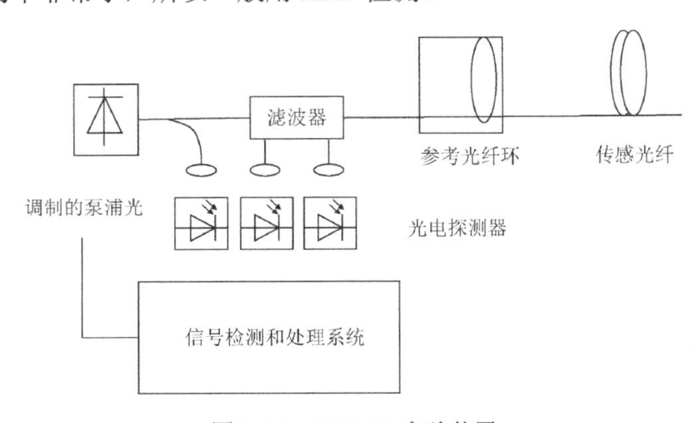

图 7.3.2 ROFDR 实验装置

PD 检测的参考光信号和频率调制的输出成正比，由信号处理系统计算出参考光信号的相位和频率信息并存储下来。

输入光功率可以表示为

$$P_0(t)=\bar{P}_0+\hat{P}\left(\omega_{\mathrm{mod},m}\right)\cos\left[\omega_{\mathrm{mod},m}t+\varphi_0\left(\omega_{\mathrm{mod},m}\right)\right] \tag{7.3.12}$$

式中，$\bar{P}_0$ 为平均输入功率；$\hat{P}\left(\omega_{\mathrm{mod},m}\right)$ 为功率调制幅度；$\varphi_0\left(\omega_{\mathrm{mod},m}\right)$ 为初相位。

对于每个测量频率（f_{mod}），都需要检测出斯托克斯拉曼散射和反斯托克斯拉曼散射相对于参考光的振幅和相位信息，并将这些信息保存下来，以便后续处理。在理想情况下，$\bar{P}_0=\hat{P}\left(\omega_{\text{mod},m}\right)$，也就是说，调制深度等于 1。但为了使激光器工作在线性区，调制深度一般小于 1。背向散射的斯托克斯拉曼散射光和反斯托克斯拉曼散射光的功率分别可以表示为

$$P_{\text{S}}(t)=\bar{P}_{\text{S}}+\hat{P}_{\text{S}}\left(\omega_{\text{mod},m}\right)\cos\left[\omega_{\text{mod},m}t+\varphi_{\text{S}}\left(\omega_{\text{mod},m}\right)\right] \tag{7.3.13}$$

$$P_{\text{AS}}(t)=\bar{P}_{\text{AS}}+\hat{P}_{\text{AS}}\left(\omega_{\text{mod},m}\right)\cos\left[\omega_{\text{mod},m}t+\varphi_{\text{AS}}\left(\omega_{\text{mod},m}\right)\right] \tag{7.3.14}$$

式中，$\bar{P}_{\text{S}}$ 和 $\bar{P}_{\text{AS}}$ 分别为斯托克斯光和反斯托克斯光的平均功率；$\hat{P}_{\text{S}}\left(\omega_{\text{mod},m}\right)$ 和 $\hat{P}_{\text{AS}}\left(\omega_{\text{mod},m}\right)$ 分别为斯托克斯光和反斯托克斯光的功率调制幅度；$\varphi_{\text{S}}\left(\omega_{\text{mod},m}\right)$ 和 $\varphi_{\text{AS}}\left(\omega_{\text{mod},m}\right)$ 分别为斯托克斯光和反斯托克斯光的初相位。斯托克斯光和反斯托克斯光的振幅、初相位与调制频率相关，并且受温度分布和光纤衰减的影响。

根据测量到的振幅和相位信息，利用信号处理系统可以确定不同频率下斯托克斯信号和反斯托克斯信号的传递函数，即

$$H_{\text{S}}\left(\omega_{\text{mod},m}\right)=\frac{\hat{P}_{\text{S}}\left(\omega_{\text{mod},m}\right)}{\hat{P}_0\left(\omega_{\text{mod},m}\right)}\cdot\exp\left[\mathrm{i}\varphi_{\text{S}}\left(\omega_{\text{mod},m}\right)-\mathrm{i}\varphi_0\left(\omega_{\text{mod},m}\right)\right] \tag{7.3.15}$$

$$H_{\text{AS}}\left(\omega_{\text{mod},m}\right)=\frac{\hat{P}_{\text{AS}}\left(\omega_{\text{mod},m}\right)}{\hat{P}_0\left(\omega_{\text{mod},m}\right)}\cdot\exp\left[\mathrm{i}\varphi_{\text{AS}}\left(\omega_{\text{mod},m}\right)-\mathrm{i}\varphi_0\left(\omega_{\text{mod},m}\right)\right] \tag{7.3.16}$$

然后，由信号处理系统计算出这些离散传递函数的反傅里叶变换。对于线性系统，上述传递函数的反傅里叶变换为

$$h_{\text{S}}\left(t_q\right)=\text{IFFT}\left\{H_{\text{S}}\left(\omega_{\text{mod},m}\right)\right\} \tag{7.3.17}$$

$$h_{\text{AS}}\left(t_q\right)=\text{IFFT}\left\{H_{\text{AS}}\left(\omega_{\text{mod},m}\right)\right\} \tag{7.3.18}$$

以上两式分别是斯托克斯和反斯托克斯拉曼散射脉冲响应的良好近似，其中，$t_q=q\Delta t$，$q=0,1,2,\cdots,M-1$；Δt 为时间分辨，$\Delta t=1/f_{\text{mod,max}}$，$f_{\text{mod,max}}$ 也就是最大调制频率。上述脉冲响应的实部之间的比就是传感器的信号

$$h_{\text{sens}}=\frac{\text{Re}\left[h_{\text{S}}\left(2z_q n_{\text{gr}}/c\right)\right]}{\text{Re}\left[h_{\text{AS}}\left(2z_q n_{\text{gr}}/c\right)\right]}\cdot\exp\left(\Delta\alpha_q z_q\right) \tag{7.3.19}$$

式中，z_q 为光纤与输入端的距离，$z_q=t_q c/2n_{\text{gr}}$；而 $\Delta\alpha_q$ 是斯托克斯光和反斯托克斯光的损耗差，即

$$\Delta\alpha_q=\alpha_q\left(\lambda_{\text{S}}\right)-\alpha_q\left(\lambda_{\text{AS}}\right) \tag{7.3.20}$$

$\Delta\alpha_q$ 可以通过实测获得。

在时域测量的脉冲响应函数是实函数，而调制传递函数 $H_{\text{Ph}}(\omega_{\text{mod}})$ 是实脉冲响应 $h_{\text{Ph}}(\omega_{\text{mod}})$ 的傅里叶变换。对于实脉冲响应，$H_{\text{Ph}}(\omega_{\text{mod}})=H_{\text{Ph}}^*(\omega_{\text{mod}})$。在频域分析中，调制函数 $H_{\text{S}}(\omega_{\text{mod}})$ 的测量范围是 $0<f_{\text{mod}}\leqslant f_{\text{mod,max}}$。其中，最大调制频率 $f_{\text{mod,max}}=\Delta f_{\text{mod}}(M-1)$。这样，对于

$\omega_{mod} < 0$，$H_S(\omega_{mod}) = 0$。负频率为零的传递函数的脉冲响应是复数函数。在我们的推理中，传递函数可以被视为分析信号，则物理脉冲函数可以被视为分析响应函数的实部。$H_S(t)$ 的虚部是实部的希尔伯特变换，不包含任何额外的信息。

7.4 基于布里渊散射的全分布式光纤传感技术

7.4.1 布里渊光时域反射（BOTDR）技术

布里渊光时域反射（BOTDR）技术利用光纤中自发布里渊散射光功率或频移的变化量与温度和应变变化的线性关系进行全分布式传感。BOTDR 传感系统的基本结构图如图 7.4.1 所示。激光器发出的角频率为 ω_0 的连续光被调制器调制成探测脉冲光，探测脉冲光入射到传感光纤，并产生频率为 $\omega_0 \pm \Omega_B$ 的自发布里渊散射，散射光沿光纤返回并进入信号检测和处理系统，对信号检测和处理系统获得的不同时间（对应不同位置处）的布里渊散射信号进行洛伦兹拟合，便可得到光纤沿线的布里渊频移。根据布里渊散射信号的功率或频移与温度和应力的对应关系，再利用 BOTDR 技术对散射信号进行定位，可以得到光纤沿线各点对应的温度或应变信息，从而实现全分布式温度和应变传感。

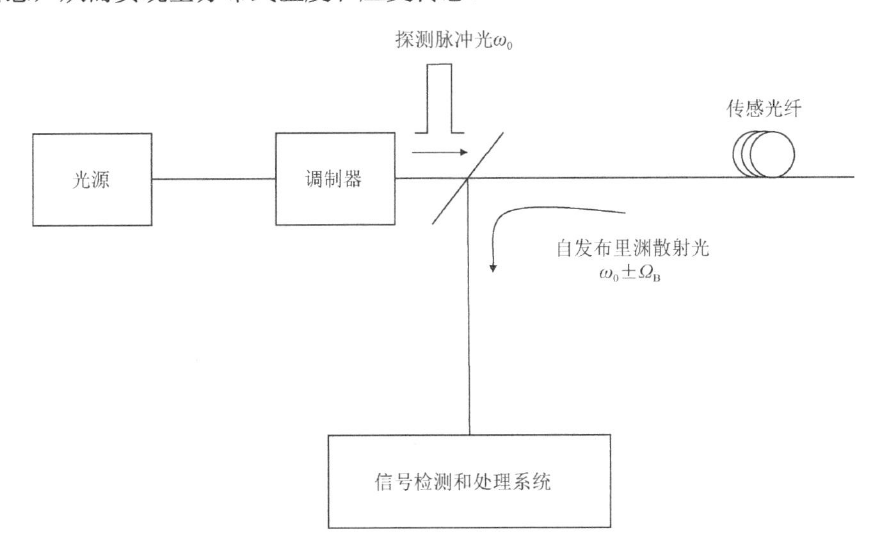

图 7.4.1　BOTDR 传感系统的基本结构图

BOTDR 传感系统一般包括光源、调制器、信号检测和处理系统、传感光纤 4 部分。其中，传感光纤通常为普通单模光纤，以下主要介绍系统的光源、调制器、信号检测和处理系统。

1. 光源

BOTDR 传感系统的光源主要有激光二极管（LD）、DFB 激光器和光纤激光器等，其中常用的是 DFB 激光器。光源的主要性能指标包括中心波长、峰值功率、谱线宽度及光源稳定性。

为了达到尽可能大的传感距离，光源的中心波长一般选择在光纤的两个低损耗窗波段，即1310nm 和 1550nm 附近。为了达到更长的传感距离，光路中常常需要用掺铒光纤放大器对探测光进行放大，因而选择 1550nm 更加合适。受光纤中受激布里渊散射等非线性现象的限制，入射光纤的光功率不能无限增大，理论上说，在不产生非线性现象的前提下，入射光功率越大越好。目前，BOTDR 传感系统中常用的 DFB 激光器的峰值功率一般为几十到几百毫瓦。在普通单模光纤中，脉冲光对应的布里渊散射信号的谱线宽度一般为几十至上百兆赫兹，为了准确测量布里渊散射信号，理论上要求光源的谱线宽度小于布里渊增益谱线宽度，否则会造成布里渊频移测量的不准确。但若光源的谱线宽度过窄（如窄到几千赫兹），则会带来比较严重的相干噪声。若激光器的波长为λ，带宽为$\Delta\nu$（对应谱线宽度为$\Delta\lambda$），入射光在折射率为n的材料中传输，则其相干长度为[39]

$$L_{\mathrm{c}}=\frac{c}{n\Delta\nu}=\frac{\lambda^2}{n\Delta\lambda} \tag{7.4.1}$$

对于脉冲宽度为$\Delta\tau$的入射光，在忽略探测响应带宽和信号采样时间影响的情况下，其空间分辨率为

$$L=\frac{c\Delta\tau}{2n} \tag{7.4.2}$$

长度等于系统空间分辨率的每段光纤相当于一个散射单元，若相干长度小于空间分辨率，则相干作用发生在各个散射单元内部，不影响信号的信噪比。反之，当相干长度大于空间分辨率时，在各个散射单元之间发生相干作用，表现为产生周期性低频相干噪声，从而影响系统的信噪比，并且这种噪声无法使用传统的平均方式消除。所以，BOTDR 传感系统中光源的谱线宽度一般为几十千赫兹至几兆赫兹。

2. 调制器

调制器用于将光源发出的连续光调制成探测脉冲光，一般有电光调制器（EOM）和声光调制器（AOM）。

1）电光调制器

电光调制器利用了电光晶体的线性电光效应（泡克耳斯效应，对晶体施加电场之后，将引起束缚电荷的重新分配，导致离子晶格发生微小形变，从而引起介电常数的变化，最终导致晶体折射率的变化，使通过该晶体的光波发生相位移动，从而实现相位调制。基于布里渊散射的全分布式光纤传感系统常用 M-Z 干涉仪型调制器作为脉冲调制器，它由两个相位调制器和两个 Y 分支波导构成，能对光进行强度调制。M-Z 铌酸锂电光调制器的基本结构图如图 7.4.2 所示[40]，由该图可以看出，输入光波经过一段路程后，在一个 Y 分支处被分成相等的两部分，然后分别通过光波导的两个支路，接着在第二个 Y 分支处会合形成一个光波后输出。当电光调制器用于脉冲调制时，对其中一路光进行相位调制，通过施加直流电压使两路的相位常数为 0 或 r，分别对应最大输出和最小输出，从而实现脉冲调制。在选择电光调制器时，需要重点考察的参数有调制频率、消光比、插入损耗和稳定性。

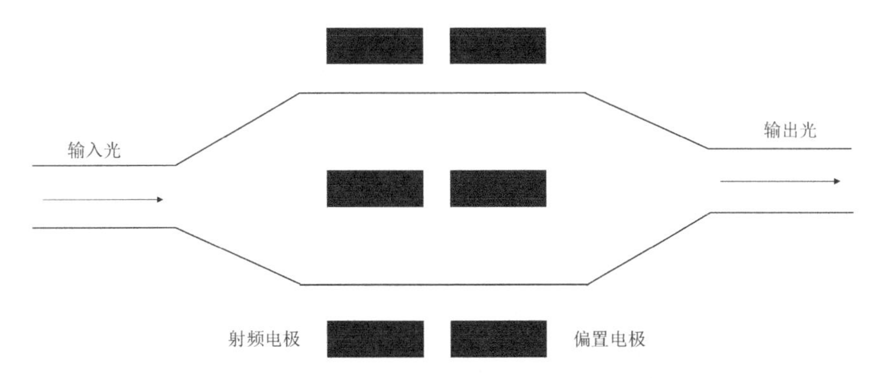

图 7.4.2 M-Z 铌酸锂电光调制器的基本结构图

2）声光调制器

通常将控制激光束强度变化的声光器件称作声光调制器。声光调制器主要由声光介质和压电换能器构成。当驱动源的某种特定载波频率驱动换能器时，换能器即产生同一频率的超声波并传入声光介质，在介质内形成周期性折射率变化，光束通过介质时即发生相互作用，从而产生衍射，改变光的传播方向。当外加信号通过驱动电源作用于声光器件时，超声强度随此信号变化，衍射光强也随之变化，从而实现对光的强度调制。

声光调制器和电光调制器都可以实现光脉冲的调制。两种调制器相比，声光调制器具有较高的消光比（典型值为 50dB），对光的偏振态不敏感，但是声光调制器在调制光脉冲时，脉冲的上升沿较大（一般为 20～150ns），而且调制频率较低（一般只有几十到几百兆赫兹）。电光调制器则具有高的调制频率（典型调制频率为十几吉赫兹）和小的上升沿，适合调制脉冲宽度较窄的光脉冲（可以小至几纳秒），成本比较低，但其消光比不够高，一般为 30～40dB，并且对光的偏振态敏感。由于在 BOTDR 传感系统中常常需要达到米量级的空间分辨率（对应脉冲为几十纳秒），因此在 BOTDR 传感系统中一般采用电光调制器。

3．信号检测和处理系统

信号检测和处理系统一般包括光电探测器和信号采集、处理模块。布里渊散射信号微弱，这就要求光电探测器具有低噪声、高增益和高灵敏度，光电探测器的带宽则根据实际测量方式和信号频率而定。常用的光电探测器有硅基 PD 或 APD。信号采集、处理模块用于完成对光电探测器输出的电信号的采集和处理，一般包括模/数转换（ADC）模块、数字下变频（DDC）模块和数字信号处理（DSP）模块等。

在基于自发布里渊散射的光纤传感系统中，自发布里渊散射信号可以通过直接探测或相干探测两种方法得到。我们将采用直接探测自发布里渊散射方法实现的布里渊光时域反射技术简称为直接探测型 BOTDR 技术，将采用相干探测自发布里渊散射方法实现的布里渊光时域反射技术简称为相干探测型 BOTDR 技术。

7.4.1.1 直接探测型布里渊光时域反射（BOTDR）技术

在直接探测型 BOTDR 技术中，假定被测信号光以其电场幅度 $\tilde{E}_s(t)=E_s(t)\cos(2\pi\nu_s t)$ 来表示，其中，$E_s(t)$ 相对于光频（ν_s）为慢变项，则其光功率为

$$P_s(t) = K\left[E_s(t)\right]^2 \tag{7.4.3}$$

式中，K 为比例常数，单位为 $W/(V \cdot m^{-2})$。理想情况下，光电探测器的响应时间为零，则输出光电流为

$$i_s(t) = \rho K\left[\tilde{E}_s(t)\right]^2 = \rho P_s(t) + \rho P_s(t)\cos\left(4\pi \nu_s t\right) \tag{7.4.4}$$

式中，ρ 为光电探测器的灵敏度，单位为 A/W。等式右边的第一项为慢变项，第二项为光频项。实际上，光电探测器的光电转换过程是对光场的时间积分响应。虽然光电探测器的积分响应时间在极限情况下能达到纳秒量级，但仍远大于光波周期 $T = 1/\nu$，也就是说，截止响应频率远低于光频（f_ν），因式（7.4.4）右边第二项的时间积分为零。若慢变项 $\rho P_s(t)$ 的频谱范围在光电探测器带宽以内，则光电探测器输出的光电流为

$$i_s(t) = \rho P_s(t) \tag{7.4.5}$$

光电流经过跨阻放大电路后，转换为电压输出 $u_s(t)$，当整个探测电路的带宽大于 $P_s(t)$ 频谱的最高频率时，有

$$u_s(t) = \rho R P_s(t) = C P_s(t) \tag{7.4.6}$$

式中，R 为光电探测器的跨阻增益，单位为 V/A；C 为光电探测器的转换增益，$C = \rho R$，单位为 V/W。采用直接探测时，光电探测器输出的电流和电压的幅值均正比于被测光功率。

采用直接探测方法探测自发布里渊散射信号，其关键是如何将微弱的自发布里渊散射信号从总的背向散射信号中分离出来。目前，多采用滤波的方法来提取自发布里渊散射信号，这些方法主要有法布里-珀罗（F-P）干涉仪滤波法、M-Z 干涉仪滤波法和窄带宽光纤光栅滤波法。

1. 基于 F-P 干涉仪滤波法的 BOTDR 技术

目前，采用直接探测方法的布里渊光纤传感器主要通过测量 LPR 的变化量实现传感[41,42]。其中，LPR 为瑞利散射光功率与布里渊散射光功率之比。典型的基于 LPR 直接探测的布里渊传感系统示意图如图 7.4.3 所示。由该图可见，光纤中的散射光经过滤波系统将布里渊散射信号和瑞利散射信号分别滤出，并对其进行探测，测量 LPR 的变化量，即可获得光纤中相对温度或应变的变化。

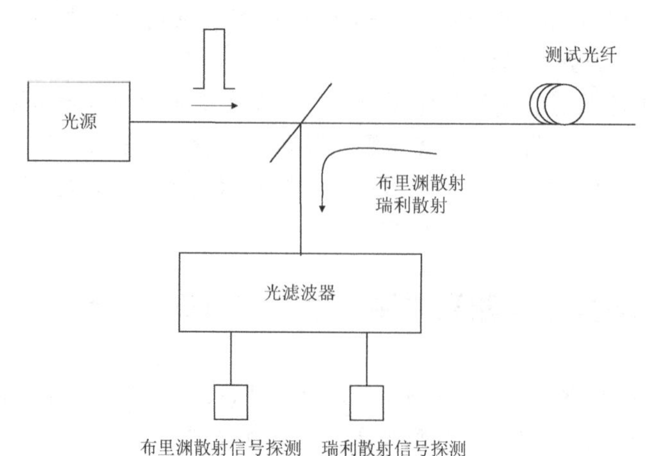

图 7.4.3　典型的基于 LPR 直接探测的布里渊传感系统示意图

1996 年，Wait 等人采用 F-P 干涉仪将瑞利散射信号和布里渊散射信号分离，并通过直接探测 LPR 的方法实现了 BOTDR 全分布式温度的测量[43]，实验方案如图 7.4.4 所示。在图 7.4.4 中，DFB 激光器的输出功率为0.9mW，波长为1537nm。为了抑制受激布里渊散射效应，激光器的输入电流被函数发生器调制成频率为0.6MHz、峰峰值为3mA 的三角波，从而使激光器的有效线宽展宽为2GHz。声光调制器（AOM）的插入损耗为4.5dB，上升时间为44ns，激光器发出的连续光通过脉冲发生器控制的声光调制器被调制成脉冲宽度为6μs 的光脉冲信号，脉冲周期为160μs，光脉冲信号经过掺铒光纤放大器放大后，光脉冲峰值功率达到18dBm，经 50∶50 耦合器 2 输入光纤。耦合器 1 的 6%端口用于光脉冲的监测。背向散射信号中的瑞利散射光与布里渊散射光采用 F-P 干涉仪分离，并利用光电探测器分别探测瑞利散射光和布里渊散射光的功率，实现 LPR 比值的测量，由 LPR 的变化量可以实现全分布式温度或者应变的传感。系统获得了 600m 的空间分辨率和12.9km 的传感距离。

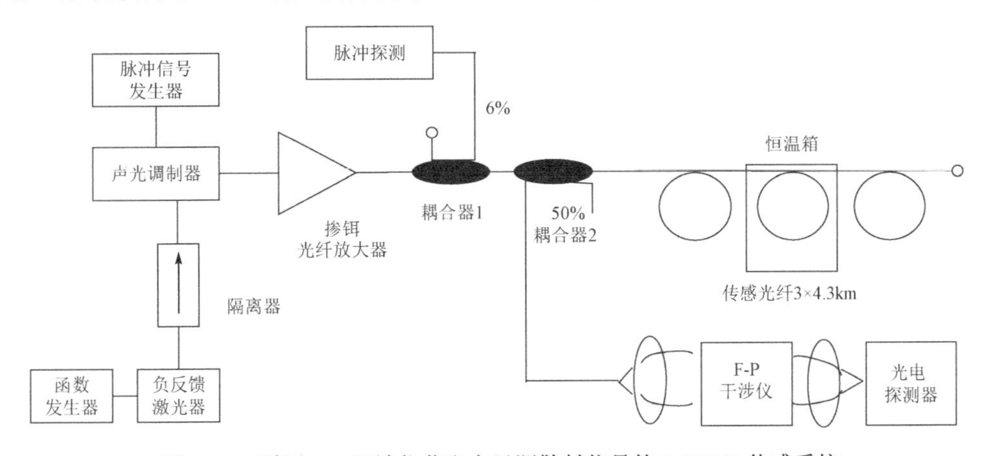

图 7.4.4　采用 F-P 干涉仪获取布里渊散射信号的 BOTDR 传感系统

2. 基于 M-Z 干涉仪直接探测的 BOTDR 技术

为了消除 F-P 干涉仪对 BOTDR 传感系统的不利影响，K.De Souza 等人提出利用单通道 M-Z 干涉仪来优化基于 LPR 的全分布式温度传感技术[44]。与 F-P 干涉仪相比，M-Z 干涉仪仅在耦合器处存在一定的损耗，因而在相同实验条件下，可使信号提高为原来的 10 倍，从而提升信噪比，并且 M-Z 干涉仪更为简单、可靠，商业竞争力更强，更适合在全分布式温度传感技术中使用。单通道 M-Z 干涉仪的结构图如图 7.4.5 所示，它由两个 50∶50 的耦合器构成，控制两臂之间的光程差，可以将瑞利散射信号和布里渊散射信号分离。

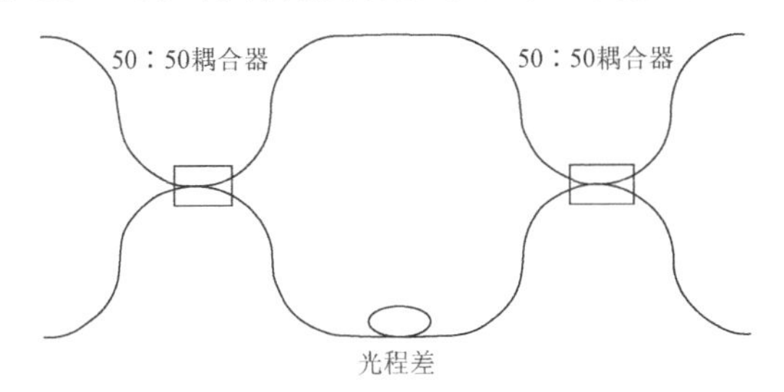

图 7.4.5　单通道 M-Z 干涉仪的结构图

单通道M-Z干涉仪也有不足之处，它的带宽较大，对瑞利散射信号与布里渊散射信号的分离效果不佳。此外，系统温度分辨率不仅与电域噪声相关，也与叠加在布里渊散射信号上的瑞利相干噪声有关，相干噪声表现为布里渊散射信号的低频扰动。为此，Lees等人采用了双通道M-Z干涉仪，通过提高布里渊散射信号的透过率及对瑞利散射信号的高抑制，提高了系统的温度分辨率，并对激光器进行了改进，将脉冲调制及宽带、窄带激光器统一在一起，简化了系统结构[44,45]。双通道M-Z干涉仪提取布里渊散射信号的原理图如图7.4.6所示，相对于单通道干涉仪，双通道M-Z干涉仪对瑞利散射信号的衰减增大了15dB。采用这样的方案，他们在6.3km的传感距离上得到了10m的空间分辨率和1.4℃的温度分辨率。之后又在6.3km的传感距离上得到了3.5m的空间分辨率和0.9℃的温度分辨率[45]。

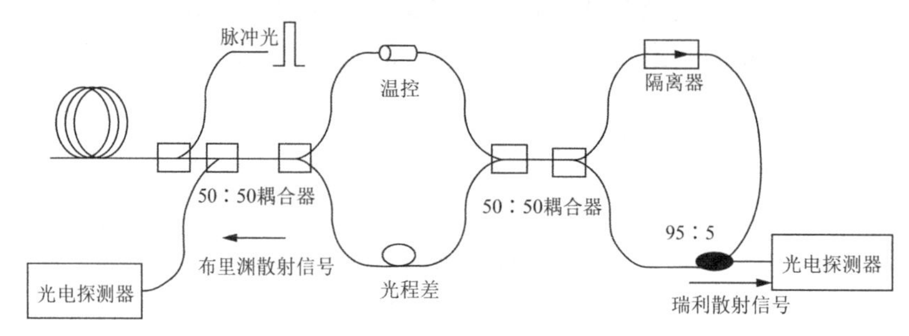

图7.4.6　双通道M-Z干涉仪提取布里渊散射信号的原理图

相对于F-P干涉仪方案，采用M-Z干涉仪提取布里渊散射信号具有损耗低(可小于1dB)、廉价、全光纤方式等优点。其缺点是，M-Z干涉仪两臂长差很小，而且难以保证稳定的光程差。

3．基于FBG直接探测的BOTDR技术

2001年，Wait等人提出使用光纤布拉格光栅（FBG）分离布里渊散射光和瑞利散射光[46]。该方法使用两个由光隔离器隔离的FBG，如图7.4.7所示，保证在探测布里渊散射光时，瑞利散射光被充分抑制。在传输距离为25km时，该系统得到了2m的空间分辨率和7℃的温度分辨率。而在对20km的光纤进行实验时，得到了1℃的温度分辨率。

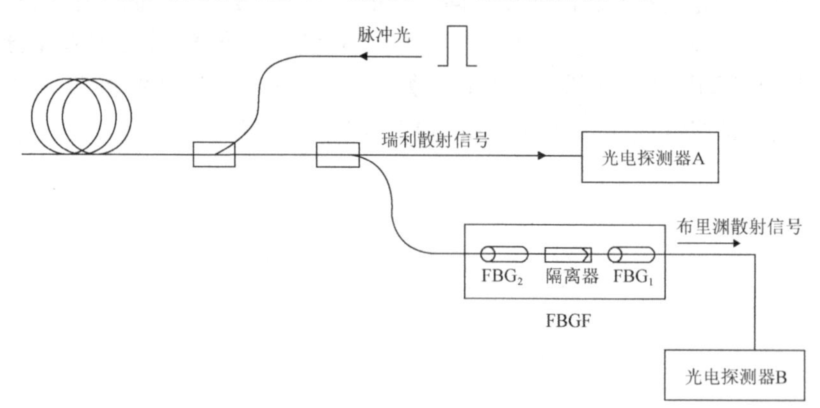

图7.4.7　FBGF提取布里渊散射信号的原理图

另一种方案是利用光纤光栅的高性能滤波特性，针对布里渊散射信号与瑞利散射信号的频差关系，制作窄带宽的光纤布拉格光栅滤波器（FBGF），这样可大大抑制瑞利散射信号，而使布里渊散射信号的衰减最小，从而使检测到的散射信号主要是布里渊散射信号。该方案的效果在很大程度上取决于 FBGF 的性能指标，稳定性较差。

7.4.1.2　相干探测型布里渊光时域反射（BOTDR）技术

光纤中自发布里渊散射的光功率非常弱，一般为瑞利散射光功率的 10^{-3}～10^{-2} 倍（−30～−20dB），最直接和简单的办法就是提高探测光的功率，但受激布里渊散射等非线性效应的限制，不能通过无限制增大探测光功率的方法来增大自发布里渊散射光功率。而在直接探测方法中，因为使用 F-P 干涉仪、M-Z 干涉仪、窄带宽光纤光栅等提取布里渊散射信号会带来较大的损耗，大大限制了可探测的最低自发布里渊散射的光功率，所以，直接探测方法的最长探测距离一般不超过 20km。此外，直接探测方法都很容易受到外界环境的影响，稳定性较差。

为此，人们提出采用相干探测方法来提高系统的信噪比。相干探测方法主要有双光源相干探测方法和单光源自外差相干探测方法。单光源自外差相干探测方法中，探测光和本地参考光为同一光源。该方法不仅可以将太赫兹量级的布里渊高频信号降至易于探测和处理的百兆赫兹的中频信号，还可以提高自发布里渊散射谱的探测精度。在双光源相干探测方法中，两个光源本身不稳定会造成相干探测输出的信号不稳定，从而导致测量误差较大，所以成熟的 BOTDR 技术常采用单光源自外差相干探测方法。

1. 单光源自外差相干探测 BOTDR 传感系统的信号检测方法

单光源自外差相干探测 BOTDR 传感系统的信号检测方法可分为微波外差和移频光自外差两种实现方式[47-51]。此外，平衡光电探测器得到的探测信号的功率是单个光电探测器的两倍，而且获得信号的共模抑制比高、失真小，因此，平衡光电探测器被普遍用于对光纤中自发布里渊散射光功率的自外差探测。

微波外差的相干探测 BOTDR 技术的原理图如图 7.4.8 所示，光源发出频率为 ν_0 的连续光，被分成探测光和参考光两路。探测光被调制成脉冲光后注入传感光纤，并在传感光纤中产生频率为 $\nu_0-\nu_B$ 的背向自发布里渊散射信号。参考光频率与光源频率（ν_0）相同，自发布里渊散射光与参考光在光电探测器处相干，此时光电探测器输出的差频电信号的频率即为布里渊频移（ν_B），约为 11GHz。该差频电信号的频率较高，在电域上处理相对困难，为此，将光电探测器输出的差频电信号与另一路已知频率的电信号混频，使所需处理的差频电信号降到更低的频率，这样会使信号的处理相对容易。

在 BOTDR 传感系统中，另一种将布里渊高频信号降至易于探测和处理的百兆赫兹中频信号的方法是，对参考光进行移频处理后，再对其与自发布里渊散射信号进行相干探测，这就是移频光自外差的相干探测 BOTDR 技术，其原理图如图 7.4.9 所示，光源发出的连续光被分成探测光和参考光两路。探测光仍然被调制成脉冲光后注入传感光纤，以产生频移为 ν_B 的自发布里渊散射信号，参考光则通过频移装置产生频移 ν_L，自发布里渊散射光和移频参考光在光电探测器处相干，光电探测器输出的电信号频率则为二者的差频 $|\nu_L-\nu_B|$。

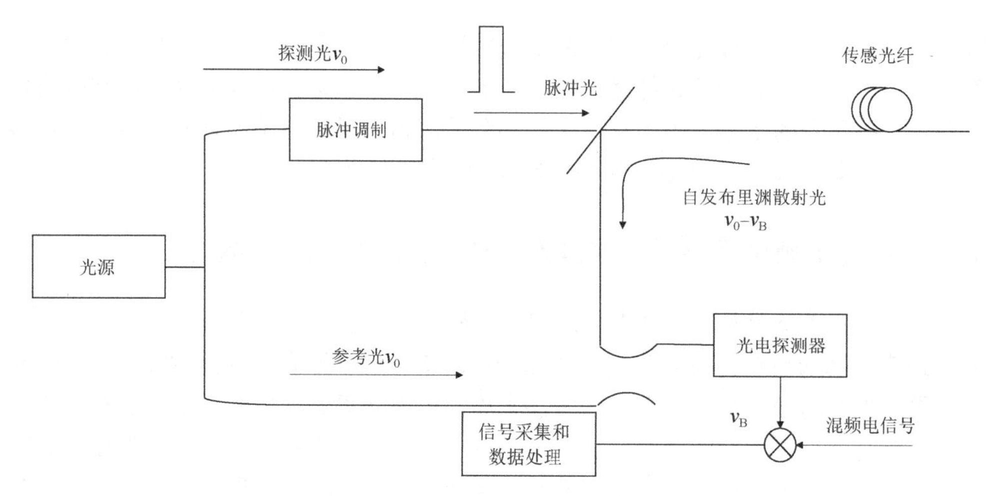

图 7.4.8　微波外差的相干探测 BOTDR 技术的原理图

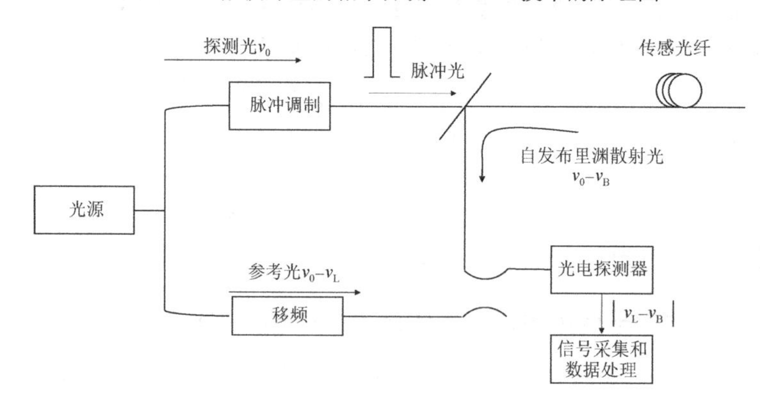

图 7.4.9　移频光自外差的相干探测 BOTDR 技术的原理图

若自发布里渊散射光功率为P_B，参考光功率为P_L，那么根据相干探测的原理，相干探测所获得的差频电信号的交流分量为$2\sqrt{P_B P_L}\cos(2\pi\Delta vt)$，其中，$\Delta v$为自发布里渊散射光和参考光的频率差。此时，光电探测器能探测到的功率由$\sqrt{P_B P_L}$决定，提升参考光的功率（P_L）可以使光电探测器探测到很低的自发布里渊散射光功率（P_B）。当光电探测器的带宽为1MHz时，通过增大参考光功率，可使可探测的最小功率达到-90dBm。在微波外差的相干探测中，$\Delta v = v_B \approx 11\text{GHz}$，所以要求光电探测器的带宽大于11GHz，而在移频光外差的相干探测中，$\Delta v = |v_L - v_B|$，若使v_L与v相近，则可大大降低对光电探测器的带宽的要求。

2. 频率扫描的实现

为得到布里渊散射谱的整个洛伦兹谱型，需要使用频率扫描的方法，在信号采集和数据处理单元之前设置带通滤波器，使相干探测得到的电信号只有一部分进入数据处理单元。实现频率扫描的方法有两种：一是改变带通滤波器的中心频率；二是改变混频电信号或参考光的频率，以改变差频电信号的中心频率。这两种扫频方法的原理图如图 7.4.10 所示。在微波外差相干探测的 BOTDR 技术中，可以通过设置不同频率的混频电信号，改变电外差探测得到的交流电信号的频率Δv，达到移动整个频谱的目的。在移频光自外差相干探测的 BOTDR 技术中，改变参考光的移频也可达到相同的效果。当使用频谱分析仪这种可以设置观察频率窗口的仪器作为信号采集和数据处理单元时，可以方便地改变带通滤波器的中心频率，以实现对布里渊散射谱的频率扫描。以下将这两种频率扫描方式的 BOTDR 技术统一称为基于频率扫描的 BOTDR（FS-BOTDR）技术。

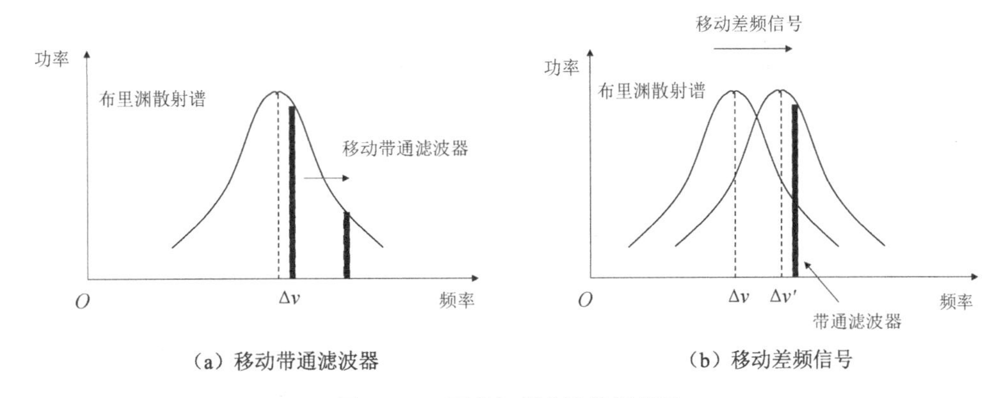

图 7.4.10 两种扫频方法的原理图

在 FS-BOTDR 技术中，为了获得整个布里渊频谱，需要多次改变本地振荡器的频率，并重复向光纤中注入脉冲光，进行多次测量。重复测量的次数取决于应变或温度的测量精度、布里渊散射谱的宽度、带通滤波器的带宽及频率扫描步进的大小，至少需要几十次。同时，由于自发布里渊散射信号微弱，为了提高信号检测的信噪比，在布里渊散射谱的每个频率点进行测量时都要做上千次甚至数万次的累加平均，因此，利用 FS-BOTDR 技术进行一次完整测量的时间至少为几十秒，该技术难以用于对光纤中应变和温度的实时测量。

为了提高 BOTDR 技术的测量速度，使之能够应用于对光纤中应变和温度的实时传感，人们提出了一种基于离散傅里叶变换（DFT）的 BOTDR 技术（DFT-BOTDR 技术）。

图 7.4.11 所示为基于 DFT 的布里渊散射信号检测基本结构图。与基于频率扫描法对电信号的处理不同，基于 DFT 的信号检测方法采用可以覆盖整个布里渊散射谱的宽带光电探测器对布里渊散射信号进行光电转换，并利用高速模/数转换器将整个布里渊散射谱的宽带信号同时采集下来，由数字信号处理单元依次选取一定时间长度的信号进行 DFT 处理，从而依次得到光纤沿线所有对应该时间长度的布里渊频谱。与 FS-BOTDR 技术相比，由于省去了频率扫描过程，因此 DFT-BOTDR 技术在传感速度上可以提高数十倍，达到秒量级。此外，因为脉冲光的宽度缩短会导致其布里渊频谱展宽[50]，所以当探测短脉冲光的布里渊频谱及光纤沿线的布里渊频移有大范围的波动时，DFT-BOTDR 技术更能显示出传感速度上的优势。2007 年，南京大学光通信工程研究中心在 1km 的光纤上顺利完成了 DFT-BOTDR 实验，证明了该技术的可行性[52]。同年，Geng 等人将布里渊散射信号通过差频的方法降到 50～500MHz 后，基于 DFT 的数字信号处理（Digital Signal Processing）和现场可编程门阵列（Field Programmable Gate Array，FPGA）技术，在 1.5km 的光纤上成功测得了布里渊散射信号，整个测量时间仅为 1s[51]。

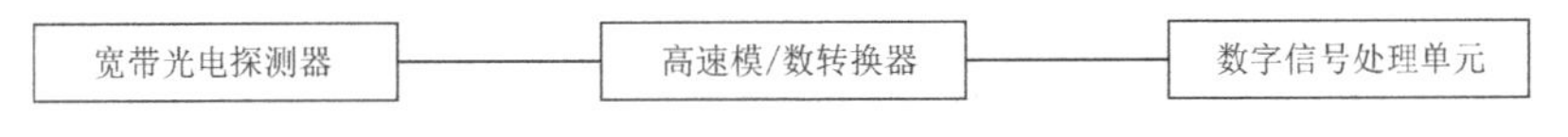

图 7.4.11 基于 DFT 的布里渊散射信号检测基本结构图

与 FS-BOTDR 技术相比，DFT-BOTDR 技术也有不足之处。在 DFT-BOTDR 技术中，为了能够通过 DFT 一次性检测到整个布里渊频谱，要求上百兆赫兹的信号能够全部被光电探测器捕获并被模/数转换器无失真地转换为数字信号。这要求光电探测器和模/数转换器有很高的带宽。在 FS-BOTDR 技术中，若通过调节参考光的频率进行频率扫描，可以使用响应频率只有几十兆赫兹的光电探测器。这样的光电探测器与宽带的高频光电探测器比起来，具有更高的灵敏度，因此能够探测到更加微弱的布里渊散射信号。同时，由于低速模/数转换器与高速模/数转换器相比，具有更高的分辨率，因此 FS-BOTDR 技术较 DFT-BOTDR 技术有更高的信噪比和动态范围。

3．基于自外差相干探测 BOTDR 传感系统中本地参考光的移频方法

在基于自外差相干探测 BOTDR 传感系统中，通常采用1550nm 波段的激光作为相干探测的参考光，其与布里渊散射信号的差频信号频率约为11GHz，这就需要用带宽大于11GHz 的光电探测器来探测。然而，随着光电探测器带宽的增大，光电探测器的等效噪声功率也随之增大，这就降低了 BOTDR 传感系统的测量精度。此外，随着光电探测器带宽的增大，系统的成本也会增加。为了避免在 BOTDR 传感系统中使用宽带光电探测器，常常要对本地参考光或探测光进行移频，降低自外差探测时输出的差频信号的频率。对本地参考光或探测光进行移频的方法主要有声光频率转换环移频法[48]、电光调制器移频法[52-54]和布里渊环形腔激光器移频法[55,56]。

7.4.2 布里渊光时域分析（BOTDA）技术

7.4.2.1 布里渊光时域分析（BOTDA）技术的原理

基于自发布里渊散射的布里渊光时域分析技术（BOTDR）具有单端传感测量的优点，但由于自发布里渊散射光较微弱，检测比较困难，因此传感器性能受到很大的制约。而基于受激布里渊散射的 BOTDA 技术，检测信号的强度较大，因此传感器的测量精度和传感距离可以得到有效的改善。

1989 年，Horiguchi 等人首次提出利用光纤中的受激布里渊散射机制进行传感的 BOTDA 技术[53]。

典型 BOTDA 传感系统的基本结构图如图 7.4.12 所示。激光器 1 发出的连续光经调制器调制后作为泵浦脉冲光，泵浦脉冲光从光纤的一端进入光纤。激光器 2 发出的连续光的频率比泵浦脉冲光的频率低约一个布里渊频移，被称为斯托克斯光。当泵浦脉冲光与斯托克斯光在光纤中相遇时，由于受激布里渊放大作用，泵浦脉冲光的一部分能量通过声波场转移给斯托克斯光。通过在信号检测端测量斯托克斯光功率的变化，并利用 OTDR 技术，便可得到光纤沿线能量转移的大小。由于能量转移的大小与两个光波之间的频率差有关，且当二者的频率差等于光纤的布里渊频移时转移的能量最大，因此通过扫描两个光波之间的频率差，并记录每个频率差下光纤沿线能量转移的大小，便可得到光纤沿线的布里渊增益谱线，对布里渊增益谱线进行洛伦兹拟合，得到光纤沿线的布里渊频移分布，从而实现对光纤应变和温度的全分布式传感，这种传感技术称为增益型 BOTDA 技术[54]。

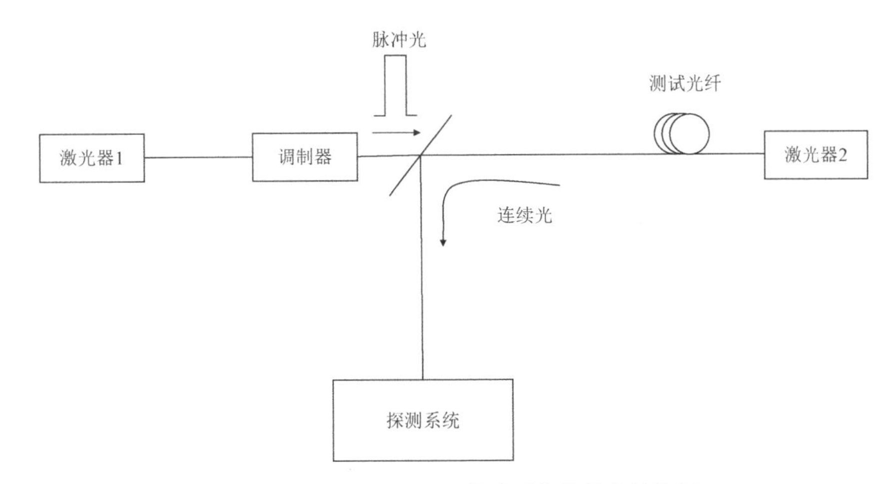

图 7.4.12 典型 BOTDA 传感系统的基本结构图

在增益型 BOTDA 技术中，由于泵浦脉冲光的能量不断转移给作为斯托克斯光的连续光，从而导致泵浦脉冲光沿光纤前进时的能量不断减小，不利于长距离的传感。鉴于此，鲍晓毅实验组于 1993 年提出了布里渊损耗型 BOTDA 技术[55]。如图 7.4.12 所示，在采用这种技术的系统中，激光器 1 出射光的频率低于激光器 2 出射光的频率，即脉冲光为斯托克斯光，连续光为泵浦光，由于脉冲光在光纤中受到泵浦光的作用能量不断增大，因此可以实现更长距离的传感。目前，多数 BOTDA 技术为布里渊损耗型。

根据使用的脉冲光的不同特点，BOTDA 技术可以分为基于差分脉冲对的 BOTDA（DPP-BOTDA）技术、编码脉冲 BOTDA 技术、基于高消光比探测脉冲光的 BOTDA 技术、预泵浦 BOTDA 技术和基于暗脉冲光的 BOTDA 技术等。

7.4.2.2 基于差分脉冲对的布里渊光时域分析（BOTDA）技术

在基于布里渊散射的光纤传感技术中，空间分辨率和测量精度相互制约。为获得高的空间分辨率，传感器必须采用窄脉冲宽度的探测脉冲光，窄脉冲宽度的探测脉冲光产生宽的布里渊谱，这将导致布里渊频移测量精度的降低；窄脉冲宽度的探测脉冲光意味着泵浦光，探测光和声子相互作用的空间长度变短，因而得到的布里渊信号变弱，探测误差变大，从而降低了应变和温度的分辨率。

为了克服以上困难，人们提出了一种基于差分脉冲对的 BOTDA 技术，这种技术在不影响测量精度的情况下实现了厘米量级的空间分辨率[56,57]。

1. DPP-BOTDA 技术的基本原理

DPP-BOTDA 传感系统采用一对脉冲宽度相差几纳秒的光脉冲作为探测光，来获取传感光纤的差分布里渊谱。这对探测脉冲光在传感光纤中分别与泵浦光相互作用，得到两组时域布里渊信号，这两组时域布里渊信号相减，无应变与温度变化区域内的布里渊信号将抵消，发生应变与温度变化处的布里渊信号将保留[56]。实际上，在 DPP-BOTDA 传感系统中，最终得到的是这对探测光脉冲的脉冲宽度差内的差分布里渊信号，而不是由探测脉冲光直接与泵浦光相互作用的原始布里渊信号。这一差分过程如图 7.4.13 所示，其中，$I(0,t,\tau)$ 和 $I(0,t,\tau+\Delta\tau)$ 分别表示在某一频率下，脉冲宽度为 τ 和 $\tau+\Delta\tau$ 的探测光脉冲在位置 $z=0$ 处获得的时域布里渊信号；$I(0,\Delta\tau)$ 表示两组时域布里渊信号的差值，即 $I(0,\Delta\tau)=I(0,t,\tau+\Delta\tau)-I(0,t,\tau)$ 。位于传感光纤位置 z 处的应变，其在探测光脉冲对（τ 和 $\tau+\Delta\tau$）内的相对位置和由其所引起的布里渊增益不同，这两组布里渊信号相减，可以在零信号背景下检测到此应变。因此，DPP-BOTDA 传感系统可以检测到长度在 $v\Delta\tau/2$ 范围内的微小的应变和温度变化，其中，v 表示光在传感光纤内的传播速度，即此时传感器的空间分辨率为 $v\Delta\tau/2$ 。可见，DPP-BOTDA 传感系统的空间分辨率与探测脉冲对的宽度差有关。

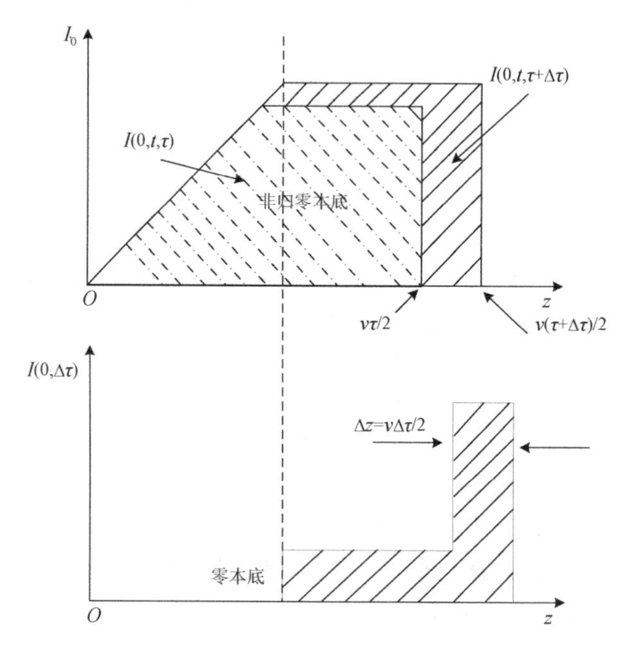

图 7.4.13　DPP-BOTDA 传感器的工作原理

2. DPP-BOTDA 传感器的测量精度

采用 DPP-BOTDA 传感器能同时获得高空间分辨率和高测量精度。本节将从实验和理论两个方面讨论决定 DPP-BOTDA 传感器空间分辨率和测量精度的因素，并对 DPP-BOTDA 传感器和传统的 BOTDA 传感器的性能进行比较。

为了对 DPP-BOTDA 传感器的工作过程进行数值仿真，采用如下所示的三波耦合方程[39]

$$\left(\frac{\partial}{\partial z}-\frac{n}{c}\cdot\frac{\partial}{\partial t}\right)E_{\mathrm{p}}=\mathrm{i}g_1QE_{\mathrm{S}}+\frac{1}{2}\alpha E_{\mathrm{p}} \tag{7.4.7}$$

$$\left(\frac{\partial}{\partial z}+\frac{n}{c}\cdot\frac{\partial}{\partial t}\right)E_{\mathrm{S}}=-\mathrm{i}g_1Q^*E_{\mathrm{p}}-\frac{1}{2}\alpha E_{\mathrm{S}} \tag{7.4.8}$$

$$\left(\frac{\partial}{\partial t}+\Gamma\right)Q=-\mathrm{i}g_2E_{\mathrm{p}}E_{\mathrm{S}}^* \tag{7.4.9}$$

式中，E_{p}、E_{S} 和 Q 分别为泵浦光、斯托克斯光和声场的场强；g_1 和 g_2 分别为光子和声子的耦合系数；α 为光波在光纤内传播的衰减系数；$\Gamma=\Gamma_1+\mathrm{i}\Gamma_2$，$\Gamma_1=\dfrac{1}{2\tau_{\mathrm{ph}}}$ 为阻尼频率，τ_{ph} 为声子寿命，约为10ns；$\Gamma_2=2\pi(v_{\mathrm{p}}-v_{\mathrm{S}}-v_{\mathrm{B}})$ 为泵浦光和斯托克斯光的频率差与光纤布里渊频

率之差。

1）应变位置的确定

在 DPP-BOTDA 传感器中，采用两个宽度不同的探测光脉冲可以测得两个布里渊谱，将这两个布里渊谱相减可以得到差分布里渊谱。通过这种方法得到的应变发生的位置比用传统的 BOTDA 传感器测量得到的应变发生的位置偏移了 $\tau_2+(\tau_1-\tau_2)/2$，其中，τ_1 为探测光脉冲对中较宽脉冲的脉冲宽度，τ_2 为探测光脉冲对中较窄脉冲的脉冲宽度，如图 7.4.14 所示。当采用脉冲宽度为 $20/19\text{ns}$、脉冲上升时间为 0.67ns 的探测光脉冲测量时，应变发生的位置比实际位置偏移了 1.93m，这个值十分接近 $\tau_2+(\tau_1-\tau_2)/2$。在 DPP-BOTDA 传感器中，应变发生位置的偏移量 $\tau_2+(\tau_1-\tau_2)/2$ 是一个与使用的光脉冲的宽度及脉冲上升时间有关的常数。因此，在实际测量中，只需将测量得到的位置信息减去这个常数就可以得到发生应变的准确位置。

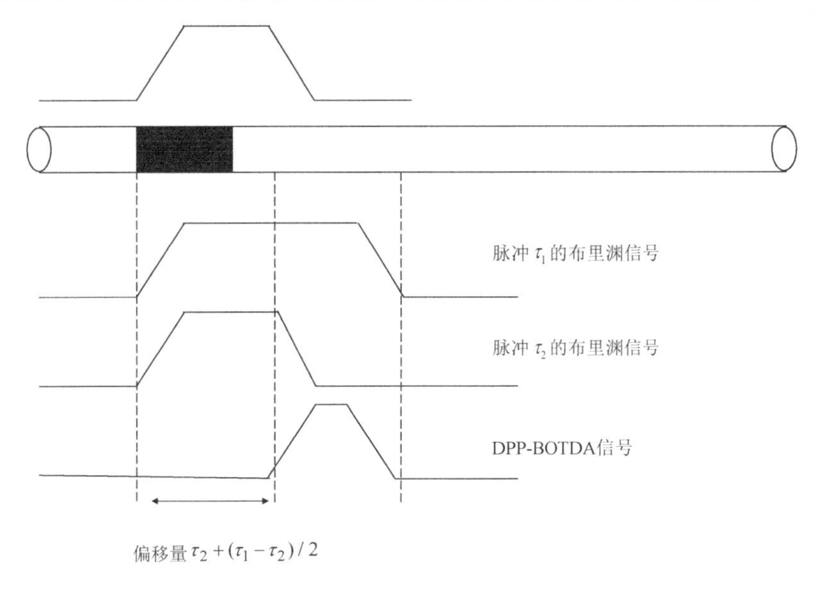

图 7.4.14　DPP-BOTDA 传感器中确定应变位置的示意图

2）空间分辨率的确定

在全分布式布里渊传感器中，人们通常采用以下两种方法来定义空间分辨率。

（1）当光电探测器的带宽比探测光脉冲谱线宽度大时，空间分辨率等于探测光脉冲的宽度。在这种情况下，最高可得到的空间分辨率受声子寿命的限制。

（2）空间分辨率等于时域布里渊信号的上升时间，即时域布里渊信号从其峰值的 10%上升到其峰值的 90%所需要的时间。

因为 DPP-BOTDA 传感器检测的是差分布里渊增益，其空间分辨率远小于探测光的光脉冲，所以在这里采用第二种定义方法来定义空间分辨率。

3）布里渊频移测量精度的确定

在 DPP-BOTDA 传感器中，布里渊频移测量精度由所测得的布里渊谱的信噪比和谱的半高全宽决定：

$$\Delta\nu=\frac{\Delta\nu_{\text{B}}}{\sqrt{2}(\text{SNR})^{\frac{1}{4}}} \tag{7.4.10}$$

式中，$\Delta\nu_B$ 为布里渊谱和光脉冲谱卷积所得谱的谱线宽度；SNR 为测得的电信号的信噪比。当探测光脉冲对的脉冲宽度较宽时，所测得的布里渊谱较窄，信号信噪比较高，并且探测光脉冲对的脉冲宽度差越大，信号的信噪比越高，布里渊频移测量精度也越高，相应的温度和应变的测量精度也越高。

7.4.2.3 基于序列脉冲光的布里渊光时域分析（BOTDA）技术

常用的单极性编码方式有两种：不归零（NRZ）码和归零（RZ）码。对于 BOTDR 传感系统，自发布里渊散射接近线性过程，因此采用 NRZ 码来有效还原单脉冲光在 BOTDR 传感系统中的布里渊时域信号。而 BOTDA 传感系统是基于非线性过程的受激布里渊散射的，采用 NRZ 码会在信号解码时使系统空间分辨率降低。用 RZ 码替代 NRZ 码，避免 NRZ 码在 BOTDA 传感系统中的非线性放大造成的探测误差，并结合差分脉冲技术，可以提高 BOTDA 传感系统的空间分辨率和频率测量精度。

1. RZ 编码

单极性的 NRZ 码用“0”表示无电压（也就是元电流），用“1”表示恒定的正电压。单极性 RZ 码的每个码元中间的信号回到“0”电平。将 RZ 码中“1”电平的持续时间与码元总时间之比称为占空比。为了保证相同的空间分辨率，在实验系统中，RZ 码和 NRZ 码单比特“1”电平的持续时间应相同，如图 7.4.15 所示。若 RZ 码的占空比为 50%，则 RZ 码的总长度是 NRZ 码的两倍。

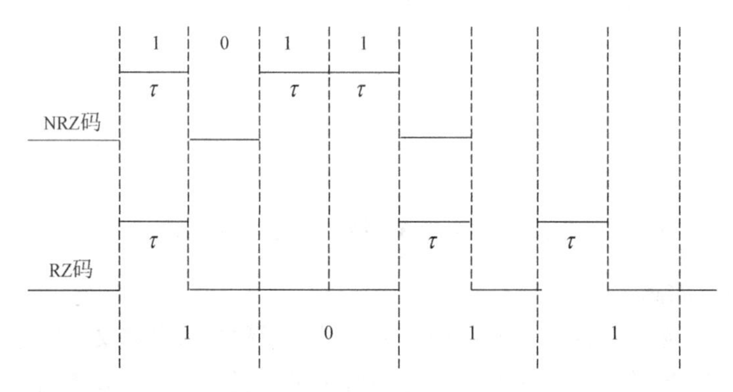

图 7.4.15　NRZ 码和 RZ 码

2. NRZ 编码脉冲和 RZ 编码脉冲的布里渊增益

采用 NRZ 编码方式时，如果码型中出现连续的“1”，就会在序列中形成长短不一的探测脉冲光分量。设探测光脉冲的宽度为 t，在 BOTDA 传感系统中，不同时刻的增益表示为

$$G(t,\tau)=\exp\left[\int_{\frac{v_g t}{2}}^{\frac{v_g(\hat{\tau}\tau)}{2}} g_B(t)I_p(t)\mathrm{d}t\right] \tag{7.4.11}$$

式中，v_g 为群速率；g_B 为布里渊增益系数；I_p 为泵浦光强度。积分结果显示，在 BOTDA 传感系统中，不同宽度的探测光脉冲的增益不呈线性变化，即 $G(t,m\tau)>mG(t,\tau)$，其中，m 为编码中连续“1”的个数。而采用 RZ 编码方式时，由于每比特都回到“0”，没有连续的高电

平信号，因此脉冲序列中每个单位脉冲的宽度相同，信号的布里渊增益也相同。

由于布里渊散射受到声子寿命 10ns 的限制，即使采用 RZ 编码方式，当两个单位脉冲间的时间间隔与10ns 相当时，其散射的布里渊信号也会受到调制，效果相当于在 NRZ 序列脉冲的布里渊散射时域信号上加了一个频率约为100MHz 的调制信号。当 RZ 码中存在连续的“1”时，若相邻的两个“1”的时间间隔小于或等于10ns，由信号调制导致不同脉冲的布里渊频谱混叠，后一个“1”的布里渊增益会受到前一个布里渊增益的影响，使其布里渊增益大于单个相同脉冲宽度探测光的布里渊增益，即存在非线性放大，因此在 RZ 脉冲编码中要求单脉冲间隔大于 10ns。

3. 编码方式对还原信号的影响

由于 BOTDA 传感系统是基于非线性受激布里渊散射过程的传感系统，当被测信号光存在非线性增益时，若用基于线性系统的相关运算解码方式来获取系统响应，则会在时域和频域上出现误差。

当采用 NRZ 编码方式时，序列脉冲光的布里渊散射信号等效于单脉冲光的布里渊散射信号与一个编码序列进行卷积，而该序列每比特的幅度不同，每比特的幅度由布里渊增益决定。在解码时，对该等效编码与原编码进行相关运算并累加，得到的结果会在$t=0$时的δ函数左右两边出现非零边带。而采用 RZ 编码的序列脉冲，当单脉冲间隔足够大时，由于每个单脉冲的布里渊增益相同，其相关累加结果为δ函数。由于 NRZ 编码序列脉冲光中连续的“1”产生的布里渊非线性放大，因此解码得到的信号峰值功率要高于 RZ 编码所获得的信号峰值功率。但是，由于解码的相关累加结果产生了边带，因此，解码还原的布里渊时域信号的空间分辨率会降低，当光纤中存在两处相邻的应变时，采用 NRZ 编码有可能不能将其区分。因此，在 BOTDA 传感系统中应该采用 RZ 码替代 NRZ 码，避免 NRZ 码在 BOTDA 传感系统中的非线性放大造成的探测误差。

7.4.3 布里渊光频域分析（BOFDA）技术

空间分辨率是全分布式光纤传感系统的一个重要指标，受声子寿命10ns 的限制，基于布里渊散射的全分布式光频域传感系统的空间分辨率被限制在1m 量级，为了进一步提高其空间分辨率，研究人员对可免受声子寿命限制的全分布式传感技术进行了深入研究，本节将对布里渊光频域反射（BOFDA）技术进行介绍。

1996 年，德国科学家 Garus 等人提出一种基于频域分析的光纤传感技术[58]，称为 BOFDA 技术。相对于光时域分析技术，光频域分析技术具有高空间分辨率、低探测光功率等优点。BOFDA 的实质是基于测量光纤的传输函数实现对测量点定位的一种传感方法。这个传输函数将探测光和经过光纤传输的泵浦光的复振幅与光纤的几何长度关联起来，通过计算光纤的冲激响应函数确定光纤沿线的温度和应变信息。

BOFDA 传感系统的基本结构图如图 7.4.16 所示。窄线宽泵浦激光器产生的连续泵浦光被耦合到单模光纤的一端，窄线宽探测激光器产生的连续探测光被耦合到单模光纤的另一端，电光调制器将探测光的频率相对泵浦光的频率大约下移了光纤的布里渊频移。对于1.3μm 波段，单模光纤的布里渊频移约为13GHz；对于1.55μm 波段，单模光纤的布里渊频移约为11GHz。探测光被电光调制器进行振幅调制，调制角频率为ω_{m}。BOFDA 的测量原理：对于每个调制频率值ω_m，光电探测器探测光纤末端（$z = L$）被调制的探测光和被调制的泵浦光强度的交流部分，从光电探测器输出的电信号由网格分析仪测量，得到传感光纤的基带传输函数，网格分析仪输出的模拟信号经模/数转换器转换成数字信号，然后对数字信号进行快速反傅里叶变换（IFFT），对于线性系统，这一反傅里叶变换结果可近似为传感光纤脉冲响应$h(t)$，它包含沿光纤分布的温度和应变信息。

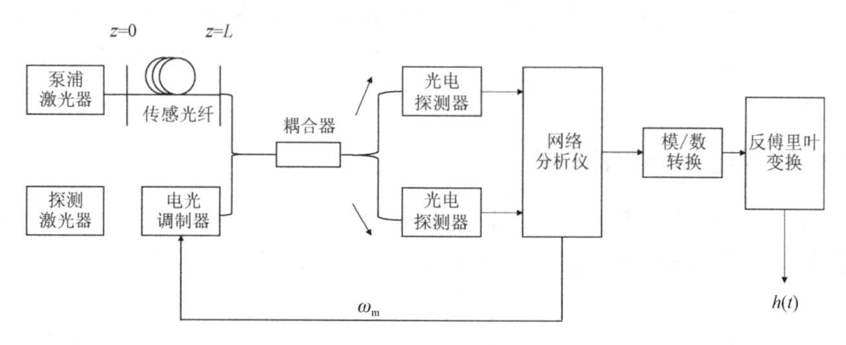

图 7.4.16 BOFDA 传感系统的基本结构图

设调制频率为ω_m时，探测光和泵浦光在$z = L$处的强度分别为$I_S(L,t)\big|_{\omega_m}$和$I_p(L,t)\big|_{\omega_m}$，则它们的傅里叶变换分别为

$$\begin{cases} X_S(i\omega)\big|_{\omega_m} = \text{FFT}[I_S(L,t)]\big|_{\omega_m} \\ X_p(i\omega)\big|_{\omega_m} = \text{FFT}[I_p(L,t)]\big|_{\omega_m} \end{cases} \tag{7.4.12}$$

基带传输函数为

$$H(i\omega) = \frac{X_p(i\omega)\big|_{\omega_m}}{X_S(i\omega)\big|_{\omega_m}} = A(\omega)\exp[i\varphi(\omega)] \tag{7.4.13}$$

$A(\omega)$和$\varphi(\omega)$分别代表振幅和相位，由此可以得到光纤的时域脉冲响应函数$h(t)$，即

$$h(t) = \frac{1}{2\pi}\int_{-\infty}^{\infty} H(i\omega)\exp(i\omega) \tag{7.4.14}$$

若需要求解空间上光纤沿线的光纤脉冲响应函数$g(z)$，则只需要将$t = 2nz / c$代入$h(t)$即可，其中，n为光纤的折射率，c为真空中的光速。

由于传输函数由调制频率的频率步长（Δf_m）决定，因此基于频域方法的 BOFDA 的最大传感长度受调制频率的频率步长（Δf_m）的限制，最大传感长度为

$$L_{max} = \frac{c}{2n} \cdot \frac{1}{\Delta f_m} \tag{7.4.15}$$

若频率步长为 1000Hz，光纤折射率$n = 1.46$，则最大传感长度约为102.7km。

两点分辨率是全分布式光纤传感器的一个重要指标，它决定着最小可分辨的光纤上两个事件点的距离。在 BOFDA 系统中，两点分辨率为

$$\Delta z = \frac{c}{2n} \cdot \frac{1}{f_{m,max} - f_{m,min}} \tag{7.4.16}$$

式中，$f_{\mathrm{m,max}}$ 和 $f_{\mathrm{m,min}}$ 分别为最大调制频率和最小调制频率。

基带变换函数的空间滤波可以采用矩形函数的傅里叶变换实现，建设矩形函数为

$$f(z)=\mathrm{rect}(\frac{z-z_{\mathrm{spot}}}{l_{\mathrm{spot}}}) \tag{7.4.17}$$

其相应的傅里叶变换为

$$F(\mathrm{i}\omega)=\frac{2}{\omega}\sin(\omega\cdot 2l_{\mathrm{spot}}\frac{n}{c})\exp(-\mathrm{i}\,\omega\cdot 2z_{\mathrm{spot}}\frac{n}{c}) \tag{7.4.18}$$

式中，z_{spot} 为所选光纤区域的中心位置；$2l_{\mathrm{spot}}$ 为所选光纤的长度。$F(\mathrm{i}\omega)$ 为滤波函数，则基带变换函数与滤波函数的卷积为

$$H(\mathrm{i}\omega)*F(\mathrm{i}\omega)=\int_{-\infty}^{\infty}H(\mathrm{i}\tilde{\omega})F(\mathrm{i}\omega-\mathrm{i}\tilde{\omega})\mathrm{d}\tilde{\omega} \tag{7.4.19}$$

由此进行反傅里叶变换，可以得到经过滤波的空间脉冲响应函数 $g_{\mathrm{fil}}(z)$ 为

$$g_{\mathrm{fil}}(z)=2\pi g(z)\,\mathrm{rect}\left(\frac{z-z_{\mathrm{spot}}}{l_{\mathrm{spot}}}\right) \tag{7.4.20}$$

由此可见，在频域测量中，可以通过数学操作来选择感兴趣的光纤段（称为热区）作为研究对象，通过计算卷积处理过的基带变换函数的相移，对所选择的热区进行精确定位。若热区的距离相隔较大（如几百米），则可以减小调制频率差（$f_{\mathrm{m,max}}-f_{\mathrm{m,min}}$），以缩短测量时间。根据式（7.4.20）和调制频率差可以得到热区位置和长度。

对 BOFDA 进行完整的理论分析，需要数值求三波耦合偏微分方程。当调制频率不超过布里渊增益带宽（典型值为 30～60MHz）时，声波场的阻尼时间可以忽略，三波耦合偏微分方程可近似为泵浦波和斯托克斯波作用的两个偏微分方程[59]，即

$$\left[\frac{n}{c}\left(\frac{\partial}{\partial t}\right)+\frac{\partial}{\partial z}\right]I_{\mathrm{p}}=\left(-\alpha-g_{\mathrm{B}}I_{\mathrm{S}}\right)I_{\mathrm{p}} \tag{7.4.21}$$

$$\left[\frac{n}{c}\left(\frac{\partial}{\partial t}\right)-\frac{\partial}{\partial z}\right]I_{\mathrm{S}}=\left(-\alpha+g_{\mathrm{B}}I_{\mathrm{p}}\right)I_{\mathrm{S}} \tag{7.4.22}$$

式中，I_{p} 和 I_{S} 分别为泵浦波的强度和斯托克斯波的强度；g_{B} 为布里渊增益系数。边界条件为

$$I_{\mathrm{p}}(0,t)=I_{\mathrm{p0}} \tag{7.4.23}$$

$$I_{\mathrm{S}}(L,t)=I_{\mathrm{S0}}\left[1+\cos\left(\omega_{\mathrm{m}}t\right)\right] \tag{7.4.24}$$

这表示，泵浦光强度沿光纤的调制很小，近似为常数，而斯托克斯光强经过了调制，调制深度为 100%，泵浦光的交流部分对斯托克斯光的影响可以忽略。假设沿着光纤的布里渊增益为常数，则斯托克斯强度可以表示为

$$I_{\mathrm{S}}(z,t)=I_{\mathrm{S0}}\exp[-\delta(z-L)]\left\{1+\cos\left[\omega_{\mathrm{m}}t+K(z-L)\right]\right\} \tag{7.4.25}$$

式中，$\delta=g_{\mathrm{B}}I_{\mathrm{p0}}-\alpha$；$K=\omega_{\mathrm{m}}n/c$ 为调制的波数；L 为光纤长度。响应的泵浦波的强度为

$$I_{\mathrm{p}}(z,t)=I_{\mathrm{p0}}\varTheta(z)\exp\left\{\varPsi(z,K)\cos\left[\omega_{\mathrm{m}}t+\varPhi(z,K)\right]\right\} \tag{7.4.26}$$

式中

$$\Theta(z)=\exp\left[-\frac{2g_{\mathrm{B}}I_{\mathrm{S0}}\exp(\delta L)}{\delta}\cdot\exp\left(-\frac{z\delta}{2}\right)\sinh\left(\frac{z\delta}{2}\right)-2\alpha z\right] \tag{7.4.27}$$

$$\Psi(z,K)=-\frac{2g_{\mathrm{B}}I_{\mathrm{S0}}\exp(\delta L)}{\sqrt{\delta^2+4K^2}}\cdot\exp\left(-\frac{z\delta}{2}\right)\cdot\sqrt{\sinh^2\left(\frac{z\delta}{2}\right)+\sin^2(Kz)} \tag{7.4.28}$$

$$\Phi(z,K)=-KL+\arctan\left(\frac{2K}{\delta}\right)+\arctan\left[\tanh\left(\frac{z\delta}{2}\right)\cot(Kz)\right] \tag{7.4.29}$$

由此可以得到基带传输函数式的相位和振幅

$$\varphi_{\mathrm{H}}(\omega)=\pi-\frac{Ln\omega}{c}+\arctan\left(\frac{2n\omega}{\delta c}\right)+\arctan\left[\tanh\left(\frac{L\delta}{2}\right)\cot\left(\frac{Ln\omega}{c}\right)\right] \tag{7.4.30}$$

$$A(\omega)=\exp\left[-\frac{2g_{\mathrm{B}}I_{\mathrm{S0}}\exp\left(\frac{\delta L}{2}\right)}{\delta}\sinh\left(\frac{\delta L}{2}\right)-2\alpha L\right]\times\frac{2g_{\mathrm{B}}I_{\mathrm{p0}}\exp\left(\frac{\delta L}{2}\right)}{\sqrt{\delta^2+\left(\frac{2n}{c}\right)^2\omega^2}\sqrt{\sinh^2\left(\frac{\delta L}{2}\right)+\sin^2\left(\frac{\omega nL}{c}\right)}} \tag{7.4.31}$$

为了避免泵浦衰竭，BOFDA 的测量往往要求泵浦功率很小，这样，基带传输函数的反傅里叶变换可以近似作为恒定布里渊增益系数的光纤脉冲响应函数。将式（7.4.30）和式（7.4.31）代入式（7.4.19）可以确定光纤的冲激响应函数，由此可以得到光纤的应变和温度信息。以上的理论分析在实际测量中很容易实现，即对探测光的每个确定的调制频率 ω_{m}，由光电检测器分别检测探测光的光强和泵浦光的光强，将光电探测器的输出信号输入网络分析仪，由网络分析仪计算出光纤的基带传输函数，从而确定沿光纤的应变和温度信息。

7.5 基于干涉原理的分布式光纤传感技术

干涉仪的种类有迈克耳孙干涉仪、M-Z 干涉仪、萨尼亚克干涉仪及复合结构干涉仪等，基于上述不同的干涉仪可形成干涉式分布光纤传感器，这类分布式光纤传感器具有高灵敏度的优点，但存在易受干扰、检测范围短、定位算法复杂等问题。

7.5.1 基于迈克耳孙干涉仪的分布式光纤传感技术

迈克耳孙干涉仪主要由一个 3dB 耦合器和两个反射镜构成，分束后的激光通过反射镜的反射产生干涉效应。基于迈克耳孙干涉仪的分布式光纤传感技术的原理图如图 7.5.1 所示，激光器发出的激光经过 3dB 耦合器后一分为二，分别进入迈克耳孙干涉仪的信号臂和参考臂，分束后的激光分别在信号臂和参考臂的光纤中传输，经反射镜反射后，在 3dB 耦合器处进行干涉。如果信号臂存在扰动信号，干涉光相位受到扰动将发生变化，通过光强的变化信息的解调完成扰动事件的检测。

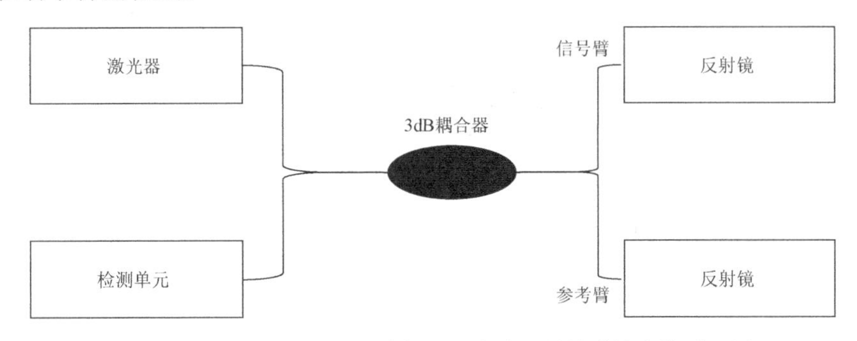

图 7.5.1　基于迈克耳孙干涉仪的分布式光纤传感技术的原理图

7.5.2　基于马赫-曾德尔（M-Z）干涉仪的分布式光纤传感技术

M-Z 干涉仪通过两个 3dB 耦合器构成 M-Z 结构实现干涉检测。基于 M-Z 干涉仪的分布式光纤传感技术的原理图如图 7.5.2 所示，激光经过 3dB 耦合器一分为二，分别进入参考臂和信号臂光路，然后经过 3dB 耦合器进行合束、干涉，产生干涉信号。当干涉仪的信号臂有振动信号时，相应位置处的光纤产生形变，相位发生改变，同时参考臂保持不变，干涉条纹发生改变，从而完成振动信号的检测。

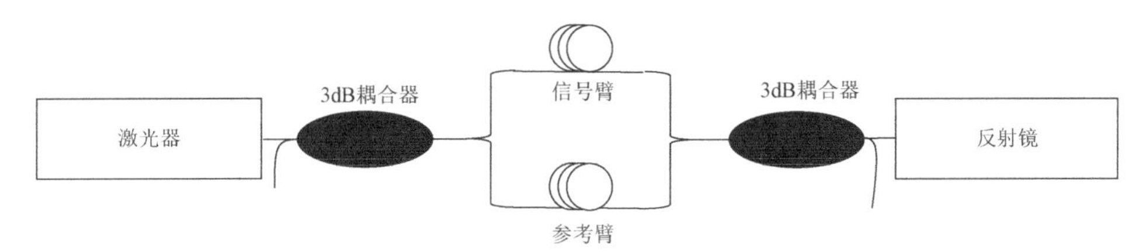

图 7.5.2　基于 M-Z 干涉仪的分布式光纤传感技术的原理图

使用 M-Z 干涉技术，实现了检测长度为1km 、空间分辨率为38m 的分布式检测，采用环形 M-Z 结构实验验证了系统可以完成多点检测。

7.5.3　基于萨尼亚克干涉仪的分布式光纤传感技术

萨尼亚克干涉仪由耦合器和光纤环等构成，基于萨尼亚克干涉仪的分布式光纤传感技术的原理图如图 7.5.3 所示，激光经 3dB 耦合器后一分为二（R_1 和 R_2），分束光分别沿顺时针、逆时针两方向在萨尼亚克光纤环内传播，在 3dB 耦合器相遇并产生干涉。由于分束后的激光从 3dB 耦合器到达扰动事件点的时间不同，再相遇时，在 3dB 耦合器处产生相位差，从干涉信号中解调出相位差，即可获取外界振动信息。

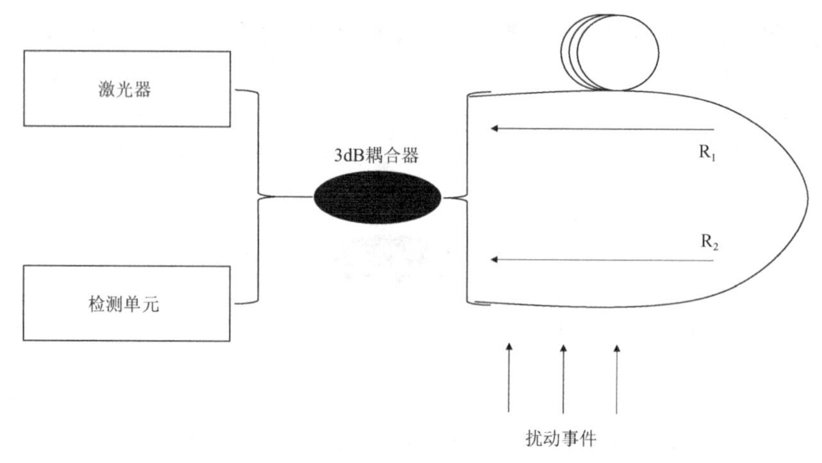

图 7.5.3　基于萨尼亚克干涉仪的分布式光纤传感技术的原理图

基于萨尼亚克干涉仪的识别方案完成单频信号源的识别，实现了基于萨尼亚克结构的分布式振动测量，同时还原了振动信号的幅值、位置信息。使用基于萨尼亚克的二次快速傅里叶变换（FFT）算法，可更加准确地获取第一频率陷波点，实现检测长度为41km、定位精度为100m的多点振动信号的测量。

7.5.4　基于复合型干涉仪的分布式光纤传感技术

单一干涉型光纤传感器具有结构简单、灵敏度较高的优点，但同时存在定位困难、易受干扰等缺陷，为了更好地发挥干涉型光纤传感器的优点，出现了双 M-Z、双萨尼亚克、萨尼亚克-迈克耳孙、萨尼亚克-M-Z、双迈克耳孙等复合型结构。

双 M-Z 干涉仪原理图如图 7.5.4 所示，该干涉仪包含一个光源及两个光电探测器，光缆中有三根等长的光纤，形成两个对称的 M-Z 干涉仪，当干涉臂 A、B 上有外界扰动信号产生时，由扰动信号引起的干涉光沿相反方向传输，光电探测器 1、光电探测器 2 分别获取两个具有一定延时的光强波动信号。利用光强波动的解调能够实现扰动信号信息的判断，利用信号抵达两光电探测器的时间差能够确定扰动信息发生的位置。基于双 M-Z 干涉仪的分布式传感技术取得了较为成熟的发展，在石油管道泄漏检测等领域得到了应用。

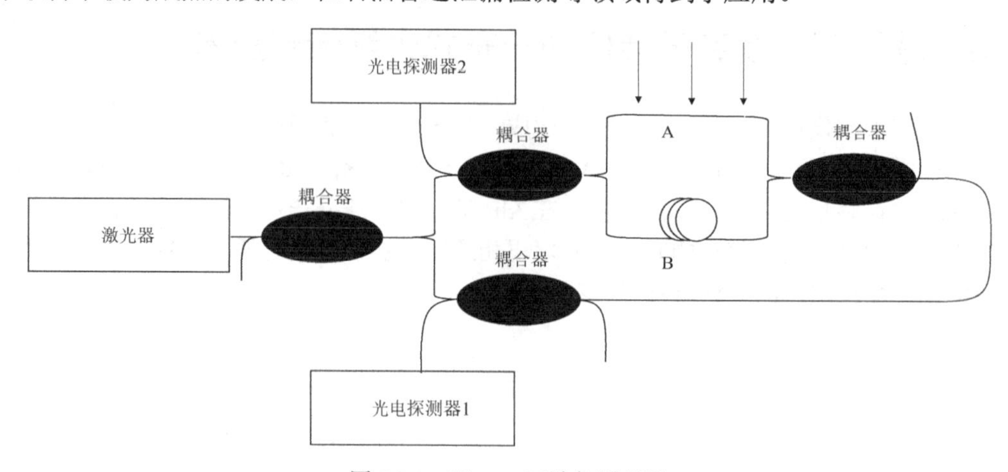

图 7.5.4　双 M-Z 干涉仪原理图

基于迈克耳孙、萨尼亚克双干涉仪的分布式测试方案采用了两种不同波长的光源及波长选择透镜，在传感光纤的中点放置波长选择透镜，萨尼亚克干涉由波长选择透镜的全通波长构成，迈克耳孙干涉由波长选择透镜全反射波长构成，实验实现了长度为200m的探测距离检测及最大偏差为2.7m的分布式振动的测量。采用萨尼亚克和 M-Z 复合干涉仪技术实现了在100m传感光纤上小于0.6m测量精度的分布式振动传感。基于双 M-Z 干涉仪的均方差预测理论（MSE），提高了定位精度。

课后习题

1．分布式光纤传感技术按照原理可分为哪几类?
2．在光纤传感器中，常用的干涉仪有哪些?
3．简述 φ-OTDR 系统的工作原理。
4．比较 BOTDR 与 BOTDA，分析二者的优点和缺点。
5．比较 φ-OTDR 与 COTDR，分析二者的优点和缺点。

参考文献

[1] 郁道银，谈恒英．工程光学[M]．北京：机械工业出版社，2010.
[2] AOYAMA K,NAKAGAWA K,LTOH T.Optical time domain reflectometry in a single-mode fiber[J].IEEE Journal of Quantum Electronics,1981,17(6):862-868.
[3] BRINKMEYER E.Analysis of the backscattering method for single-mode optical fibers[J].Journal of the Optical Society of America,1980,70(8):1010-1012.
[4] AGRAWAL G P.Nonlinear fiber optics[M].4th ed.New York:Academic Press,2007.
[5] 张明生．激光光散射谱学[M]．北京：科学出版社，2008.
[6] BOYD R W.Nonlinear optics[M].New York:Academic Press,2003.
[7] SMITH R G.Optical power handling capacity of low loss optical fibers as determined by stimulated Raman and Brillouin scattering[J].Applied Optics,1972,11(11):2489-2494.
[8] DERICKSON D.Fiber optic test and measurement[M].New Jersey:Prentice Hall PTR,2002.
[9] KING J,SMITH D,Richards K,et al.Development of a coherent OTDR instrument[J].Journal of Lightwave Technology,1987,5(4):616-624.
[10] SUMIDA M.Optical time domain reflectometry using an M-ary FSK probe and coherent detection[J].Journal of Lightwave Technology,1996,14(11):2483-2491.
[11] 刘向春．偏振模色散模拟和色散补偿的研究[D]．北京：北京交通大学，2008.
[12] 廖延彪．偏振光学[M]．北京：科学出版社，2003.
[13] VAN DEVENTER M O.Polarization properties of Rayleigh backscattering in single-mode fibers[J].Journal of Lightwave Technology,1993,11(12):1895-1899.
[14] HUTTNER B,GISIN B,GISIN N.Distributed PMD measurement with a polarization-OTDR in

optical fibers[J].Journal of Lightwave Technology,1999,17(10):1843-1848.

[15] 刘衍飞．基于 P-OTDR 的分布式光纤传感器的研究[D]．北京：北京交通大学，2007.

[16] 李香华，代志勇，刘永智．POTDR 分布式光纤传感器[J]．仪表技术与传感器，2009（6）：18-20.

[17] ROGERS A J,HANDEREK V A.Frequency-derived distributed optical-fiber sensing:Rayleigh backscatter analysis[J].Applied Optics,1992,31(21):4091-4095.

[18] ZHANG Z,BAO X.Distributed optical fiber vibration sensor based on spectrum analysis of polarization OTDR system[J].Optics Express,2008,16(14):10240-10247.

[19] ZHANG Z,BAO X.Continuous and damped vibration detection based on fiber diversity detection sensor by Rayleigh backscattering[J].Journal of Lightwave Technology,2008, 26(7):832-838.

[20] ELHISON J G,SIDDIQUI A S.A fully polarimetric optical time-domain reflectometer[J].IEEE Photonics Technology Letters,1998,10(2):246-248.

[21] OZEKI T,SEKI S,IWASAKI K.PMD distribution measurement by an OTDR with polarimetry considering depolarization of backscattered waves[J].Journal of Lightwave Technology,2006, 24(11):3882-3888.

[22] EICKHOFF W,ULRICH R.Optical frequency domain reflectometry in single-mode fiber[J].Applied Physics Letters,1981,39(9):693-695.

[23] 张在宣，张步新，陈阳，等．光纤背向激光自发拉曼散射的温度效应[J]．光子学报，1996，25（3）：273-278.

[24] 张在宣．光纤分子背向散射的温度效应及其在分布光纤温度传感网络上应用研究的进展[J]．原子分子物理学报，2000，17（3）：559-565.

[25] ZHANG Z X,HE J M,WANG W,et al.The signal analysis of distributed optical fiber Raman photon temperature sensor(DOFRPTS)system(invited paper)[J].Proceedings of SPIE,1996, 2895:126-131.

[26] 张在宜，沈力学，吴孝彪．分布型光纤传感器系统及应用[J]．激光与红外，1996，26（4）：250-252.

[27] 张步新，陈阳，陈晓竹，等．红外分布光纤温度传感器系统及特性研究[J]．光电子·激光，1995，6（4）：200-205.

[28] 刘天夫，张在宣．光纤后向拉曼散射温度特性及应用[J]．中国激光，1995，22（5）：250-252.

[29] ZHANG Z X,LIU T F,CHEN X Z,et al.Laser Raman spectrum of optical fiber and the measurement of temperature field in space[J].Proceedings of SPIE,1994,2321:185-188.

[30] 张在宣，冯海琪，郭宁，等．光纤瑞利散射的精细结构谱及其温度效应[J]．激光与光电子学进展，1999，9：60-63.

[31] ZHANG Z X,KIM I S,WANG J F,et al.Distributed optical fiber sensors system and networks[J].Proceedings of SPIE,2000,4357:35-53.

[32] ZHANG Z X,LIU H L,GUO N,et al.The optimum designs of 30km distributed optical fiber Raman photons temperature sensors and measurement network[J].Proceedings of

SPIE,2002,4920:268-279.
[33] YARIV A.Optical electronics in modern communications[M].5th ed.New York:Oxford university Press Inc.,1997.
[34] HUANG W C,WAN P,TAM H Y,et al.One-stage erbium ASE source with 80nm bandwidth and lowripples[J].Electronics Letters,2002,38(17):956-957.
[35] 吴海生．分布式光纤拉曼温度传感器在上海智能电力传感网的应用[R]．广州：第五届光纤传感器的发展与产业化论坛大会报告，2010.
[36] 周芸，杨奖利．基于分布式光纤温度传感器的高压电力电缆温度在线检测系统[J]．高压电缆，2009，45（4）：74-77.
[37] 刘媛，张勇，雷涛，等．分布式光纤测温技术在电缆温度监测中的应用[J]．山东科学，2008，21（6）：50-54.
[38] LIU W,HUANG P,CHIU Y.A 12-bit,45-MS/s,3-mW Redundant Successive-Approximation-Register Analog-to-Digital Converter With Digital Calibration[J].IEEE Journal of Solid-State Circuits,2011,46(11):2661-2672.
[39] AGRAWAL G P.Nonlinear Fiber Optics[M].4th ed.New York:Academic Press,2007.
[40] 陈福深．集成电光调制理论与技术[M]．北京：国防工业出版社，1995.
[41] WAIT P C,NEWSON T P.Landau Placzek ratio applied to distributed fiber sensing[J].Optics Communications,1996,122(4-6):141-146.
[42] KURASHIMA T,HORIGUCHI T,IZUMITA H,et al.Distributed strain measurement using BOTDR improved by taking account of temperature dependence of Brillouin scattering power[J].The 23rd European Conference on Optical Communications,1997,1:119-122.
[43] WAIT P C,NEWSON T P.Reduction of coherent noise in the Landau Placzek ratio method for distributed fiber optic temperature sensing[J].Optics Communications,1996,131(4-6):285-289.
[44] DE SOUZA K,LEES G P,WAIT P C,et al.Diode-pumped Landau Placzek based distributed temperature sensor utilizing an all-fiber Mach-Zehnder interferometer[J].Electronics Letters,1996,32(23):2174-2175.
[45] LEES G P,WAIT P C,COLE M J,et al.Advances in optical fiber distributed temperature sensing using the Landau Placzek ratio[J].IEEE Photonics Technology Letters,1998,10(1):126-128.
[46] LEES G P,WAIT P C,NEWSON T P.Distributed temperature sensing using the Landau-Placzek ratio[C]//International Conference on Applications of Photonic Technology III:Closing the Gap between Theory,Development,and Applications.Ontario:SPIE,1998,3491:878-879.
[47] WAIT P C,HARTOG A H.Spontaneous Brillouin-based distributed temperature sensor utilizing a fiber Bragg grating notch filter for the separation of the Brillouin signal[J].IEEE Photonics Technology Letters,2001,13(5):508-510.
[48] HARTOG A H,LEACH A P,GOLD M P.Distributed temperature sensing in solid-core fibers[J].Electronics Letters,1985,21(23):1061-1062.
[49] SHIMIZU K,HORIGUCHI T,KOYAMADA Y,et al.Coherent self-heterodyne Brillouin OTDR for measurement of Brillouin frequency shift distribution in optical fibers[J].Journal of

Lightwave Technology,1994,12:730-736.

[50] HORIGUCHI T,SHIMIZU K,KURASHIMA T,et al.Advances in distributed sensing techniques using Brillouin scattering[J].SPIE,1995,2507:126-135.

[51] GENG J,STAINES S,BLAKE M,et al.Distributed fiber temperature and strain sensor using coherent radio frequency detection of spontaneous Brillouin scattering[J].Applied Optics, 2007,46(23):5928-5932.

[52] DOU R,LU Y,ZHANG X,et al.Analysis on the signal processing of Brillouin backscattered signals in DFT-based Brillouin optical time domain reflectometer[C].The 2nd International Workshop on Opto-Electronic Sensor-Based Monitoring in Geo-Engineering,Nanjing,2007.

[53] HORIGUCHI T,TATEDA M.BOTDA-nondestructive measurement of single-mode optical fiber attenuation characteristics using Brillouin interaction[J].Journal of Lightwave Technology, 1989,7(8):1170-1176.

[54] BAO X,WEBB D J,JACKSON D.22km distributed temperature sensor using Brillouin gain in an optical fiber[J].Optics Letters,1993,18(7):552-554.

[55] BAO X,WEBB D J,JACKSON D.32km distributed temperature sensor based on Brillouin loss in an optical fiber[J].Optics Letters,1993,18(18):1561-1563.

[56] LI W,BAO X,LI Y,et al.Differential pulse-width pair BOTDA for high spatial resolution sensing[J].Optics Express,2008,16(26):21616-21625.

[57] SOTO M A,TAKI M,BOLOGNINI G,et al.Optimization of a DPP-BOTDA sensor with 25em spatial resolution over 60km standard single-mode fiber using simplex codes and optical pre-amplification[J].Optics Express,2012,20(7):6860-6869.

[58] GARUS D,KREBBER K,SCHLIEP F,et al.Distributed sensing technique based on Brillouin optical-fiber frequency-domain analysis[J].Optics Letters,1996,21(17):1402-1404.

[59] BAR-JOSEPH I,FRIESEM A A,LICHTMAN E,et al.Steady and relaxation oscillations of stimulated Brillouin scattering in single mode optical fibers[J].Journal of the Optical Society of America B,1985,2(10):1606-1611.

第8章 光纤传感技术的应用

内容关键词

- 瑞利散射
- 分布式光纤传感器
- 分立式光纤传感器

本章将在光纤传感器的应用基础上重点介绍如今光纤传感器中分立式光纤传感器和分布式光纤传感器在不同领域的应用，阐述二者的区别和联系，为将来光纤传感器的发展提供理论依据。

8.1 光纤传感技术在电力领域的应用

8.1.1 技术背景

电网的变电环节智能化可以显著提高电网的稳定性、可靠性、输送能力及设备健康水平。目前，国内已经能够制造全电压等级、全系列成套变电设备，变电站自动化技术和装备处于国际领先水平，但高压设备的智能化程度不高，数字化/智能变电站的检测、测试、调试、试验等设备尚不完善。在线监测技术是获取变电设备状态的重要手段，可及时获取变电站设备的各种特征参量，结合专家诊断系统软件，可对设备层中的功能元件进行分析、处理，对其可靠性做出判断，对设备的剩余寿命做出预测，从而及早发现潜在的故障，提高供电可靠性。

8.1.2 光纤传感系统的设计

设计在智能变电站中应用的光纤传感系统[1]，包括以下 6 个光纤传感子系统。

- 变电站开关柜光纤光栅温度监测系统
- 变压器光纤光栅绕组温度监测系统
- 变压器光纤光栅顶层、底层油温监测系统
- 高压电缆分布式光纤温度监测系统 DTS
- 变压器光纤局部放电监测系统
- 变压器光纤光栅振动波谱监测系统

综合上述 6 个光纤传感子系统，以某新建变电站为例，设计实施全光纤传感监测系统的方案。

光纤光栅温度解调仪的技术指标如表 8.1.1 所示。

表 8.1.1 光纤光栅温度解调仪的技术指标

指标项目	参数	备注说明
测温精度	±1℃	
温度范围	-20～200℃	
测量通道	8 通道（标准配置）	1～16 通道（可选），每通道有 12 个传感器
工作方式	连续实时检测	采样频率分高、中、低三种，最高 4kHz，标配为 5Hz
数据保存	5～10 年	USB 连接功能；Web 发布实时数据；报警设置功能
显示方式	6.4 寸高性能 TFT 彩屏显示	触摸屏可选
传感器接口	采用标准 FC/APC 接口	可按照用户定制（SC、ST 等）
通信接口	10MHz 以太网口、RS232 接口、RS485 接口	如有通信协议，需说明
尺寸	长×宽×高：476mm×385mm×175mm	
工作环境	环境温度：0～40℃ 相对湿度：不大于 95%	
	基于 Windows 操作系统	
电源	交流 220V（1±10%）	可以配 UPS 电源

光纤光栅是利用光纤材料自然的光敏特性沿纤芯轴向形成的一种折射率周期性分布的结构，这种特殊的周期性分布结构能改变某一特定波长的光的传输路径，使光的传播方向发生改变，相当于在光纤中形成一定带宽的滤波器或反射镜。若纤芯折射率或光栅周期受外界温度场的影响发生改变，则会导致光纤光栅的反射波长变化[2]。由于 FBG 的波长随温度变化而变化，因此通过检测光栅反射光的波长变化，可以测得光栅处的温度变化。

变电站开关柜光纤光栅温度监测系统具有结构简单、实时监测精度高、数据中央集控等优点。

变压器光纤光栅绕组温度监测系统的结构图如图 8.1.1 所示。

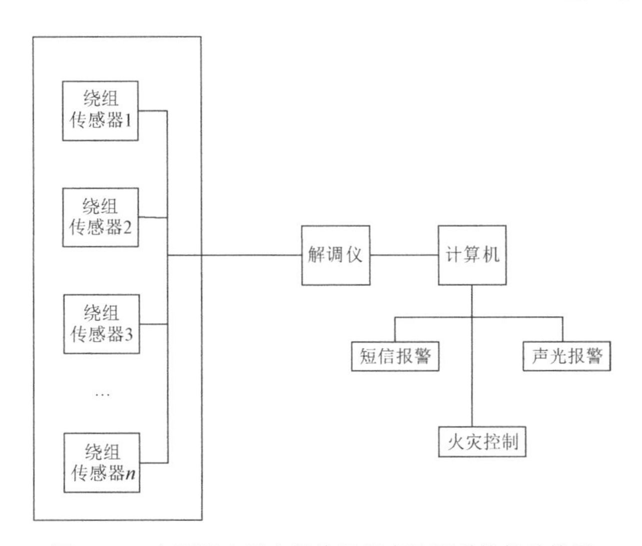

图 8.1.1 变压器光纤光栅绕组温度监测系统的结构图

8.1.3 变压器光纤局部放电监测系统

8.1.3.1 系统的监测原理

变压器光纤局部放电监测系统基于声发射监测原理，由基于熔锥耦合技术的光纤声发射传感器及高速超声解调仪等组成，其结构图如图 8.1.3 所示。基于熔锥耦合技术的光纤声发射传感器属于光强度调制型传感器，熔锥耦合技术是指：将两根除去涂覆层的光纤以一定的方式靠拢，在高温下加热熔融，同时向光纤两端拉伸，最终在熔融区形成双锥形式的特殊波导耦合结构[3]。通过差分信号的光电解调可以检测超声波信号，可用于变压器局部放电的监测。高速超声解调仪由 4～8 通道高速同步采集卡、高精度光电转换电路、640×480 高清触摸屏、低功耗嵌入式处理系统等组成，可以实时地采集超声信号，并快速地进行信号的分析、处理。

8.1.3.2 系统的结构

利用声发射监测的变压器光纤局部放电监测系统具备远程通信功能，可选择 RS232 串口、网口、光口等多种通信方式，并可连接短信报警与声光报警装置，其结构图如图 8.1.2 所示。

8.1.3.3 系统的软件功能

系统的软件功能包括以下几个方面。

（1）实时监测：监测系统实时采集数据并显示，真实还原超声信号的幅值、强度。

（2）频谱分析：对采集的数据进行处理、分析，如进行时域分析、傅里叶变换等。

（3）数据存储：可设置长期运行保存监测数据，具备数据回放功能。

（4）超声定位：具备多传感器监测定位功能。

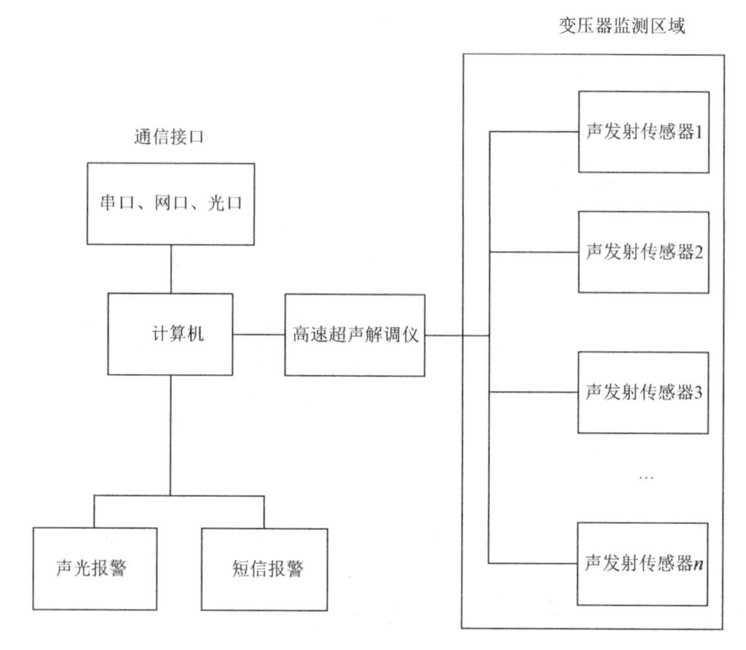

图 8.1.2　变压器光纤局部放电监测系统的结构图

8.1.4　智能变电站全光纤监测应用实例

某新建智能变电站包括 2 台 110kV 变压器、10 个高压开关柜、8km 高压电缆，针对此智能变电站设计的全光纤传感监测系统如下。

- 变压器光纤光栅绕组温度监测系统
- 变压器光纤光栅顶层油温监测系统
- 变压器光纤局部放电监测系统
- 变压器光纤光栅振动波谱监测系统
- 变电站开关柜光纤光栅温度监测系统
- 高压电缆分布式光纤温度监测系统（DTS）

设计的全光纤传感监测系统由 6 个子系统组成，通信规约为 IEC61850 协议，传感器全部为光纤式或光纤光栅式传感器，传输介质为铠装通信光缆。结合拓扑结构图，根据光纤传感监测对象的不同，可以将系统分为以下两部分[4]。

变电站控制室需要对 10 个高压开关柜进行温度监测，采用点式光纤光栅温度传感器，每个高压开关柜配置 6 个动触点温度传感器，每 12 个传感器需要 1 根传感光纤，共计 60 个光纤光栅温度传感器，配置 5 芯光缆。电缆沟全长 8km，采用分布式光纤温度监测系统（DTS）实时监测高压电缆缆身及电缆接头。其中，高压电缆 U、V、W 三相每相都需要配置 1 芯感温光缆（1 芯感温光缆可以直接定制在电缆中），共计 3 根 1 芯感温光缆。

变压器全光纤监测系统采取变电站控制室远程控制的方式，利用 1 根多芯铠装通信光缆完成所有传感器的信号传输。变压器全光纤监测系统中的所有传感器均为光纤式或光纤光栅式传感器，具有高绝缘、无电信号干扰、实时在线监测、本质安全等特点[5]。按照传感器监测对象的不同，变压器全光纤监测系统可分为绕组温度监测系统、顶层油温监测系统、局部放电监测系统和振动波谱监测系统这 4 个子系统。

（1）变压器内部绕组温度监测系统需要每个绕组的U、V、W三相各安装1个光纤光栅温度传感器，两个绕组共计安装6个；铁芯安装1个，夹件安装1个（也可多安装，可以定制），共计需要8芯的传输光缆（串联只用1芯）[6]；所有传感器采用耐高温特氟龙管封装，监测温度范围是0～200℃；传感器和定制的法兰盘需要在变压器制作过程中提前埋入。

（2）顶层油温监测系统需要1～2个光纤光栅温度传感器，通过变压器顶部的油孔进行温度检测（可安装在内部，需提前预埋），每个传感器都采用1芯阻燃野战光缆与传输光缆连接，并用蛇皮软管包裹，进行强度保护；传感器的温度监测范围是0～130℃。

（3）局部放电监测系统需要在变压器四周各贴装1个光纤声发射传感器，共计4个（可以定制4～16个）；每个光纤声发射传感器都需要3芯光缆，共需要12芯阻燃野战光缆，并用蛇皮软管包裹，进行强度保护；光纤声发射传感器监测的最小放电量为50pC，频率范围为5～250kHz。

（4）振动波谱监测系统需要至少6个光纤光栅加速度传感器，在变压器绕组所在位置平行的两面上贴装传感器，且传感器尽可能安装在离绕组最近的点上（传感器也可以安装在变压器内部，需要提前预埋），6个光纤光栅加速度传感器在安装时为光纤光栅分路盒并联的方式，在传输光缆上采用串联光栅设计，需要使用1芯传输光缆；光纤光栅加速度传感器的最小监测量为0.5mg，频率范围为10～1000Hz。

统计上述各个变压器全光纤监测子系统，可以计算出该变电站从控制室到变压器之间的传输光缆至少需要22芯，保留2芯的余量，建议安装24芯铠装通信光缆（对于绕组测温串联光纤光栅，则至少为16芯）。

综上所述，智能变电站采用的全光纤传感监测系统需要配置至少三台光纤传感解调仪，其中，变电站开关柜光纤光栅温度监测系统、变压器光纤光栅绕组温度监测系统、变压器光纤光栅顶层油温监测系统、变压器光纤局部放电监测系统公用一台光纤温度及局部放大监测解调仪，还有变压器光纤振动波谱解调仪一台，以及分布式光纤监测解调仪一台。

8.1.5 高压电缆分布式光纤温度监测系统（DTS）

分布式光纤温度监测系统用一根长达数千米的光纤可以连续地测量沿其分布的温度场的实时信息，其空间分辨率高、误差小，可被广泛应用于高压电缆、隧道油库、危险品仓库、货轮等的温度在线监测[7]。

分布式光纤温度监测系统（DTS）的原理图如图8.1.3所示[9]。

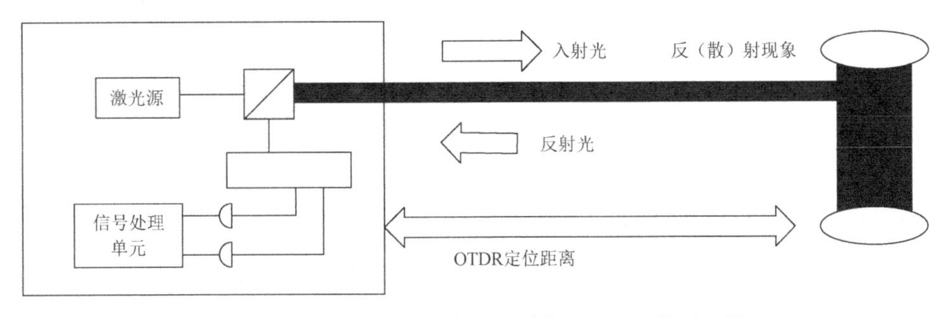

图8.1.3 分布式光纤温度监测系统（DTS）的原理图

高压电缆分布式光纤温度监测系统（DTS）的技术特点如下：

（1）结构功能。采用模块化结构，集成了计算机强大的处理功能，具有体积小、结构简单、方便携带及功能强大等优势。

（2）性能指标。采用先进的半导体激光器、高灵敏度的光电探测器，自动调整增益，克服光学器件工作时间长造成的信号偏移，系统长期稳定、可靠，测量范围可达到10km，精度可达到1℃。

（3）接口配置。开放式通信结构，网口、串口等多种接口实现数据输入、输出，内置16路继电器输出节点（可扩展），具有灵活的远程控制功能。

（4）系统软件。实时显示温度分布曲线，快速查询各点温度随时间变化的曲线，具有分区独立高温、低温、差温、快速升温报警功能，具有Web发布功能，利用热网络分析法计算电缆载流量。

8.1.6 分布式光纤传感器在电力系统中的应用

电缆沿圆周方向覆冰不均匀的架空导线在侧向风力作用下会产生低频、大幅度自激振动现象。当导线舞动时，会在一档距导线内形成一个、两个或三个波腹的驻波或行波，导线主要呈垂直运动，有时也呈椭圆运动，椭圆长轴在垂直方向或偏离垂直方向，有时还伴有导线扭转[10]。垂直振动的频率为0.1～1Hz，振幅在几十厘米与几米之间。严重的导线舞动是在大档距导线中产生一个波腹的振动，加上悬垂绝缘子串又沿线路方向摇摆，振幅可高达甚至略高于弧垂最大值（10～12m）。电缆舞动的主要原因是导线上有不均匀的覆冰，它与导线无覆冰或均匀覆冰时的微风振动有着本质的不同。在冬季的高纬度地区，如美国北方、加拿大、日本、北欧诸国、中国及新西兰等地，当气温为-10～0℃或更低，风速为2～26m/s或更高，风向与线路走向夹角为46°～90°时，覆冰不均匀的导线就可能产生舞动。从以上舞动发生的规律及特点可知，输电线路的舞动是一种对电网安全运行危害较大的故障类型，对在运的电网、建设中的特高压及“三华”同步电网的安全、稳定运行影响巨大，必须认真开展相关研究，制定有效的防治方案和措施[11]。使用分布式光纤声波传感系统测试电缆舞动的原理：杆塔上布有架空地线光缆，也称光纤复合架空地线，简称OPGW。由于风会引起电缆和OPGW的舞动，因此将分布式光纤声波传感系统（DAS）连接OPGW可以测试高压输电线的舞动。

当环境风力很小时，风会引起光缆的振动，塔的振动相对线路的振动就小得多，如图8.1.4中的箭头所示。

图8.1.5所示为敲击光缆的测试结果。

图8.1.6所示为晚上12时的测试界面。此时，外面风力较大，由该图可以看出，整段测试光缆的振动幅度明显增大，杆塔的位置更加显著。但是，通过图8.1.6的右端可以看出，解调后的信号出现饱和的现象。

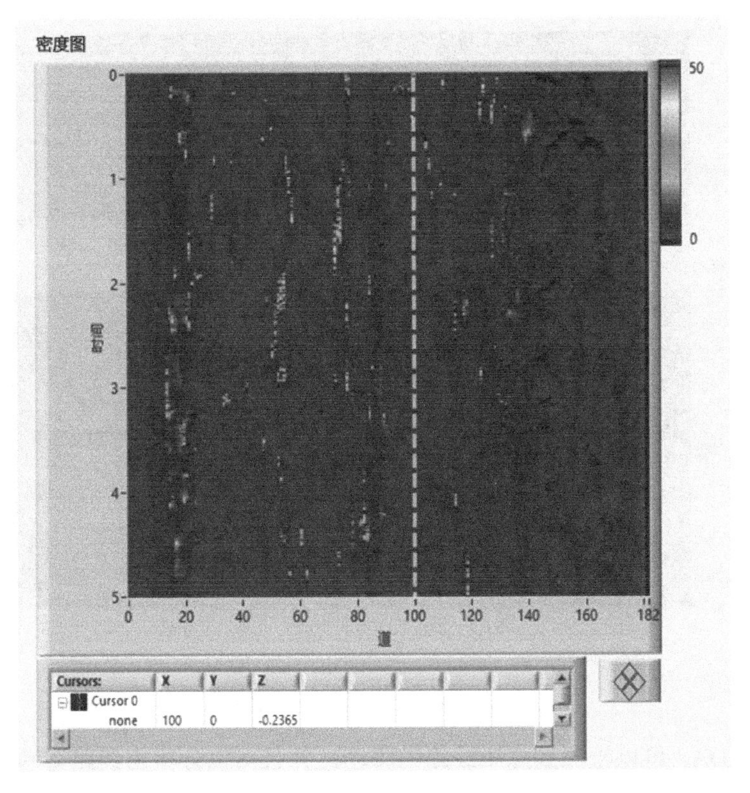

图 8.1.4　电缆轻微舞动的测试结果

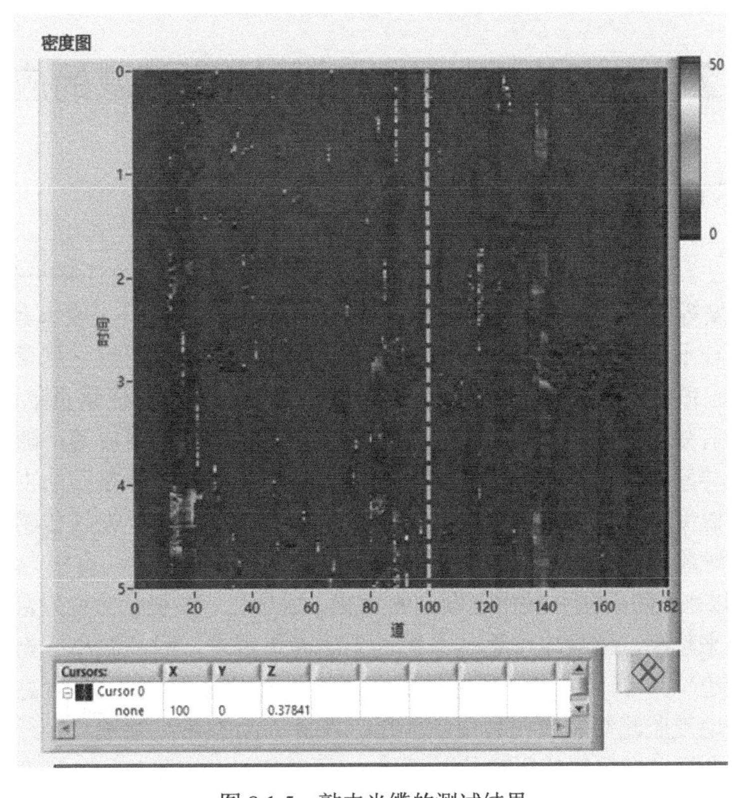

图 8.1.5　敲击光缆的测试结果

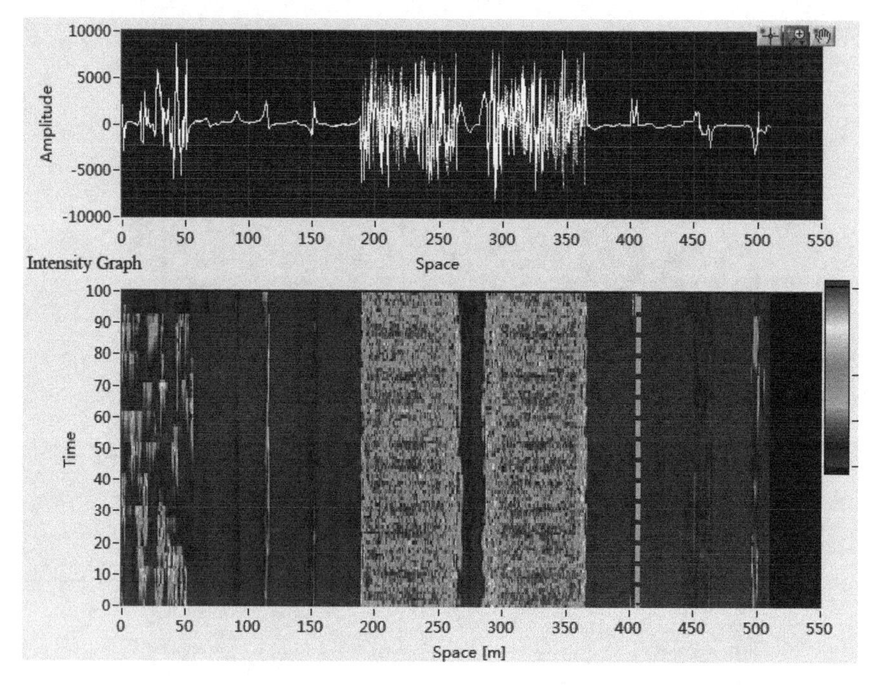

图 8.1.6 晚上 12 时的测试界面

由上可知，DAS 可以检测到高压线路的舞动，并且可以分析出线路舞动的频率与幅度，因此将 DAS 应用在高压线路舞动测试中是可行的[19]。

8.2 光纤传感技术在油气资源领域的应用

8.2.1 技术背景

在油气井的生产过程中，实时监控井下的产液剖面信息，确定油气井井中油、气、水各个层位的高度、深度等信息，对了解地层信息、调控油气井生产、提升采收率具有重要意义[12]。温度是许多井下作业的一个重要因素，长期以来，作业者一直采用热学测量法监测生产井的动态[13]。20 世纪 30 年代以来，工程人员利用井筒温度数据来推算流量贡献，评价注水剖面，分析压裂作业的有效性，确定套管外的水泥顶面，以及识别层间窜流等。随着石油行业的不断发展，对光纤传感技术的需求量也呈现高速增长趋势。石油测井是石油工业中的基本和关键环节，压力、温度、流量等参量是油气井下的重要物理量，通过光纤传感技术对这些物理量进行长期的实时监测，及时获取油气井的井下信息，对石油工业具有极为重要的意义[14]。20 世纪 70 年代以来，随着测井技术逐渐向集成化、成像化、多极化方向发展，对井下数据传输速率的要求越来越高，常规电缆遥传系统已无法满足需求，耐高温高压光缆代替常规测井电缆已成大势所趋[15]。目前，光纤传感技术在油气井产出剖面测试、油气井井下温度压力监测、井中多级微地震监测等领域已被成功应用。在井下动态监测领域，光纤基于光的各种效应、光敏特性、光纤光栅等传感原理[16]，不含电子器件，具有耐高温、寿命长、无须供电等优点。光纤传感器可探测石油地震勘探中的地震波，检测石油采集过程中的温度、压力、油水含量和油的剩余储量等，监测石油产品生产过程中的温度、压力和流量等参量。在地震勘探中，声源发出的脉冲声波通过地层或水域传播后，被不同的地质层面反射，再通过基于光纤光栅的声传感器采集和记录反射回来的声信号[17]，可描绘出所探测地层的构造剖面，从而为判断地层下的油藏分布提供可靠的依据。通过光谱测量可以获得井下油、气、水的比例。井下流体的光谱分析由反射式气体分析和吸收式光谱分析两个检测单元组成[18]。

8.2.2 分立式光纤传感器在油气资源领域的应用

8.2.2.1 技术背景

采用光纤传感器测量油气井井下温度、压力主要用到光纤光栅技术和光纤 F-P 技术。光纤光栅传感器通过对光纤光栅的特殊封装使其对待测参量敏感，并通过光纤光栅波长的变化来测量待测参量的大小及方向，如温度、应变、应力、位移、速度和加速度等参数。光纤光栅的封装方式决定了光纤光栅传感器的性能，如测量精度、量程、稳定性、使用寿命等[25]。然而，无论是采用胶封装，还是采用金属化封装，光纤光栅传感器在高温环境下都会发生明显的蠕变现象，即封装固定点移动，这就造成了零点漂移，对传感器的精度和稳定性有很大的影响，使其不适用于油气井井下环境的测量。目前，多采用光纤 F-P 腔检测压力、光纤光栅检测温度的传感器方案，压力敏感元件采用石英材料的光纤 F-P 腔结构，如图 8.2.1 所示，两段光纤对齐，中间留一小段空隙，形成一个 F-P 腔[26]。考虑到井下高温、高压的情况，采用激光熔接技术将光纤与石英毛细管焊接起来，形成耐高温的高强度连接，避免传感器的蠕变及漂移。

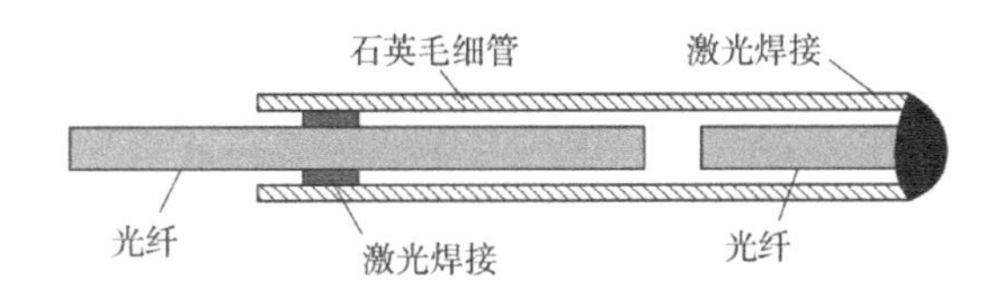

图 8.2.1　压力敏感元件结构图

温度则采用光纤光栅来测量，封装时，对光纤光栅进行应力及压力隔绝，温度敏感单元的结构图如图 8.2.2 所示，采用激光焊接技术将光纤光栅封装在石英毛细管内，这是由于石英与光纤的材料一致，高、低温膨胀一致，且石英的应力小，结构稳定，温度重复性好，温度测试准确，结构牢固、可靠。

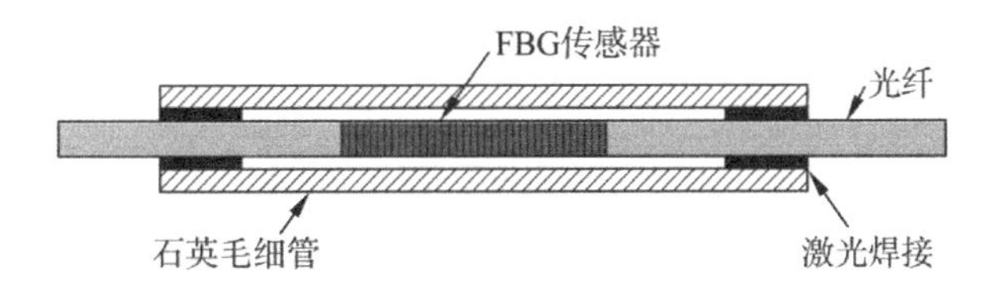

图 8.2.2　温度敏感单元的结构图

为减小传感器尺寸及降低现场难度，采用一根光纤将压力监测的光纤 F-P 腔与温度监测的光纤光栅串联起来，其感应信号为光信号，将其利用井下光缆传输至地面解调设备，并对其进行处理。整个传输过程均不带电，不受电磁干扰，安全、可靠，能满足井下高温、高压、耐腐蚀和长期性等要求。温度的变化会引起 FBG 的周期和折射率的变化，从而使 FBG 的反射谱和透射谱发生变化，通过检测 FBG 的反射谱和透射谱的变化，就可以获得相应的温度信息，如图 8.2.3 所示[27]。

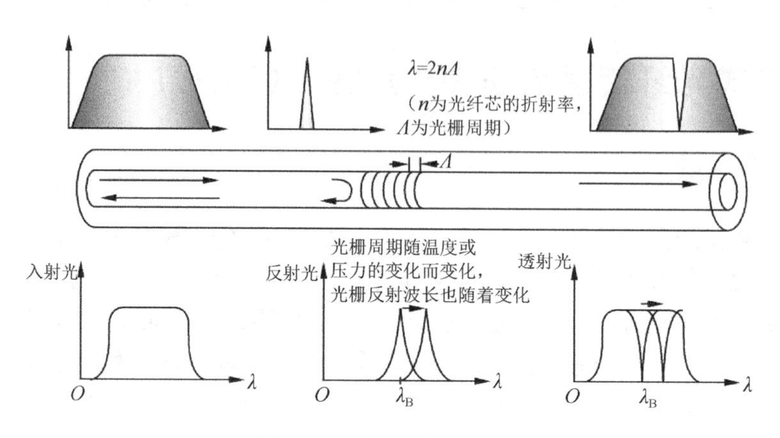

图 8.2.3　光纤光栅测试原理

光纤传感系统主要包括传感器、传输光纤和解调仪三大部分，如图 8.2.4 所示。解调仪宽带光源发射宽带光，宽带光经光环形器到传感器后，反射回的光经光环形器到光谱检测装置，并测量出光纤光栅的波长和 F-P 腔的腔长，然后转换成温度和压力值[28]。

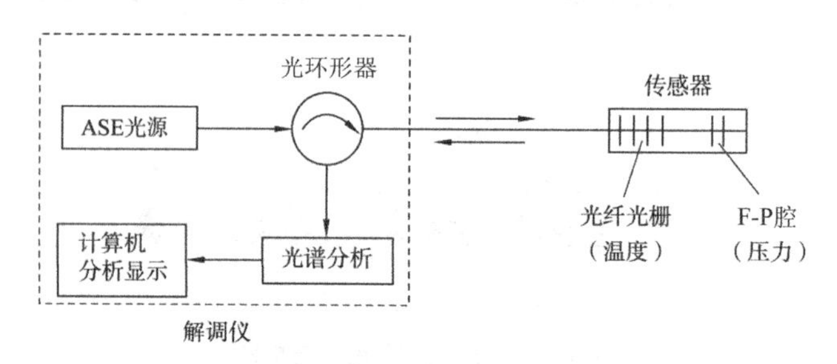

图 8.2.4　光纤传感系统示意图

光纤 F-P 腔传感器采用石英材料作为结构的主要组成部分，石英材料耐高温，膨胀系数低，耐热震性、化学稳定性和电绝缘性能良好，可以适应油气井下恶劣的高温、高压环境。在传感器封装过程中采用无胶化的焊接封装，制造出的光纤 F-P 腔温度压力传感器耐高温、高压，量程大，精度高，漂移小，稳定性和重复性好[29]。

8.2.2.2　应用案例

2013 年 04 月至 2014 年 10 月，山东省科学院激光研究所先后在中海石油（中国）有限公司上海分公司进行多套光纤温度、压力监测系统施工，现场施工图如图 8.2.5 所示，中海石油（中国）有限公司上海分公司某井一年的温度、压力监测数据如图 8.2.6 所示。

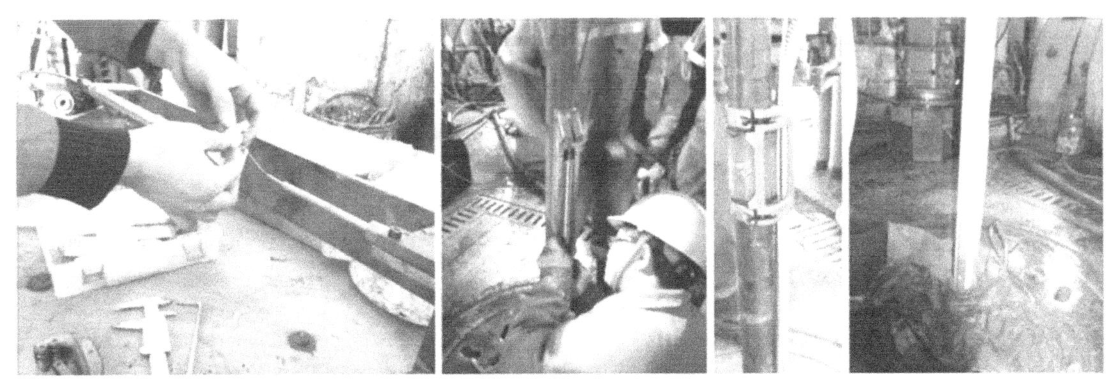

图 8.2.5　现场施工图

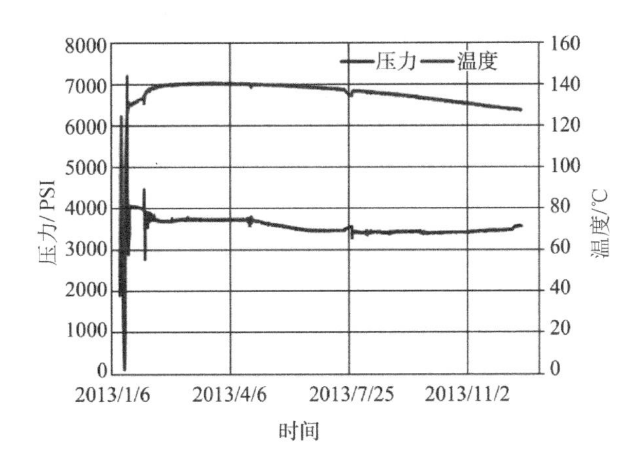

图 8.2.6　中海石油（中国）有限公司上海分公司某井一年的温度、压力监测数据

8.2.3　分布式光纤传感器在油气资源领域的应用

8.2.3.1　基于分布式光纤测温系统的方案

1. 油气井剖面温度监测系统的施工框图

油气井剖面温度监测系统的施工框图如图 8.2.7 所示。

2. 油气井剖面温度监测系统的组成

油气井剖面温度监测系统中所用的分布式光纤温度监测系统（DTS）主要包括解调主机、传感光缆、用户软件及相关配件，这里介绍解调主机和传感光缆。

（1）解调主机。解调主机采用高性能光电器件，测量距离为 10km，响应时间为 2s，测温精度为±1℃。

（2）传感光缆。系统需根据所测井的温度环境选用不同类型的测温光缆，针对高温注气井，采用聚酰亚胺涂层耐高温光纤。聚酰亚胺涂层耐高温光纤的耐热性能好，玻璃化转变温度为 350～400℃，开始分解温度大于 500℃；耐低温性能良好，在-200℃以下不会发生断裂，比其他高分子材料的热膨胀系数低；具有优异的机械性能，抗张强度大于 100MPa[20]。聚酰亚胺涂层耐高温光纤的单边涂覆厚度为 15～25μm，其单模光纤在 1310nm 窗口的衰减为 0.6dB/km，在 1550nm 窗口的衰减为 0.5dB/km，涂层的杨氏模量为 7.5GPa。聚酰亚胺涂层耐高温光纤在 300℃的空气氛围下可长期使用，在 300～400℃的空气氛围下可短期使用。

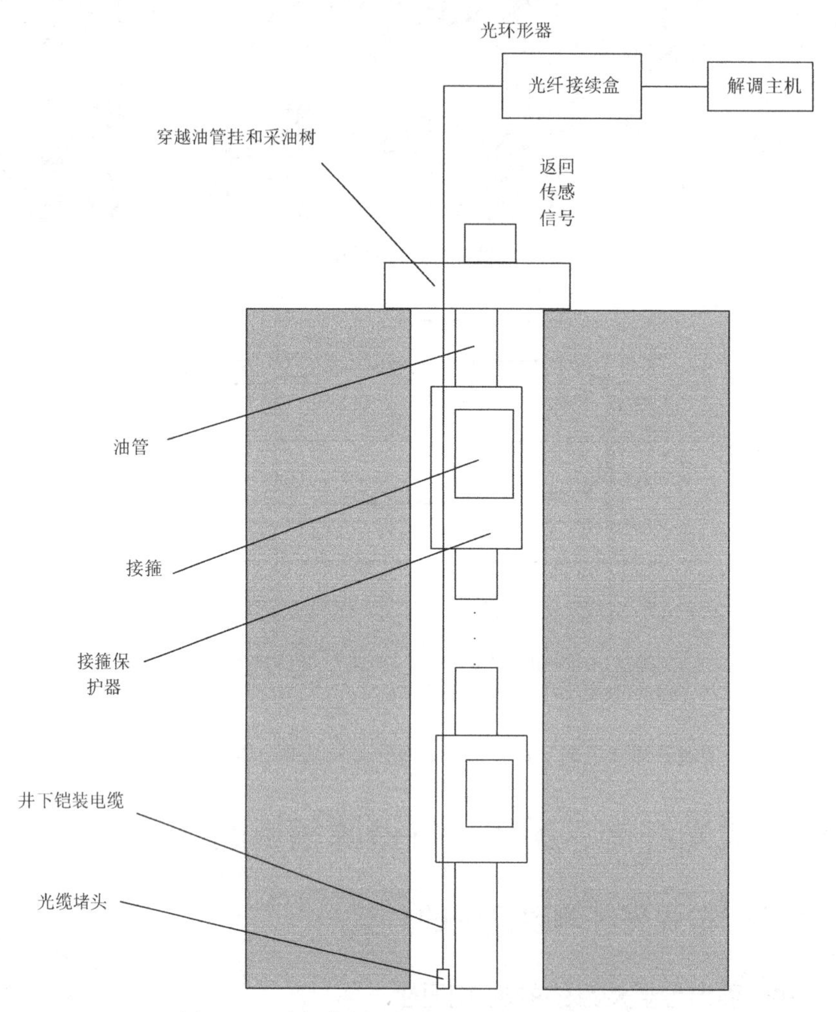

图 8.2.7　油气井剖面温度监测系统的施工框图

8.2.3.2　光电混合缆测试系统的方案

所谓光电混合缆测试系统的方案，即在光电混合缆的端头设置混合缆密封堵头，光电混合缆通过电缆保护器固定在油井套管或油管上，光电混合缆连接地面分线盒，地面分线盒通过光缆连接光纤解调仪，地面分线盒通过加热电缆连接高压电源，系统的结构图如图 8.2.8 所示。在油气井中分布着不同的流体：气体、水、油或者混合流体。由于各种流体的比热容不同，而且在油气井处于正常开采或者停止一段时间以后，油气井井筒按照深度的分布的温度梯度是稳定的，即在油气井某一特定深度或者位置处，温度没有明显的变化。

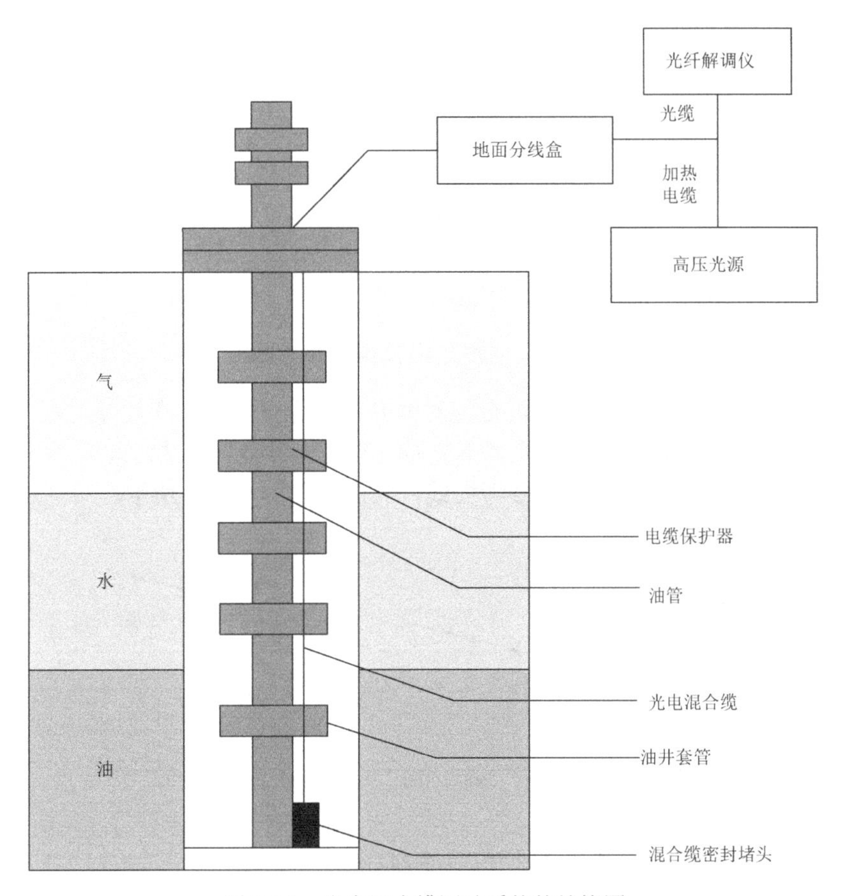

图 8.2.8　光电混合缆测试系统的结构图

此时，如果能够利用某种方式，实现全井筒的温度加热，加热采取等距离、等加热功率，这样，在相同时间段内，沿着井筒上等距离获得的热量是相同的，而由于各种流体（介质）的比热容不同，不同的流体（介质）获得的温升也是不一致的[21]。例如，在通常情况下，水的比热容约为 4kJ/(kg·℃)，油的比热容约为 2kJ/(kg·℃)，空气的比热容约为 1kJ/(kg·℃)，这样三者的比热容之比大约为 4∶2∶1，在获得相同的热量时，三者的温升之比大约为 1∶2∶4。分布式光纤测温技术能够利用光在光纤中传输的后向散射信号，精确测得沿光纤轴向分布的每点的温度信息，不同的分布式光纤测温设备的空间分辨率不同，但是每台设备都有一个固定的空间分辨率，设备要求记录下每个位置所对应的温度信息。假设设备的空间分辨率为 a（m），则对于设备出口后的每个 a（m）的整数倍处的光纤，仪器都会记录该点的温度值[22]。假设光缆总计有 na（m），则有光纤从仪器出口的距离 $a,2a,3a,4a,\cdots,(n-2)a,(n-1)a,na$（m），与之对应的温度信息为 $t_1,t_2,t_3,t_4,\cdots,t_{n-2},t_{n-1},t_n$。当初始温度为 t，加热后的温度为 T 时，加热后与距离 $a,2a,3a,4a,\cdots,(n-2)a,(n-1)a,na$ 对应的温度值为 $T_1,T_2,T_3,T_4,\cdots,T_{n-2},T_{n-1},T_n$。在光纤上每个 a（m）的整数倍处，加热前、后该点的温度差（与位置对应）为$(T_1-t_1),(T_2-t_2),(T_3-t_3),(T_4-t_4),\cdots,(T_n-t_n)$，然后绘图，横坐标为光纤的距离信息 $a,2a,3a,4a,\cdots,(n-2)a,(n-1)a,na$，纵坐标为温度差信息$(T_1-t_1), (T_2-t_2),(T_3-t_3),(T_4-t_4),\cdots,(T_n-t_n)$。这样，通过曲线可以方便地看出，温度最高处为气体，温度最低处为水，中间为油，还有部分温度不恒定、有一定斜率的地方，那里就是相邻两种介质的混合区，而且每段、每点的曲线都对应着详细的横坐标距离信息，从而最终确定油井中各种介质的深度和距离信息，测得产液剖面[23]。油井剖面初始温度参考曲线如图 8.2.9 所示。

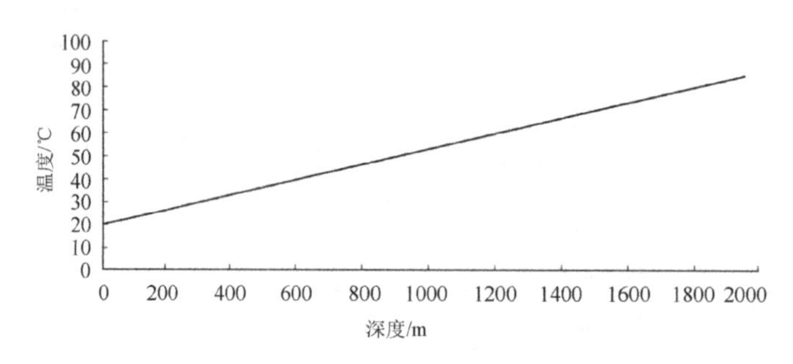

图 8.2.9　油井剖面初始温度参考曲线

启动高压电源的开关，通过光电混合缆对油井剖面进行加热，在加热过程中密切观察井中的升温情况，等升到一定温度后（或者事先通过理论计算得到加热时间），利用软件中的相关功能获取油气井加热后的剖面温度参考曲线，其曲线如图 8.2.10 所示。

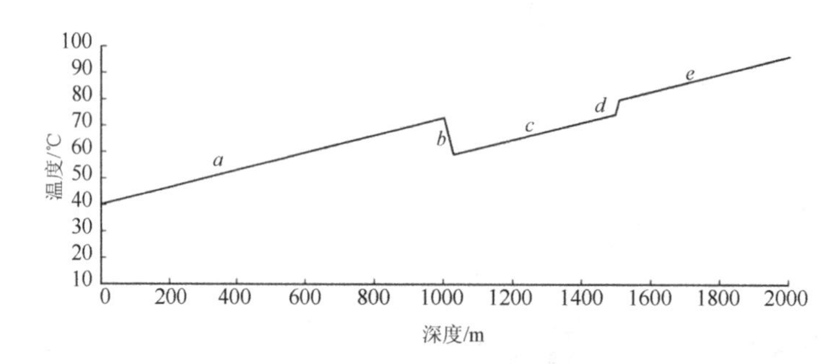

图 8.2.10　加热后的剖面温度参考曲线

通过软件对数据进行处理，最终得到如图 8.2.11 所示的加热前、后的温差参考曲线。

首先将等长度、等加热功率的光电混合缆的端头绝缘密封，然后光电混合缆伴随着油管或者套管下入油井中。在光电混合缆下入的过程中，每隔 10m 左右将光电混合缆用电缆保护器与油管（或者套管）固定。在固定光电混合缆的过程中，要使光电混合缆受力绷直，尽可能避免由光电混合缆自重引起的弯曲或弧度出现，进而避免测试过程中的空间误差[24]。

光电混合缆伴随着油管或者套管的下入直至井底，将光电混合缆留出 3～5m（尽量长一点）并截断，从井口的油管挂及采油树穿越，并实现密封。将留出的光电混合缆接入地面分线盒，引出时将光电混合缆分成两束：光缆及加热电缆。将加热电缆接入带有开关的高压电源，将光缆接入分布式光纤解调仪。当需要测试油气井的产液剖面时，首先启动分布式光纤解调仪，利用软件中的相关功能获取加热前的地层温度信息。

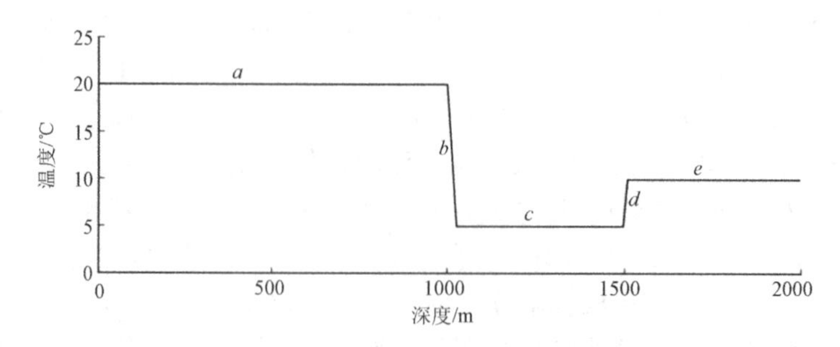

图 8.2.11　加热前、后的温差参考曲线

8.2.3.3 分布式光纤声波传感技术在流量探测中的应用

科学工作者针对石油测井中的流量参数，提出一种非浸入式光纤干涉仪流量测量方法。在油管外壁紧密缠绕传感光纤，当流体流过管壁时，可由湍流产生振动，引起管壁的动态压力变化，导致传感光纤内的传输光相位发生变化，通过检测光相位的变化就可以获得相应的流量。利用管壁湍流振动测试原理和相位载波调制解调原理，解调出缠绕在油管外壁上的传感光纤监测的相位变化，从而实现流量的在线监测。

该方法的结构简单、可靠，灵敏度高，不直接接触流体，无污染，也不影响流体流场，可以进行长期、可靠的实时监测，是井下流量测试的理想方法，在石油生产测井仪器领域具有广阔的应用前景。基于分布式光纤声波传感系统（DAS）的流量监测系统主要是通过光纤与管壁之间的压力关系间接测量管内流体的流速的。当管内流体在充盈情况下稳定向前流动时，会对管壁产生冲击，从而使管壁发生微小变形，将裸光纤缠绕在管道上，可以对该位置管道的压力变化进行探测，实现光纤非浸入式流量监测。通过改变流速来记录不同流量值所对应的相位变化，寻找流量值与解调弧度之间的数学关系，以此来验证 DAS 光纤测量流量的可行性。

根据测量原理，在实验室环境下搭建了流量测试循环系统，流体介质为水，在不同的流体流速下，通过 DAS 对管道流量进行测量。逐渐增大管内水的流量，依次记录不同流速时 DAS 所采集到的相位变化，通过电磁流量计记录测量到的水流实际流量。流量测试实验示意图如图 8.2.12 所示。

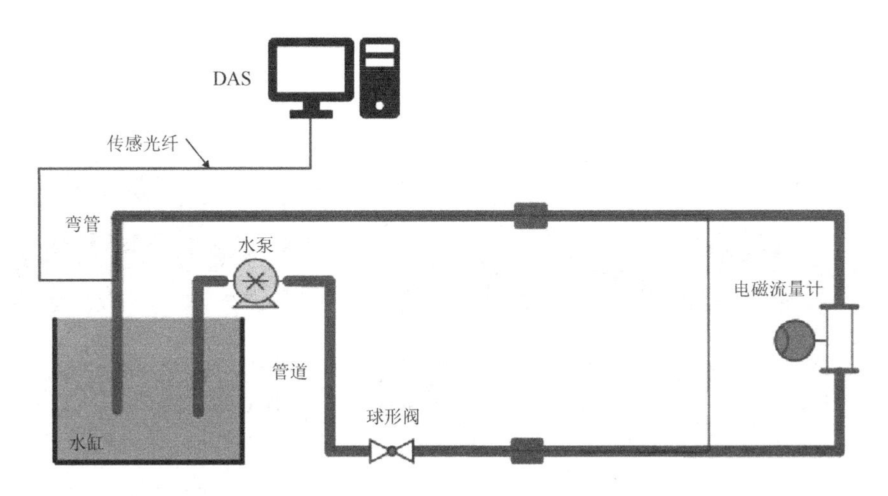

图 8.2.12 流量测试实验示意图

整套系统主要包括管道、阀门、进水口、出水口、裸光纤、电磁流量计和水泵等。在水管的弯管处缠绕大约 3m 的光纤，前端和尾端各留 50m，防止信号串扰。通过扳动阀门来不断改变管内流速，利用电磁流量计来记录当前流量值，用于后续实验数据的处理。图 8.2.13 所示为裸光纤密缠在管道上。图 8.2.14 所示为上位机软件界面。

图 8.2.13　裸光纤密缠在管道上

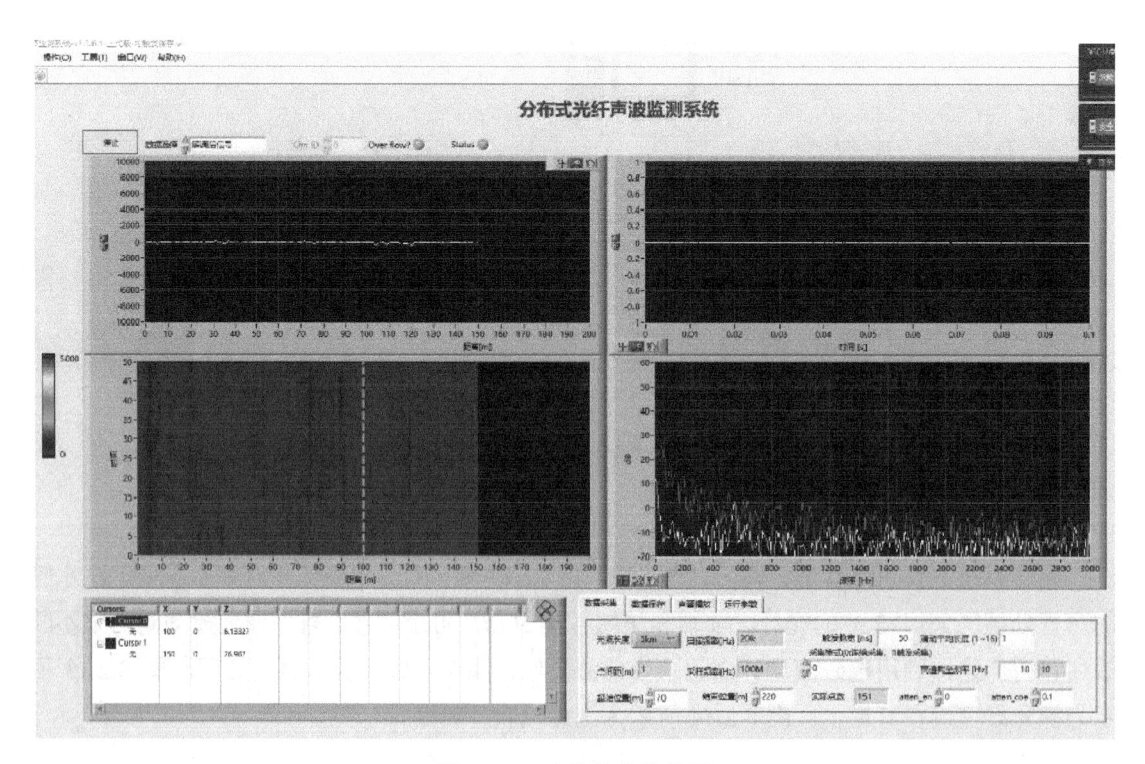

图 8.2.14　上位机软件界面

8.3 光纤传感技术在管道泄漏监测领域的应用

8.3.1 技术背景

在石油化工行业中，油气管道储运的介质是原油、轻油、液化气等易燃、易爆、易挥发和易于静电聚集的流体，有时还含有毒性物质。随着管线的增多、管龄的增长，管道腐蚀、自然灾害和人为损坏等因素使管道安全问题变得日益严重[30]。长输管道一旦沿途发生事故，不仅会给管道系统本身造成破坏，而且管道泄漏会造成巨大的经济损失、环境污染和引发次生灾害，特别是在人口稠密地区，此类事故往往会造成严重伤亡及重大经济损失，带来恶劣的社会及政治影响。因此，实时监测管道运行状态、运行故障等关键信息在安全生产中具有极其重要的意义。另外，由于我国城市化建设不断推进、深化，城市地下管网系统已经应用到人们日常生活、生产的各个方面[31]。城市下面各种各样、纵横交错、错综复杂的管网系统在城市正常运行过程中的地位越来越重要，但同时成为城市安全和人们日常生活的重大安全隐患，因此实时掌握地下管网的运行状态同样具有重要的意义。

8.3.2 分立式光纤传感器

8.3.2.1 技术背景

随着光纤光栅传感技术研究的不断成熟和进一步发展，该技术也越来越多地被应用到输油管道等的监测中。光纤光栅传感器具有特有的性能，如传感器的质量轻、体积小，反应灵敏度高，反射波长频带宽，抗电磁干扰性强，抗腐蚀性好，采集数据信号的传输距离远，对被测结构设备的影响小。

8.3.2.2 试验装置

在本次试验中，采用亚克力管模拟一段输油管道，试验采用低温敏型微型光纤光栅应变传感器，且在室内进行，可以忽略温度对传感器的影响。试验管段内径相同，在不同壁厚处粘贴一个微型光纤光栅应变传感器，编号分别为 A、B、C、D、E。在管段中间开一个内径为 15mm 的孔径，连接电磁阀和流量计，通过电磁阀的突然开启模拟管道的泄漏；通过水箱的高度为管道提供不同的内部压力，模拟管道稳定运行时的工况。试验装置示意图如图 8.3.1 所示。

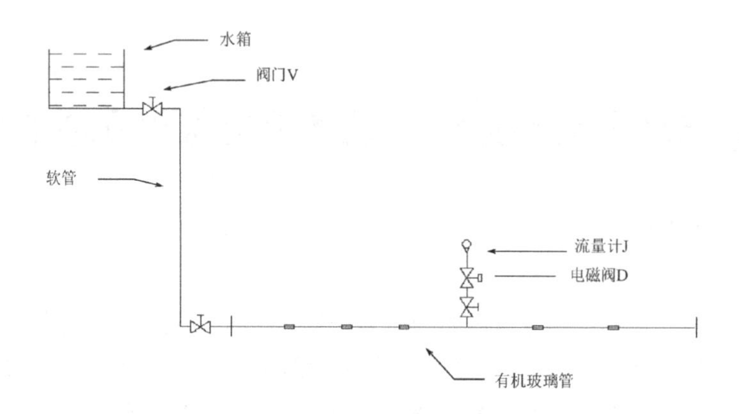

图 8.3.1　试验装置示意图

8.3.2.3　试验效果

通过电磁阀突然开启，模拟管道泄漏时所监测到的管段应变变化图形，可以看出应变变化图形有上下明显的波动变化，在泄漏发生前和发生后均处于均匀的波动中，这是由光纤光栅传感器过于灵敏造成的。当管道发生泄漏时，管道泄漏处的内部压力瞬间减小，所以应变也是瞬间减小且连续的；管内液体产生的负压波波动又使泄漏点附近的压力瞬间增大，所以应变减小后又呈马上增大的趋势。由于试验是在有限长的管道内进行的，负压波波动传播很快，因此会出现如图 8.3.2 所示的两个明显的波峰变化，由于检测条件的限制，后续的波动无法被清晰地检测出来。这说明，通过监测管道的环向应变变化来监测管道是否发生泄漏的监测方法是可行的。

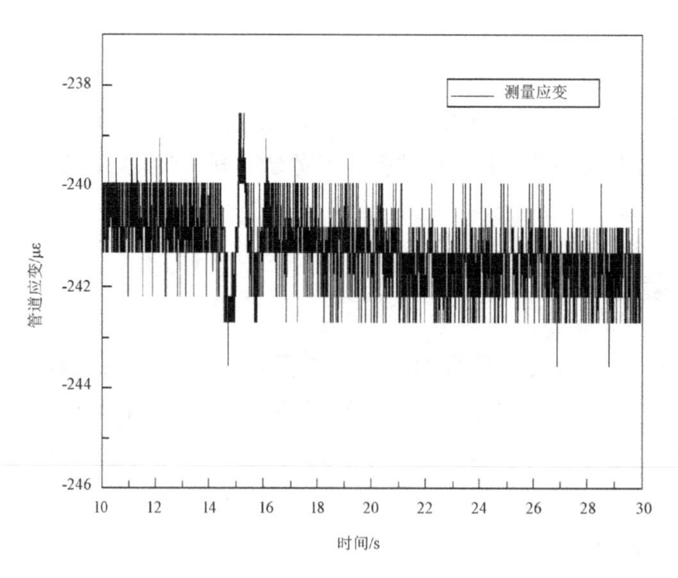

图 8.3.2　模拟管道泄漏时的应变图

8.3.3　分布式光纤测温的原理

分布式光纤测温基于后向拉曼散射效应。激光脉冲从光纤中的一端进入，在向前传播的过程中，光纤分子相互作用，发生多种类型的散射。其中，拉曼散射是由于光纤分子的热振动产生了一束比光源波长长的光（称为斯托克斯光）和一束比光源波长短的光（称为反斯托克斯光）。反斯托克斯光信号的强度对温度的影响比较敏感[32]。从光波导内任何一点的反斯托克斯光信号和斯托克斯光信号强度的比例中，可以得到该点的温度信息。利用光时域反射（OTDR）原理，即通过光纤中光波的传输速度和背向光回波的时间，对这些热点进行定位。利用以上技术即可实现对沿光纤温度场的分布式测量[8]。分布式光纤测温的原理图如图 8.3.3 所示[33]。

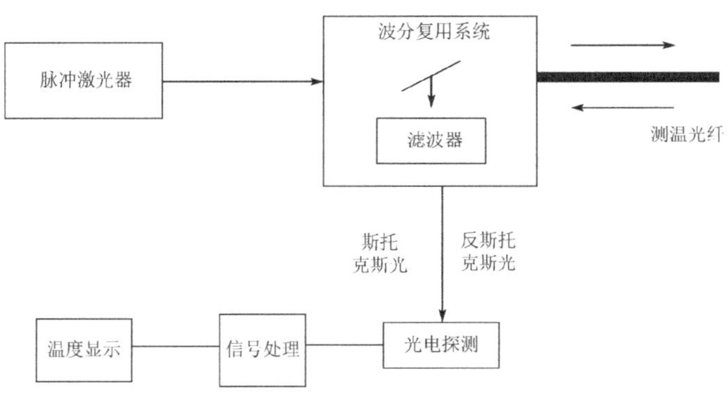

图 8.3.3　分布式光纤测温的原理图

8.3.3.1　分布式光纤振动监测的原理

当光在光缆中传输时，由于光子与纤芯晶格间发生作用，不断向后传输瑞利散射光。当外界有振动发生时，引起光缆中纤芯发生形变，导致纤芯长度和折射率发生变化，背向瑞利散射光的相位随之发生变化。这些携带外界振动信息的信号光反射回系统主机时，经光学系统处理，将微弱的相位变化转换为光强变化，经光电转换和信号处理后，进入计算机进行数据分析，而系统根据分析的结果，判断管道泄漏引起的振动地点，如图 8.3.4 所示。

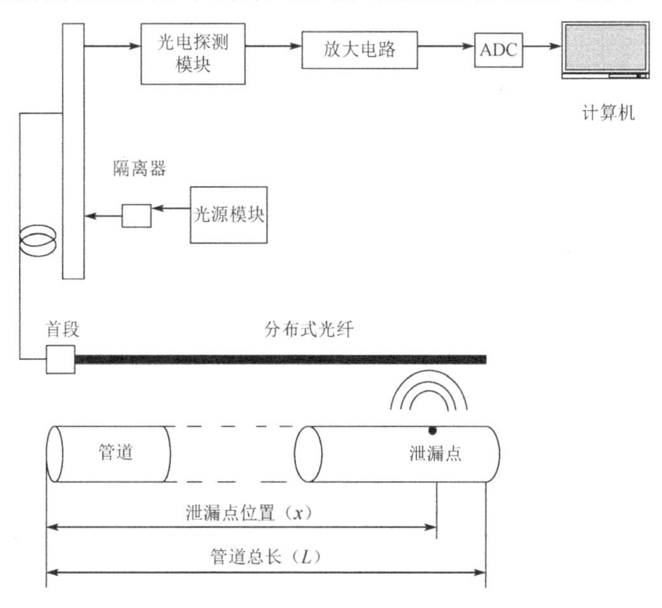

图 8.3.4　分布式光纤振动监测系统（DVS）原理图

8.3.3.2 分布式光纤声波监测的原理

分布式光纤声波监测技术是前沿光纤声场还原技术，是针对专门物体产生或结构内传播的声波信号进行检测和监控的传感技术，可以针对声波振动进行频率、相位和振幅的实时采集。分布式光纤声波监测具有比 φ-OTDR 更高的灵敏度，并且能够得到外界声场（包括频率、相位和振幅）的完整信息[34]。分布式光纤声波监测系统具有易布设、性价比高、可大范围测量等独特优势，在安全防护、土木工程、油气开采、海洋开发等方面有着广泛的应用。

8.3.4 技术优势

传统的管道泄漏监测方法只能在油气管道泄漏发生后尽可能地减小泄漏造成的损失，不能预防管道的人为破坏。分布式光纤传感技术利用沿管线铺设的光纤作为传感元件，传感光纤上的任意一点都具有传感能力，利用分布式光纤传感器获取管道沿途的振动信号，通过对检测信号的特征进行提取和识别，可有效地判断出管道沿线是否发生威胁到管道安全的异常事件，一旦系统发现管道沿线发生异常事件，就发出警报，同时对事发点进行定位，而且光纤免维护，能够满足对数十千米管道全线破坏行为的预警、定位[35]。与传统的管道泄漏监测的技术相比，分布式光纤传感技术具有很多特点和优势，如表 8.3.1 所示[36]。

表 8.3.1 分布式光纤传感技术与其他传统管道泄漏监测技术的对比

指　标	技　术		
	人 工 巡 检	电子负压波	分布式光纤传感技术
电磁干扰	—	影响大	不影响
寿命	—	短	长
可靠性	强	弱	强
定位精度	高	低	高
供电需求	无	需远程供电	不需要远程供电
实时性	弱	强	强
便利性	工作量大	复杂	方便、简单
短期成本	低	低	高
长期成本	高	高	低

8.3.5 系统组成及实施

分布式光纤油气管道泄漏监测系统主要包括分布式光纤传感主机、传感光缆、光缆接续盒、数据采集模块、系统软件等部分，下面介绍其中三部分。

1．分布式光纤传感主机

分布式光纤传感主机为光信号的发生和接收装置，用于产生光信号和对传回的光信号进行光电转换，具备滤波、放大功能及一些算法，可以将传回的振动信号完整地解调出来，并对产生信号的位置进行定位。

2. 传感光缆

（1）用途：振动、声波传感光缆警戒系统的入侵探测器。

（2）使用特性：无源分布、电缆形状。

（3）长期允许的工作温度：-40～70℃。

（4）光缆敷设温度：不低于-15℃。

（5）光缆的最小弯曲半径：不小于电缆外径的6倍。

3. 系统软件

系统软件具有数据采集、计算、分析、预警/报警、历史数据查看等功能。程序可根据采集的数据和设置的报警规则对报警源进行准确判断和定位，并可进行各种声光报警。

1）分区监测与分区报警功能

系统从软件上对探测区域在长度上进行分区，对用户确定的重点部位进行局部重点监测、重点控制，有利于管理、维护。在分区监测的同时可以进行自诊断，当出现光纤断裂等情况时，会自动提示工作人员进行维护[37]，即分区报警。

2）手机短信息与声光报警功能

根据用户需求，智能化地定制多种预警/报警方式结合的功能，如手机短信息与声光报警功能。

3）完善的历史数据处理、存储功能

可存储长达十年的历史数据，存储的历史数据可方便工作人员分析。

8.3.6 应用案例

山东省科学院激光研究所测试青岛某石油管道泄漏试验场地，使用分布式光纤振动系统进行测试，结果如图8.3.5所示。

当测试油管发生微泄漏（半小时内压力表无变化）时，泄漏处每隔一段时间有气泡出现，使用分布式光纤振动系统监测泄漏事件，结果如图8.3.6所示，定位精度为±2m左右，本次测试达到了预期目的。

图 8.3.5　石油泄漏测试结果图

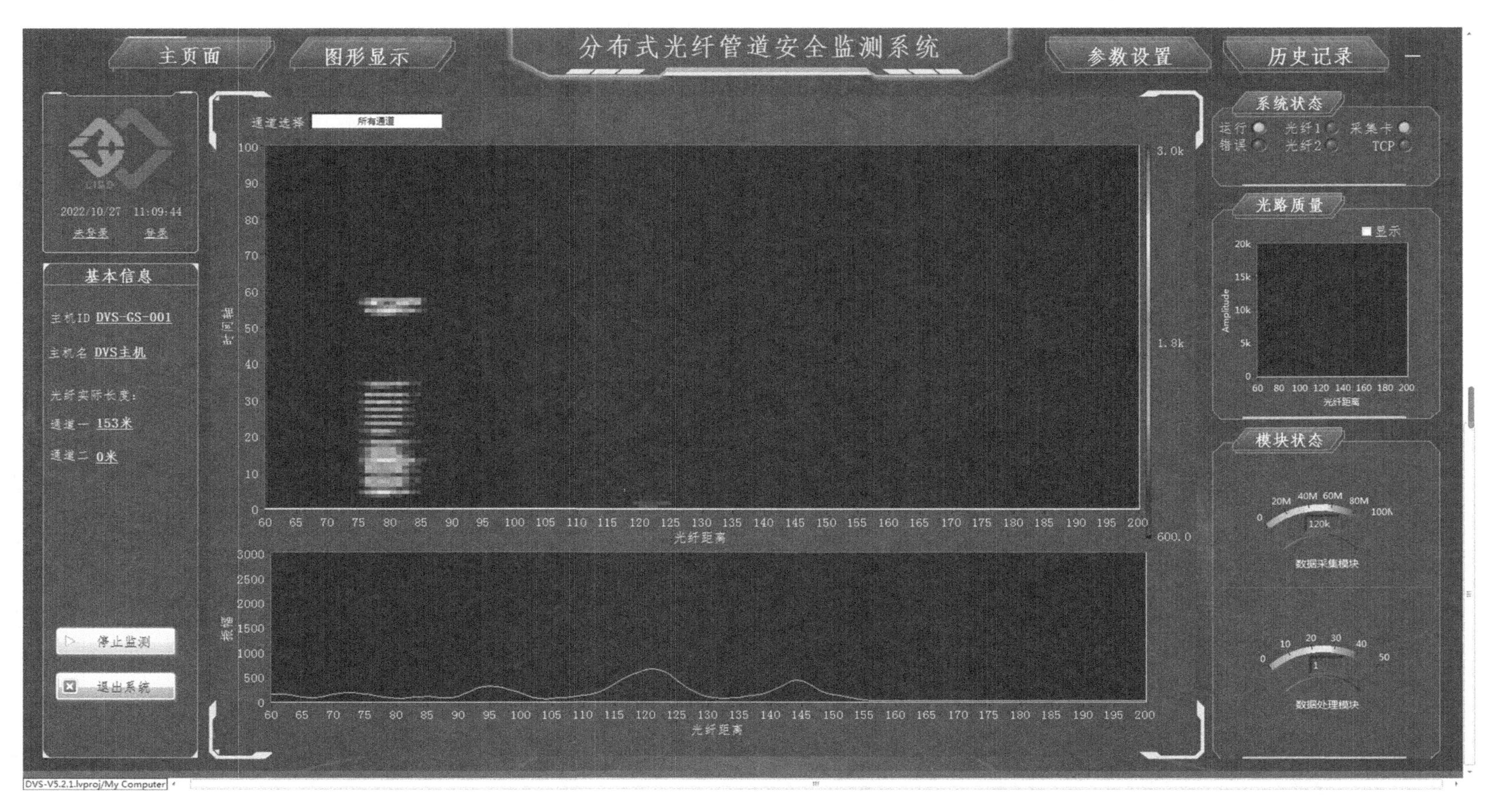

图 8.3.6 石油微泄漏测试结果图

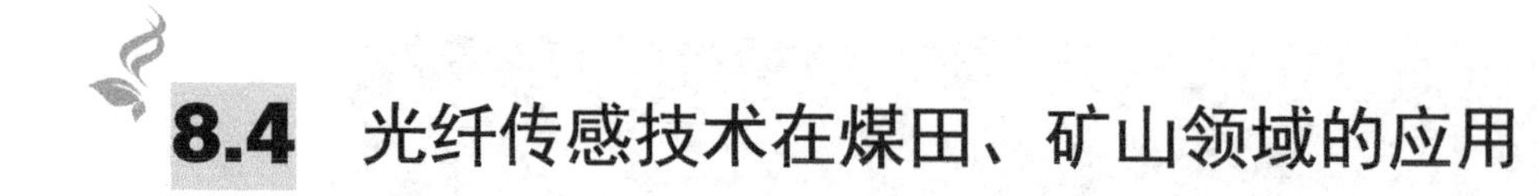

8.4 光纤传感技术在煤田、矿山领域的应用

8.4.1 技术背景

煤炭在我国一次能源消费结构中占 70%以上，随着煤炭开采向深部延伸，生产条件日趋复杂，存在瓦斯、顶板、冲击地压、火灾、水害等重大安全隐患。我国在实施煤炭安全“科技兴安”战略以来成效显著，煤炭百万吨死亡率下降明显。然而，我国与发达国家相比，依然存在较大差距。矿井因采动引起的顶板、透水、冲击地压等事故仍频繁发生；工亡超过 10 人以上的重大瓦斯爆炸和透水事故，在地方矿和部分国营大矿中多次出现[38]。这种状态严重威胁着我国的煤矿安全生产，影响了采矿工业的顺利发展。煤矿的五大灾害是瓦斯、煤尘、水、火和顶板灾害。瓦斯是指井下各种有毒、易燃、易爆的气体，煤尘在这里特指能爆炸的煤尘和浓度达到可以导致尘肺的煤尘，水是指可以导致煤矿淹井或人员伤亡的涌水或透水，火泛指井下发生的各种火灾，顶板灾害是指煤矿巷道或采区顶上的岩层发生的各种垮塌或冒落事故[39]。

8.4.2 分立式光纤传感器在煤田、矿山领域的应用

矿用光纤微震传感器及其解调装置主要分为两部分：光纤微震传感器和解调装置。光纤微震传感器主要采用基于悬臂梁的光纤光栅加速度传感器结构。解调装置采用自主研发的动态滤波器结构（低成本）和干涉式解调（高性能、高成本）两种方案[40]。

8.4.2.1 光纤微震传感器

光纤微震传感器主要包括悬臂梁、支撑臂、FBG（光纤布拉格光栅）、质量块及外壳等部分，如图 8.4.1 所示。

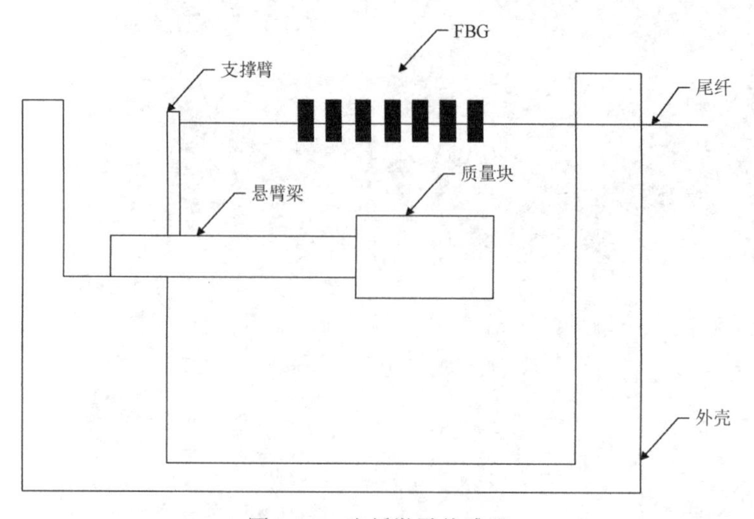

图 8.4.1 光纤微震传感器

8.4.2.2 光纤微震干涉式解调仪

光纤微震干涉式解调仪主要包括ASE（放大自发辐射）光源、光环形器、非平衡迈克耳孙干涉仪、密集波分复用器及PGC（相位生成载波）解调系统等部分。非平衡迈克耳孙干涉仪将波长变化的反射光信号转换成相位变化的干涉信号，再经过密集波分复用器和光电转换器送入反正切式PGC解调系统。在该系统中，数字化后的被测信号与内部参考信号直接相乘，然后通过低通滤波器的两项相除，再求取反正切函数，最后经过值域扩展、条纹计数，得到输出信号[41]。

由于使用了单色性比较好的激光器，并且对其温控和驱动电流都做了细致研究，在外界温度发生变化时[42]，激光器发出的光的特性将不发生改变或者大的变动，因此消除了温度对仪器的影响，从而使仪器更加长期稳定，可靠性良好。采用新型的单片计算机和高集成的数字电路，整机电路结构简单，性能可靠，便于维护与调试[43]。单片计算机具有就地显示甲烷浓度值、超限声光报警等功能。采用新型开关电源，整机功耗低，增大了信号的传输距离[44]。新型开关还具有故障自检功能，使用、维护方便。外壳结构采用高强度的不锈钢材料，增强了传感器的抗冲击能力。

8.4.2.3 激光甲烷传感器

激光甲烷传感器通过监测激光光强被吸收的强弱来判断被测环境中甲烷的浓度，其浓度值可现场显示并通过标准接口送往联机使用的监测分站。同时，该仪器还具有当地浓度显示和浓度超限报警等功能。此激光甲烷传感器是本质安全型智能监控仪表，可用于煤矿井下环境中甲烷浓度的连续监测。该仪器的性能稳定、灵敏度高且寿命长。以下为激光甲烷传感器的具体特点[45]。

（1）功耗低，供电电压为18V时，最大电流不超过30mA。

（2）本质安全型产品，具有煤安认证（MA）和防爆认证（Ex）。

（3）对甲烷具有唯一选择性，不受其他各种气体、水蒸气、粉尘的干扰，不误报。

（4）通用接口，易安装。

（5）响应速度快，测量范围大，测量精度高。

（6）具有优越的防震、防水、防尘性能。

（7）具有两年以上的使用寿命，日常免维护。

（8）高亮度数码管显示，字体清晰、易读。

（9）具有智能的自监测报警和自我恢复功能，可靠性高，稳定性好，两年免调校。

（10）经验证，在恶劣环境下，传感器的稳定时间大于两年。

8.4.2.4 光纤甲烷传感器

煤矿用光纤甲烷传感器是利用甲烷对特定波长的激光具有吸收作用的原理而设计的高精密监测仪器，其通过监测激光光强被吸收的强弱来判断被测环境中甲烷的浓度。可满足客户分布式安装甲烷传感器、降低激光甲烷传感器成本的需求。本仪器除了完整的甲烷监测功能，还具有实时测试温度的功能，根据需要，还可集成压强测试等功能。本仪器适用于煤矿井下、瓦斯抽采、垃圾处理场等易燃、易爆、强电磁干扰和远程无人监控的环境，具有测量精度高、范围广、响应时间短、不受环境中其他气体影响、稳定性好、调校周期长等特点。以下为光纤甲烷传感器的特点[46]。

（1）传感器和仪器之间采用光纤连接，具有远程在线监测能力。

（2）一台仪器可与三个传感器连接。

（3）激光光谱吸收传感原理决定了系统的长期稳定性，不需要频繁调校。

（4）无源探头适合在恶劣环境下使用。

（5）消除了多种气体的交叉敏感。

（6）具有多量程、高精度的测量解决方案。

光纤甲烷传感器由监控计算机、瓦斯探头及连接光缆等组成。本产品可与监控主机相连，提供上、下位机之间的通信协议，配置工业上常用的模拟量输出方式，结构如图 8.4.2 所示。

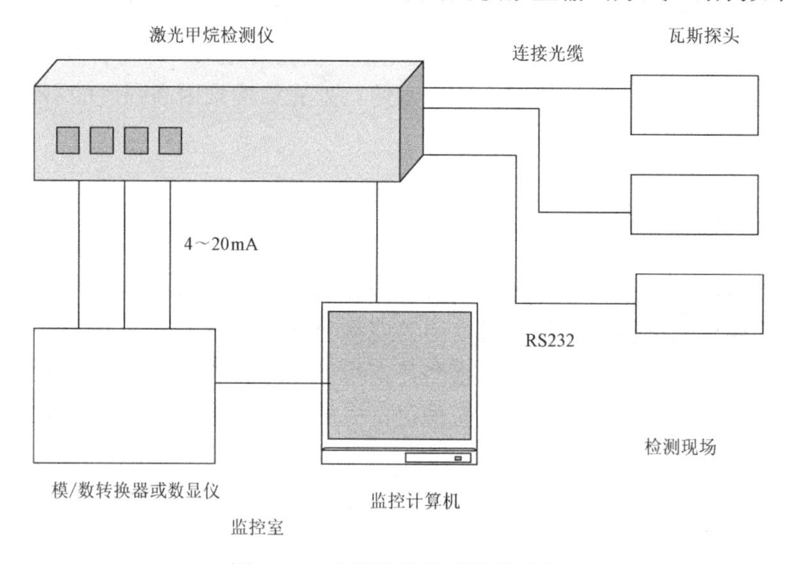

图 8.4.2　光纤甲烷传感器的结构

8.4.2.5　光纤多种气体传感器

光纤多种气体传感器是利用可调谐二极管激光吸收光谱（TDLAS）技术和光纤通信技术进行气体监测的一种装置。可调谐二极管激光吸收光谱（TDLAS）技术是一种能实现高灵敏度、实时、动态测量的痕量气体监测技术，利用激光二极管（LD）的波长扫描和电流调谐特性对气体浓度进行测量[47]。由于 LD 具有高单色性，因此可以利用气体分子的一条孤立的吸收谱线对气体的吸收光谱进行测量，这样可方便地从混合成分中鉴别出不同的分子，避免其他光谱的干扰。近红外波段与光纤的低损耗窗口匹配，利用光纤及光纤器件可以方便地对光束进行远距离传输。结合调谐二极管激光吸收光谱技术和光纤传感技术，可以实现气体浓度的远程在线实时监测。与传统非分散红外（NDIR）的气体分析仪相比，半导体激光吸收光谱技术不受水、CO_2 及粉尘的影响，测量更准确，分辨率更高，寿命更长，可远程多点进行监测[48]，被广泛应用于煤矿、电力、化工等需要进行气体监测的行业[49,50]。

光纤多种气体传感器的特点如下。

（1）可进行激光气体分析，无气体交叉干扰，特定组分气体只在特定波长下存在吸收谱，具有较强的气体选择性。

（2）独特的光路设计，能有效消除现场振动对光路的影响。

（3）测量方式灵活，可远程在线测量。

（4）特有的光强补偿算法保证仪器在高粉尘、高颗粒物的工况条件下仍可准确分析、监测，保证测量结果对粉尘干扰不敏感。

（5）可同时对多点气体进行测量，或对多种气体多点进行测量。

（6）矿用隔爆兼本质安全型设计，可以被广泛应用于煤矿等易燃、易爆的恶劣环境。

光纤多种气体监测主机的功能如下。

（1）一台主机可同时测量 1～6 种气体，实现气体浓度值的测量、显示、数据上传和存储。

（2）一台主机可同时连接 1～4 路传感器，传感器与装置通过光缆连接。

（3）传感器采用扩散方式测量环境气体，具有防尘、防水、抗振动、抗冲击等功能。

（4）仪器输出采用 RS232 接口、RS485 接口或以太网接口，提供命令以获取数据。

（5）具有液晶显示器，可现场显示数据和现场标定。

（6）具有传感器自诊断功能，可实现传感器状态的实时监测。

8.4.3　分布式光纤传感器在煤田、矿山领域的应用

8.4.3.1　分布式测温装置的基本结构

长距离分布式在线温度监测系统的结构图如图 8.4.3 所示。该系统主要由散射矩阵编码脉冲激光器、耦合器、波分复用器、光电探测器、信号放大电路、高速数据采集卡、信号处理器和计算机构成。

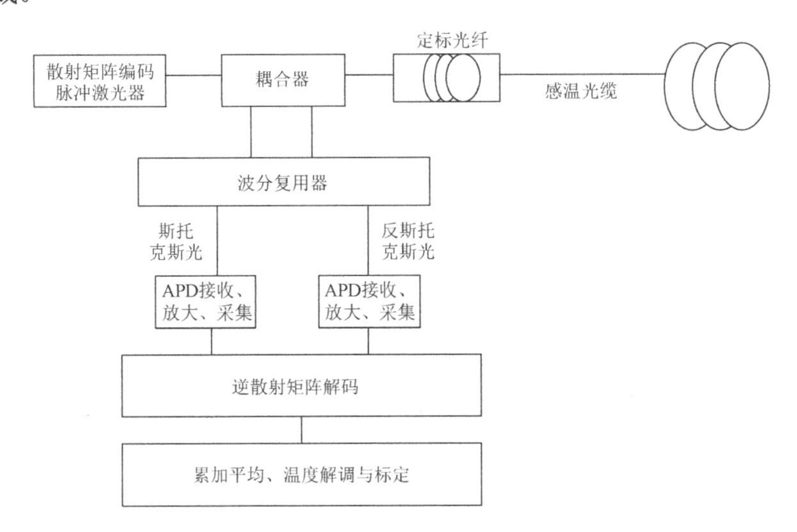

图 8.4.3　长距离分布式在线温度监测系统的结构图

激光器发出的经散射矩阵编码的脉冲激光序列作为泵浦光，经过耦合器注入光纤，编码脉冲激光序列在内嵌光纤中向前传播的同时，产生向后传播的后向散射光。后向散射光通过波分复用器滤出斯托克斯光和反斯托克斯光，再经过 APD（雪崩光电二极管）光电转换和放

大电路，放大后的信号被高速数据采集卡采集，进行逆散射矩阵解码，经过累加平均数据处理，并进行温度解调和定标后，实现对温度的分布式测量[51]。通过计算机软件可实现温度在线监控、载流量计算与动态分析、故障断点定位等多种功能[52]。

8.4.3.2 微弱拉曼信号接收与高速采集技术

光纤中的拉曼散射信号极其微弱，其强度仅为入射激光光强的 1/100 000 0，再经过滤波后，有用的拉曼信号一般在纳瓦级，一般的光电探测器是无法接收这样的信号的。分布式在线温度监测系统采用的探测微弱光信号的首选器件为雪崩光电二极管（APD），APD 借助内部强电场作用产生雪崩倍增效应，可将信号倍增上百倍，而倍增后的噪声仅与放大器自身噪声水平相当，突破了宽带放大器制作水平的限制，大大提高了探测系统的信噪比[53]。在探测拉曼散射光这类强度型信号时，APD 增益随温度变化发生漂移将引起测量精度的恶化，甚至造成系统瘫痪，因而 APD 增益的稳定在整个监测系统中至关重要[54]。APD 接收与放大子系统采用偏压控制补偿的措施，其结构图如图 8.4.4 所示[55]，偏压控制电路根据 APD 的温度变化来动态调整其偏压的大小，使其增益保持恒定。APD 放大电路的设计也尤为关键，需同时满足高增益、高带宽及低噪声的要求。虽然 APD 具有较大的增益，但其输出仍然非常微弱，需要进一步对信号进行高增益放大，以达到适合模/数转换的电平范围。APD 放大电路应为宽频放大电路，其带宽影响系统的空间分辨率指标，需要和激光脉冲序列的单个脉冲宽度进行匹配设计，要使空间分辨率不大于 1m，则 APD 放大电路的带宽应不小于 100MHz。APD 放大电路采用跨阻前置放大和两级主放大电路级联的结构，采用低噪声、高增益带宽积、大压摆率的高性能运算放大器，并通过仿真手段进行电路优化设计。

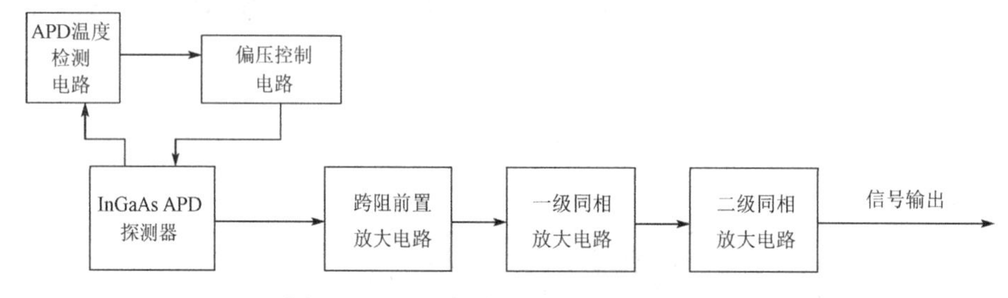

图 8.4.4　APD 接收与放大子系统结构图

拉曼散射光信号经 APD 接收、放大后，用高速模/数转换器采集，将模拟量转换成数字量，以便后续进行逆散射矩阵解码、累加及温度解调等。高速模/数转换器的采样速率影响系统的空间分辨率，激光脉冲在传感光纤中的传输速率约为 2×10^8m/s，要实现不大于 1m 的空间分辨率，模/数转换器的采样速率至少要达到 100MHz。高速模/数转换器的位数决定着模/数转换器的分辨率和精度，影响着温度测量的分辨率，模/数转换器的有效位数越大，相应的温度分辨率越高[56]。

8.4.3.3 温度解调技术

散射矩阵编码脉冲激光序列的拉曼散射信号经接收、放大、采集、解码和累加平均后，便可进行温度解调和标定[57]。在具体应用中，由于两路信号光纤损耗及信号调理存在差异，并受到 APD 的增益大小、电信号放大的倍数、电路的直流漂移等诸多因素的影响，最终落实到高速模/数转换器采集到的电压信号的时候，情况已经偏离了标准状态[58]，必须对这种偏离状态进行研究，以得到更加适合实际情况的解调方式。

8.4.4 煤矿安全生产光纤综合监测系统

煤矿安全生产光纤综合监测系统包含八大子系统：顶板矿压离层安全监测子系统、光纤微震监测子系统、采空区安全状态监测子系统、新型激光瓦斯监测子系统、水文监测子系统、供水供风安全状态监测子系统、机电设备安全状态监测子系统、应急信息与通信子系统[59]。各子系统由光纤监控分站和光纤传感器组成，监测数据通过光纤监控分站经井下工业环网汇总到综合监测服务器，通过综合监测预警软件进行数据分析及信息发布[60]。煤矿安全生产光纤综合监测系统框图如图 8.4.5 所示。

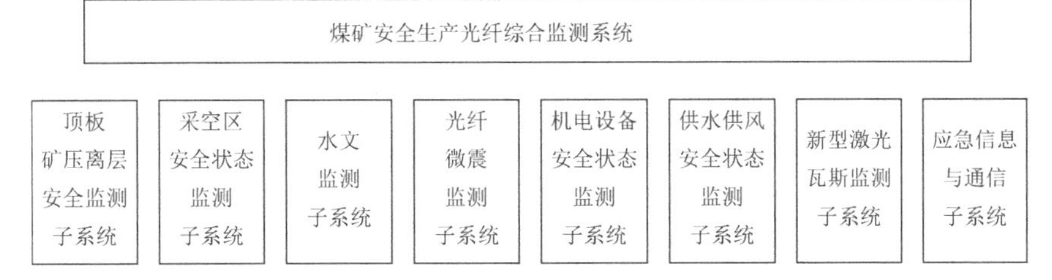

图 8.4.5 煤矿安全生产光纤综合监测系统框图

8.5 光纤传感技术在结构安全健康监测领域的应用

8.5.1 分立式光纤传感技术在桥梁安全健康监测领域的应用

8.5.1.1 技术背景

几十年来，我国经济的快速发展为建筑业的发展带来了契机，大型结构（如桥梁、高层建筑、大坝、核电站等）的工程建设进入了前所未有的高潮时期[61]。建筑结构的多样化和复杂化促进了建筑结构工程科研、设计、施工、监理和管理水平的全面提升，也带动和促进了相关产业的发展[62]。它的安全、可靠性也成为当今社会普遍关注的重大问题，对以桥梁为典型代表的大型结构应变[63]进行长期、实时、在线监测具有十分重要的意义。开展大型建筑在建过程及建成后的在线安全监测工作，就是要通过对关键点和控制断面的应力、应变、变形等重要物理量的测量及结构的动力特性等模态参数来评估结构的安全、可靠性[64]，及时发现问题，以便采取相应的技术措施，防患于未然，对人民生命和国家财产负责，将损失降到最低，保证建筑安全、可靠和长久耐用[65]。下面以海口世纪大桥安全健康监测系统的应用为例予以相关说明[66]。

8.5.1.2 监测内容

海口世纪大桥处于台风的多发地带，对其进行结构监测是非常必要和有意义的[67]。监测的目的就是对大桥的重要截面的受力状态进行长期监测，分析它的受力特点，发现危险及时报警，以便采取相应的处理措施[68]，最后还要对大桥的使用寿命进行评估。采用光纤光栅安全监测系统能实现多参量、远距离且长期的测量[69]，指令和数据的双向传输，测量数据的显示、存储和处理，安全报警等功能，其中，主梁控制截面的应变和温度的监测是其主要内容[70]。

8.5.1.3 监测方案

由于海口世纪大桥已建成，因此其主梁重要截面的应变监测只能采用表面式光纤光栅应变传感器。结合全桥温度的分布规律[71]，将温度传感器（既能用于温度测量，又能起到温度补偿的作用）和应变传感器组合，形成一种新的具有温度测量和补偿功能的表面式光纤光栅应变传感器，对全桥主梁上的重要截面进行监测[72]。监测团队一共选取了 6 个重要截面，在每个截面上都选取了 6 个测点，截面和测点的具体位置如图 8.5.1 所示。

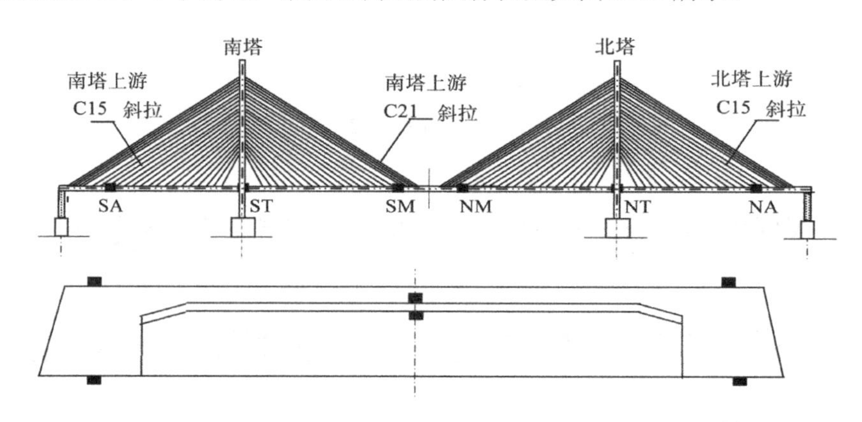

图 8.5.1　光纤光栅应变和温度传感器布置图

8.5.1.4 传感器的安装和保护

在传感器的安装方面，考虑大桥所处的海洋气候对有关线缆、材料具有腐蚀作用，监测团队采用了有针对性的电缆敷设方式，对桥面下的传输光缆采用 PV 管（聚氯乙烯塑料管）保护[73]，将其引导至桥面上与四芯光缆焊接，由放在铝合金线槽中的四芯光缆将信号传输到控制室。对传感器采用不锈钢盒子密封保护，以免海水、海风腐蚀光栅应变传感器的封装和支撑材料，从而确保其使用寿命。在传感器安装的可靠性方面，采用膨胀螺栓和结构胶粘贴相结合的方法进行传感器的固定，共安装传感器 78 只，这些传感器全部存活且反应灵敏。光栅应变传感器如图 8.5.2 所示。

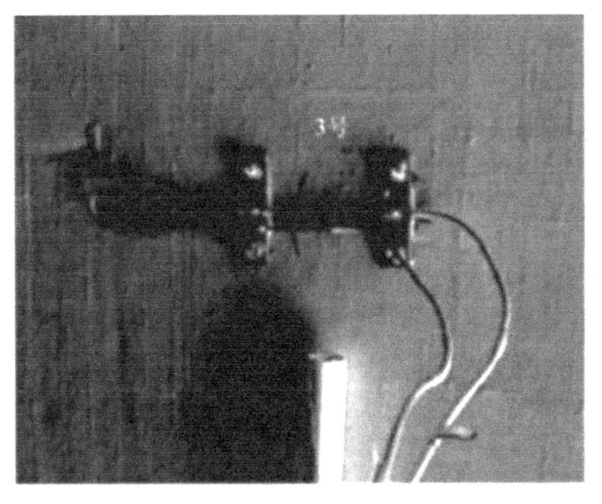

（a）光栅应变传感器的安装图

（b）采取保护措施后的光栅应变传感器

图 8.5.2　光栅应变传感器

8.5.2　分布式光纤传感技术在桥梁安全健康监测领域的应用

8.5.2.1　技术背景

全分布式光纤传感技术，尤其是基于布里渊散射的全分布式光纤传感技术的出现与发展，为解决桥梁安全这一难题带来了希望。全分布式光纤传感技术除具有普通光纤传感的优点，还具有成本低、全分布式测量等突出优点，可以方便地对大型结构进行大规模全分布式的应变、温度监测。基于布里渊散射的全分布式光纤传感技术可以实现结构全分布式应变、温度监测，避免漏检，达到结构损伤全面定位和较高精度的定量分析，为大跨度、长距离的重大工程结构提供一种方便、可靠、低成本的监测手段，意义重大。大型土木工程结构的损伤常表现为其所受应变、应力或者温度等物理量的改变，基于布里渊散射的全分布式光纤传感器具有对温度和应变同时监测的能力，因此在大型土木工程（如桥梁、交通隧道、大坝、河堤等）的结构健康及周界安防的监测领域有着广泛的应用前景。在此以桥梁结构健康监测为例，简单介绍基于布里渊散射的全分布式光纤传感技术在大型土木工程结构健康监测中的应用。首先，结构健康监测可以用于探测潜在的问题，使问题得到及时修复，从而避免出现灾难性的后果。其次，结构健康监测是新建筑材料和结构构建流程中的一个环节，这些新型结构的负载能力可以通过内置传感器的输出来监控。加拿大的联邦大桥是采用结构健康监测的典型代表，如图 8.5.3 所示。

图 8.5.3　联邦大桥

8.5.2.2 应用案例

发达国家从 20 世纪 80 年代后期开始，在多座桥梁上布设监测传感器，用以监视施工质量、验证设计假定和评定服役安全状态。1987 年，英国在福伊尔桥上布设传感器，监测大桥运营阶段主梁的振动、挠度和应变等响应，以及环境、风和结构温度场。此后，建立结构健康监测系统的典型桥梁有加拿大的联邦大桥、日本的明石海峡大桥、韩国的西海斜拉桥、加拿大的泰勒大桥等。随着智能传感元件的研究、开发和产业化，我国重大工程结构健康监测系统的研究与应用取得了长足的发展，如香港青马大桥、香港汀九大桥、香港汲水门大桥、芜湖长江大桥、大佛寺长江大桥、苏通长江公路大桥、杭州湾跨海大桥、南京长江三桥等重大工程已经或正在实施结构健康监测系统。

8.6 光纤传感技术在医疗领域的应用

8.6.1 光纤传感技术在中医脉象信息诊断中的应用

8.6.1.1 技术背景

目前，在医学中应用的光纤传感器以其小巧、绝缘、响应速度快、抗干扰能力强、测量精度高及与生物体亲和性好等一些常规传感器无可比拟的优点，在生物医学中有着重要作用。随着医用光纤传感器的出现，医生可以对诸如氧饱和、pH 值、脑脊液氧分压（PO2）、血二氧化碳分压（PCO2）及血液流动速度等血液特性进行实时连续测量，改变了过去内科医生依赖间断时间检测病人、从化验室取得结果的测量方法[74]。目前，光纤传感技术在生物医学领域的应用极为广泛，本书主要介绍光纤传感技术在中医脉象信息诊断、葡萄糖检测、血氧饱和度检测、血流速度检测等方面的应用[75]。在医疗领域，中医脉诊作为一种无创检测的手段和方法已被广泛应用于临床。脉诊主要通过脉象变化信息来诊断，脉象信息主要指左、右掌后桡动脉寸、关、尺三个部位的脉动压力、速度信息，包含人体的很多生理变化信息。脉象信息在脉诊过程中是很重要的，只有对脉象信息进行准确测量，才能够得出正确的医疗诊断。目前，在脉象信息的测量中主要采用压电电子传感器、液压电子传感器等。脉象信息测量不仅是对脉动信息进行动态测量，还要测量脉搏信息所在不同脉搏层的静压力，对传感器的静态压力及动态压力的灵敏度、测量范围均有较高要求[76]。随着中医脉诊理论的发展，脉搏中的压力波和速度波等物理信息得到了重视，金伟等研究了脉诊中的压力脉动和流量脉动。对这些信息的测量需要高灵敏度、宽频带的传感器，以确保能够准确采集脉象特征。光纤光栅传感器具有灵敏度高、动态范围大的优点，特别适合用于脉象信息的精确测量。

8.6.1.2 光纤脉诊仪监测系统

山东省科学院激光研究所研发的光纤脉诊仪监测系统用于采集人体桡动脉寸、关、尺部位的脉动信号。该系统主要是由一种高灵敏度的触点式光纤光栅动态压力传感器和一种基于 PGC 技术的干涉式波长解调仪结合的解调系统，用于实现脉象波形信息的探测，为客观化脉诊和脉动理论的研究提供了一种可靠的技术途径，并将该传感系统用于临床测试，进行脉搏样本信号的采集分析[77]。

光纤布拉格光栅（FBG）压力传感器利用 FBG 的波长调制原理，通过敏感结构将压力信号转换为对 FBG 轴向应变的调制，从而改变反射光中心波长的变化，通过解调波长变化来还原压力信号。

山东省科学院激光研究所研发的光纤脉诊仪监测系统采用基于 PGC 技术的干涉式解调方法，实现优于 1×10^{-3}pm/Hz 的波长分辨率和 2000Hz 的频率范围。结合传感器 700pm/N 的灵敏度，解调系统可实现 1.4×10^{-6}N/Hz 的动态压力分辨率。

传感器中光纤光栅反射 ASE 光源的窄带光经过光环形器并被光纤耦合器分为 2 路，其中 1 路采用干涉式波长解调，光信号经 0.5cm 臂长差的非平衡干涉仪形成干涉信号，干涉信号的光强为

$$I = I_0(1+\eta\cos\Delta\varphi) \tag{8.6.1}$$

式中，$\Delta\varphi$ 为干涉仪两臂之间的相位差；η 为干涉条纹可见度。$\Delta\varphi$ 可表示为

$$\Delta\varphi = \frac{2\pi nd}{\lambda_{\mathrm{B}}^2}\cdot\Delta\lambda \tag{8.6.2}$$

式中，nd 为干涉仪两臂的光程差。因此，光纤光栅的波长变化通过干涉仪转换为相位变化，通过高分辨率的动态相位检测算法，便可实现高分辨率的光纤光栅动态波长检测。采用商用的 BaySpec 解调仪，对通过光纤耦合器的另一路信号光进行检测，以测量传感器准静态的波长变化，实时获得传感器在手臂上的压紧状况。

8.6.2 光纤传感技术在葡萄糖检测中的应用

8.6.2.1 技术背景

因为糖尿病越来越普遍及常规方法测定葡萄糖较为困难，所以产生了光纤葡萄糖传感器。它采用免疫技术和光纤，测量当过氧化氢存在时葡萄糖氧化所消耗的氧。其原理基于葡萄糖与荧光素标记的葡聚糖同刀豆球蛋白的竞争性结合[78]。光纤葡萄糖传感器是光纤生物传感器的一个研究方向，并具有一般光纤生物传感器的特点，近年来引起了人们广泛的关注和研究。虽然光纤生物传感器起步比传统光学法生物传感器要晚，但因其独特的优势，如防电磁干扰、体积小、质量轻、易于集成、成本低等，在十几年中得到快速发展，并在国内外引起了广泛的关注。光纤生物传感器在生物量测量方面显示出独特的优势，并已被用于实现对多种生物及化学参量的测量，同时存在着极大的研究和发展空间，是一个极具前景的研究方向。

8.6.2.2 光纤葡萄糖传感器的类型

光纤葡萄糖传感器是在光通信技术的快速发展及光纤生物传感器被广泛研究的基础上发展起来的。人们对光纤葡萄糖传感器的广泛研究开始于 20 世纪 80 年代后期。到目前为止，光纤葡萄糖的传感方法包括荧光猝灭型、表面等离子体共振型、长周期光纤光栅（LPFG）型及薄包层光纤布拉格光栅型，这也是目前研究得较多的几种类型[79]。

荧光猝灭是指荧光物质分子与溶剂分子之间发生猝灭，荧光猝灭效应是指溶质与发光团相互作用引起的荧光猝灭。当荧光物质被特定波长的激发光照射时，会产生波长大于激发光波长的荧光。利用荧光猝灭效应作为传感原理的传感器，可以通过测量荧光强度的变化量或者测量荧光寿命的变化量来实现相关生物量的传感测量。

氧气是维持绝大多数生物生存必不可少的物质，也是在生物及化学领域占有重要地位的氧化还原反应的重要参与物质。同时，氧分子对荧光具有猝灭作用，氧气的浓度不同，荧光猝灭的效果也不同。因此，可以通过消耗氧来改变荧光强度，进而实现对目标物质的检测。目前，荧光猝灭型光纤生物传感器中的多数都是基于某些荧光物质和氧气的荧光猝灭效应而设计的。利用荧光猝灭效应的光纤葡萄糖传感器一般是通过在酶促反应体系中加入特定荧光试剂来制作的。例如，Marcos 等人将荧光黄衍生物标记了的葡萄糖氧化酶固定在溶胶-凝胶体系中，制作光纤葡萄糖传感器，通过测量反应过程中荧光强度的变化来实现葡萄糖浓度的检测[69]。与之类似，武汉理工大学的张德庆等人同样采用溶胶-凝胶法，将葡萄糖氧化酶和荧光指示剂分散于制备好的溶胶中，使之干燥成膜，制作敏感膜，再将敏感膜固定在光纤端面，采用锁相放大技术进行葡萄糖浓度检测。他们通过实验发现，葡萄糖溶液浓度与敏感膜的滞后相移呈现较好的线性关系，线性区域的测量范围为 1～7mg/mL。由于基于荧光猝灭效应的光纤葡萄糖传感器需要将酶与荧光物质结合使用，多数采用溶胶-凝胶法，因此传感器的制备过程会比较复杂。

表面等离子体是一种可以被外界辐射激发的表面电磁波，它既可以被电子激发，又可以被光子激发。20 世纪 70 年代，有学者提出以衰减全内反射棱镜耦合的方式激发它，使表面等离子体共振（Surface Plasmon Resonance，SPR）传感技术开始得到快速发展。光纤 SPR 传感器是将高灵敏度的 SPR 技术与低损耗传输介质光纤结合的产物，可以对待测介质出现的微小变化产生灵敏的响应，非常适合用于传感器表面敏感层物质与环境介质溶液发生生物化学反应的研究及检测。光纤 SPR 传感器的基本原理是倏逝场激发表面等离子体波。因为倏逝场的穿透能力有限，所以要将包层尺寸减薄到很小甚至减薄到只有纤芯，然后在外面镀上金属膜。进入光纤的光在光纤与金属膜分界面处发生全内反射，因而存在倏逝场。倏逝波会在金属膜与光纤介质的分界面处引起金属表面电子的有规律振荡，激起表面等离子体波。与其他类型的 SPR 传感器相比，光纤 SPR 传感器具有探头体积小、结构紧凑、所需器件少、可实现远程传感测试等优点，引起了人们的广泛关注。早在 1993 年，Jorgenson 等人就提出了两种基于光纤的 SPR 传感装置，将光纤 SPR 传感技术由理论真正转化为实际应用。

在葡萄糖检测方面，光纤 SPR 传感技术也开始被越来越多的研究人员利用。例如，Wang Zhen 等人利用光纤 SPR 传感器实现对低聚糖和单糖的测定，他们的工作为利用 SPR 传感技术实现葡萄糖浓度的直接测量提供了实验依据。之后，众多研究人员也对光纤 SPR 传感技术展开了多方面的研究[73]。例如，朱芮等人搭建了终端反射式光纤 SPR 传感系统，并成功实现血糖浓度的测量。Singh 等人提出了一种光纤 SPR 生物传感器，他们首先在光纤纤芯表面镀上银膜，然后利用凝胶包埋法在镀银膜后的光纤表面固定上葡萄糖氧化酶，制作传感器，并成功实现了对房水（类似血液）中低浓度葡萄糖的检测[75]。同时，传感器也表现出较高的灵敏度、对葡萄糖的高度选择性及良好的稳定性。由于基于 SPR 传感技术的光纤葡萄糖传感器需要在光纤表面或者端面镀金属膜，以产生 SRP 效应，导致传感器的制作较为复杂且成本相对较高，这些因素必然会限制这类传感器的应用[80]。

8.6.2.3 长周期光纤光栅（LPFG）型

光纤光栅是在光纤中沿轴向建立折射率的周期性分布而形成的一种光无源器件，并在过去几十年得到了迅猛的发展。根据光栅周期数量级的不同，光纤光栅可以分为长周期光纤光栅（Long Period Fiber Grating，LPFG）和光纤布拉格光栅（FBG），它们都被广泛应用于光纤传感研究中。光纤光栅用作传感元件，主要利用其谐振峰对温度、应变、周围环境折射率等外界环境参量敏感的特性[82]。LPFG 可以实现纤芯模和相同方向漏模之间的耦合，而漏模之间的相互耦合很弱，因此 LPFG 对外界环境因素（如折射率、温度、应变等）都很敏感。最早出现的基于光纤光栅的生物传感器，也是采用 LPFG 作为敏感元件的。由于 LPFG 属于透射型光纤器件，因此在利用 LPFG 作为传感元件的生物传感研究中，主要集中于两种结构：在线式和端面反射式。在线式结构即直接在 LPFG 包层表面固定或涂上特殊生物活性物质，以实现对相应生物量的测量，如华侨大学的庄启仁等人直接在 LPFG 包层表面涂上特殊生物活性膜，在生物活性膜的折射率大于包层折射率的条件下，通过测量 LPFG 谐振波长的变化来得到生物活性膜的厚度变化情况，进而确定血液中是否存在抗原。与在线式结构不同，端面反射式结构除了要在 LPFG 包层表面固定特殊生物活性物质，还要在 LPFG 的端面镀上高反射率的金属膜。由于 LPFG 属于透射型光栅，端面镀膜是为了实现传感器探头的微型化，如 D.W.Kim 等人先利用溅射法在 LPFG 的端面镀上高反射率的银膜，然后在光纤包层表面固定上免疫蛋白膜，制作微型化传感探头，用以实现免疫检测。在葡萄糖检测方面，目前利用 LPFG 作为传感元件的葡萄糖传感器还很少，已有报道也很少。A.Deep 等人于 2012 年提出一种基于 LPFG 的葡萄糖传感器。他们利用硅烷偶联法在剥掉涂覆层的 LPFG 表面固定上葡萄糖氧化酶，制作传感器，并实现了葡萄糖浓度的特异性检测。同时，由于 LPFG 本身对外界环境折射率的变化很敏感，在不对 LPFG 做任何处理的情况下，也可以将其用作折射率传感器，实现对葡萄糖浓度的测量，但是这种测量不具有特异性和专一性，即只能测量只含有葡萄糖一种成分的溶液，当溶液中混有其他物质时，便无法测量出溶液中的葡萄糖浓度。

8.6.2.4 薄包层光纤布拉格光栅型

光纤布拉格光栅（FBG）是一种普遍使用的光纤器件，并已被应用于多种类型的传感测量中，如压力、应变、温度的测量等。FBG 的传输特性也已被研究清楚，它会使前向传输的纤芯模与后向传输的纤芯模之间发生耦合，形成的谐振峰为反射峰，属于反射型的光纤器件。与 LPFG 类似，FBG 也对外界环境中的温度及应变等因素敏感，但是，FBG 本身对外界环境折射率的变化不敏感，这取决于它的传输特性。通过对 FBG 传输特性进行深入研究，研究人员发现，当 FBG 包层的厚度减小到一定值时，它开始对外界环境折射率敏感，我们将这种包层减薄到一定程度并对外界折射率敏感的 FGB 称为薄包层光纤布拉格光栅（ThFBG）。ThFBG 可以用作折射率传感器，以进行传感测量，如 A.N.Chryssis 等人首次利用 FBG 制作 DNA 传感器，他们将 FBG 的纤芯腐蚀到一定程度，然后利用戊二醛交联的方法固定上单链 DNA，成功实现了单链 DNA 杂交过程的监测。S.S.Saini 等人同样利用纤芯减薄处理的 FBG 制作可以实时监控双链 DNA 杂交的生物传感器。

在葡萄糖检测方面，目前已有的研究只是将 ThFBG 作为折射率传感器来实现葡萄糖浓度的测量，如武汉理工大学的丁立等人利用不同浓度的葡萄糖溶液来研究 ThFBG 的折射率传感特性，但是这种测量不具有特异性。当溶液中所含物质的成分及含量不同时，折射率也会不同，如果仅是利用 ThFBG，虽然可以实现对纯净葡萄糖溶液浓度的测量，但是当溶液中同时包含其他物质时，便无法准确地测量出溶液中葡萄糖的含量，所以说，这种测量不具有特异性。目前，针对葡萄糖检测技术的研究，大多倾向于可以实现医学方面的应用，而人体体液中所含的成分是复杂的，除了葡萄糖，还包括如无机盐、代谢产物等其他成分，所以对葡萄糖特异性检测技术的研究就显得尤为重要。但是，不容否认的是，ThFBG 确实是一种性能优越的传感器件，所以在进一步的研究中，可以设法将 ThFBG 与其他传感元件相结合，以达到对葡萄糖特异性检测的目的。

8.6.3 光纤传感技术在血流速度检测中的应用

8.6.3.1 技术背景

多普勒型光纤速度传感器利用多普勒效应可以测量皮下组织的血流速度。当波源与观测者之间有相对运动时，观测者所接收到的波的频率不等于波源的振动频率，此现象称为多普勒效应。当光源与观测者有相对运动时，观测者接收到的光波频率与光源频率不相同，即存在光电磁波多普勒效应。

8.6.3.2 光纤血液流速传感器的原理

医学上测量血流速度通常是采用光纤多普勒流速计来实现的。

由于血液与光波接触会引起散射，散射波中也存在多普勒效应，因此频差（Δf）为光源或接收器单独运动时的两倍，即 $\Delta f = 2nv\cos\theta/\lambda$，式中，$\theta$ 为光纤轴线与血管轴线的夹角。激光器发出的频率为 f_0 的线性偏振光经分光器分解成两部分：一部分是被布拉格盒调制成频率为 $f_0 - f_1$ 的一束光，它入射到光电探测器中，其中，f_1 为声光调制频率；另一部分经过以角度 θ 插入血管的光纤入射到被测血流，并被直径为 7μm 的红细胞散射。经多普勒效应频移的散射光频率为 $f_0 \pm \Delta f$，它与频率为 $f_0 - f_1$ 的光在光电探测器中使用外差检波法形成频率为 $f_1 \pm \Delta f$ 的信号。测量出 Δf，就可求得速度 v，同时引入声光调制频率（f_1），并采用外差检波法，可实现流速方向的判别。

8.6.3.3 光纤探头的设计

光纤探头的几何结构对信号有很大的影响，为了获得最佳信号，光纤探头的设计至关重要。来自运动红细胞散射光的多普勒频移是变化的，这些变化使光电探测器输出的电信号出现微弱波动，测量电信号的波动可得到相应的血流速度。光强波动幅度及干扰的大小与激光多普勒探头的几何结构有关，探头设计得不好，直接会因干扰引起信号的不断波动而影响有效信号检测。因此，要求入射光纤和收集光纤安装在一个光纤套筒内，探头在发射激光的同时，要采集反射光和散射光。采用探头探测时，小部分被照射的皮肤区直接在收集光纤的探测区域内，皮肤的反射光很强。如果直接探测的皮肤范围小，加之照射光强的波动，接收激光易发生大的波动。收集光纤的探测区域与入射光纤的照射区域相重叠的部分越大，光强的波动就越大。光纤探头与皮肤的距离对检测效果的影响很大，光纤探头与皮肤直接接触比光纤探头离皮肤有一定距离时的检测效果要好得多，当光纤探头与皮肤有一定距离时，光纤的线性移动对信号产生的影响较大，设计时要求光纤探头尽可能与皮肤接触，但光纤探头与皮肤接触的接触压力要适当选择，以保证测量结果的正确性。为了提高光纤探头的灵敏度，西北工业大学的郭文波等人在设计中采用了 1 根入射光纤、6 根出射光纤的探头结构，其集光能力更强。如果选用直径较大的单模光纤制作探头，可以进一步提高接收通道的集光能力。为了提高信号检测的精度、消除外部干扰，采用差分检测的方式，接收通道分成两路，光纤的排列情况如图 8.6.1 所示。

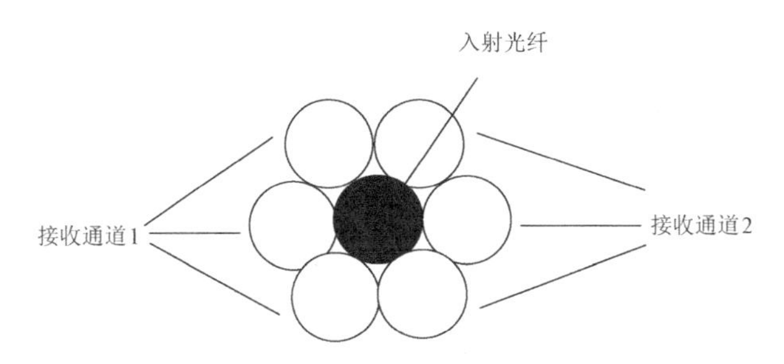

图 8.6.1　光纤的排列情况（黑色为入射光纤，白色为出射光纤）

8.6.4　光纤传感技术在医疗领域的其他应用

除了以上所述应用，光纤传感技术在医疗领域的应用还有以下方面。

（1）临床上的压力传感器。该传感器主要用来测量血管内的血压、颅内压、心内压，以及膀胱和尿道压力等。

（2）利用发射光、透射光的强度随波长的分布光谱来测定活体组织和血液 pH 值的光纤光谱传感器等。

（3）国内外用微波加温热疗新技术治疗癌症已取得了明显的疗效。但微波加温治疗癌症的温度难以控制，温度过高会杀死人体的正常细胞，过低则达不到治疗的目的，还会使癌细胞进一步扩散。微波加温治疗癌症的有效温度为 42.5～45℃，在这个温度范围内能杀死癌细胞，因此需要对温度进行监测，光纤温度传感器具有这个作用。

（4）光纤近红外光谱分光术能对健康活器官组织进行跟踪检查，从而获得有用信息。当血液中存在高浓度的脂蛋白时，很容易发生血液通道的收缩或者变窄，利用近红外分光术能够辨别不同种类的脂蛋白与油脂，从而对血管粥样硬化进行分析。

（5）生物体大多数组织成分中未染色和未使用荧光药物的组织能产生荧光，这称为自体荧光、固有荧光或原发荧光。由于正常组织与肿瘤组织的光谱在总体强度和光谱分布方面有着显著的差异，用激光作为激发光源，通过中心光纤传输作用于被测物，产生自体荧光。另一根光纤收集这些荧光，分析荧光光谱，得到组织的健康状况，可以对人体组织的癌变进行早期诊断，具有非侵入性、高灵敏性与内镜兼容、非电离辐射等特点。

（6）医疗上的图像传输是传输型光纤传感器应用中很有特色的一部分。除此之外，用光纤传感器能连续检测胃中的 CO_2 气压，诊断用光纤传感器为更好地治疗病人提供了崭新的医学方法。现代医用传感器技术已经摆脱了传统医用传感器体积大、性能差等技术缺点，形成了智能化、微型化、多参数、可遥控和无创检测等全新的发展方向。可以预见，随着制作技术的日益成熟和器件性能的不断提高，新型的光纤传感系统将走进我们的生活，它将在疾病诊断、生物信息学和基因检测分析等方面显示出广阔的应用前景，光纤传感器也必将进一步推动临床医学的快速发展[81]。

8.7 光纤传感技术在地质勘探领域的应用

8.7.1 技术背景

微地震监测技术是一种主要用于油气田开发的地震监测新方法，其原理是：通过观测、分析生产活动中发生的微小地震事件来监测生产活动的影响、效果及地下状态的地球物理技术，其基础是声发射学和地震学。它用的不是专门人工震源产生的地震波，而是通过观测和分析微小的天然地震事件，如水力压裂、油气开采等可产生微地震的活动产生的地震波，对观测到的微地震数据进行处理和解释，生成图像，更好地认识裂缝的几何形状、方位角、连通性、密度、长度及裂缝发育过程中的详细信息。微地震监测技术在石油行业主要用于低渗透储层压裂的裂缝动态成像和油田开发过程中的动态监测，通过流体驱动监测，可为优化井身结构设计、延缓油井损坏提供地下应力等相关数据，最终达到提高采收率、降低油气田开发成本的目的。井中微地震裂缝监测技术是专门针对页岩气、致密油气等非常规领域勘探开发的一项关键技术，也是在压裂过程中十分精确、及时，提供信息极为丰富的监测手段。相比常规地面微地震监测技术，井中微地震裂缝监测技术能够在更近的距离，更准确、清晰地反映压裂过程中地层裂缝的缝长、缝高及裂缝实时延伸等情况，方便技术人员分析、研究地层改造情况，实时评估压裂效果，及时调整压裂参数、方案。近年来，微地震监测技术取得了突飞猛进的发展。国外的多家技术公司开展了微地震监测服务，并已经实现了商业化应用。美国Enerplus Corp在贝肯页岩油开采中，将微地震监测技术应用于中间层位两口平行的4000ft长的水平井，成功描述了裂缝方位角、缝高、裂缝半长等参数，确定了压裂的段间隔离情况和连通性。微地震资料证实，在多级压裂的每级工作中，滑套放置位置准确，层位地质情况及生产参数与预期情况表现出良好的一致性。斯伦贝谢公司在巴奈特页岩将微地震监测技术用于老井二次压裂的实时监测，通过实时调整作业参数，实现储层接触面积最大化，避免压后裂缝偏出储层，将压裂成本降低了15%，大大提高了压裂井产量。目前，微地震监测技术已经成为非常规油气资源开采不可缺少的重要技术，在美国页岩气、页岩油等非常规油气资源成功商业化开发的过程中起到了至关重要的作用，是继水平钻井技术和多级压裂技术之后的又一主体技术。

8.7.2 分立式光纤传感器在地质勘探领域的应用

目前，光纤地震检波器系统主要有光纤干涉型检波器系统、光纤光栅型检波器系统、光纤激光检波器系统、光纤分布式检波器系统4种。

光纤干涉型检波器是通过一定的机械结构将外部振动的加速度信号转换成光纤干涉仪的干涉臂相位差变化的一种光纤传感器。构成干涉仪两个干涉臂的光纤分别被紧密地缠绕在一个弹性体和一个刚性体上，其上支撑着一个质量块。质量块的作用是将外界的加速度信号转换成弹性体的伸缩变化，进而使缠绕在其上的光纤产生相应的拉伸和压缩。由于刚性体不会发生形变，因此加速度的变化转换成干涉仪干涉臂长度差的变化，也就是光相位差的变化。通过相应的相位解调方法将光相位变化量解调出来，即得到待测的加速度信号。

光纤光栅型检波器采用 FBG 作为敏感元件，通过相干探测的原理将 FBG 经过适当封装，在地震波的作用下，其输出波长变化与波动信号成正比，通过光纤干涉仪将波长变化转换为相位变化，采用成熟的相位解调技术还原出地震波信号，实现小于 1μg 的微弱地震信号探测。

光纤光栅型检波器的突出优点是灵敏度高，理论上，光纤光栅型检波器可以探测振幅为 3.5×10^{-15}m、频率为 1kHz 的地面振动（检波器被埋于地表下），且在这种极限条件下，检波器的动态范围可达 120dB。光纤光栅型检波器系统可在油井的整个寿命期间运行，耐高温、高压（温度 200℃，压强 1GPa），由于传感器以光为载体进行信号的采集和传输，可有效抵抗电磁波的干扰，特别适合在油气井下复杂环境中使用。张发祥等人提出了一种基于铰链连接的 FBG 微地震检波器。光纤光栅型检波器系统的结构图如图 8.7.1 所示。

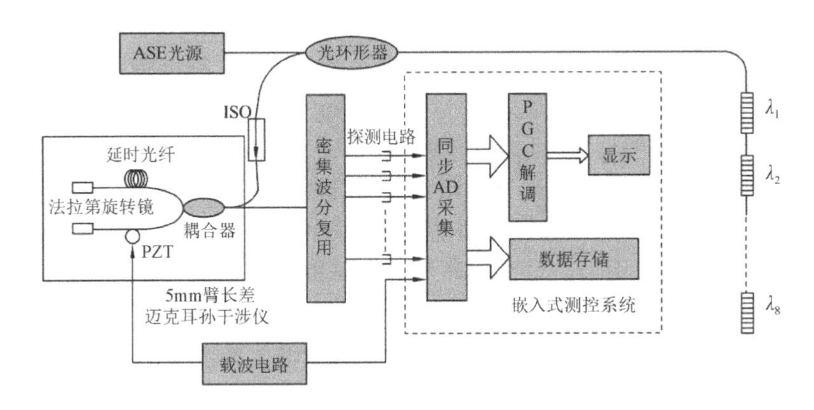

图 8.7.1　光纤光栅型检波器系统的结构图

质量块作为惯性敏感元件，通过金属铰链与检波器外壳连接。质量块带有延长梁结构，光纤的一端固定在延长梁上，另一端固定在检波器的外壳上。当外壳随外界微振动信号振动时，质量块在惯性力的作用下绕铰链相对外壳转动，从而通过延长梁拉动与之连接的 FBG，使其轴向应变发生变化，导致 FBG 中心波长发生变化。在实际应用中，往往都是多个检波器组成检波阵列，近年来，新型高性能的光纤激光检波器成为研究的热点，基于 DFB 激光器技术的光纤激光检波器以灵敏度高、动态范围大、抗电磁干扰、易于组成阵列、质量轻、体积小及耐高温、高压等优势，获得了很快的发展。DFB 激光器用一段掺杂光纤作为激光物质，在掺杂光纤上写入了相移光栅作为谐振腔，在半导体 980nm 光源的泵浦下，产生单纵模的激光输出。它具有谱线宽度窄、噪声低、单频输出、尺寸小、全光纤化等优点，在高灵敏光纤传感领域有着广阔的应用前景。采用 DFB 激光器作为传感元件，当有外界信号作用到激光器上时，谐振腔将产生应变，从而使输出波长发生变化，波长的变化量（$\Delta\lambda$）为

$$\Delta\lambda=\left(1-p_{\mathrm{e}}\right)\varepsilon_{\mathrm{f}}\lambda_{\mathrm{B}} \tag{8.7.1}$$

式中，p_{e}为光纤的弹光系数；ε_{f}为光纤谐振腔的应变；λ_{B}为 DFB 激光器的中心波长。通过传感器设计将被测物理信号转换为 DFB 激光器谐振腔的应变，便可制作特定物理量的光纤激光传感器。光纤激光传感器的高灵敏度基于干涉式传感原理，DFB 激光器发出的激光经过非平

衡干涉仪，将波长变化（$\Delta\lambda$）转换为相位变化（$\Delta\varphi$）：

$$\Delta\varphi = \frac{2\pi nd}{\lambda_B^2}\cdot\Delta\lambda \tag{8.7.2}$$

式中，n 为光纤的折射率；d 为干涉仪的臂长差。通过检测干涉仪的相位变化，可以还原被测信号，由式（8.7.2）可见，干涉仪的臂长差（d）越大，对微弱波长变化（$\Delta\lambda$）的放大作用越强，由于 DFB 激光器的谱线宽度很窄，相干长度达到数十千米，因此干涉仪的臂长差（d）可以达到几十米甚至上百米，从而可以将外界信号引起的极其微弱的光频变化放大为可检测的相位变化，实现极高的灵敏度。光纤激光检波器的原理图如图 8.7.2 所示。

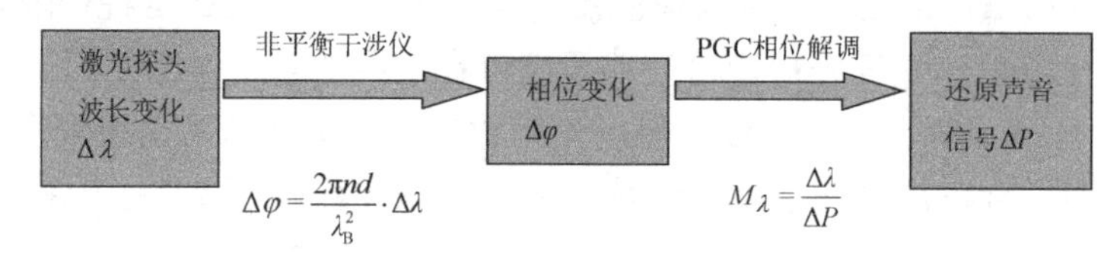

图 8.7.2　光纤激光检波器的原理图

2009 年，Zhang W. T.等报道了一种新型的 DFB 激光器水下检波器，采用膜片式加速度传感结构，在频率 100Hz 时的最小可探测信号达到 400ng，并在 2010 年开展了 4 级单分量 DFB 激光器水下检波器的井下测试，验证该种检波器采集常规的 VSP（垂直地震剖面）地震信号的可行性。2013 年，张发祥等人在研究中给出了光纤激光地震检波器与传统动圈地震检波器的对比数据，对于 20Hz 左右的低频微弱振动信号，两种检波器的信号比相当，表明两种检波器的低频微弱信号探测能力相当。对于频率为 100Hz 的微弱振动信号，光纤激光检波器的信噪比优于动圈检波器 1 个数量级以上，对于 400Hz 和 800Hz 的高频微弱振动信号，光纤激光检波器的信噪比优于动圈检波器 2 个数量级，表明光纤激光检波器的高频微弱信号探测能力远强于传统的动圈检波器。

8.7.3　分布式光纤传感器在地质勘探领域的应用

8.7.3.1　技术背景

分布式光纤声波传感技术通过检测光纤中后向瑞利散射光的相位变化，来同步测量一定长度（几千米至几十千米）的光纤上每点的声波信号的幅值、频率和相位等信息的一项新技术。光纤既是信号传输介质，又是传感介质，不需要另外连接传感器，具有结构简单、易于布设、性价比高、能实现长距离分布式测量等独特优点[76]。

8.7.3.2　井中地震波勘探

将光电复合缆放入井下（见图 8.7.3），使用光缆卡子固定。将震源放置在点位上，控制可控震源激发，同步触发由分布式光纤声波传感系统采集震源发出的信号。

图 8.7.3 将光电复合缆放入井下的示意图

8.7.3.3 地面地震波勘探

可控震源车每隔 20m 进行一次地震实验，时长 12s，振动频率范围为 10～130Hz，共进行 114 炮实验。使用分布式光纤声波解调仪记录数据，将实验光缆中的 1000m 每隔 6m 用尾椎固定于测试场地中，另外 100m 采用地埋铺设，光缆铺设方向与场地内的动圈检波器铺设方向一致。可控震源车和光缆布设图如图 8.7.4 所示。

（a）可控震源车

（b）光缆布设图

图 8.7.4 可控震源车和光缆布设图

北京某地外场实验使用分布式光纤声波监测系统记录数据，图 8.7.5 所示为地面地震检测结果图，说明分布式光纤声波传感系统具有采集、记录此类地震波的能力。

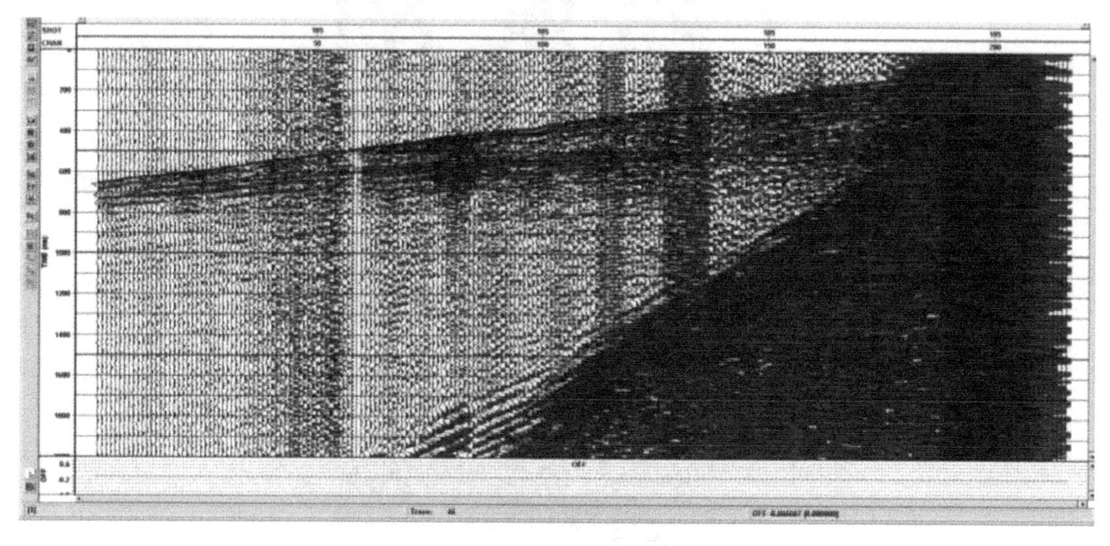

图 8.7.5 地面地震检测结果图

课后习题

一、选择题

1．光纤是利用光的（　　）原理来传输信息的。

A．折射　　B．反射　　C．全反射

2．某光纤的直径为 6μm，可由此判断该光纤为光纤（　　）。

A．多模　　B．单模　　C．双模

二、填空题

1．光纤通常由（　　　）、（　　　）和（　　　）组成。其中，（　　　）的折射率要稍大于（　　　）的折射率。

2．按纤芯到包层折射率的变化规律分类，可将光纤分为（　　　）光纤、（　　　）光纤和（　　　）光纤三类。

3．按纤芯和包层的材料性质分类，光纤可以分为（　　　）光纤、（　　　）光纤、（　　　）光纤等。

4．磁敏电阻是利用（　　　　　）效应制造的。

5．（　　　　）的磁阻最大。

6．半导体材料的磁阻效应包括（　　　　　）和（　　　　　）。

三、问答题

1．什么是光纤？有何用途？

2．请简要说明光纤传感器的分类，以及光纤在各类传感器中的作用。

3．谈谈你对分布式光纤传感技术的理解。
4．光纤技术的应用领域都有哪些?

参考文献

[1] 饶云江，王义平，朱涛．光纤光栅原理及应用[M]．北京：科学出版社，2006．
[2] 王友钊，黄静．光纤传感技术[M]．西安：西安电子科技大学出版社，2015．
[3] 杨华勇，吕海宝，徐涛．反射式强度型光纤传感器的研究[J]．传感技术学报，2001，04：349-355．
[4] 李海燕，浦昭邦，葛文涛．反射式强度调制型光纤传感技术在位移检测中的发展与应用[J]．光学技术，2005，vol31 增刊．
[5] 李学金．光纤微弯传感器及反射式强度调制光纤传感器研究[D]．天津：天津大学，2005．
[6] 张毅，洪建中．反射式光强调制型光纤传感器的应用及发展[J]．光电子技术与信息，2002，15（3）：23-26．
[7] 苏辉，黄旭光，邬怡婷．强度调制型光纤折射率传感器的设计与研究[J]．光子学报，2008，37（4）：713-716．
[8] 李威宣，李先立．光导纤维 pH 值传感器[J]．自动化仪表，1999，20（5）：11-12．
[9] 王玉田，胡俏丽，石军彦．基于荧光机理的光纤温度测量仪[J]．光学学报，2010，30（3）：655-659．
[10] 孟克．光纤干涉测量技术[M]．哈尔滨：哈尔滨工程大学出版社，2008．
[11] 赵庆超，郭士生，李舜水，等．油井下用光纤温度压力传感器[J]．山东科学，2014，27（4）：57-61，67．
[12] 宋志强，张复荣，赵林，等．光纤光栅传感器在路基沉降监测中的应用研究[J]．山东科学，2011，24（5）：18-21．
[13] 王昌，刘统玉，张东生，等．光纤光栅技术的研究进展[J]．山东科学，2008，5：43-49，187．
[14] 张旭苹．全分布式光纤传感技术[M]．北京：科学出版社，2013．
[15] 刘德明，孙琪真．分布式光纤传感技术及其应用[J]．激光与光电子学进展，2009，11：29-33．
[16] 胡君辉．基于瑞利和布里渊散射效应的光纤传感系统的研究[D]．南京：南京大学，2013．
[17] 欧中华．光纤中后向布里渊散射传感技术研究[D]．成都：电子科技大学，2009．
[18] 倪玉婷，吕辰刚，葛春风，等．基于 OTDR 的分布式光纤传感器原理及其应用[J]．光纤与电缆及其应用技术，2006（1）：1-4．
[19] 谢孔利．基于 φ-OTDR 的分布式光纤传感系统[D]．成都：电子科技大学，2008．
[20] 刘建霞．φ-OTDR 分布式光纤传感监测技术的研究进展[J]．激光与光电子学进展，2013（8）：199-204．

[21] 张在宣，王剑锋，余向东，等. Raman 散射型分布式光纤温度测量方法的研究[J]. 光电子·激光，2001，12（6）：596-600.
[22] 张在宣，金尚忠，王剑锋，等. 分布式光纤拉曼光子温度传感器的研究进展[J]. 中国激光，2010，37（11）：2749-2761.
[23] HORIGUCHI D,TATEDA M.BOTDA-nondestructive measurement of single-mode optical fiber attenuation characteristics using Brillouin interaction:theory[J].Journal of Lightwave Technology,1989,7(8):1170-1176.
[24] BAO X,WEBB D J,JACKSON D A.32km distributed temperature sensor based on Brillouin loss in an optical fiber[J].Optics Letters,1993,18(18):1561-1563.
[25] 王其富，乔学光，贾振安，等. 布里渊散射分布式光纤传感技术的研究进展[J]. 传感器与微系统，2007，26（7）：7-9.
[26] GARUS D,GOGOLLA T,KREBBER K,et al.Brillouin optical-fiber frequency-domain analysis for distributed temperature and strain measurements[J].Journal of Lightwave Technology,1997,15(4):654-662.
[27] 肖倩. 稳定的长距离光纤分布式干涉测量技术研究[D]. 上海：复旦大学，2013.
[28] 王昌，刘统玉，刘小会，等. 基于光纤传感系统的石油测井技术进展[J]. 山东科学，2008，21（6）：27-32.
[29] 刘小会，吕京生，王昌. 新型光纤高温高压传感器的研究[J]. 山东科学，2008，21（6）：33-36.
[30] 吕京生，刘小会，王昌，等. 光纤油井压力温度监测系统[J]. 山东科学，2008，21（6）：37-39，71.
[31] 吕京生，郭士生，王昌，等. 一种新型光纤油井井下压力传感器[J]. 山东科学，2011，24（2）：47-50.
[32] 邓显林. 油气井中光纤传感器的应用及发展趋势[J]. 仪表电气，2014，33（5）：61-62.
[33] 孙文常. 光纤在油气田开发应用现状及发展趋势[J]. 江汉石油职工大学学报，2016，29（3）：41-42，56.
[34] WANG CH,WANG CH,SHANG Y,et al.Distributed acoustic mapping based on interferometry of phase optical time domain reflectometry[J].Optics Communications,2015,346:172-177.
[35] 刘媛，雷涛，张勇，等. 油井分布式光纤测温及高温标定实验[J]. 山东科学，2008，21（6）：40-44.
[36] 贾利春，陈勉，金衍，等. 国外页岩气井水力压裂裂缝监测技术进展[J]. 天然气与石油，2012，30（1）：44-47.
[37] 吴学兵，刘英明，高侃. 干涉型光纤地震检波器研发及效果分析[J]. 石油物探，2016，55（2）：303-308.
[38] 宁靖，王文争，刘世海，等. 光纤布拉格光栅传感器在石油勘探领域应用展望[J]. 物探装备，2004，14（4）：225-228.
[39] 张发祥，吴学兵，李淑娟，等. 光纤激光微地震检波器研究及应用展望[J]. 地球物理学展，2014，29（5）：2456-2460.

[40] 张发祥，张晓磊，王路杰，等. 高灵敏度大带宽光纤光栅微地震检波器研究[J]. 光电子•激光，2014，25（6）：1086-1091.

[41] 张发祥，吕京生，姜邵栋，等. 高灵敏抗冲击光纤光栅微振动传感器[J]. 红外与激光工程，2016，8：68-73.

[42] 宋广东，王昌，王金玉，等. 基于光纤光栅加速度传感器的平面震动定位试验[J]. 金属矿山，2012，3：3236.

[43] 刘小会，王昌，刘统玉，等. 矿井下用光纤光栅水压传感器及系统[J]. 光子学报，2009，1：112-114.

[44] 尚盈，魏玉宾，王昌，等. 基于吸收光谱乙炔气体浓度在线检测系统的研究[J]. 传感技术学报，2010，32（2）：171-174.

[45] 赵燕杰，王昌，刘统玉，等. 基于光谱吸收的光纤甲烷监测系统在瓦斯抽采中的应用[J]. 光谱学与光谱分析，2010，30（10）：2857-2860.

[46] 倪家升，常军，刘统玉，等. 基于光纤气体检测技术的煤矿自然发火预测预报系统[J]. 应用光学，2009，30（6）：996-1002.

[47] 赵燕杰，常军，王昌，等. 光纤甲烷温度双参数检测系统的研究[J]. 中国激光，2010，37（12）：3070-3074.

[48] 魏玉宾，刘统玉，王哲，等. 新型光纤瓦斯监测仪在瓦斯抽采发电上的应用[J]. 金属矿山，2009，S1：543-545，549.

[49] 宋广东，刘统玉，王昌，等. 冲击地压的诱发因素及其最新预测预报技术[J]. 金属矿山，2009，S1：727-730.

[50] 李淑娟，王昌，闵力，等. 光纤光栅传感器在机电设备振动监测中的应用[J]. 山东科学，2015，28（3）：60-64.

[51] 尚盈，魏玉宾，王昌，等. 无线传感网络在煤矿安全监测中的应用[J]. 中国仪器仪表，2008，S1：168-171.

[52] 杜剑波，魏玉宾，刘统玉. 光纤传感技术在变压器状态检测中的应用研究[J]. 电力系统保护与控制，2008，36（23）：36-40.

[53] 刘统玉，王昌. 光纤测量技术在变压器状态检测中的应用研究[J]. 山东科学，2008，21（4）：41-51.

[54] 祁海峰，马良柱，常军，等. 熔锥耦合型光纤声发射传感器系统及其应用[J]. 无损检测，2011，30（6）：66-69，76.

[55] 刘小会，赵文安，赵庆超，等. 海洋石油平台导管架安全监测系统[J]. 山东科学，2015，28（6）：81-86.

[56] 王昌，倪家升，刘小会，等. 用于大坝边坡监测的光纤测斜仪设计与应用[J]. 传感器与微系统，2013，32（8）：114-116.

[57] 王昌，赵阳，姜德生，等. LPG 在复合材料实时监测中的应用研究[J]. 材料工程，2006，S1：349-351，354.

[58] 王昌，姜德生，刘统玉. 长周期光纤光栅实时监测复合材料固化研究[J]. 光学与光电技术，2006，4（2）：33-36.

[59] 北京城市发展研究院．中国城市“十一五”核心问题研究报告[M]．北京：时代经济出版社，2004．

[60] 符江鹏．地下管网在线监测及故障诊断系统研究[D]．成都：电子科技大学，2013．

[61] 许顺美，蒋晓崎．光纤传感器在医学诊断领域中的应用[J]．杭州师范大学学报（自然科学版），2005，11（3）：232-233．

[62] 杨冰，牛欣，王玉来．脉诊仪的研制及分析方法的研究进展（综述）[J]．北京中医药大学学报，2000，23（6）：69-70．

[63] 魏守水，韩庚祥，金伟．基于金氏脉学的新型脉诊仪的研究[J]．电子测量与仪器学报，2005，19（5）：90-94．

[64] 金伟．金氏脉学[M]．济南：山东科学技术出版社，2000．

[65] 李淑娟，张发祥，倪家升，等．基于 FBG 的触点式动态压力传感器及其在脉象信息测量中的应用[J]．光电子·激光，2016，27（10）：1017-1022．

[66] 金伟，张艳，倪家升．中医脉诊的模糊数学处理方法研究[J]．中国中医药信息杂志，2016，23（6）：1-4．

[67] 金伟，桑素珍，辛超．脉诊中的压力脉动和流量脉动研究[J]．中医临床研究，2014，6（6）：33-34．

[68] 初凤红，蔡海文，瞿荣辉，等．基于荧光猝灭原理的光纤溶解 O_2 传感特性研究[J]．光电子·激光，2009，20（8）：1074-1076．

[69] MARCOS S D,GALINDO J,SIERRA J F,et al.An optical glucose biosensor based on derived glucose oxidase immobilized onto a sol-gel matrix[J].Sensors and Actuators B:Chemical, 1999,57(1):227-232.

[70] 张德庆，黄俊，丁莉芸，等．新型光纤葡萄糖复合敏感膜的研究[J]．武汉理工大学学报，2008，30（8）：1-4．

[71] 李淑娟，张士娥，王哲，等．光纤光栅医疗多点温度监测系统的研究[J]．山东科学，2008，21（6）：64-67．

[72] 胡耀明，梁大开，张伟，等．基于强度调制的光纤 SPR 系统的研究[J]．压电与声光，2009，31（1）：44-43．

[73] WANG ZH,CHEN Y.Analysis of mono-and oligosaccharides by multi-wavelength surface plasmon resonance(SPR)spectroscopy[J].Carbohydrate Research,2001,332(2):209-213.

[74] 朱芮．终端反射式光纤表面等离子共振传感器的研究及其应用[D]．天津：天津大学，2012．

[75] SINGH S.Fabrication and characterization of a surface plasmon resonance based fiber optic sensor using gel entrapment technique for the detection of low glucose concentration[J]. Sensors and Actuators B:Chemical,2013,177:589-595.

[76] 张自嘉．光纤光栅理论基础与传感技术[M]．北京：科学出版社，2009．

[77] 庄其仁，龚冬梅，张文珍，等．长周期光纤光栅生物膜传感器[J]．激光生物学报，2006，15（1）：106-110．

[78] 李蒙蒙．薄包层 FBG 葡萄糖传感方法研究[D]．武汉：武汉理工大学，2015．

[79] 姚钦，史仪凯，刘霞，等．血氧含量和血流量变化光纤检测系统的研制[J]．光学精密工程，2008，16（3）：375-380．
[80] 郭文波．眩晕眼震图像与血流量信号检测方法研究[D]．西安：西北工业大学，2006．
[81] 侯正田，侯承志，徐武松．光纤传感器及其医学应用[J]．甘肃科技，2012，28（5）：142-143．
[82] 丁立．基于磁流体和 FBG 的光纤磁场传感研究[D]．武汉：武汉理工大学，2012．